现代建筑门窗幕墙技术与应用

——2022 科源奖学术论文集

杜继予　主编

中国建材工业出版社

图书在版编目（CIP）数据

现代建筑门窗幕墙技术与应用：2022科源奖学术论文集/杜继予主编．--北京：中国建材工业出版社，2022.3

ISBN 978-7-5160-3387-6

Ⅰ.①现… Ⅱ.①杜… Ⅲ.①门—建筑设计—文集 ②窗—建筑设计—文集 ③幕墙—建筑设计—文集 Ⅳ.①TU228

中国版本图书馆 CIP 数据核字（2021）第 242539 号

内 容 简 介

本书以现代建筑门窗幕墙新材料与新技术应用为主线，围绕其产业链上的型材、玻璃、建筑用胶、五金配件、隔热密封材料和生产加工设备等展开文章的编撰工作，旨在为广大读者提供行业前沿资讯，引导传统产业领域提升主体创新活力，推动创新链与产业链深度融合。同时，还针对行业的技术热点，汇集了绿色低碳技术、BIM技术、建筑工业化等相关工程案例和应用成果。

本书可作为房地产开发商、设计院、咨询顾问、装饰公司以及广大建筑门窗幕墙上、下游企业管理、市场、技术等人士的参考工具书，也可作为门窗幕墙相关从业人员的专业技能培训教材。

现代建筑门窗幕墙技术与应用——2022科源奖学术论文集

Xiandai Jianzhu Menchuang Muqiang Jishu yu Yingyong——2022 Keyuanjiang Xueshu Lunwenji

杜继予　主编

出版发行：中国建材工业出版社

地　　址：北京市海淀区三里河路1号

邮　　编：100044

经　　销：全国各地新华书店

印　　刷：北京雁林吉兆印刷有限公司

开　　本：889mm×1194mm　1/16

印　　张：23　彩色：2

字　　数：710千字

版　　次：2022年3月第1版

印　　次：2022年3月第1次

定　　价：138.00元

本书编委会

主　　编　杜继予

副 主 编　姜成爱　剪爱森　周瑞基
　　　　　周春海　魏越兴　闵守祥
　　　　　王振涛　丁孟军　蔡贤慈
　　　　　贾映川　周　臻　杜庆林
　　　　　万树春

编　　委　花定兴　闭思廉　曾晓武
　　　　　区国雄　麦华健　江　勤

前　言

2021年，在党中央集中统一领导下，我国沉着应对百年变局和世纪疫情，构建新发展格局迈出新步伐，高质量发展取得新成效，实现了"十四五"良好开局。

为了及时总结推广行业技术进步的新成果，本编委会决定把深圳市建筑门窗幕墙学会和深圳市土木建筑学会门窗幕墙专业委员会组织的"2022年深圳市建筑门窗幕墙科源奖学术交流会"获奖及入选的学术论文结集出版。

本书共收集论文41篇，在一定程度上反映了行业技术进步的发展趋势和最新成果。实现"3060双碳目标"是我国向世界作出的庄严承诺，是一场广泛而深刻的经济社会变革。"适应双碳目标的建筑门窗幕墙技术发展路线""双碳目标形势的分析与思考""浅谈'双碳'背景下幕墙门窗行业面临的机遇与挑战"等针对行业特点在这方面做了有益的探讨。三维激光扫描技术是一种先进测绘技术，具有快速、非接触、高精度、全数字化等优势，目前在建筑领域已进入了快速发展的阶段。"三维激光扫描技术在幕墙工程中的应用""三维逆向设计与施工在海南国际会展中心二期的实践"对这一专题作了深入的讨论和分析。"一种精致T型钢的设计原理及制作工艺""'超级总部'天音大厦的超级品质幕墙设计""成都龙湖单层索网幕墙设计存在的问题及解决方案介绍"从不同的角度和切入点对工程实施过程中的技术创新成果作了重点阐述和总结。

本书所涉及的内容包括绿色低碳技术、BIM技术、建筑工业化技术在建筑门窗幕墙行业的应用，以及建筑门窗幕墙专业的理论研究与分析、工程实践与创新、制作工艺和管理多个方面，可供同行们借鉴和参考。由于时间及水平所限，疏漏之处恳请广大读者批评指正。

本书的出版得到下列单位的大力支持：深圳市科源建设集团股份有限公司、深圳市新山幕墙技术咨询有限公司、深圳市盈科幕墙设计咨询有限公司、深圳美术集团有限公司、郑州中原思蓝德高科股份有限公司、杭州之江有机硅化工有限公司、广州市白云化工实业有限公司、广州集泰化工股份有限公司、成都硅宝科技股份有限公司、江苏华硅新材料科技有限公司、四川新达粘胶科技有限公司、广东合和建筑五金制品有限公司、惠州市澳顺科技有限公司、广东雷诺丽特实业有限公司、佛山市粤邦金属建材有限公司、江苏长青艾德利装饰材料有限公司、佛山市南海区锦佛型材厂、始博实业集团有限公司、佛山市筑能金属科技有限公司、广州市博大建筑科技有限公司、广东永龙铝业有限公司、深圳创信明智能技术有限公司，特此鸣谢。

编　者
2022 年 1 月

目　录

第一部分

"双碳"目标与行业技术发展

适应双碳目标的建筑门窗幕墙技术发展路线

◎ 包 毅 窦铁波 杜继予

深圳市新山幕墙技术咨询有限公司 广东深圳 518057

摘 要 为实现碳达峰和碳中和的双碳目标，我国各行各业都在扎实地做好碳达峰和碳中和的各项工作，努力探讨和建立实现双碳目标的可行路径和技术发展方向。建筑门窗幕墙是建筑外围护结构，它的使用能耗占建筑围护结构能耗的50％，占建筑总能耗的25％。降低建筑门窗幕墙在材料、建造和使用过程中的能耗，是促进建筑行业尽早实现双碳目标的重要路径之一，也是建筑门窗幕墙高质量发展的必经之路。本文对影响建筑门窗幕墙能耗的建筑材料、构造设计、装配式生产及施工、既有建筑门窗幕墙寿命和改造等环节的现状和未来发展进行了研究，提出建筑门窗幕墙行业为助力我国早日实现双碳目标的可行性技术发展路线，供行业进行深入的探讨。

关键词 双碳目标；绿色建筑；节能；低碳

1 引言

为努力达成我国在2020年第七十五届联合国大会上向世界做出的力争在2030年前实现碳达峰，努力争取在2060年前实现碳中和的双碳目标，在2021年全国"两会"的政府工作报告中，国家明确提出了全国各行各业要认真、扎实地做好碳达峰和碳中和的各项工作。各项工作的开展，最主要的就是要大力开发和应用新型可再生清洁能源，降低高碳化能源的使用和能耗水平，坚持走绿色低碳、可持续发展的转型道路。建筑行业历来是我国能耗的大户，建筑碳排放量占国家总碳排放量的51％（数据来源：《中国建筑能耗研究报告（2020）》）。据权威部门测算，我国建筑行业的碳达峰需要到2035年方可实现，这将整整延缓我国2030碳达峰承诺5年的时间，也意味着要实现双碳目标，建筑行业将成为未来10年碳减排工作的重中之重。建筑门窗幕墙是建筑外围护结构，是建筑的重要组成部分，也是建筑节能的关键部位，它的使用能耗占建筑围护结构能耗的50％，占建筑总能耗的25％。可见，采取一切必要的措施和有效的技术发展路线，大大降低建筑门窗幕墙在材料、建造和使用过程中的能耗，是促进建筑行业尽早实现双碳目标的重要路径之一，也是建筑门窗幕墙高质量发展的必经之路。建筑门窗幕墙是依照建筑设计的要求，采用不同的建筑材料，依照不同的使用性能进行产品设计、生产制造和工程安装等程序建造出来的。研究并合理选用新型建筑材料，正确进行产品性能和构造设计，采用装配式生产及工程安装，对建筑门窗幕墙在建造过程和长期使用过程中的节能有着重大的影响，是建筑门窗幕墙实现双碳目标的关键技术发展路线。

2 绿色建材的推广应用

现有的建筑门窗幕墙材料，大部分以金属、玻璃和天然石材为主。这些材料的生产存在能耗高，破坏自然环境和过度消耗天然资源等诸多不利影响，是阻碍双碳达标的因素之一。随着科学技术的发展、利废、低耗、轻质、高强的人工复合新型建材正在不断产生，在双碳达标的进程中，我们应该加以研究并探讨应用的技术方案。

2.1 仿真利废再生材料

天然石材是我国建筑室内外装修的主要材料，是建筑幕墙离不开的外墙材料之一，国内石材每年消费量近 10 亿 m²。石材作为一种不可再生的天然资源，其大规模开发已给我国自然环境的保护造成了重大的影响，许多地方绿水青山已不见。同时，石材开发的成品利用率平均约为 30%，每年会存留超大量的石材边角废料，其生产过程中产生的粉尘给周边环境带来严重的污染。目前，采用新技术利用石材废弃物制造高仿真板材来替代天然石材的产品正在不断出现。发泡人造石（图 1）是其中的一种新型绿色环保建材，每平方米板材添加了 40%～50% 的石材废料，经采用特殊的发泡生产工艺等技术，使板材具有轻质、高强、高仿真的良好性能。其密度为 1.90g/cm³，约为天然石材的 80%，大大减少了建筑结构的荷载和施工人员的劳动强度；弯曲强度平均值达到 28MPa 以上，为花岗岩的两倍以上，大大提高了板材承载能力和幕墙结构的安全；板材可制成通体仿制的花岗岩、大理石、石灰石、洞石、砂岩、纯色板等系列产品，装饰效果自然流畅逼真，是替代天然石材的不二产品。除此以外，利用氧化铝生产中产生的工业废渣赤泥所生产的装饰板也在研制中（图 2），它同样可替代石材、陶板、瓷板等传统板材，克服了它们在使用中的一些缺陷，为建筑幕墙在实现双碳目标过程中增添更多的绿色环保元素。这些产品在建筑外立面的使用，可无间隙对接现行的建筑门窗幕墙相关技术标准，性能安全可靠。唯一的问题是以天然石材为尊的观念阻碍了它们的应用，在实现双碳目标的大前提下应给予全面纠正。

图 1　发泡人造石

图 2　赤泥废渣生产的装饰板

2.2 免烧制品

免烧制品是在常温非烧结条件下，通过添加无机凝胶和其他增强材料，经压制或自然条件下养护成型的各类建筑材料，如超高性能混凝土板或构件（简称 UHPC），纤维水泥板或构件（简称 GRC）。免烧制品的最大特点在于生产过程的低能耗，且没有烧制产品在烧制过程中排放的严重污染环境废气，是节能减排、助力双碳达标的绿色产品。为了丰富免烧制品的表面装饰效果，我们可以在免烧制品表面施加由无机粉末和表面活性剂经化学反应固化形

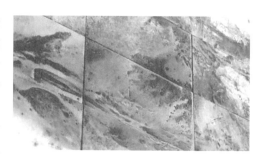
图 3　涂覆于玻璃板上的免烧釉面效果

成且具有不同釉面装饰效果的免烧釉面，以满足建筑设计的装饰效果，图 3 为涂覆于玻璃板上的免烧釉面效果。免烧制品的材料力学性能通常低于烧制产品的力学性能，所以在设计使用免烧制品时，应

采取适当的增强措施来提高产品的承载能力,如加大产品主要受力部位的厚度,采用轻钢复合装配式构件等。

2.3 复合材料

复合材料是通过性能和构造设计,将不同种类的材料,如金属、无机非金属或有机高分子材料等通过不同复合工艺混合或组合而成,既具有原材料的特性,又在原材料性能上有所提高的新型材料。复合材料按其组成分为金属与非金属复合材料、金属与金属复合材料、非金属与非金属复合材料。按其结构特点又可分为纤维增强复合材料和夹层复合材料两大类。这两种复合材料在建筑门窗幕墙中均有应用,

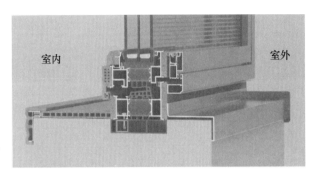

图 4 双中空玻璃木塑门窗

如纤维增强水泥外墙板、铝塑复合板、铝蜂窝板、石材铝蜂窝复合板、金属保温复合板、铝木型材、塑钢型材、铝塑共挤型材、聚氨酯复合型材等。这些复合材料不仅在装饰外表面保持了原有材料的特点,同时能大幅度提高材料的保温性能和力学性能,降低材料用材和节约成本,适合于低能耗建筑门窗幕墙的选用并可节省或替代天然材料的使用。

图 4 为采用传热系数为 $0.689W/(m^2 \cdot K)$ 双中空玻璃的木塑门窗,整窗传热系数为 $0.96W/(m^2 \cdot K)$,可满足超低能耗建筑对门窗节能性能的要求。同时人造木塑型材与铝合金型材复合而成的新型门窗,可完全替代天然原木的性能和装饰效果,减少了对原木的需求,是一款低碳、环保、节能的绿色建筑材料。

3 建筑门窗幕墙系统节能开源技术的研发

建造超低能耗建筑是促进我国建筑行业尽早实现双碳目标的重要路径,目前,从中央到各地方政府都在制定实施超低能耗建筑的政策、方案和指标。为落实这些政策,需根据不同的地域、不同的气候条件、不同的建筑设计,依照低能耗、可再生能源利用和满足室内舒适环境等原则对未来适应超低能耗建筑要求的建筑门窗幕墙系统技术的发展加以研发和应用。

3.1 保温及隔热

北方地区超低能耗建筑的建筑门窗幕墙设计是以保温隔热作为节能的主要技术措施。目前高保温性能的门窗在我国已有较多的成熟产品,传热系数可达到 $1.0W/(m^2 \cdot K)$ 左右,为超低能耗或被动式建筑提供了必要的条件,而幕墙方面的保温隔热性能尚有较大的差距,通常在 $2.0W/(m^2 \cdot K)$ 左右。门窗幕墙的保温性能,除了采用低传热系数的材料,如各种复合型材和隔热材料,尚需要不断研发新的有良好气密性和保温隔热性构造系统的门窗幕墙。图 5 为采用隔热铝型材的半隐框玻璃幕墙,可有效提高幕墙的节能性能。在设计高保温性能门窗幕墙时,减低门窗幕墙的框窗(窗墙)比是一个值得关注的技术措施。如节能门窗所用的双中空玻璃,其传热系数通常小于

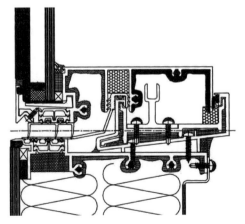

图 5 采用隔热铝型材的半隐框玻璃幕墙

$0.8W/(m^2 \cdot K)$,若将双中空玻璃改为真空玻璃,其传热系数更可以小于 $0.5W/(m^2 \cdot K)$,远小于

门窗幕墙支承骨架的传热系数，因此门窗幕墙的框窗比越小，其节能效果越好。但在考虑减小窗框比的同时，也要注意玻璃面积过大给门窗幕墙未来全寿命使用过程中带来的安全问题。如何更好地提高玻璃幕墙的节能性能，除了减低门窗幕墙的框窗（窗墙）比，在玻璃方面可选择隔热效果更好的真空玻璃外，在北方地区，尚可推广双层幕墙系统的应用，以满足幕墙节能和室内环境舒适性的要求。

3.2 遮阳与通风

与北方地区不同，南方地区低能耗门窗幕墙系统技术除了要有保温隔热的性能要求外，要实现低能耗建筑则更应该注重建筑遮阳和通风技术的研发。目前，南方地区住宅门窗系统已开始逐步采用隔热铝合金门窗，门窗玻璃已基本采用中空玻璃，门窗的传热系数正逐步朝向小于或更小于 $2.0W/（m^2 \cdot K）$ 的下降趋势发展。但玻璃幕墙由于受到南方沿海地区强台风荷载的影响，目前极少采用隔热铝型材等隔热材料作为玻璃幕墙的支承系统，保温性能主要依靠选择低传热系数的反射中空玻璃来实现，因而玻璃幕墙的传热系数一般都比较高，通常在 $3.0W/（m^2 \cdot K）$ 左右。为此开展具有高抗风能力、低传热系数的玻璃幕墙系统技术的研发，将玻璃幕墙的传热系数降至低能耗建筑和近零能耗建筑的要求 $2.0W/（m^2 \cdot K）$ 以下，是目前南方地区玻璃幕墙节能的一个难点和重点。南方地区玻璃幕墙节能的另一个重要环节是根据建筑立面的不同方位，设置室外水平或垂直的连接可靠的有效遮阳构造，努力通过降低幕墙太阳得热系数（SHGC）来达到节能效果（图 6）。同时合理选配玻璃的遮阳系数或选用可致变调光玻璃（电或热致变）以及设置室内遮阳帘等措施，均可有效降低室内的空调能耗。

图 6　室外水平或垂直的有效的连接可靠的遮阳构造

玻璃幕墙自然通风设计对南方地区室内温度、湿度和空气质量的调节有重要作用，能够大大降低能耗，是被动式节能的有效措施。由于玻璃幕墙开启扇对建筑立面的外观效果会有一定的影响，所以玻璃幕墙通风开启窗面积的比例、开启窗形式和开启窗外形尺寸在幕墙设计中经常会有很多的争议，有些项目通过减少开窗比例或设计与幕墙分格尺寸一致的超大面积开启窗来达到立面效果，使幕墙的通风量达不到绿色建筑和节能建筑标准的要求，同时也给幕墙带来安全隐患。近年来，侧面开窗（图 7）的通风技术在玻璃幕墙上应用较多，能够比较好地协调开启通风与立面效果的矛盾，同时大通风量通风器也在不断的研发中，为玻璃幕墙自然通风技术带来新的发展方向。南方地区在研发玻璃幕墙开启窗自然通风技术的过程中，要同时注重开启部位的抗风、气密和水密性能，外开窗尚应严格控制开启窗的面积和防坠落构造的设置，确保幕墙全寿命周期的安全性能。

3.3 绿色清洁能源

20 世纪 90 年代初，光伏幕墙就已经进入我国，但由于当时太阳能电池技术和产品相对单一、造价高昂等原因导致太阳能应用未能在建筑幕墙上得以推广和应用。近年来，随着薄膜太阳能电池技术的发展，光电转换效率迅速提高，部分薄膜太阳能电池，如碲化镉薄膜太阳能电池、铜铟镓硒薄膜太阳能电池在实验室的光电转换效率已经逼近甚至部分超过传统的晶体硅太阳能电池。同时，薄膜太阳

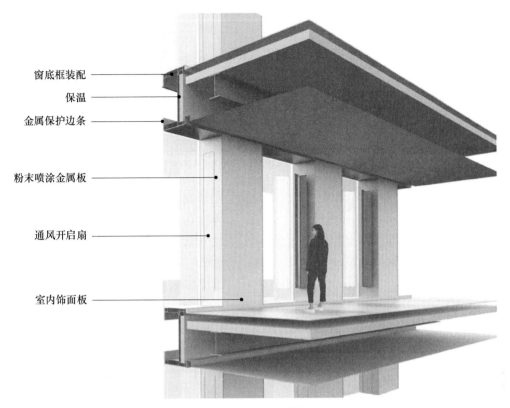

窗底框装配
保温
金属保护边条
粉末喷涂金属板
通风开启扇
室内饰面板

图 7　侧面开窗通风技术

能电池制造工艺相对简单、能耗小、用料少、成本低、可透视、多颜色等优势，使其在不同种类的建筑幕墙，如玻璃幕墙、金属板幕墙、石材幕墙上都有应用的可行性，为光伏幕墙（图 8）作为未来建筑开源自给清洁能源的主要来源创造了条件。除了光伏幕墙，利用太阳辐射热能设计光热幕墙（图 9），通过建筑内的能源输送和交换系统为建筑内部提供热水或循环可用的热汽也可降低碳类能源的消耗。目前，光伏幕墙和光热幕墙在我国的应用仍然处于起步阶段，工程应用较少。我国每年幕墙建造面积约 600 万 m^2，仅玻璃幕墙应有 360 万 m^2，在实现双碳目标政策的推动下，光伏幕墙和光热幕墙市场前景极大。我们应加深加快研发不同太阳能电池在建筑幕墙上应用的技术，开发出具有高效光电转换效率又能满足建筑功能和外立面效果要求的各类新型光伏幕墙，推动光伏建筑一体化的发展。

图 8　光伏幕墙

图 9　光热幕墙

3.4 智能与绿植生态

智能建筑在建筑节能和实现双碳目标中有着重大的作用，应用智能建筑系统对建筑主体内外环境进行监测和信息采集，包括建筑物室内外空气质量、温度、湿度、照度、风力、太阳入射角等，可以智能自动控制的方式对建筑门窗幕墙中可调节的部位，如可启闭的窗扇、通风口、遮阳构件和可调光玻璃等进行适时的调节，来达到改善室内环境和减少能耗的效果。同时，我们应加强建筑门窗幕墙可调节部位性能和新型构造的研究和开发，如通道幕墙中气流流动方向和流动速度的设计和控制、可换气中空玻璃系统、多维可调遮阳系统等，使门窗幕墙自身具有更多能够满足智能建筑实现建筑节能需要的功能。此外，还可在门窗幕墙自身的敏感部位设置不同的传感器，将采集到的信息用自动控制的方式改变门窗幕墙的启闭状态、开口度和遮阳构件角度，实现智能门窗和智能幕墙的相应功能。

用绿色植物根植于建筑立面或预留的空间，以达到改善建筑环境、提高建筑节能、节地和美化建筑效果的绿植生态技术（图10），在建筑设计上已得到初步的应用。实测数据表明，具有爬墙植物的墙面，夏季其外表面昼夜平均温度由 35.1℃降到 30.7℃，相差 4.4℃，墙的内表面温度相应由 30.0℃降到 29.1℃，相差 0.9℃。由于建筑周围的叶面蒸发作用而带来的降温效应，还会使墙面温度略低于气温（约 1.6℃）。由此可见，绿植生态技术是未来建筑节能设计的主要技术之一。在建筑幕墙上引入生态绿植技术，用绿植替代现有幕墙面板，将绿植构件连接在幕墙的相应结构上，形成具有生态环境的新型绿植幕墙，将可极大提高幕墙的热工性能，改变建筑周边环境的空气质量，为建筑带来四季变换的视觉享受。随着双碳目标发展的进程，绿植生态技术在建筑幕墙上的应用是必然的趋势，但有待于绿植板术以及在幕墙上的连接等技术的进一步发展。

图10 绿植生态技术

4 建筑门窗幕墙装配化技术的深化

单元式幕墙和门窗系统化是建筑行业中最先迈进建筑装配化门槛的产品和技术。建筑门窗幕墙装配化包括了建筑门窗幕墙的设计、制造和现场装配式施工等主要环节，在实现双碳目标的进程中，我们尚需在原有的基础上，对各个环节进行优化和深化，使之更加节省人力资源的消耗，提高产品质量和施工效率。单元式幕墙的标准化设计是节省设计人力资源的重要部分，单元式幕墙板块与主体结构的连接构造、板块间的相互插接构造、外遮阳或装饰构件与板块的连接构造、幕墙的收边及密封处理和幕墙的排水系统等，均可依据基本的建筑构造和环境进行标准化的模块设计，从而实现装配化设计，达到省时、省力、高效、准确的效果。门窗幕墙加工制造方面，采用参数化设计将经装配化设计的门窗幕墙大样图直接转换成零件加工图，并与加工设备直接连接，大大提高了加工效率，减少了大量零件加工图的制作。

在现场施工方面，孪生智能测量管理系统正在工程施工中逐步形成和应用（图11），它基于空间点云智能分析技术、大数据处理技术和云计算技术的自动化、数字化测量管理系统，运用高精度的三维扫描技术；结合人工智能、软件算法、BIM技术，逆向形成工程现场的数字模型和数字化预拼装效果，呈现虚拟的真实工程现场与设计模型的实际误差，为门窗幕墙的深化设计，特别是多维复杂曲面幕墙的精准下料、拼装和安装提供可靠的数据，为整个施工流程进行数字化管理，有效实现设计施工过程中的纠偏，更好地实现了BIM技术在设计和施工阶段的有效应用，提高了工程质量和管理效率，减少了材料浪费，降了低成本，缩短了工期。

目前，门窗幕墙施工人工操作和非标准设备的使用比例很大，对施工质量和进度影响较大，为助力双碳目标的实现，施工设备的机械化、标准化、智能化尚有待进一步提高和完善。

三维激光扫描数据采集　　　　数据专业逆向建模

图 11　孪生智能测量管理系统在工程施工中的应用

5　既有建筑门窗幕墙安全维护及节能改造技术

我国建筑门窗幕墙行业从 20 世纪 80 年代初开始起步，历经 40 多年的发展，现已积累了大量的既有建筑门窗幕墙。由于早期建筑门窗幕墙所采用的材料、设计和节能理念落后，且现存的既有建筑门窗幕墙有相当大的一部分已达到或超过了建筑设计使用年限，导致既有建筑门窗幕墙中存在诸多的安全和节能问题。通过对既有建筑门窗幕墙实施全面的安全检查和维护维修来延长门窗幕墙的有效工作年限，采用新的节能材料和改造技术来减少既有建筑门窗幕墙的能耗，改善室内宜居环境，是助力既有建筑改造的主要技术途径。

延长门窗幕墙的有效工作年限首先要制度化和标准化地实施既有建筑门窗幕墙的日常安全检查和维护维修（图 12），确保门窗幕墙保持正常使用功能，对于主要受力构件和连接部位应定期检查，出现问题应及时维修和加固，对于易损或老化构配件应及时更换；其次，开发更多适用于既有建筑门窗幕墙安全性能现场无损检查、检测的技术和试验方法，如隐蔽部位的连接构造、防火构造、结构性装配的硅酮建筑结构密封胶老化、面板材料及支承构件的连接和超高层建筑外立面门窗幕墙状态等的检查、检测；再次，打造"共建共治共享"的既有建筑门窗幕墙管理数字化管理平台，采用现代化的管理方法来规范既有建筑幕墙的安全检查与维修，确保对既有建筑门窗幕墙的安全状况做到可知、可控、可查、可预测，为实现既有建筑门窗幕墙安全管理规范化开辟新的科学途径和社会治理模式。

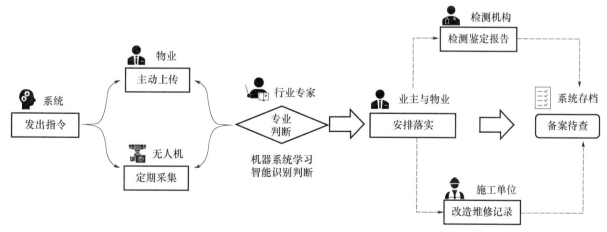

图 12　既有建筑门窗幕墙的日常安全检查和维护维修流程图

9

我国早期的既有建筑门窗幕墙大多是单层热反射玻璃幕墙，基本上只起到隔离室内外空间的围护效果，节能效果很差，对其进行节能改造是实现双碳目标迫在眉睫的工作。既有建筑门窗幕墙的节能改造，在不改变既有门窗幕墙结构的条件下，常见的有粘贴玻璃隔热膜、涂覆玻璃隔热涂料、玻璃微中空改造和内通风双层幕墙等技术方法。粘贴玻璃隔热膜和涂覆玻璃隔热涂料是比较简便的施工方法，但其节能效果和老化性能存在较多的问题，在应用中存在一定的局限性。玻璃微中空改造（图 13）是在既有建筑门窗幕墙的玻璃上，使用干燥和密封技术，用一片低辐射玻璃与原有的玻璃一起在幕墙室内侧组合成中空玻璃的节能改造方法，可以大大提高原有门窗幕墙的节能性能和室内环境的舒适度。对于室内侧具有较大空间的玻璃幕墙，我们还可以应用内通

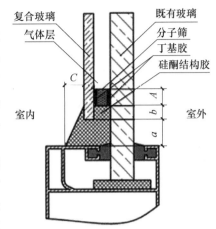

图 13　玻璃微中空改造示意图

风双层幕墙，在单层玻璃幕墙的室内侧附加一层玻璃来提高幕墙的保温隔热功能，将两层玻璃中间形成的空气通道与室内空调抽风系统连接并形成有序的空气调节循环系统，通过智能控制来调节室内温度和 CO_2 的含量，以达到有效的节能和室内环境改善的效果。

6　结语

我国现代建筑门窗幕墙行业兴起于 20 世纪 80 年代，经过 40 多年的发展，目前已是世界当之无愧的门窗幕墙大国，具备了一定的技术水平和建造能力。但是在精细化设计和施工，特别是在节能和环保技术方面，我们与国外发达国家的先进技术还有一定的距离。为了早日实现双碳目标，建筑门窗幕墙行业必须在现有的技术上，不断挖潜和开拓创新，坚持走绿色低碳可持续发展的转型道路，在新材应用、节能开源、增效降耗、智能建造、安全维护和既有建筑改造等多方面寻找实现低碳、降碳的新技术，开发更多的绿色节能产品，为建造超低能耗和近零能耗建筑创造条件，在实现双碳目标的道路上不断探索和发展。

参考文献

［1］住房和城乡建设部标准定额研究所. 建筑门窗系列标准应用实施指南（2019）［M］. 北京：中国建筑工业出版社，2019.

［2］杜继予. 既有建筑幕墙规范化管理和工程技术发展探讨［C］//杜继予. 现代建筑门窗幕墙技术与应用：2019 科源奖学术论文集. 北京：中国建材工业出版社，2019.

［3］杨占东，杜继予，幸世杰，等. 数字孪生城市在建筑幕墙安全管控方面的创新与实践［C］//杜继予. 现代建筑门窗幕墙技术与应用：2021 科源奖学术论文集. 北京：中国建材工业出版社，2021.

双碳目标形势的分析与思考

◎ 剪爱森　刘志敏

深圳市科源建设集团股份有限公司　广东深圳　518031

摘　要　碳达峰、碳中和（简称"双碳"）目标是我国向世界做出的庄严承诺，是我国贯彻新发展理念、推动高质量发展的必经之路，是我们当代人的责任与义务。双碳之路必将优化和改变经济社会发展方式，建筑业领域全产业链的生产方式、技术需求、经济成本等亦会发生较大的变革。本文意在提示全行业、全产业链企业提高意识、积极行动，在确保实现"双碳"目标的同时，保持企业健康有序发展。

关键词　碳达峰；碳中和；双碳；低碳；零碳；目标；绿色建筑

1　引言

2021年8月9日，联合国政府间气候变化专门委员会（IPCC）发布了最新的一份评估报告，这份长达4000页的报告强有力地揭示了一个不容忽视的事实——"气候危机正在进一步恶化，全球变暖已经无可避免"。当前，实现"双碳"目标是应对全球气候变化的必然选择，"双碳"目标必将重塑中国经济社会发展格局，改变建筑产业增长逻辑，影响建筑企业经营策略。本文着眼建筑业，针对双碳目标的形势进行浅析与思考。

2　总体"双碳"形势与目标分析

"双碳"目标是中国提出的两个阶段碳减排奋斗目标：二氧化碳排放力争于2030年达到峰值，努力争取2060年实现碳中和。"碳达峰"很容易理解，即某一个时刻，二氧化碳排放量达到历史最高值，之后逐步回落。而"碳中和"则指的是通过植树造林、节能减排等措施，抵消自身产生的二氧化碳或温室气体排放量，达到相对"零排放"（图1）。

碳排放控制是全人类不可推卸的责任，世界各国很早就已经行动起来了，1992年5月《联合国气候变化框架公约》确立了国际合作应对气候变化的基本原则。1997年12月《京都协议书》首次以法规的形式限制温室气体排放，发达国家从2005年开始承担减少碳排放量的义务，而发展中国家则从2012年开始承担减排义务。2015年12月《巴黎协议》为2020年后全球应对气候变化行动作出了具体安排，长期目标是将全球平均气温较前工业化时期上升幅度控制在2℃以内，并努力将温度上升幅度限制在1.5℃以内。在国内，2020年9月，习近平主席在第七十五届联合国大会上发表重要讲话："中国将提高自主贡献力度，力争于2030年前碳排放达到峰值，努力争取2060年前实现碳中和。"同年12月，习近平主席在气候雄心峰会上，通过视频发表重要讲话：宣布中国"3060"计划，并承诺到2030年中国单位国内生产总值碳排放比2005年下降65%以上，非化石能源占一次能源消费比重达到25%左右，森林蓄积量比2005年增加60亿立方米，风电、太阳能发电总装机容量达到12亿千瓦以上。

什么是"碳达峰"和"碳中和"？

碳达峰

碳达峰是二氧化碳等温室气体，在某一个时间节点的排放量达到顶峰，之后逐年下降。这个峰值被认为是碳排放与经济发展脱钩的重要节点，是经济高质量发展的重要标志。

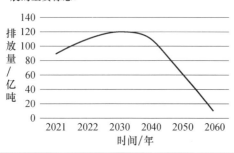

碳中和

碳中和是碳净零排放，实际意思并不是说不人为排放二氧化碳等温室气体，而是通过人为手段予以清除，最终达到排放和清除的平衡，也就是中和了。

图 1　碳达峰与碳中和示意图

2021 年 1 月 25 日，习近平主席在"达沃斯论坛"上致辞：中国将全面落实联合国 2030 年可持续发展议程，实现"3060"计划。2021 年 3 月 11 日第十三届全国人民代表大会第四次会议批准了"十四五"规划和 2035 年远景目标纲要，提出落实 2030 年碳达峰行动方案，努力争取 2060 年实现碳中和目标。2021 年 10 月，国务院发布《关于完整准确全面贯彻新发展理念　做好碳达峰碳中和工作的意见》，并印发《2030 年前碳达峰行动方案》。

世界各国为实现碳达峰和碳中和的目标其时间表不尽相同，从碳达峰到碳中和欧盟用了约 70 年，美国、日本 40 年左右，而根据"3060"的对外承诺，我们国家仅有 30 年时间（图 2）。根据预测，2060 年全球人口有望达到 100 亿，其中三分之二的人口将生活在城市中，作为人口大国的中国，要容纳这些城市人口，或将新增建筑面积 2300 亿平方米，光是我国每年就将新增建筑面积约 20 亿平方米，现有建筑存量将会翻倍。中国作为发展中国家，在双碳目标下，要保持 GDP 的稳定和增长，基础建设投入将持续加大，如此巨大的建筑需求，意味着建筑行业的温室气体排放量将持续上升。作为碳排放大户，建筑业一直存在资源消耗大、污染排放高、建造方式粗放等问题，随着我国城镇化水平不断提升，建筑业的碳排放也在不断攀升。

3　建筑业"双碳"形势与目标分析

我们熟知的建筑全过程能耗主要包括建筑材料生产运输、建筑施工、建筑运行、建筑拆除四个阶段。目前，国内的建筑碳排放数据在不同的统计时点、不同的统计机构都给出了相差不大的数据。《中国建筑能耗研究报告（2020）》显示，2018 年建筑全过程能耗总量约占全国能源消费总量比重为 46.5%。其中，一半是建筑材料的生产运输，占比 46.8%。在碳排放方面，2018 年全国建筑全过程碳排放总量为 49.3 亿吨，占全国碳排放的比重为 51.3%。其中：建材生产阶段碳排放 27.2 亿吨，占全国碳排放比重为 28.3%；建筑运行阶段碳排放 21.1 亿吨，占全国碳排放的比重为 21.9%，建筑施工阶段碳排放 1 亿吨，仅占比重 1%（图 3）。由此可见，建材生产运输和建筑运营维护对建筑业实现双碳目标具有关键意义。

世界各主要经济体的碳达峰、碳中和时间

我国计划在2030年实现碳达峰，比欧盟晚40年，比美国晚23年，比日韩晚17年，我国计划在2060年实现碳中和，仅比各发达经济体晚10年

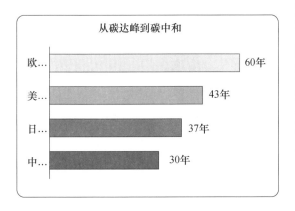

国家和地区	碳达峰时间	碳中和时间
美 国	2007	2050
欧 盟	1990	2050
加拿大	2007	2050
韩 国	2013	2050
日 本	2013	2050
澳大利亚	2006	2040
南 非		2050
巴 西	2012	

图 2 世界各主要经济体"双碳"目标

建筑业是二氧化碳等温室气体排放大户

■ 根据《中国建筑能耗研究报告（2020）》显示，2018年全国建筑全过程（全生命周期）能耗总量约占全国能源消费总量比重为46.5%；全国建筑全过程（全生命周期）碳排放总量占全国碳排放的比重为51.3%。

• 建材生产阶段碳排放27.2亿吨CO_2，占全国碳排放的比重为28.3%。

• 建筑施工阶段碳排放1亿吨CO_2，占全国碳排放的比重为1%。

• 建筑运行阶段碳排放21.1亿吨CO_2，占全国碳排放的比重为21.9%。

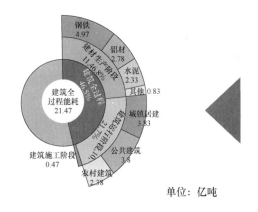

单位：亿吨

图表来源：中国建筑节能协会能耗统计专委会

图 3 我国建筑业碳排放分析

4 行业碳中和的主要路径分析

根据总体目标，按中国现在的碳中和能力换算，到2060年碳排放总量约15亿吨。如果按现在建筑业碳排放占比进行换算预估，即预计到2060年碳排放总量控制在7.5亿吨左右。建筑领域的节能减排是助力实现碳达峰、碳中和链条中非常重要的一环，看似简单的一道数学题背后却对建筑业的发展带来了前所未有的巨大挑战，而绿色建筑就是实现建筑业降碳最为有利的抓手（图4）。

建筑业的降碳措施

优选零碳技术
次选低碳技术

优选零碳建造
次选低碳建造

绿色建筑是
最为有利的抓手

优选零碳建材
次选低碳建材

优选零碳运维
次选低碳运维

图 4　绿色建筑是建筑业降碳的主要途径

绿色公共建筑单位建筑面积平均碳排放量为每平方米 29.9 千克二氧化碳，比全国平均值每平方米 60.78 千克二氧化碳降低了 50.81％，居住建筑单位建筑面积平均碳排放量为每平方米 14.13 千克二氧化碳，比全国平均值每平方米 29.02 千克二氧化碳降低了 51.3％。

而对于综合节能率较高的超低能耗建筑，由于超低能耗建筑不需要装设环境调节设备，从而减少了大量外露的传输管道带来的能源浪费，而且其设计注重隔热气密性，大幅降低了建筑内外无效的热量交换，这让其与传统房屋相比减少了大量的能源消耗，对于实现碳达峰、碳中和意义重大。

新中国成立 70 余年，改革开放 40 余年，建筑业一度在基建和房地产大开发的刺激下快速发展。近些年来，随着环保要求的提高，"3060" 计划的落实，建筑业各相关企业首先要调整好心态，顺应周期，练好内功，挣绿色的钱、挣顺应趋势的钱。在监督测评方面，我们应该对建筑行业所有部门的碳排放进行测算，使用生命周期评估方法进行量化，特别是建材生产方式要发生根本性的改变，改变过程中一定会经历成本增加、产量减少、价格上涨等不利影响（图 5）。但通过技术研发实现低碳、零碳的生产方式，通过降低产能控制碳排放总量，通过碳交易确保一定的产能是建筑材料生产企业的必由之路。工程建造方式也将发生革命性的改变，人才提升、管控加严，随着技术的投入，零碳低碳或新

 "双碳目标"对行业的影响

建材生产方式要发生根本性的改变	工程建造方式要发生革命性的改变
成本增加　产量减少　价格上涨	人才提升　管控加严　成本增长
◆通过技术研发实现低碳、零碳的生产方式	◆零碳低碳建材或新的替代产品不断出现
◆通过降低产能控制碳排放总量	◆助推绿色建筑技术的研发与应用
◆通过碳交易确保一定的产能	◆助推智慧建造技术的广泛应用

图 5　"双碳"目标对行业的影响

的替代产品将不断出现，绿色建筑技术的研发与应用、智慧建造技术的广泛应用和落地，同时推动既有建筑节能改造、提升建筑节能标准，推广超低能耗建筑、近零能耗建筑、零碳建筑，在已有的国家低碳工业园区、低碳社区、绿色生态城区、绿色建筑基地等示范区建设的基础上，继续推进可再生能源建筑应用、零碳建筑示范、近零排放示范区建设，规模化、制度化地推进建筑节能减排工作，加上绿色金融、碳税和碳交易的举措，必将为主动拥抱变革的行业企业带来新的商机。

5 结语

"双碳"战略：意义深远、势在必行、没有退路；
　　　　　　积极行动、人人参与、没有捷径！
"双碳"愿景：绿色地球、环境持久、人类文明；
　　　　　　绿水青山、宜居健康、造福子孙！
让我们一起行动起来，为"碳达峰、碳中和"目标的实现贡献力量，功在当下，利在千秋！

浅谈"双碳"背景下幕墙门窗行业面临的机遇与挑战

◎ 谢士涛

深圳市土木建筑学会建筑运营专委会　广东深圳　518038

摘　要　实现碳达峰、碳中和（简称"双碳"）是我国向世界作出的庄严承诺，是一场广泛而深刻的经济社会变革，是我国贯彻新发展理念、推动高质量发展的必然要求。为落实"力争 2030 年前实现碳达峰、2060 年前实现碳中和"的重大战略决策，全国各地、各行业全面开展了双碳工作的研究和部署工作。笔者根据收集的相关研究资料，结合对建筑行业、幕墙门窗行业的了解，提出个人的几点思考，供大家参考。

关键词　碳达峰；碳中和；建筑行业；幕墙门窗

1　引言

1.1　双碳的必要性

研究表明，目前全球地表平均气温相比 1880 年高出约 1.2℃，远超出此前一万年地球平均气温的正常波动区间。造成气候变暖的原因主要是工业化带来的温室气体（以二氧化碳为主，还包括甲烷、一氧化二氮和氯氟碳化合物等）排放。全球变暖会带来两极冰川融化、海平面上升、极端天气灾害增加、土地沙漠化和海洋酸化等。全球为应对气候变化，于 2015 年 12 月 12 日在巴黎第 21 届联合国气候变化大会上通过了《巴黎协定》，全世界 178 个缔约方共同签署。《巴黎协定》是对 2020 年后全球应对气候变化行动作出的统一安排，其长期目标是将全球平均气温较前工业化时期上升幅度控制在 2℃以内，并努力将温度上升幅度限制在 1.5℃以内。

联合国一份报告显示，2000—2019 年全球记录了 6681 起气候灾害，相比之前 20 年的统计数据增加了 83%。据联合国政府间气候变化专门委员会（IPCC）测算，至本世纪末全球升温控制在 1.5℃的可能性已极小，为了守住 2℃的升温红线，需要全球在将来 30 年内实现大气中的二氧化碳不再增长，也就是"碳中和"。

1.2　我国双碳的目标

2020 年 9 月 22 日，国家主席习近平在第七十五届联合国大会一般性辩论上宣布："中国将提高国家自主贡献力度，采取更加有力的政策和措施，二氧化碳排放力争于 2030 年前达到峰值，努力争取 2060 年前实现碳中和"，中国碳达峰、碳中和目标（简称"双碳"目标）的提出，在国内、国际社会引发关注。2021 年 3 月 15 日下午召开中央财经委员会第九次会议，研究促进平台经济健康发展问题和实现碳达峰、碳中和的基本思路和主要举措。强调实现碳达峰、碳中和是一场广泛而深刻的经济社会系统性变革，要把碳达峰、碳中和纳入生态文明建设整体布局，拿出抓铁有痕的劲头，如期实现 2030 年前碳达峰、2060 年前碳中和的目标。碳减排、碳达峰和碳中和已经成为我国的国家战略。每个行业都不能置身度外,每个人都是利益相关者。

1.3 我国碳排放的情况

中国是目前最大的碳排放国,2019 年排放量占全球 27.9%(美国占 14.5%),其他发展中国家的碳排放也在持续增长。从人均排放的角度来看,中国人均碳排量为 7.1 吨/年,仅为美国的 44%,韩国的 59%;而印度人均碳排量甚至仅为中国的 26%。美国人住着大房子(平均住房面积 65 平方米),在住宅领域的人均能耗(取暖、降温、照明等)是中国的 3.2 倍,是印度的 5.4 倍;在交通领域的人均能耗更是中国的 8.7 倍,印度的 27.4 倍。根据英国石油公司统计,2020 年受新冠肺炎疫情影响,全球主要国家碳排放有所下降,但中国疫情控制好带来的经济增长也带来了碳排放的增长。2020 年全球主要国家碳排放情况如图 1 所示。

根据中国生态环境部和中金公司研究成果,2019 年我国共产生能源消费 48.6 亿吨标准煤,虽然提早完成了非化石能源 15% 的目标,但其中大部分仍来自煤炭(占比 57%)。根据估算,2019 年我国或产生二氧化碳排放 125.9 亿吨(未扣除碳吸收部分),同比增长 2.8%。其中能源部分同比增幅 2.6%,仍占据碳排放总量的 77%。如图 2 所示。

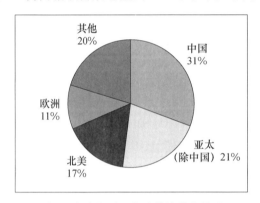

图 1 全球主要国家碳排放分布情况

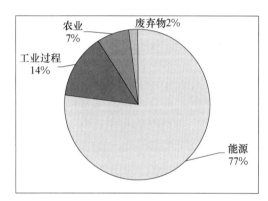

图 2 我国碳排放来源细分

1.4 碳达峰碳中和的基本路径

从我国碳排放的分布来看,碳中和的路径主要有,一是在能源供给端用新能源代替碳基能源,即尽可能多地利用新能源,减少碳排放多的火电;二是在能源使用端去碳,即减少一次能源的使用,如直接烧煤;三是固碳,一方面可通过植树造林吸收大气中的二氧化碳,另一方面用工业化的方式进行碳捕获。

2 建筑碳排放

2.1 建筑能耗与碳排放

根据联合国环境规划署计算,建筑行业消耗了全球 30%~40% 的能源,并排放了几乎占全球 30% 的温室气体;如果不提高建筑能效,降低建筑用能和碳排放,到 2050 年建筑行业温室气体排放将占总排放量的 50% 以上。

《中国建筑能耗研究报告(2020)》数据表明,2018 年全国建筑全过程能耗总量为 21.47 亿吨标准煤,占全国能源消费总量的比重为 46.5%。2018 年全国建筑全过程碳排放总量为 49.3 亿吨二氧化碳,占全国能源碳排放的比重为 51.2%。其中,建材生产阶段碳排放 27.2 亿吨二氧化碳,占建筑全过程碳排放的 55.2%,占全国能源碳排放的比重为 28.3%。建筑施工阶段碳排放 1 亿吨二氧化碳,占建筑全过程碳排放的 2%，占全国能源碳排放的比重为 1%。建筑运行阶段碳排放 21.1 亿吨二氧化碳，占建筑全过程碳排放的 42.8%，占全国能源碳排放的比重为 21.9%。如图 3 和图 4 所示。

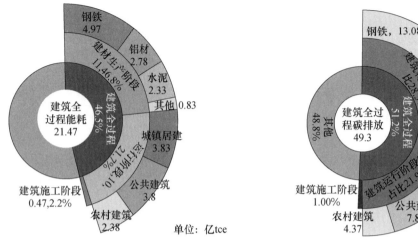
图 3 2018 年建筑全过程能耗

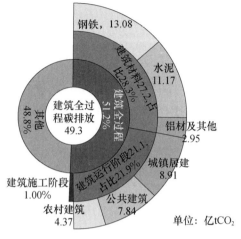
图 4 2018 年建筑全过程碳排放

2.2 建筑碳排放核算

2019 年 12 月实施的《建筑碳排放计算标准》（GB/T 51366—2019），对单栋建筑或建筑群全过程的碳排放核算进行了约定。建筑碳排放是指建筑物在与其有关的建材生产及运输、建造、运行及拆除阶段产生的温室气体排放的总和，以二氧化碳当量表示。建筑全过程碳排放核算示意如图 5 所示。

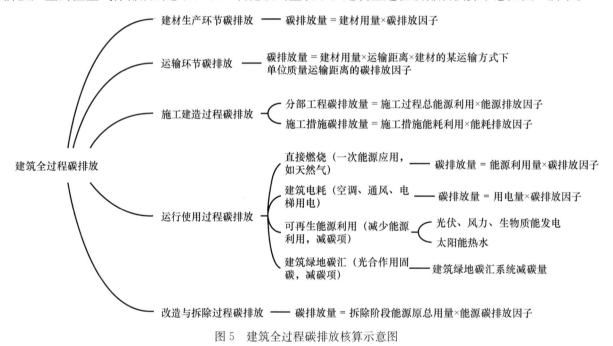
图 5 建筑全过程碳排放核算示意图

2.3 建筑碳排放分析

根据测算，在建设阶段，建筑碳排放主要是建材生产产生的碳排放；在运行使用阶段，由于使用周期长，该阶段的碳排放无疑是建筑全过程中最多的。因此，控制建材生产的碳排放和使用过程的碳排放是建筑碳达峰碳中和的关键。当然，可再生能源的利用和建筑绿地的"减碳"在碳中和中也发挥着积极的作用。

如下重点就建筑生产与运行阶段碳排放计算的说明。

（1）建材生产的碳排放。建筑生产碳排放计算，应包括建筑主体结构材料、建筑围护结构材料、建筑构件和部品等。建材生产碳排放计算公式：

$$C_{sc} = \sum_{i=1}^{n} F_i \cdot M_i$$

式中　C_{sc}——建材生产阶段碳排放（$kgCO_2e$）；

　　　M_i——第 i 种主要建材的消耗量；

　　　F_i——第 i 种主要建材的碳排放因子（$kgCO_2e$/单位建材数量），我国目前幕墙门窗常用建材的碳排放因子见表1。

表1　幕墙门窗常用建筑材料的碳排放因子

材料类别	碳排放因子（$kgCO_2e/t$）	备注
普通碳钢	2050	
电解铝	20300	按全国平均电网电力情况
铝板带	28500	
平板玻璃	1130	
普通硅酸盐水泥	735	按市场平均情况
页岩石	5.08	

在"双碳"背景下，建筑材料的低碳化会成为关注的重点，建筑材料的碳排放因子与材料的用量决定了碳排放的多少。因而选择排放因子小的材料是设计师的首选，而改善生产工艺、降低建材的碳排放因子则是建材生产商的关注点。从表1中数据不难看出，铝及铝制品的碳排放是钢材的10倍，铝板与石材碳排放差距也巨大，石材属于低碳材料，铝材及铝板属于高碳材料。

（2）建筑运行阶段碳排放。建筑运行碳排放为建设工程规划许可证范围内能源消耗产生的碳排放量和可再生能源及碳汇系统的减碳量。范围应包括暖通空调、生活热水、照明及电梯、可再生能源、建筑碳汇系统在建筑运行期间的碳排放量。其中，建筑设计寿命应按设计文件，如不能提供时，应按50年计算。

建筑运行阶段碳排放，主要是测算单位面积的碳排放量。应根据建筑各耗能系统不同类型能源消耗量和不同类型能源的碳排放因子确定，建筑运行阶段单位建筑面积的碳排放量（单位：$kgCO_2/m^2$）计算公式如下：

$$单位面积的碳排放量 C_M = \frac{(\sum 能耗 \times 能源碳排放因子 - 减碳量) \times 使用年限}{建筑总面积}$$

由于建筑绿地的减碳是绿色植物通过光合作用形成的固碳作用，减碳量十分有限。从计算公式不难看出，运行阶段的碳排放主要是建筑的耗能所带来的碳排放。因此，减少建筑耗能就是减少碳排放。建筑运行过程中能源消耗主要是电力和天然气，对于公共建筑来讲电力的占比最大。建筑运行过程中的减碳，一方面需减少能源的消耗量，另一方面是能源供给侧的减碳带来的碳排放因子的下降。

我国2018年平均电力碳排放因子为0.59kg/（kW·h），即每消耗一度电需增加0.59kg的碳排放量。2018年世界平均电力碳排放因子为0.475kg/（kW·h），2019年美国平均碳排放因子为0.392kg/（kW·h）。如果我国平均电力碳排放因子能达到世界平均水平，则相当于碳减排20%。

3　建筑"双碳"目标分析

3.1　建筑碳达峰面临的问题

建筑行业的碳排放量，一方面是建筑的总规模，包括新建建筑与既有建筑；另一方面是建筑全生命周期内的碳排放量。对新建建筑，需从规划设计、建筑材料、运输、施工与运行等全过程进行碳排放管控。对存量的既有建筑，主要是做好运行阶段的碳排放管控。建筑行业碳达峰需做好建筑规模控制和既有建筑减碳两大方向工作。

（1）建筑规模持续增加。我国改革开放的 40 多年间经历了城市化的高速增长，1978 年我国城镇化率仅为 17.92％，而到 2019 年已经达到 60.60％。根据中国社科院城市发展与环境研究所发布的《城市蓝皮书：中国城市发展报告 No.12》，预计到 2030 年，我国城镇化率将提高到 70％，2050 年将达到 80％左右。可见，未来 10 年建筑需求还会不断增加。

（2）既有建筑用能不断增长。城镇化工业化发展带动了建筑规模的不断扩张，目前我国既有建筑规模约 650 亿 m^2，位居世界第一。当前建筑运行阶段碳排放 21.1 亿吨，是基于当下人们的使用需求为前提的。随着人民生活水平的提高，对能源消费需求增加会导致建筑运行能耗进一步增加，如南方地区的供暖需求等。

根据中国建筑科学研究院专家测算，若维持现有建设发展速度、能耗政策与技术标准不变，结合城镇化的进程与人口的负增长，建筑行业碳达峰的时间预计在 2038 年左右，这将明显滞后全国碳排放总量达峰时间。因此，建筑行业必须立即采取行动，在建筑减碳方面做好谋划。

3.2　建筑"双碳"实施路径

根据上述分析，可初步认为建筑碳达峰碳中和的路径主要有：

（1）建筑规模控制。城镇化的持续发展是必然，但需以新发展理念和高质量发展为方向，以可持续发展为目标实现居者有其屋，坚持"房住不炒"，减少盲目扩张与无序开发。

（2）碳排放的减量化设计。以目标为导向进行设计，实施能耗与碳排放限额设计，在设计过程中将碳排放控制分解到建材选择、生产运输路径、各机电系统能耗等各方面。同时提升建筑的整体质量，延长建筑的使用寿命，降低建造阶段碳排放的年度分摊也是实现碳中和的可行途径。

（3）既有建筑的性能改造。运行阶段碳排放控制重点是减少建筑能耗，海量的既有建筑需要进行节能改造以实现减碳目标。既有建筑的改造过程也会增加碳排放，因而改造方案需进行碳排放核算才有实际意义。当前明确要求的减少和控制大拆大建的指导方针，也有"双碳"目标达标的原因。

（4）建材低碳化，建造工业化。建设阶段建材生产碳排放多，建材的低碳化是减碳的关键。建材碳排放数据是建筑设计选材的依据，建材行业也在积极响应双碳号召，倡议 2025 年前全面实行碳达峰。另建筑工业化生产，替代简单粗放式的现场施工模式，可有效降低施工与运输环节的碳排放。

（5）可再生能源利用。可再生能源在建筑中的应用可直接减少建筑能耗，成为碳中和的重要途径。光伏、风力、生物质能等可再生能源应用将成为一个热点，随着我国光伏产能与发电成本的降低，光伏建筑一体化的应用已被多个城市作为"双碳"工作的必备选项之一。

（6）运行管理与生活方式的改变。运行阶段碳排放，一方面是建筑能耗，另一方面是使用寿命。减少能源浪费和延长使用寿命是减少碳排放不可忽视的问题。从既有建筑的能耗数据来看，使用管理好已有建筑机电设备和设施系统，可降低能耗 10％～30％。同时，建筑设备设施的使用寿命也会延长30％左右。另能源消耗还有一部分来源于不良的使用习惯，如垃圾不分类造成不必要的碳排放等。"双碳"背景下，建筑运行管理向全过程可持续、智能化、数字化方向发展，人民的生活方式向低碳绿色方向改变应是大趋势。

4　幕墙门窗行业面临的机遇与挑战

幕墙门窗行业作为建筑领域的重要部分，在"双碳"背景下不可避免地会受到影响。而幕墙门窗作为围护结构，对建筑运行能耗影响十分关键，如何在国家、建筑行业的"双碳"目标的实施过程中找到自己的位置，发挥自身的作用并迎来发展的主动，是幕墙门窗行业绕不开的话题。根据上述分析提出如下思考。

4.1 面临的机遇

（1）高性能可持续建筑幕墙产品应用的新机遇。"30、60 的双碳目标"作为国家战略方向，建筑作为高碳排放行业之一，必将受到持续的重点关注。无论是新建改建项目，无不会将碳排放作为重点考量。幕墙门窗的高性能产品也必然会受到追捧，以建筑全过程排放的视野来看，此时的高性能产品必定是可持续、高节能特性的低碳明星产品。

（2）既有建筑幕墙门窗性能改造的新机遇。面对 650 亿平方米的巨大存量建筑，楼龄长、能耗高的建筑节能改造必然会在近年内实施，幕墙门窗作为节能改造重要的一环，不可避免地会进入到行业市场，既有幕墙门窗的改造也必然是双碳背景下行业发展的一个新着眼点。

（3）光伏光热建筑一体化与外遮阳带来的新机遇。前些年行业发展的光伏幕墙、光伏屋面，在双碳的推动下，也将会有更大、更快的发展。如深圳市发展和改革委员会发布征求《关于大力推进分布式光伏发电的若干措施（征求意见稿）》和《深圳市光伏发电财政补贴政策实施细则（征求意见稿）》。强制性国家标准《建筑节能与可再生能源利用通用技术要求》已明确新建建筑应安装太阳能系统；夏热冬暖、夏热冬冷地区甲类公共建筑南、东、西向外窗和透光幕墙应采用遮阳措施等。

（4）既有幕墙维护保养管理的新机遇。建筑全过程的碳排放中运行过程的占比大，双碳背景下对运行和使用寿命的关注，必然也会对幕墙门窗的维护保养提出新的要求，首先是安全与耐久性问题，关系到使用寿命。其次是性能稳定问题，关系到节能减碳的持续性。在运行过程中减少大拆大建的更新改造与提升过程中，对影响能耗的幕墙门窗气密性、隔热性能等方面的维护更新也扩展了幕墙门窗维护保养的内涵。

4.2 带来的挑战

（1）建筑规模控制带来的新建项目减少的挑战。建筑行业经过近 40 年的高速发展已进入高质量发展阶段，"双碳"目标的实施与全国人口增长的减速必然会带来建筑规模的减少，幕墙门窗行业也不能独善其身。新建项目减少带来的规模化发展向高质量、小型化、改建项目发展，企业面临由快速发展向高质量发展的转型。

（2）围绕碳排放的幕墙门窗设计施工的新挑战。"双碳"目标带来的性能化、能耗或碳排放限额设计等"低碳"要求将主导工程的实施。在项目碳排放统筹过程中，幕墙门窗需配合做好产品节能特性的高要求和设计施工过程的碳核算。幕墙门窗的产品性能、材料选择与运输施工工艺等都将被赋予碳指标，低碳将成为对幕墙门窗产品性能的新衡量指标。选用低碳材料、减少个性化生产工艺、方便现场安装和使用维护将成为方向。

（3）建筑幕墙门窗高性能、可持续产品的技术挑战。从碳排放计算看，幕墙门窗性能的好坏将影响到不少于 50 年的运行过程的碳排放，目前幕墙门窗产品的相关性能仅为建设初期的实验室性能。"双碳"目标下，将对建筑的节能特性指标在现场进行实体检验并做能效标识，以便运行过程中对建筑能耗的监督。如使用过程中发生的能耗上升与设计不符，建设方将会被追溯。因此，高性能的且可经过简单维护保养就能保持性能要求的幕墙门窗产品和技术才是符合发展要求的。

（4）光伏光热建筑一体化和外遮阳技术应用的新挑战。作为减碳方式的可再生能源利用，能源与建筑行业不约而同地关注到了太阳能利用。太阳能在建筑中的应用尽管已有很长时间，却始终没有形成气候。既有投资回报的成本问题，也有技术适用性的问题。幕墙门窗行业如何做好跨界工作，形成成熟可靠的技术，在即将爆发的太阳能利用市场中分一杯羹，无疑是新的挑战。安全耐久、方便可靠的外遮阳系统亦是如此。

参考文献

［1］中国建筑节能协会. 中国建筑能耗研究报告 2020［J］. 建筑节能，2021，49（2）：1—6.

［2］中华人民共和国住房和城乡建设部. 建筑碳排放计算标准：GB/T 51366—2019［S］. 北京：中国建筑工业出版社，2019.

［3］龙惟定，梁浩. 我国城市建筑碳达峰与碳中和路径探讨［J］. 暖通空调，2021，51（4）：1—17.

［4］江亿. 我国建筑的碳达峰碳中和［EB/OL］. 第十七届清华大学建筑节能周专题报告，https：//xueqiu. com/9331049986/176528024.

［5］孙研研. 低碳建筑项目的碳排放核算及节能减排策略研究［D］. 马鞍山：安徽工业大学，2018.

［6］中华人民共和国住房和城乡建设部. 建筑节能与可再生能源利用通用规范：GB 55015—2021［S］. 北京：中国建筑工业出版社，2021.

绿色节能幕墙技术在公共建筑中的应用

◎ 何林武　唐光勤　汪祖栋　张　航

中建深圳装饰有限公司　广东深圳　518023

摘　要　本文探讨了绿色节能幕墙在公共建筑中的应用。

关键词　绿色；节能；光伏；装配式

1　引言

伴随着当前社会能源消耗速度的急速增长，社会环境污染也愈发严重，影响到人类生活的各个角落，人们对环境保护问题的重视程度逐步提高。特别是在高能耗的建筑行业，国家和地方高度重视，出台了一系列相关政策，新型绿色节能环保的建筑材料应运而生，新型节能幕墙也迎来巨大的发展空间。本文将以深圳市建筑科学研究院未来大厦项目为例，探究节能型建筑幕墙设计方案在公共建筑中的应用。

2　工程概况

深圳市建筑科学研究院未来大厦项目是深圳市建筑科学研究院自主设计、投资建设的办公研发大楼，项目位于广东省深圳市龙岗区的深圳国际低碳城核心启动区内，整体采用钢结构模块化的建造方式，总建筑面积 6.3 万 m^2，包括办公、会展会议、实验室、专家公寓等多种业态，是集未来建筑、新技术应用、绿建三星设计加运营等于一体的科研项目，是深圳市重点项目，同时承载着国际合作、国家"十三五"课题及深圳市节能减排财政政策综合示范项目的重要使命。

现代建筑幕墙作为建筑的外衣，已不仅仅满足于抗风压、水密性、气密性等基本性能，同时还应最大限度地满足建筑的使用功能，体现人文建筑、绿色建筑的设计原则。保温、隔声、防火、防雷、减少光污染、降低材料辐射、降低能耗等都是幕墙设计过程中的重点。设计方案要从每一个功能要求出发，制订合理完善的幕墙系统，采用最先进的技术、最新颖的材料，来满足以上功能性要求。

在设计过程中，考虑到该项目对绿色建筑节能的超高要求，在选择幕墙系统方案时，节能是最主要的考量指标。

3　双层幕墙系统

双层幕墙系统，外层为绿植幕墙和可拆卸可旋转百叶幕墙，内层为玻璃幕墙＋铝板幕墙，外层的绿植幕墙以及百叶幕墙采用间隔式的覆盖方式。在降低夏季热辐射的同时，满足室内采光和通风需求。此外，本幕墙系统在外观上呈现绿色生态的观感，能够更好地融入自然环境，为人们创造健康舒适的工作生活环境，如图 1 所示。

图1　外层幕墙效果图

外立面的自然通风与降噪性能、自然采光与遮阳隔热之间通常是相互矛盾的关系。为了达到室内自然通风、自然采光、隔热辐射和降噪声的综合最优，本项目建筑外立面设计时采用了"风声光热"多目标协同优化设计方法。该方法采用遗传算法与变异算法作为计算内核，通过适应项目条件的寻优系统，以优胜劣汰的规则求得项目立面的帕累托 pareto 前沿解集。优化目标为自然通风、自然采光、隔热辐射和降噪声综合最优，决策变量为立面不同构件（遮阳模块、绿化模块、透空模块）的位置与比例。（图2）

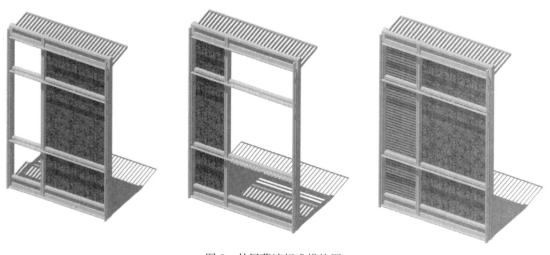

图2　外层幕墙标准模块图

系统详解：

建筑表面各个区域通过采取不等比例的模块，以应对不同时刻、朝向和标高对应的日照、风量等的不同。因此在设计时，百叶板块与绿植板块整体固定在铝框架上，形成一个方便安装与拆卸的装配式板块，可以有效解决异型建筑构件式幕墙复杂的安装过程以及拆卸不便的问题。具体节点如图3～图5所示。

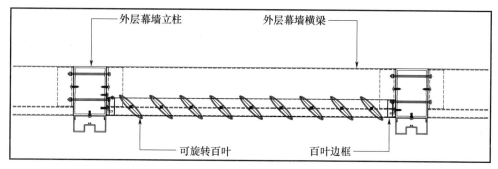

图3 外层遮阳百叶横剖节点图

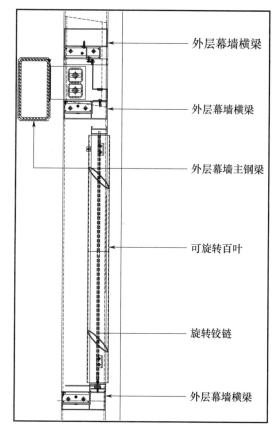

图4 外层遮阳百叶竖剖节点图

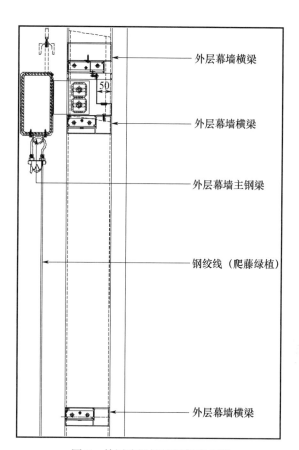

图5 外层遮阳绿植竖剖节点图

采用成品百叶（图6）一体化设计加工，加工质量、精密度较高。构件与五金件配合度高，旋转顺滑，卡槽紧密。可通过手动设置其随风摆动旋转或者固定角度，达到建筑需求的通风、遮阳效果的最优化。（图7）

4 外层钢骨架绿植幕墙系统

外层钢骨架绿植幕墙系统，绿植幕墙位于内层玻璃幕墙外侧，形成独立的个体，错落有序地布置于立面，达到功能与外观完美结合的建筑效果。（图8和图9）

外钢架尺寸为突出幕墙面650mm×1000mm，采用80mm×6mm钢通作为骨架。如果采用传统构件式做法，现场钢架焊接工作量大，加上是高空作业，施工时间长，施工安全和质量都无法得以保证。

图 6　成品百叶板块图

图 7　现场绿植幕墙实景图

图 8　外层钢骨架绿植幕墙实景图

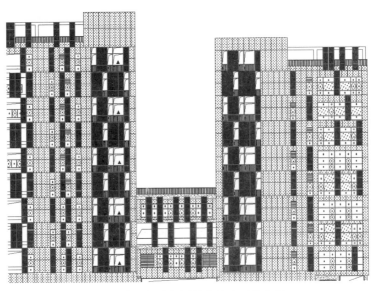

图 9　外层钢骨架绿植幕墙立面分布图

采用装饰配合设计及施工，在地面焊接成整体钢桁架，端部钢板封口密封，防止钢骨架内部锈蚀，顶底焊接钢耳板，现场直接挂接在预留的钢骨架上，顶部加盖板防跳。（图10和图11）

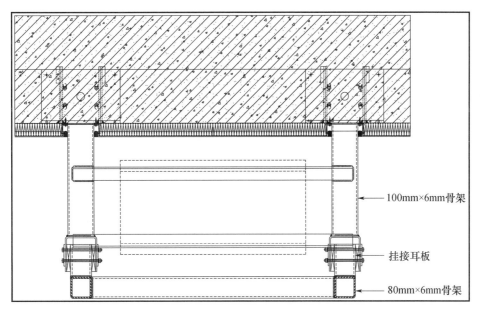

图10 外层钢骨架绿植幕墙横剖节点图

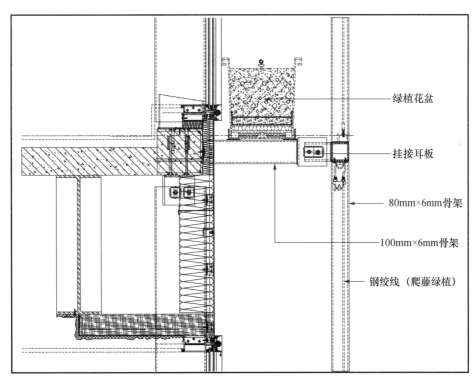

图11 外层钢骨架绿植幕墙竖剖节点图

5 光伏幕墙系统

光伏幕墙系统，突出建筑立面外侧，采用窗边框＋压线形式安装光伏面板，以满足建筑立面可以拆卸的模式进行设计安装，通过调整光伏面板的位置来满足建筑立面效果与效能的最大化需求。

　　整个建筑采用低压直流配电系统，终端用电设备可根据直流电压的变化及时进行自适应调节，适应可再生能源自身的波动以及电网的调峰需求。分布式太阳能光伏和储能系统可以更加灵活地控制和调节，是实现近零能耗建筑的关键技术之一。（图 12～图 14）

图 12　光伏幕墙实景图

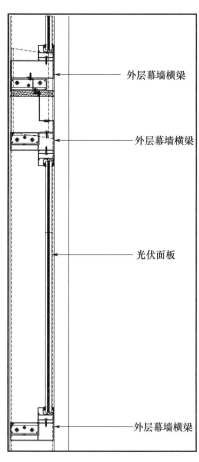

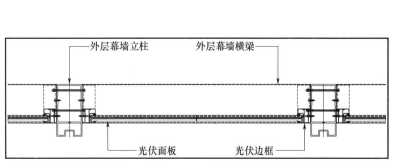

图 13　光伏幕墙横剖节点图　　　　　　图 14　光伏幕墙竖剖节点图

6 结语

未来大厦项目为"中国公共建筑能效提升项目"示范子项目,通过采用"强调自然光、自然通风与遮阳、可再生能源与分布式蓄能的'光储直柔'技术集成应用"的技术路线,以实现绿建三星级建筑和夏热冬暖地区近零能耗建筑的设计要求。作为近零能耗和直流建筑示范项目,未来大厦将实现直流电在建筑中的全运用,并借此将成为走出实验室、规模化应用的全直流建筑。

本项目幕墙系统方案全面考虑项目高标准的绿化节能等特点,设计科学合理,施工规范高效。

从建筑外立面效果来看,外层幕墙的遮阳、绿植与镂空板块错落有致、层次分明,突出其在遮阳、通风、节能等方面的优势。

通过装配式设计施工,在满足建筑各个使用时期不同需求的同时,可有效缓解现场的材料管理、安全管理的压力,缩短加工和安装的周期,减少现场措施,起到降本增效的效果。希望通过此文能为更多公共建筑中绿色节能幕墙的设计提供借鉴。

参考文献

[1] 孙冬梅,郝斌,李雨桐,等. 夏热冬暖地区办公类建筑净零能耗技术路径研究与实践 [J]. 建设科技,2020 (6):37-43.

[2] 王洪涛,万成龙. 建筑幕墙门窗发展趋势 [J]. 建筑科学,2018,34 (09):93-98.

[3] 肖春涛. 幕墙设计对建筑外立面设计的影响分析 [J]. 绿色环保建材,2018,(10).

第二部分

BIM 技术与应用

三维逆向设计与施工在海南国际会展中心二期的实践

◎ 蔡广剑　　江永福

深圳市三鑫科技发展有限公司　广东深圳　518054

摘　要　本文探讨了基于复杂异型幕墙的理论设计下单与施工措施在项目中的实践，通过海南国际会展中心二期主序厅复杂异型拉索幕墙的下单实践，尝试找到一种基于 BIM 及三维扫描技术的理论设计下单模式，从而保证复杂异型项目下单准确高效及缩短施工工期。

关键词　复杂异型；BIM 技术；理论设计下单；三维扫描

1　引言

本项目位于海口市秀英区滨海大道北侧，建筑面积约 19.07 万 m²，分为南、北两区，南区 ±0.00 以上主要为钢格构拉索幕墙，包含交叉网格及钢管柱结构，长 300m，宽 354m，幕墙标高 22m。主序厅钢格构拉索点式玻璃幕墙面积 1.1 万 m²。（图 1）

图 1　整体鸟瞰图

2　主序厅特点及难点

2.1　主序厅拉索幕墙的三维模型

主序厅拉索幕墙面积 1.1 万 m²，形体复杂，无规律变化，内倾（0～90°）、外倾（最大 30°）。（图 2 和图 3）

图2　主序厅拉索幕墙三维模型（一）

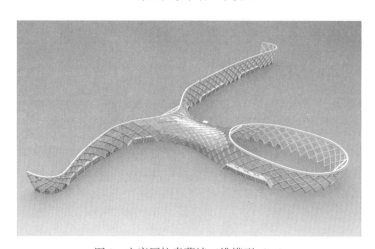

图3　主序厅拉索幕墙三维模型（二）

2.2　主序厅拉索幕墙与钢结构配合精度要求高

主序厅拉索幕墙固定于主体钢结构上，主体钢结构变形大，幕墙构件与主体钢结构连接精度要求高。（图4和图5）

图4　连接件安装图

图5　连接件安装放大图

2.3　面板、构件、连接件种类多，设计下单难度大。

（1）主序厅立面由 571 个方形钢格构组成，每个钢格构尺寸均不一样，约 4m×4m，每个钢格构由四块或八块玻璃组成，共 3968 块玻璃，每块玻璃平面角度不一样，倾角不一样，无相同尺寸面板。（图 6～图 9）

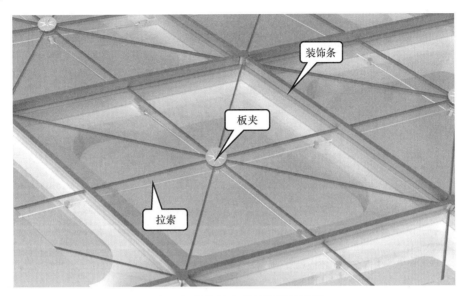

图 6　钢格构拉索幕墙局部效果图

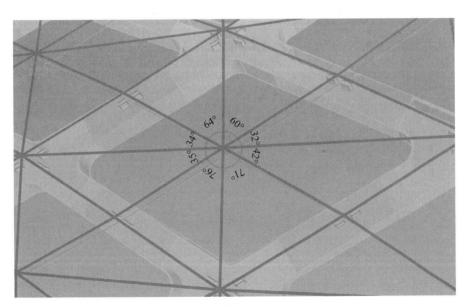

图 7　八块"米"字形玻璃夹角图

（2）571 套钢格构中心夹板为空间坐标，测量放线难度大。（图 10）

（3）钢格构中间的 U 形槽数量为 4168 个，钢格构相交位置的隔板数量为 536 个，每个在钢格构中的坐标都不一样，传统测量放线复尺无法满足要求，测量放线定位难度大。（图 11）

（4）"十字形"φ24 不锈钢拉索跨越钢格构设置的不锈钢压座及压块数量为 2024 块，圆柱体五金夹具扣压方向与拉索弧线方向一致，以此压住拉索，同一根拉索的夹具可能有多个方向。（图 12 和图 13）

（4）格构交接位置的装饰条长度和切角均不一样，设计下单难度大。（图 14）

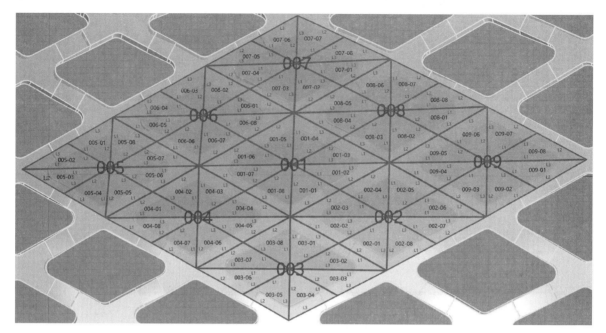

图 8　玻璃编号图

网格编号	玻璃编号	L1(mm)	L2(mm)	L3(mm)	O12(°)	O23(°)	O13(°)	中心角(°)	面积(m²)	备注
001	001-01	1699	1844	1755	59.2	56.3	54.5	64.5	1.35	内夹胶
	001-02	1833	1745	3151	123.5	29.0	27.5	29.0	1.33	内夹胶
	001-03	1747	1826	3151	123.7	27.5	28.8	27.5	1.32	内夹胶
	001-04	1758	1691	1836	64.3	59.6	56.1	59.6	1.33	内夹胶
	001-05	1691	1817	1739	59.3	56.7	54.0	64.0	1.32	内夹胶
	001-06	1806	1728	3115	123.6	28.9	27.5	28.9	1.30	内夹胶
	001-07	1728	1813	3116	123.2	27.6	29.1	27.6	1.31	内夹胶
	001-08	1698	1738	1824	64.1	56.9	59.0	59.0	1.32	内夹胶
002	002-01	1806	1755	1846	62.1	60.2	57.4	60.2	1.40	内夹胶
	002-02	3191	1797	1835	28.9	123.0	28.2	28.2	1.38	内夹胶
	002-03	1834	1800	3191	122.8	28.9	28.3	28.9	1.39	内夹胶
	002-04	1845	1757	1810	60.3	62.3	57.4	52.3	1.41	内夹胶
	002-05	1757	1834	1867	62.6	56.6	60.7	60.7	1.43	内夹胶
	002-06	3235	1825	1857	28.8	123.0	28.2	28.2	1.42	内夹胶
	002-07	3235	1861	1820	28.1	123.1	28.8	28.8	1.42	内夹胶
	002-08	1830	1756	1870	62.9	60.5	56.4	62.9	1.43	内夹胶

图 9　格构玻璃统计图

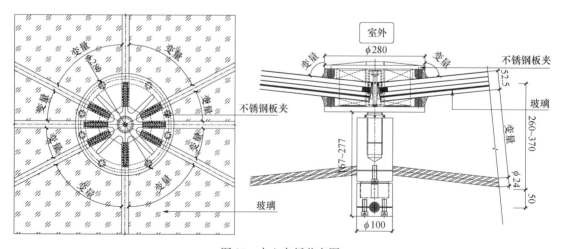

图 10　中心夹板节点图

图 11　连接件安装照片

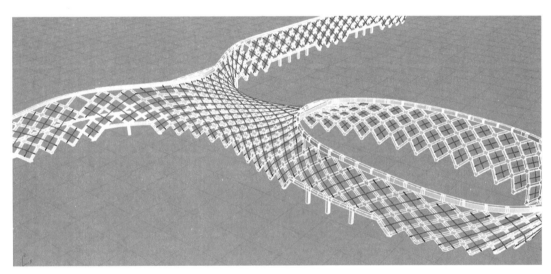

图 12　拉索布置图

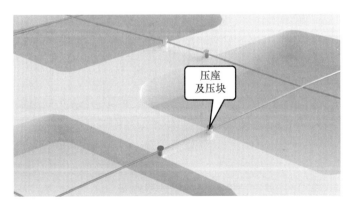

图 13　不锈钢压座及压块连接示意图

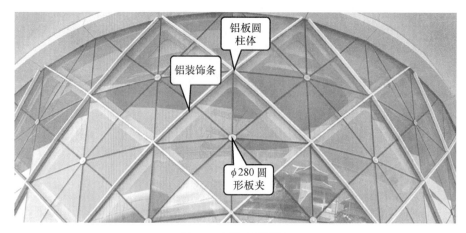

图 14　安装过程照片

3　理论设计下单实践

　　本项目异型复杂，150 天的幕墙施工时间，工期紧，设计下单难度大，传统的幕墙面板下单主要依靠技术人员根据设计图纸确定面板的种类，逐一测量面板的尺寸并绘制加工图纸，统计出各类板块数量，制作成表格来完成下单工作，此过程繁杂，工作量巨大，传统的设计下单形式难以满足本项目的要求。

　　为了克服传统下单方式存在的不足，提高下单效率，本项目采用全新、快捷、准确的 BIM 与三维扫描技术相结合模式进行下单。（图 15～图 18）

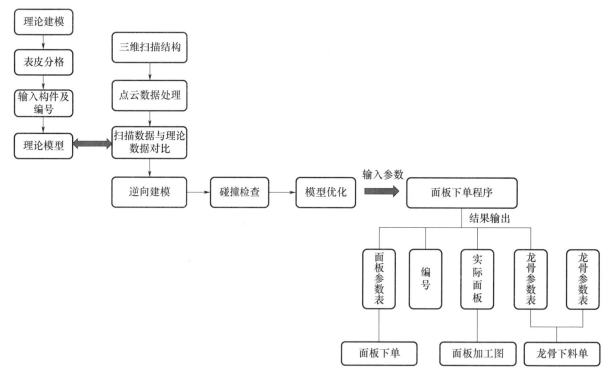

图 15　BIM 技术与三维扫描工程流程

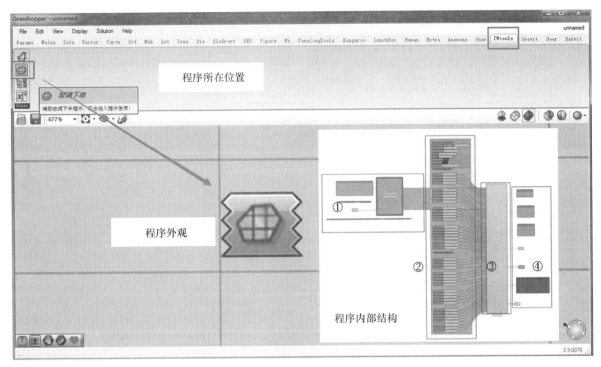

(①原始线模输入端　②参数设置区域　③主程序　④输出结果及提示)

图 16　幕墙面板下单程序位置示意及内部结构

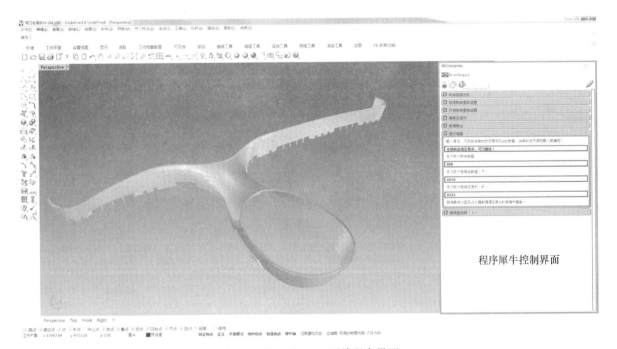

图 17　Grasshopper 下单程序界面

　　该程序利用 Rhinoceros（犀牛）软件及其插件 Grasshopper 为平台，采用各个功能的运算器将整个幕墙面板下单的流程编写成独立程序，并将其打包固化成独立的下单程序，并留出所需输入与输出参数的端口。使用者只需按要求输入所需参数之后就能获得面板的相关下单数据，程序界面操作简洁、适用性强，将繁复的工作交由计算机来完成，技术人员只需做一些简单而必需的操作就能轻易完成下单任务，准确性高。

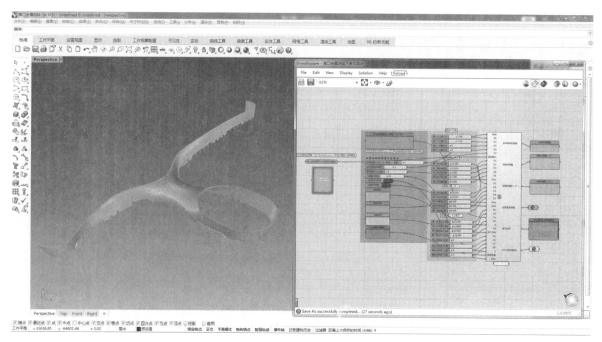

图 18　面板下单程序界面

　　BIM 技术理论设计下单后的数据要充分考虑到本项目的特点，本项目主体结构为钢结构，钢结构加工制作中的误差及卸载后的误差都影响到下单的准确性，因此采用三维激光扫描对主体扫描并建模，然后将现场扫描数据与理论模型对比，逆向建模，使用修正后模型下单，确保下单的高效准确。

3.1　三维扫描具体要求

　　（1）对钢结构进行全面扫描，点云成果坐标匹配到施工坐标系；结合设计模型，提供变形分析报告；

　　（2）重构当前竣工钢结构三维模型，模型精度 3mm，重构模型可以导入到犀牛软件中进行参照。

3.2　三维扫描设备与人员

　　三维扫描设备：徕卡 P40 扫描仪，测量精度 1mm，扫描速度 200 万点/秒，质量 5.3kg，扫描视场角水平方向 360°，垂直方向 300°。（图 19）

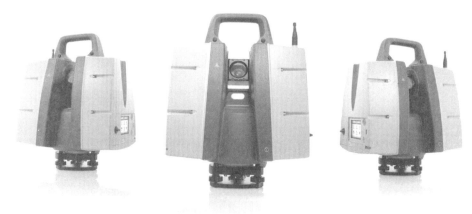

图 19　徕卡 P40 扫描仪

　　徕卡 P40 三维激光扫描仪软件配置：Cyclone Register 360、3D Reshaper。人员配置：外业人员 1

人。其他：徕卡 4.5 英寸黑白标靶 4 个、便携脚架 1 个。测距噪声结果见表 1，折射单元参数见表 2。

表 1 测距噪声表

测距噪声	距离 10m	距离 10m（噪声压缩）	距离 25m	距离 25m（噪声压缩）
为 90％反射率时	0.3mm	0.15mm	0.3mm	0.15mm
为 10％反射率时	0.4mm	0.2mm	0.5mm	0.25mm

表 2 折射单元参数表

垂直视野	300°
水平视野	360°
垂直步长	0.009°（360°含 40960 三维像素）
水平步长	0.009°（360°含 40960 三维像素）
最大垂直扫描速度	5，820r/min 或 97Hz

3.3 三维扫描流程

扫描作业根据踏勘情况，设站扫描，扫描密度为 3mm@10m，设站间距控制在 50～100m，同时在立面和顶部进行设站扫描，整体获取顶部和侧面的点云数据。三维扫描流程如图 20 所示。

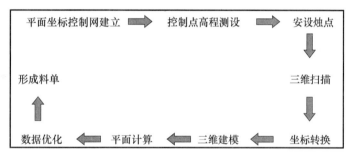

图 20 三维扫描流程

4 BIM 技术理论设计下单与三维扫描的应用

为保证 BIM 技术理论设计下单的准确、安装精度，采用三维扫描技术得出坐标值与理论模型数据复核后 BIM 技术理论设计下单，在安装过程中建立控制网和放样阶段，使用高精度自动导向全站仪、精密水准仪和垂直仪进行，确保安装精度。测量放线过程如图 21 所示。

图 21 测量放线过程照片

4.1 建立三维可视化模型

本项目主序厅建筑形体异型复杂，外面无规律变化，主体结构模型和实际结构的误差直接影响幕墙的安装精度。三维可视化模型如图 22 所示。

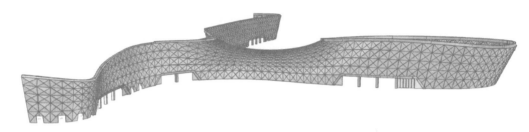

图 22 三维可视化模型

幕墙 BIM 的建立以实际模型为基础，每个幕墙"小而精"的构件在模型中建模反映实际安装情况，确保幕墙的安装精度。最终将复杂构件通过 BIM 提取数据，使用统一的模型编号、工厂加工编号、安装编号，确保现场三维定位安装有序进行。

4.2 依据图纸和三维扫描建立 BIM 模型

采用三维扫描对主体结构进行复测，逆向对主体结构建模。三维模型载入犀牛、总体三维激光扫描技术异型结构测量与三维重建，具体步骤如下：三维扫描主体结构→点云数据处理→现场扫描数据与理论模型对比→逆向建模。（图 23）

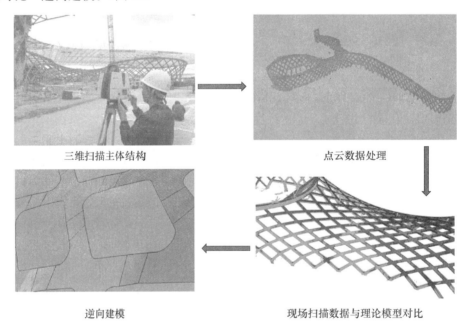

三维扫描主体结构　　　　　　　　点云数据处理

逆向建模　　　　　　　　现场扫描数据与理论模型对比

图 23 三维扫描逆向建模过程

4.3 三维模型碰撞检查

根据现场主体结构复测检查碰撞模型，并调整优化面板模型，确保理论模型与现场结构合模，并满足幕墙安装所需空间。（图 24）

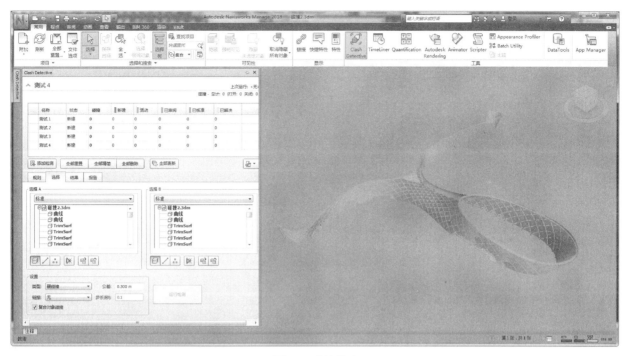

图 24　碰撞检查

4.4　BIM 模型优化出图

通过 Grasshopper 对面板进行深化并且搭建龙骨及连接件模型（BIM 模型精度达到加工级别）。对面板、龙骨、连接件进行统一编号。（图 25）

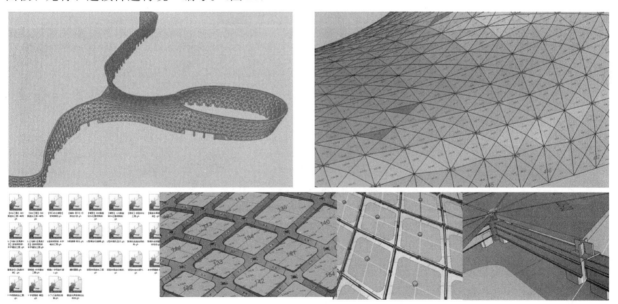

图 25　模型编号

根据 BIM 模型 Grasshopper 参数化批量出面板及龙骨加工图纸，按照图 26 所示进行参数化下单。

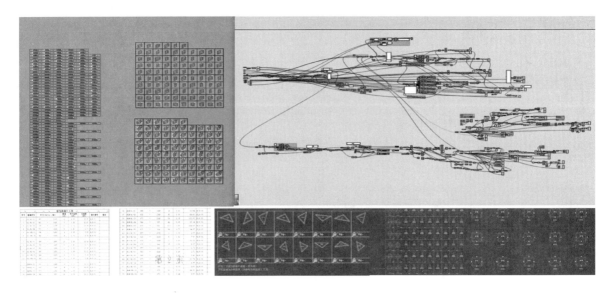

图 26　参数化下单

5　理论下单后的施工保证措施

理论下单仅解决了复杂异型幕墙的下单问题，如何保证理论下单的材料准确无误地安装更是关键。我们继续使用修正后模型数据指导施工。

5.1　BIM 模型数据提取

参数化批量提取底座、隔板、圆盘点位进行安装，参数提取如图 27 所示。

编号	X	Y	Z
A1	163.68852	11377.555	9900.3882
A2	−449.7176	9541.93963	10736.286
A3	−1010.382	7767.5012	1443.751
A4	−1518.534	6054.09502	12022.76
A5	−1974.492	4401.54026	12473.245
A6	667.35362	7758.0359	10575.944
A7	106.50919	5983.60975	11283.448
A8	−401.8719	4270.21171	11862.493
A9	1784.4249	5974.13218	10415.601
A10	1223.4004	4199.71831	11123.146
A11	714.79024	2486.32839	11702.227
A12	2313.4267	2384.98069	11027.188
A13	3403.453	570.243079	10931.23
B1	4795.1869	10080.6684	8745.1226
B2	5880.3689	8919.12361	8779.0054
B3	6965.551	7757.57879	8812.8882
B4	7978.0762	6694.88372	8792.1673
B5	8990.6014	5632.18864	8771.4464
B6	9930.5439	4668.32242	8696.0541

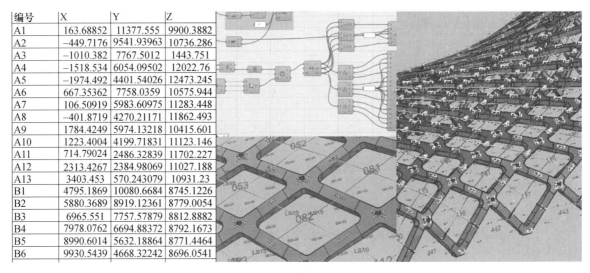

图 27　参数提取

5.2　安装测量管控

第一步，安装连接板，连接板定位用四个点，有两个点在主体钢结构上，方便工人定位，另外一个点为连接板朝向点，控制连接板的朝向进出，最后第四个点为检查点，用来审核安装偏差值。（图 28）

第二步，安装圆筒及米字格板，圆筒用一个点来确认在钢构上生根位置，另外用三个点定位米字格板的空间位置。（图 29）

第三步，安装锁夹，用一个点控制锁夹安装位置，如图 30 所示。

第四步，安装拉锁耳板，用三个点控制拉锁位置，两个点为钢结构生根点，一个点控制耳板空间朝向。（图 31）

图 28　安装连接板

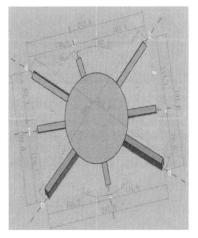

图 29　安装圆筒及米字格板

图 30　安装锁夹　　　　　　　　　　图 31　安装拉锁耳板

第五步，安装玻璃夹，用一个点定位玻璃夹大致位置，玻璃安装时，再确定玻璃夹朝向及进出。（图 32～图 37）

图 32　安装玻璃夹

图 33　竣工照片（一）

图 34　竣工照片（二）

图 35　竣工照片（三）

图 36　竣工照片（四）

图 37　竣工照片（五）

6　结语

本项目主序厅形体复杂，面板、构件种类多，设计下单难度大，突破常规的设计下单理念，充分运用三维扫描与BIM技术相结合下单，不仅能实现建筑设计理念及功能，而且能够有效提升加工、安装的精度，缩短工期，提升工程品质。通过三维扫描与BIM技术理论设计下单使建筑设计得到完美实现，得到业主、顾问及专家的认可，达到了较好的预期效果。此项目的三维扫描与BIM技术相结合的理论下单，为复杂异型项目打下了坚实的技术基础，积累了丰富的经验。

参考文献

［1］中华人民共和国住房和城乡建设部. 玻璃幕墙工程技术规范：JGJ 102—2003［S］. 北京：中国建筑工业出版社，2003.

［2］中华人民共和国住房和城乡建设部. 建筑玻璃点支承装置：JG/T 138—2010［S］. 北京：中国标准出版社，2010.

［3］中国建筑装饰协会. 建筑装饰装修工程BIM实施标准：T/CBDA 3—2016［S］. 北京：中国建筑工业出版社，2016.

［4］中国建筑装饰协会. 建筑幕墙工程BIM实施标准：T/CBDA 7—2016［S］. 北京：中国建筑工业出版社，2016.

卢赛尔体育场铝板幕墙板块参数化设计及加工

◎ 林楚明 李煜亮

广东雷诺丽特实业有限公司 广东肇庆 526299

摘 要 本文主要探讨了卡塔尔2022年举办世界杯主体育场卢赛尔体育场的三角形网格立面铝板幕墙工程在设计加工中，基于Rhino平台的运行，发挥Grasshopper编程在设计加工中的优势，克服三角形大型装配式铝板板块在设计加工中的难点和思路。

关键词 铝板幕墙；长城板；穿孔板；GH

1 引言

近年来，随着我国建筑行业的迅速发展，建筑幕墙在外观、功能、品质的追求上越来越高。建筑幕墙的设计、加工和安装技术正在不断的革新与突破。幕墙作为建筑的外墙围护结构，起到隔离室内外空间和美化建筑及环境等作用。不同的幕墙具有不同的功能和效果，铝板幕墙作为其中最具代表之一，具有质量轻、强度高、可塑性强、安装简便、耐候防腐、回收利用高等良好性能和环保特点，在建筑行业各界得到广泛的认可和使用。

随着建筑表皮的多维曲面化和不同空间结构设计的多样化，建筑幕墙的立面设计、加工和安装难度也越来越大。而铝板幕墙由于自身具有的可塑性强和安装简便两大特点，同时采用先进的参数化设计及加工技术，使得铝板幕墙在这种复杂立面的工程设计中得以充分发挥和应用。图1为扎哈事务所打造的澳门新地标——澳门Morpheus酒店，其外立面包络的异型结构就是用铝板幕墙制成的。作为服务于建筑行业的细分行业，铝板幕墙加工随着建筑立面的变化，很多传统

图1 澳门Morpheus酒店

的操作流程、设计加工已跟不上行业的发展与需求，需要不断创新和发展。本文以公司在卢赛尔体育场项目铝板幕墙的设计和加工所采用的参数化设计及加工技术作为案例，对新颖的铝板幕墙装配式设计和加工流程进行分析和总结，供业界交流和参考。

2 项目概述

卢赛尔体育场位于卡塔尔首都多哈北部的卢塞尔新城。从外观上看，项目幕墙三角形网格立面效

果展现了卡塔尔传统灯笼纹饰，建筑整体呈现出金色碗状器皿造型。屋面主索网采用双层轮毂式张力结构，跨度达274米，悬挑距离为76米，形如一个巨大的车轮状的"碗盖"。屋面造型呈马鞍形，东西高，南北低，整个体育场投影为圆形。外立面由三角形网格划分，采用金色大型板块穿孔铝板幕墙作为外围护结构，充分体现了一个镶满黄金的"大金碗"的建筑效果和民族风情。卢塞尔体育场是2022年世界杯主体育场，将承担2022年世界杯开幕式、决赛、闭幕式等重要活动。卢赛尔体育场由中国铁建国际集团承建，是中国公司首次以主承包商身份承建的世界杯主体育场。图2所示为项目效果图。

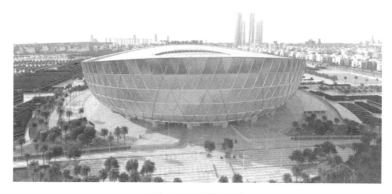

图2　项目效果图

3　项目特点及难点

3.1　项目特点

本工程铝板幕墙系统采用的是大型装配式铝板单元板块。如图3单元板块成品所示，板块的正面为由4～9块不规则的三角形穿孔铝板组成的面板，镶嵌在2～3块三角形或四边形铝板背板上，并由边框组合。因背面的铝板横截面凹凸造型像长城，故称长城板，如图4所示为长城板剖面。单个板块组装和拼装工序多且复杂，要求构件加工和装配精度高，且板块的整体尺寸较大，组装后外形尺寸约达5200mm×5500mm，厚约250mm。如图5所示为板块的外尺寸。

图3　单元板块成品

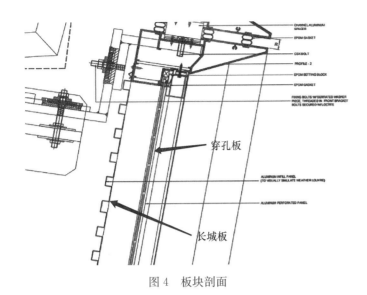

图 4　板块剖面

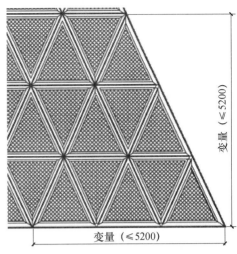

图 5　板块主视面

3.2　项目难点

（1）为了达到建筑设计的理想效果，建筑师在立面网状分格时并未采用尺寸统一的板块，使得不同尺寸的板块众多。经统计，本项目铝板板厚为 5.0mm 的三角形穿孔板多达 6911 件，图 6 为穿孔板半成品，板厚为 1.5mm 的长城板达到 2261 件，图 7 为长城板半成品。又因单件长城板展开后长宽尺寸约 5000mm×2500mm 之大，在生产制造中无法整板加工，且市面上也没有这种尺寸的铝板供应。经与设计师协商后将其一分为二，成型后再铆接为一体，致使长城板的数量从 2261 件变为 4522 件，图 8 为切分节点。

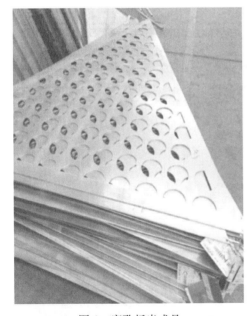

图 6　穿孔板半成品

图 7　长城板半成品

（2）三角形穿孔板的穿孔类型为非常规穿孔，边缘穿孔均为半孔或残缺孔，造成在生产时无法与常规穿孔板生产一样，可以一次冲压成型。由于穿孔板边缘孔位的形状与尺寸各有差异，不可能为每一种形状尺寸的孔位都配一套冲压模具，使得加工难度加大，造成生产周期长，图 9 所示为穿孔半孔。

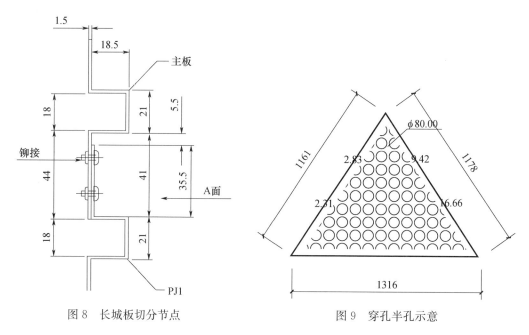

图 8　长城板切分节点　　　　　　图 9　穿孔半孔示意

穿孔板三角形三边尺寸在 900～1500mm，也就是不等边三角形。因等边三角形在矩形板内下料的利用率（如图 10 所示）仅约 50%，若在排版套料上不进行优化，大大小小的板套在一起，则会造成浪费，利用率低，增加成本。图 11 和图 12 为不同套裁搭配的成品率。

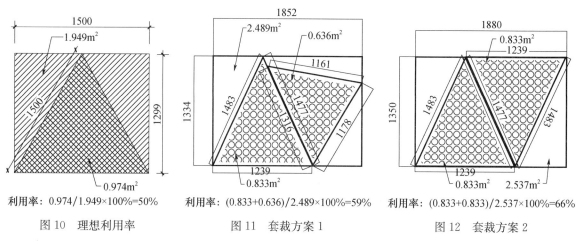

利用率：0.974/1.949×100%=50%　　利用率：(0.833+0.636)/2.489×100%=59%　　利用率：(0.833+0.833)/2.537×100%=66%

图 10　理想利用率　　　　　图 11　套裁方案 1　　　　　图 12　套裁方案 2

（3）三边或四边的长城板背板在不同尺寸、不同内角下所展开时的形状也将不同，4522 件板就有 4522 个展开图，图 13 所示为长城板展开前后对比。且在加工过程中，因为展开尺寸过宽，在折弯成型时，折弯刀数多，累计误差将造成成型误差大。

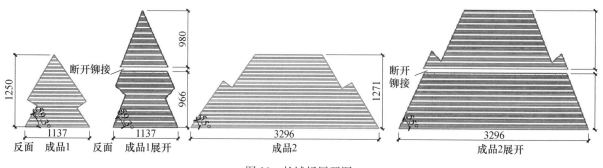

图 13　长城板展开图

（4）初始图纸比较简陋，在客户提交的图纸中，深化的程度有限，并未能达到生产所需的加工图纸要求。需要对图纸进行深化，添加生产加工所需的节点、详图和加工尺寸等重要信息。

4 参数化设计的应用

4.1 项目分析及 GH 的应用

因为项目工期紧张，出口运输周期长，项目影响广泛，必须对项目采取零容错措施，前期技术工艺流程需争分夺秒地落实加以配合生产制造。因为工程板多和复杂，采用传统低效率的工艺模式，极易产生纰漏和低效的结果，无法满足高效、高质、按时完成项目的要求。为此必须清晰地分析板块相应的特点和规律，采用参数化设计替代原有的设计方法，应用 Grasshopper 进行辅助设计。

Grasshopper（简称 GH）是一款可视化编程语言，是一款基于 Rhino 环境下运行的采用程序算法生成结果的插件。它可以通过输入指令，调用运算器，使计算机根据算法自动生成结果，并根据不同的参数进行调整、增加、修改等，从而得到最终的最优设计结果。在生产加工图的深化阶段，为了提高工作效率和准确率，避免板块加工时过多数据的混淆，过少的数据则会令人捉摸不透，难于理解，需要在确定的预期效果后应用 GH 可视化编程语言，针对穿孔板及长城板两种不同的板块、不同的类型、不同的特点，分开进行运算编程的编写，以此满足加工的需要。图 14 和图 15 分别为编写的穿孔板电池组（即运算器组合）和长城板电池组（即运算器组合）。

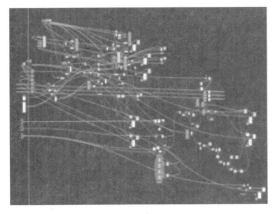 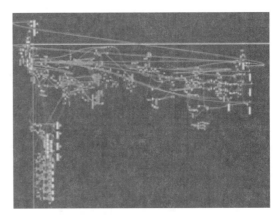

图 14 穿孔板电池组   图 15 长城板电池组

4.2 穿孔板深化思路

（1）在穿孔板加工图的深化中，着重于三边尺寸、孔的形状、编号序号的编排，让图纸更为直观，一目了然，简洁清晰。在运行 GH 前，先运用 AutoCAD 将三角形穿孔板内外轮廓组合为多段线，对孔位和三角形进行图层的区分，以便后期对各个类型的导入设置和分类运算。随后根据客户的原有板块编号用 Excel 进行序号的编排，重点在于序号的对正点需要被包裹在三角板外轮廓内部，便于运用 GH 通过序号区分出包裹序号的三角形，并对后期进行一系列操作。

准备工作完成后便将 CAD 文件导入到 Rhino，并将三角形、孔及序号分别设置于 GH。用标注运算器对其三角形的三边进行自动标注，并用序号的对正点做定位，将其对应的编号自动编入图纸，从而完成图纸深化。图 16 为深化前的图纸，图 17 为深化后的图纸。

（2）面对利用率低下的问题，考虑到若将所有孔位进行排版套料的运算，由于套料运算量巨大，占用内存多将超载，造成死机，于是选择仅使用三角形外轮廓和其序号的对正点进行运算。因点的计算量比线的计算量小，点的内存为坐标，即为数字组成，且点可作为后期的定位点，输出对应的编号、序号、轨迹转换定位等。通过代入第三方套料的运算器插件作为核心，限制其旋转角度、用料规格、编排件数、编排间距，得出理想的套料排版。随后通过运算器内置的机制，运用其转换轨迹，将孔位（即三角形轮廓内）通过运算的转换轨迹代入其三角形轮廓中，见图 18，便得到最终的套料排版。

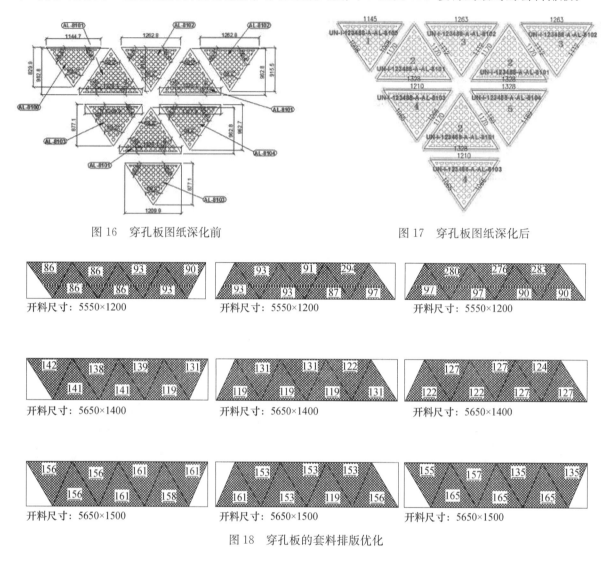

图 16 穿孔板图纸深化前   图 17 穿孔板图纸深化后

图 18 穿孔板的套料排版优化

（3）考虑到穿孔板为双面喷涂，不同的喷枪在不同的面喷涂时，所得到的颜色也将有所差异，即图 19 所示为阴阳面。于是运用 GH 对主视面和次要面进行区分，采用三角板的外轮廓向内偏移。在主视面一角尖设置一个非穿透的深度为 2mm 的圆孔，穿了一半孔的为主视面，反之无孔的为次要面。同时在板另外两个角尖处设置工件喷涂用的吊挂孔，图 20 为加工辅助孔的示意。

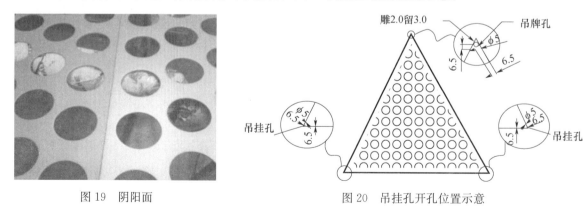

图 19 阴阳面   图 20 吊挂孔开孔位置示意

（4）最后则是在订单统计上的运用，使用GH的计算面积及尺寸的运算器，可以通过包裹于三角形内的序号，准确地定位出序号所在板块三角形的尺寸、面积。再通过排版套料板块的外包矩形，得出所需原料的尺寸、规格、数量，以及对应原料内加工了哪些编号等。

4.3 长城板深化思路

因板块尺寸过大，需先对整板进行切分设计、板边折边设计和加工工序设计等诸多技术难点进行处理，在运用GH做自动批量切分设计、板边折边设计和加工工序设计展开前，先选取典型板块采用传统技术方法进行展开设计，以此用于寻找相应的规律，为GH展开运算程序的编写提供可靠的数据参数及运算后的对比。

（1）从图纸观察发现，长城板折弯的第一道折弯分为正折和反折两种情况随机分布，如图21所示。正反折的确定会影响到后面的增减系数（折弯系数就是板材在折弯以后被拉伸的长度，反折为增系数，正折为减系数）。经分析发现，从图21的主视图可见，如果为正折，第二根线与第三根线的间距为41mm，而反折则为21mm。从中可以判断出正反折，并且可以得到第一根线与第二根线的距离，即第一道折弯折什么尺寸，用于代入图纸深化。

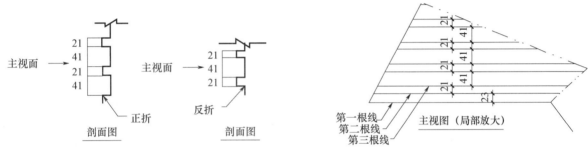

图21 长城板分析

（2）对于如何将板切分，则是在轮廓生成外包矩形，取横向中心线对轮廓进行切分。同时还得遵循客户对切分位置的节点要求，如图22所示为铆接节点，从中心线的上下距离寻找获取准确的切分位置并输出，即取41mm的翻边，排除21mm的翻边，并从切分后的数据，获取切分后板材的尺寸用作图纸深化。

（3）在编写自动展开运算时，从主视图和展开图的形状可以得出从第一道折弯往下各个折弯的翻边都是有规律性的，如图23所示为主视图及展开图的对比。故可以取外轮廓进行切分、按照此规律进行编写，使其自动切分、移动和连接，如图24所示为切分过程。综合上述思路，经过一系列的判断增加修改调整，增加定位孔、铆接孔、吊挂孔。最后输出理想的展开图，如图25所示为展开结果。

（4）通过上述运算所得到的数据，可以对图纸作进一步的深化。由正反折的判断，可以得到第一道折弯的节点放大图及尺寸，由切分可以得到切分后成型的尺寸，并从轮廓输出所需的轮廓各个投影边长的尺寸。图26为长城板深化前图形，图27为长城板深化后的图形。

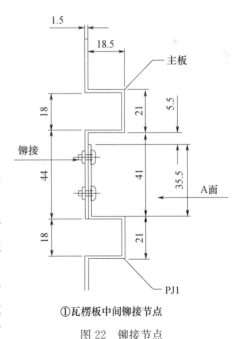

①瓦楞板中间铆接节点

图22 铆接节点

（5）在排版套料上及订单统计上，则与穿孔板思路相同。用外轮廓排版套料，用转换轨迹再编排孔位等，输出排版套料。订单统计则从板块轮廓内序号对正点定位出板材，输出尺寸面积，及通过排版套料板块的矩形外包，得出所需的原料的尺寸规格、数量，以及对应原料内加工了哪些编号等。

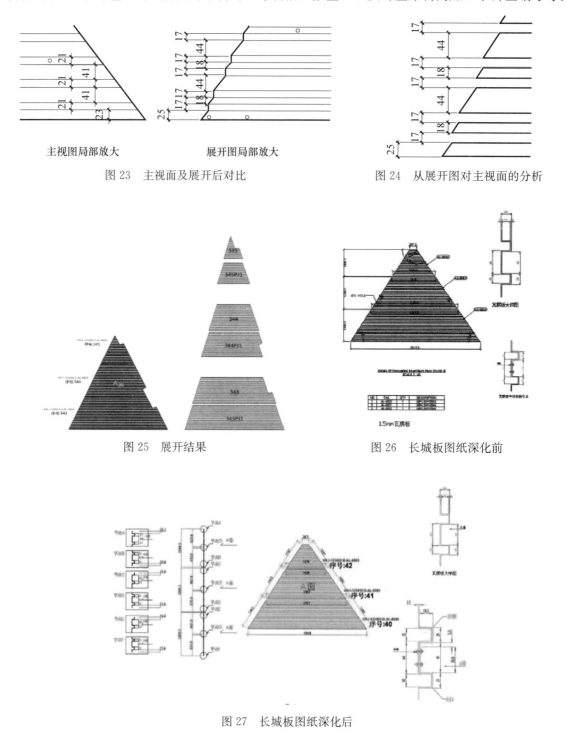

图 23 主视面及展开后对比

图 24 从展开图对主视面的分析

图 25 展开结果

图 26 长城板图纸深化前

图 27 长城板图纸深化后

5 铝板的加工制造

5.1 穿孔板的加工制造

在对穿孔板加工前，考虑到边缘半孔及残缺孔位无法使用转塔加工（如图 28 所示为数控转塔），故选择使用雕刻机（图 29 为雕刻机），对其进行穿孔及下料。雕刻机加工效率虽然低于转塔加工（雕刻机每分钟进给距离约 2 米），但是加工精度优于转塔加工，且能完成各种孔位的穿孔镂空。

图 28　数控转塔　　　　　　　　　　　图 29　雕刻机

穿孔板喷涂前，则需要对板材进行两面抛光，增加其附着力；接着进行洗水前处理，如去油去污、脱脂、铬化、烘干等；接着上线喷涂，采用的是底漆、面漆、清漆的金色氟碳三涂一烤。

5.2　长城板的加工制造

长城板因其需要折弯工序和组装工序，故生产周期长，在下料时需提高效率，故选择用转塔进行下料加工。由于铝板最长达 5 米，在折弯成型前应对下料后的半成品进行抛光处理（折弯成型后因表面非平整面，无法对其进行充分抛光），且需使用到 6 米的折弯机进行成型及 4 个技工协助工作。又因为折弯刀数多达 40 刀以上，若用机器挡块定位（折弯机内置挡块，通过参数控制其挡块，限制铝板移动来控制尺寸），极有可能在累计误差下超出公差范围。故在前期 GH 展开阶段，于折弯线两端增加定位孔，图 30 为定位孔示意。在折弯时，通过目视观察定位孔是否在折弯刀上，以此来控制公差范围。

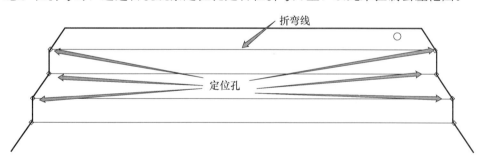

图 30　定位孔示意

在组装工序，则需要寻找出切分的板材做拼合。利用前期 GH 展开所生成的铆接孔进行调整固定，并用铆接孔作为引孔钻出底下穿孔，最后铆接连接，即完成组装工序。

长城板的喷涂工艺流程与穿孔板大部分一致，唯一不同的是金色珠光漆的特性。金色的珠光漆容易起泡，又因长城板凹槽过窄，油漆喷涂不到位或不均匀，喷涂难度大，故选择三涂两烤，以此达到最好的效果。

6　结语

通过 Grasshopper 的应用，能够高效、快速、准确地实现目标，且在后期的增加调整修改过程中，仅调整运算器就能达到预期的效果，可调范围广。面对有逻辑性、有规律、机械性的重复操作，Grasshopper 均能发挥出其显著的优势。本文仅对该项目加工厂加工工艺流程进行分析，在不同的项目上也可结合项目的特点，做出不同的工艺选择及方案。

三维激光扫描技术在幕墙工程中的应用

◎ 易天琦[1]　甘生宇[2]　杜继予[3]

1. 元宇智数（深圳）科技有限公司　广东深圳　518063
2. 美的置业集团有限公司　广东佛山　528311
3. 深圳市新山幕墙技术咨询有限公司　广东深圳　518057

摘　要　建筑行业的发展日新月异，人们对建筑的美观和质量要求越来越高，各种曲面和异型建筑幕墙随之兴起。曲面和异型幕墙工程造型复杂，其现场结构尺寸测量、材料下料、装配和安装均存在较大难度。采用传统测量方式效率较低，且难以保证精确度，容易造成工期拖延、材料浪费。而三维激光扫描技术可以实现快速和高精度测量，再利用测量点云和数据建模与设计模型进行比对复核，可以有效解决上述问题。本文对三维激光扫描技术进行简要说明，介绍了该技术如何运用在幕墙工程中，对推动幕墙工程的科技进步和应用有较大意义。

关键词　三维激光扫描；点云数据；逆向建模；建筑幕墙

1　引言

三维激光扫描是通过激光发射与反射接收实现全方位、全自动测量的一种高精度立体扫描技术。它突破了传统的单点测量方法，具有高效率、高精度的独特优势，能够大面积、高分辨率、快速获取被测对象表面的三维坐标数据和高精图片，提供扫描物体表面的三维点云数据，从而获取高精度、高分辨率的物体数字模型。

三维激光扫描能在短时间内准确获得测量目标的三维点云数据，实现实体真实、完整和精确的三维复制，进而给工作人员提供全面、准确、立体且详细的建筑物三维立体模型和图纸。三维激光扫描仪每次测量的数据不仅包含 X、Y、Z 点的信息，还包括颜色信息、物体反射率的信息，这样全面的信息能给人一种建筑物在电脑里真实再现的感觉，是一般测量手段无法做到的。所以，这些快速、大量采集到的空间点云信息，为快速建立建筑物的三维影像模型提供了一种全新的技术手段。

三维激光扫描是对建筑物的整体或局部进行完整的三维坐标数据测量，测量单元必须进行从左到右、从上到下的全自动高精度测量，进而得到完整的、全面的、连续的、关联的全景三维点云坐标数据。三维激光扫描仪采用的是球坐标系。激光扫描仪内部的坐标系统，在三维激光扫描仪内部，一般都有两个相互垂直的轴，而激光测距光束就是以这两个轴系为旋转轴进行旋转测量的，所以一般以这两个旋转轴的交点为内部坐标系的原点，以地面三维激光扫描仪的水平旋转轴为内部坐标系的 Y 轴，X 轴在水平面内与 Y 轴垂直，Z 轴与横向扫描面垂直构成右手直角坐标系，对于空间任意点 P（X_p，Y_p，Z_p），可以根据地面三维激光扫描仪空间点坐标计算原理和计算公式进行坐标的计算（图1）。

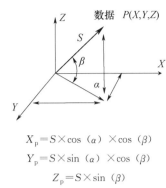

$$X_p = S \times \cos(\alpha) \times \cos(\beta)$$
$$Y_p = S \times \sin(\alpha) \times \cos(\beta)$$
$$Z_p = S \times \sin(\beta)$$

图 1　三维激光扫描仪空间点坐标计算原理图和计算公式

2　激光扫描技术的应用

三维激光扫描技术是一种新型测绘技术，它的出现是测绘领域继 GPS 技术之后的一次技术革命，促进了传统测量方式向更加现代、更加便利的方向发展。三维激光扫描技术的主要优势在于其具有高密度、高分辨率、高精度数据以及使用简便等特点。机器利用高速激光扫描测量的方法，可大面积、高分辨率、快速地获取物体表面各个点的 (x, y, z) 坐标、反射率、颜色（R. G. B）等数据信息，为快速复建出 1∶1 真彩色三维点云模型提供一种全新的技术手段。三维激光扫描仪拍下的照片也要进行后期处理，将拍下的点云数据输入相关软件中进行处理和分析得到我们想要的数据与结果。三维激光扫描技术日益成熟，其主要应用于高精度逆向工程的三维建模与重构。该技术凭借其快速、不接触、精度高、实时性强、全数字化等特性，被广泛应用于建筑、公共服务、救援、军事等领域，尤其在建筑领域中得到了较快的发展。

三维激光扫描技术采用非接触式高速激光测量的方式，能够获取复杂物体的几何图形数据和影像数据，最终由后处理数据的软件对采集的点云数据和影像数据进行处理，并转换成绝对坐标系中的空间位置坐标或模型，能以多种不同的格式输出，满足空间信息数据库的数据源和不同项目的需要。目前这项技术已经广泛应用到文物的保护、建筑物的变形监测、三维数字地球和城市的场景重建、堆积物的测定等多个方面。三维激光扫描克服了传统建筑测量的局限性，把以点带面的测量方法改变为全局性的整体测量，解决了人工测量精度低、效率低的缺点，尤其解决了建筑立面元素无法量测的问题。通过对建筑物进行整体扫描，能为后续的数据处理提供丰富的源数据。三维激光扫描作业与传统测量作业的主要差异见表 1。

表 1　三维激光扫描作业与传统测量作业的差异

对比项	传统测量作业	三维激光扫描作业
工具	卷尺、激光测距仪、图纸、全站仪	三维激光扫描仪
测量方式	接触式、近距离测量、受光照影响	完全非接触式、远距离测量，不受光照影响，白天黑夜都可以测量
现场绘制手稿	需要	不需要，自动生成三维数据
测量效率	效率低，只能测量点到点距离，劳动强度大	1 分钟完成单站全景扫描
安全程度	危险程度高，局限性大	非接触式测量，保障人员安全
出具结果	根据测量到的点到点的距离在图纸上标注数据	点云数据可以输入 REVIT \ Autocad \ 3DMAX \ Navisworks \ ArchiCAD 等 BIM 软件；轻松可以获得平距、斜距、垂距、净空、直径、角度、方位角、坡度、倾斜角和坐标等一系列数据；根据点云数据准确地修改复核 BIM 模型

对比项	传统测量作业	三维激光扫描作业
建模	根据现场手稿绘制 CAD 图纸、再根据 CAD 图纸进行三维建模	依据点云，高效率地逆向建模
准确率	只是根据现场复核人员经验将需要复核的数据测量出来，存在人为因素的干扰，测量数据以偏概全，准确率不高。	全方位获取现场情况，并通过三维点云数据能准确无误地反映出来，根据点云数据可获取人工不可测量的位置的尺寸数据，准确度高。毫米级别的精度，避免了由于返工造成的资金及材料浪费
技术要求	经验丰富的测量团队	三维扫描仪操作点云处理简单易学
适用性	结构简单面积小、对精度要求不高的空间	适用所有高难度的幕墙项目，尤其是结构复杂、精度要求高、空间大、人工难以测量的项目效果显著
可视化	平面尺寸	点云数据为整体可视化尺寸信息，可视化程度高

3 三维激光扫描技术在幕墙工程中的应用

幕墙安装施工对精度要求较高，尤其是高难度的曲面或异型幕墙，利用传统测量手段，很难搜集到完整的土建、幕墙连接点及支撑骨架等基础数据信息。如果仅仅依靠土建图纸进行材料下单，则非常容易造成尺寸不合理而引起施工延误和材料浪费。运用三维激光扫描技术对整个项目的土建、幕墙连接点及支撑骨架的完成情况实施"两扫两放一检查"的扫描过程，记录现场的真实情况，在计算机里高精度还原现场的每一个细节，可以极大地提高工作效率，减少工程施工误差对设计的影响，避免不必要的材料损耗。第一阶段的扫描主要是针对土建结构的复核，检测土建施工偏差和精度。第二阶段的扫描主要针对幕墙龙骨安装后的复核，检测龙骨安装的偏差和精度，并可采用 BIM 放样机器人去控制幕墙的安装放样精准度。其中第一阶段的外墙三维激光扫描加逆向建模主要是为了整合形成土建模型，与原设计幕墙模型进行比对，再利用 BIM 放样机器人进行龙骨安装位置的放样，进一步保证龙骨安装的质量。而第二阶段针对龙骨的三维激光扫描则是为了满足不同幕墙面板材料的精准下单，确保面板安装的精度和质量。整合龙骨模型，与原控制点比对，再用 BIM 放样机器人进行偏差位置的修改放样。三维激光扫描技术在整个过程中主要起到监测定位的作用。两个过程中操作手法大致相似，都有外业数据收集、内业数据整理、拟合分析、BIM 机器人放线操作。

4 三维激光扫描技术在幕墙中的应用过程

（1）外业数据收集

扫描前需要准备的工作主要包含两部分，一是控制网布设，二是扫描站点布设。而控制网的布设主要考虑到控制点之间的通视性及需保证每个相对独立空间内至少具备三个或三个以上的控制点，同时结合实地不同的情况需要进行合理的选点。在布设好的控制网基础上，可以设立站点，站点的设计既要保证能够完全采集所需要对象的数据，还要能和控制网联起来，以便整体距离影像配准及坐标转换。外围数据扫描就是通过实际的扫描

图 2　外业数据收集

站点布设，根据特征合理的扫描点间距和范围，采集多个视角、多个位置的数据构成完整的目标对象（图2）。

（2）内业数据整理

通过点云处理软件，对数据进行拼接、定向、提取、去噪、取样处理。被测物体的原始数据噪声主要包含两部分，一部分是由于激光雷达本身在获取对象表面数据过程中，包含有外界不相干目标的遮挡而产生的被测物体本身无关的噪点。另一种噪点是一些反射强度较高的物体如玻璃、光滑金属等所产生的噪点。由于数据多测站的数据拼接，导致多站数据重叠，未避免数据过度臃肿，需对点云数据进行取样处理。

（3）拟合分析

拟合分析阶段主要是通过点云处理软件将两大模型进行拟合，形成色谱图，色谱的颜色代表点云坐标数据与标准模型坐标数据的距离差，通过颜色的变化，我们可以看出真实施工情况的偏差，并且我们可以在拟合模型上进行数据标记，得出真实偏差量的具体数值（图 3）。其中第一阶段可以分析出垂直度与水平度，第二阶段可以分析出龙骨偏差，第三阶段我们分析出幕墙面板的最终质量。

（4）BIM 机器人放线

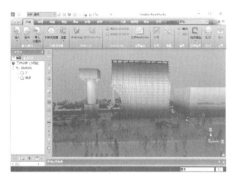

图 3　内业数据处理及拟合分析

在幕墙工程施工前期阶段，BIM 放线机器人可以更好地进行精度控制，降低其中复杂构件的施工难度。BIM 放线机器人加入之后，能够在施工现场结合 BIM 模型及时发现与设计图纸之间存在的问题，有效减少各种返工情况，从根本上减少人为产生的误差。另外，在施工过程中利用放线机器人可以对整个幕墙工程进行综合放线，在确定调整合格之后，再将设计发送，深化出图，有效保证了数据的安全性和稳定性。而且在幕墙工程施工的中期和后期，利用放线机器人可以尽快完成幕墙工程的质量验收。一般而言，幕墙工程项目为提高管理效率，会通过技术管理平台来协同项目进度和质量安全管理，在平台上可以查看幕墙工程模型相关资料，以及各种施工信息。

5　三维激光扫描技术在幕墙工程中的扩展运用

（1）利用三维激光扫描技术可以清晰地看出设计幕墙接缝时其对应的接缝应设置在何处，以保证其设计过程的准确性。

（2）通过三维激光扫描技术来测量幕墙和建筑之间的间距以及三维空间距离，确保幕墙与建筑结构之间的相关连接在安装时能够顺利进行。

（3）幕墙竖框与横框的连接构造及其相应壁厚等，可以事先利用三维激光扫描技术进行测算，通过虚拟实现可视效果，从而可以确保其可实施性和安全性。

（4）玻璃与金属框架之间的支承连接构造，可以利用三维激光扫描技术在玻璃幕墙施工时进行对应的数字模拟设计和计算，以避免人工设计和计算的误差。

（5）幕墙施工的各种连接，包括各预埋件及连接件的连接，都是可以通过三维激光扫描技术进行精确的模拟设计和计算，这也是三维激光扫描技术在其应用中最为主要的应用。

（6）应用三维激光扫描技术，还可以预测幕墙可能出现冷凝结露的现象及其位置，如幕墙金属框和玻璃接头处可能存在的非常严重的冷桥现象，并提供相应的热工性能参数。

6　结语

随着建筑行业的发展，激光雷达、芯片、算法与软件等科技的进步，三维激光扫描技术在建筑行业中的应用越来越广泛，在幕墙设计与施工中的作用非常明显，随着应用范围的扩大、经验不断积累，对推动建筑幕墙行业的发展与进步有重要意义。

参数化系统在单元式幕墙深化加工设计中的应用

◎ 张 伟

深圳广晟幕墙科技有限公司　广东深圳　518029

摘　要　本文描述了一种参数化系统的设计原理及系统构成，并探讨了该系统在单元式幕墙深化设计中的应用与优缺点。

关键词　深化设计；参数化；自动化

1　引言

因单元式幕墙具有施工安装方便简单、加工精度高、产品质量好、防水性能优异等优点，越来越多的高层建筑采用单元式幕墙。单元式幕墙的构件加工与组装工作都在加工厂加工完成。由于加工场地、施工计划等原因，单元板块材料采购与加工制作必须分批次完成，通常情况下，每批次包含的板块不会完全相同，因此，需要一个能高效、准确地处理每批次单元板块的材料订单与板块加工数据的参数化系统。

2　系统的重要实现技术原理

用 AutoCAD 与各种 BIM 建好工程的整体三维模型，导出工程的分格大小、层高以及板块的位置等原始数据，使得三维模型数据可视化。

加工图深化工作中，采用解析几何、立体几何的方法描述型材生产加工过程，将开料长度、端部角度、避位、开孔等加工要素转化为数学语言。

然后通过标准格式建立，把这些原始数据与加工图深化的数学语言进行参数化联动，使数据流程可视化，深化设计流程，最终实现整个设计过程自动化、流水化。

3　系统建设的主要流程

3.1　三维模型建立及原始数据输出

根据工程具体特性，灵活运用合适的 BIM 软件或 AutoCAD 软件进行工程的三维建模，然后把板块编号（位置信息）、分格尺寸（板块大小）、对角线（校核板块）、角度（外形形状）等可以准确描述三维模型几何特性的数据（图1）导出到 Excel，使得三维模型数据可视化（图2）。此步骤为整个系统的基础，因此在进一步深化设计之前，必须对原始数据的准确性、数据信息是否足够进行复核。最常用又有效的复核工作为随机挑几块板按着 Excel 数据画出板块形状大小，然后与原三维模型进行比较。这一步必须做好，关系到后续板块的深化加工正确与否。

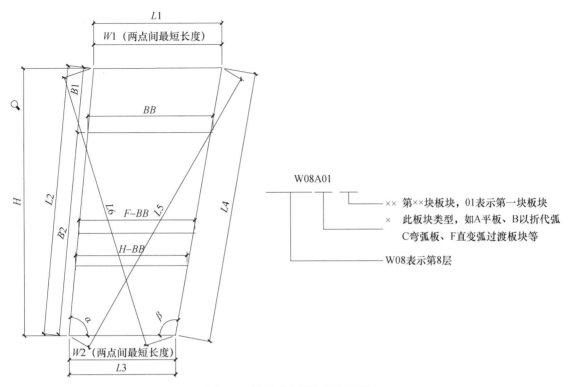

图 1　三维模型数据化参数说明

	A	D	E	F	I	J	K	L	M	N	O	P	U	V
1	1	2	3	4	5	6	7	8	9	10	11	12	13	14
2	板块编号	垂直高度	上边垂直	下边垂直	上边（弧	下边（弧	左边	右边	右斜	左斜	左边底角	右边底角	分格1左高	分格2左高
3	NO.	H	W1	W2	L1	L3	L2	L4	L6	L5	A	B	B1	B2
427	W08A01	4200.00	1510.83	1508.10	1510.83	1508.10	4200.22	4200.23	4461.04	4465.41	89.93	90.11	600.03	600.03
428	W08A02	4200.00	1510.83	1508.10	1510.83	1508.10	4200.23	4200.23	4460.12	4466.33	89.89	90.14	600.03	600.03
429	W08A03	4200.00	1510.83	1508.10	1510.83	1508.10	4200.23	4200.24	4459.21	4467.26	89.86	90.18	600.03	600.03
430	W08A04	4200.00	1510.83	1508.10	1510.83	1508.10	4200.24	4200.25	4458.29	4468.19	89.82	90.22	600.03	600.04
431	W08A05	4200.00	1510.83	1508.10	1510.83	1508.10	4200.25	4200.25	4457.38	4469.12	89.78	90.26	600.04	600.04
432	W08A06	4200.00	1510.83	1508.10	1510.83	1508.10	4200.26	4200.28	4456.47	4470.05	89.74	90.29	600.04	600.04
433	W08A07	4200.00	1510.83	1508.10	1510.83	1508.10	4200.28	4200.29	4455.56	4470.99	89.71	90.33	600.04	600.04
434	W08A08	4200.00	1510.83	1508.10	1510.83	1508.10	4200.29	4200.31	4454.65	4471.92	89.67	90.37	600.04	600.05
435	W08A09	4200.00	1510.83	1508.10	1510.83	1508.10	4200.31	4200.33	4453.74	4472.86	89.63	90.40	600.05	600.05
436	W08A10	4200.00	1510.83	1508.10	1510.83	1508.10	4200.33	4200.35	4452.84	4473.79	89.60	90.44	600.05	600.05
437	W08A11	4200.00	1510.83	1508.10	1510.83	1508.10	4200.35	4200.37	4451.93	4474.73	89.56	90.48	600.05	600.05
438	W08A12	4200.00	1510.83	1508.10	1510.83	1508.10	4200.37	4200.39	4451.03	4475.67	89.52	90.52	600.05	600.06
439	W08A13	4200.00	1510.83	1508.10	1510.83	1508.10	4200.39	4200.42	4450.13	4476.62	89.48	90.55	600.06	600.06
440	W08A14	4200.00	1510.83	1508.10	1510.83	1508.10	4200.42	4200.44	4449.23	4477.56	89.45	90.59	600.06	600.06
441	W08FC15	4200.00	1508.40	1505.72	1510.25	1507.56	4200.44	4200.45	4448.58	4476.61	89.45	90.58	600.06	600.06
442	W08C16	4200.00	1507.89	1505.19	1510.83	1508.10	4200.45	4200.43	4450.93	4473.91	89.55	90.48	600.06	600.06
443	W08C17	4200.00	1507.89	1505.19	1510.83	1508.10	4200.43	4200.40	4453.78	4471.03	89.67	90.37	600.06	600.06
444	W08C18	4200.00	1507.89	1505.18	1510.83	1508.10	4200.40	4200.35	4456.74	4468.01	89.79	90.25	600.06	600.05
445	W08C19	4200.00	1507.89	1505.19	1510.82	1508.10	4200.35	4200.29	4459.62	4465.03	89.92	90.13	600.04	600.04
446	W08C20	4200.00	1507.89	1505.18	1510.82	1508.10	4200.29	4200.24	4462.25	4462.29	90.02	90.02	600.03	600.03
447	W08C21	4200.00	1507.89	1505.18	1510.82	1508.10	4200.23	4200.17	4464.47	4459.95	90.11	89.93	600.02	600.02
448	W08FC22	4200.00	1510.59	1507.82	1510.95	1508.18	4200.17	4200.15	4466.43	4459.72	90.15	89.88	600.02	600.02
449	W08B23	4200.00	1510.82	1508.09	1510.82	1508.09	4200.15	4200.14	4465.78	4460.51	90.13	89.91	600.02	600.02
450	W08B24	4200.00	1510.82	1508.09	1510.82	1508.09	4200.14	4200.14	4464.97	4461.31	90.09	89.94	600.02	600.02
451	W08B25	4200.00	1510.82	1508.09	1510.82	1508.09	4200.14	4200.13	4464.17	4462.11				

数据汇总　BK　杆件乘数9　杆件乘数10　杆件乘数11　杆件乘数12　杆件乘数13　标准乘数　ZK　BKNO

图 2　三维模型数据表

3.2　构件加工图数据化

每新增一张构件加工图，Excel 要新建一张与之相对应的数据表格，并按约定的标准格式给构件加工图与表格命名。加工图的命令规则为 JGT-型材编号-加工图序号，对应的数据表格命名规则为 BG-型材编号-加工图序号（图 3 和图 4）。

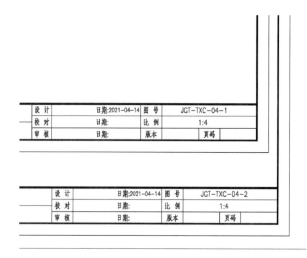

图 3　加工图图名

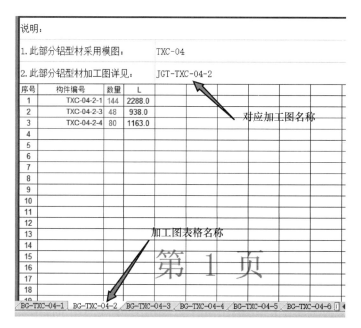

图 4　加工表格名称

在构件加工深化的过程中，将开料长度、避位、开孔等加工要素通过参数与数学计算转化为数学语言，并填写到相应的构件加工数据表格中，使构件加工图与三维模型数据联动起来，从而使构件加工图数据化（图 5 和图 6）。

下面以某工程的一个非标准的梯形单元板块（图 7）的上横梁加工图（图 8）为例，简单说明一下如何把加工图通过参数转化为表格的具体过程。

3.2.1　计算型材最长下料长度

根据上横梁型材的加工图，很明显型材端部开料角度与板块角度是对应角度，因此可以直接用 VLookup 函数根据板块编号从三维模型数据中读取相应的角度值 γ_L、γ_R。

然后根据横梁与分格的相对关系，通过正弦、正切等三角函数变换算出 $L1$、$L2$、$L3$（图 9）。

在最后计算整根构件的下料总长的时候，要注意判断 $L2$、$L3$ 的正负值，如果是正值，则表示角度大于 90°，这种情况下下料总长必须加上此数值；如果是负值，则表示角度小于 90°，这种情况下下料总长不能加上此数值（图 10）。

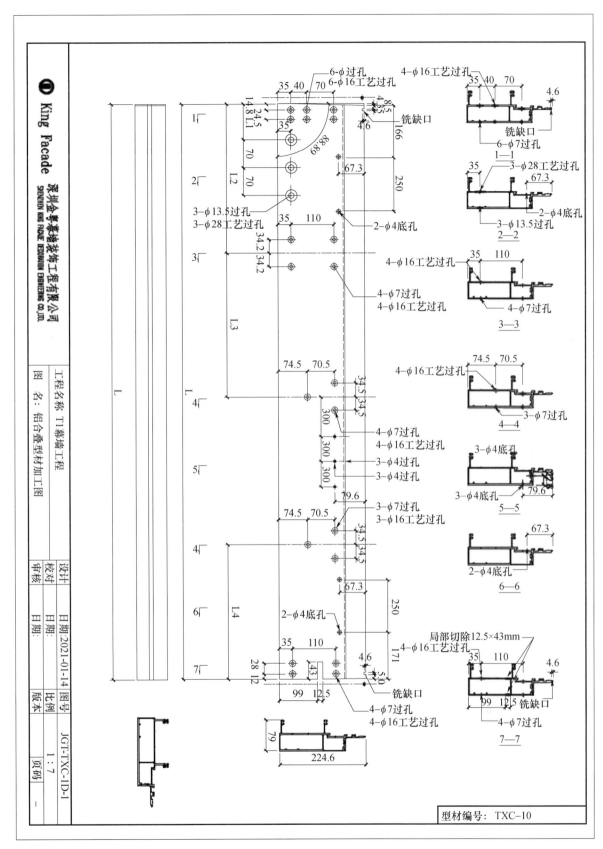

图 5　构件加工图

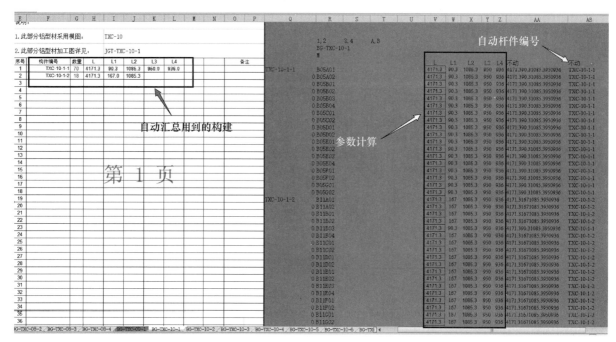

图 6 构件加工图对应表格

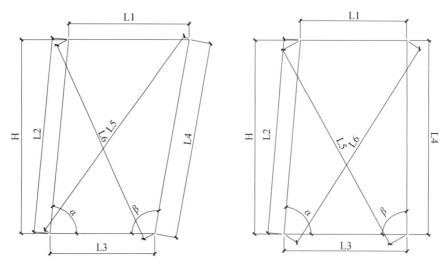

图 7 非标准梯形单元板块

3.2.2 计算避位、开孔等参数信息

得出下料总长后，再根据切避位 42.5 通过三角函数求出 $L4$ 参数，到此，就完成了一张上横梁型材加工图数据化。

由此可见，型材加工图数据化的关键在于找出型材的下料长度与三维模型分格尺寸的关系。

一张构件加工表格数据化完成后，数据表格根据板块编号对三维模型的原始数据计算后，自动比较构件加工参数的差异，对构件进行编号（图 6），保证不同的加工构件都拥有唯一的构件编号。

在第一次完成构件加工表格数据化的时候，必须复核数据参数与实际放样是否一致，保证表格的计算公式正确。

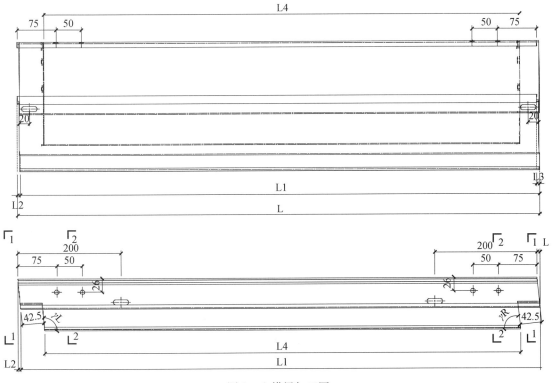

图 8　上横梁加工图

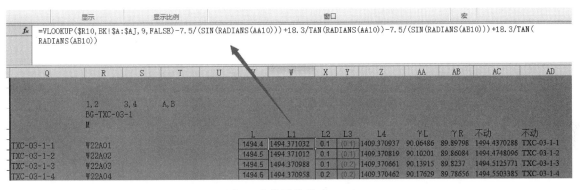

图 9　参数计算公式（一）

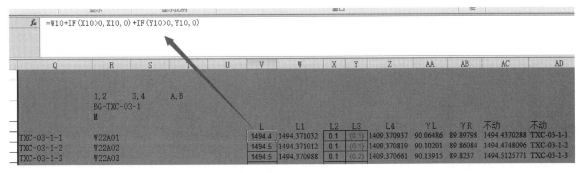

图 10　参数计算公式（二）

3.3　板块组框图数据化

首先对板块中所有不相同的构件进行唯一化命名，并把它对应的构件加工图图号、加工数量与板块组框图填写到表格"ZK"与表格"标准乘数"中，从而使不同的板块组框图通过加工表格与三维模型数据联动起来，从而使组框图数据化（图 11 和图 12）。特别注意此处标准乘数的复核，后续材料数量统计都以此表为基础。

组框图编号 序号 组框图号	1 ZK-T1-01	2 ZK-T1-02	3 ZK-T1-03	4 ZK-T1-04	5 ZK-T1-05	6 ZK-T1-06
铝合金下横梁1	TXC-03-2	TXC-03-2	TXC-03-1	TXC-03-1	TXC-03-1	TXC-03-1
铝合金下横梁2	-	-	-	-	-	-
铝合金下横梁3	-	-	-	-	-	-
铝合金上横梁1	TXC-04-2	TXC-04-2	TXC-04-1	TXC-04-1	TXC-04-1	TXC-04-1
铝合金上横梁2	-	-	-	-	-	-
铝合金上横梁3	-	-	-	-	-	-
铝合金水槽芯套1	TXC-05-1	TXC-05-1	TXC-05-1	TXC-05-1	TXC-05-1	TXC-05-1
铝合金水槽芯套2	-	-	TXC-05-1	TXC-05-1	TXC-05-1	TXC-05-1
铝合金下横梁护边1	TXC-06-1	TXC-06-1	TXC-06-1	TXC-06-1	TXC-06-1	TXC-06-1
铝合金中横梁（大2.5）	TXC-08-1	TXC-08-1	-	-	-	-
铝合金中横梁（小2.5）	TXC-09-1	TXC-09-1	-	-	-	-
铝合金公立柱（明框）1	TXC-10-2	TXC-10-2	TXC-10-1	TXC-10-3	TXC-10-1	TXC-10-3
铝合金母立柱（明框）1	TXC-11-2	TXC-11-2	TXC-11-1	TXC-11-3	TXC-11-1	TXC-11-3
铝合金公立柱（90度阳角）1	-	-	-	-	-	-
铝合金母立柱（90度阳角）1	-	-	-	-	-	-
铝合金垫块1	TXC-15-1	TXC-15-1	TXC-15-1	TXC-15-1	TXC-15-1	TXC-15-1
铝合金中立柱芯套（上）	-	-	TXC-16-1	TXC-16-1	TXC-16-1	TXC-16-1
铝合金中立柱芯套（下）	-	-	TXC-16-2	TXC-16-2	TXC-16-2	TXC-16-2
铝合金中横梁（大2.0）左	-	-	TXC-17-1	TXC-17-1	TXC-17-1	TXC-17-1
铝合金中横梁（大2.0）右	-	-	TXC-17-1	TXC-17-1	TXC-17-1	TXC-17-1
铝合金中横梁（小2.0）左上	-	-	TXC-18-1	-	TXC-18-1	-
铝合金中横梁（小2.0）右上	-	-	TXC-18-1	-	TXC-18-1	-
铝合金中横梁（小2.0）左下	-	-	TXC-18-2	TXC-18-2	-	-
铝合金中横梁（小2.0）右下	-	-	TXC-18-2	-	-	-
铝合金支座1	TXC-19-1	TXC-19-1	TXC-19-1	TXC-19-1	TXC-19-1	TXC-19-1
铝合金支座2（转角）	-	-	-	-	-	-
铝合金盖板1	TXC-20-1	TXC-20-1	TXC-20-1	TXC-20-1	TXC-20-1	TXC-20-1
铝合金挂件1（左）	TXC-21-1	TXC-21-1	TXC-21-1	TXC-21-1	TXC-21-1	TXC-21-1
铝合金挂件1（右）	TXC-21-2	TXC-21-2	TXC-21-2	TXC-21-2	TXC-21-2	TXC-21-2
铝合金挂件2（左）	TXC-22-1	TXC-22-1	TXC-22-1	TXC-22-1	TXC-22-1	TXC-22-1
铝合金挂件2（右）	TXC-22-2	TXC-22-2	TXC-22-2	TXC-22-2	TXC-22-2	TXC-22-2
铝合金玻璃托块	TXC-34-1	TXC-34-1	TXC-34-1	TXC-34-1	TXC-34-1	TXC-34-1
铝合金明框扣盖	TXC-35-1	TXC-35-1	TXC-35-1	TXC-35-1	TXC-35-1	TXC-35-1
铝合金明框扣盖（90度阳角）	-	-	-	-	-	-
铝合金装饰条连接件1	TXC-37-1	TXC-37-1	TXC-37-1	TXC-37-1	TXC-37-1	TXC-37-1

图 11　板块组框图数据表

序号 组框图号	1 ZK-T1-01	2 ZK-T1-02	3 ZK-T1-03	4 ZK-T1-04	5 ZK-T1-05	6 ZK-T1-06
铝合金下横梁1	1	1	1	1	1	1
铝合金下横梁2	0	0	0	0	0	0
铝合金下横梁3	0	0	0	0	0	0
铝合金上横梁1	1	1	1	1	1	1
铝合金上横梁2	0	0	0	0	0	0
铝合金上横梁3	0	0	0	0	0	0
铝合金水槽芯套1	1	1	1	1	1	1
铝合金水槽芯套2	0	0	1	1	1	1
铝合金下横梁护边1	1	1	1	1	1	1
铝合金中横梁（大2.5）	1	1	0	0	0	0
铝合金中横梁（小2.5）	1	1	0	0	0	0
铝合金公立柱（明框）1	1	1	1	1	1	1
铝合金母立柱（明框）1	1	1	1	1	1	1
铝合金公立柱（90度阳角）1	0	0	0	0	0	0
铝合金母立柱（90度阳角）1	0	0	0	0	0	0
铝合金垫块1	2	2	2	2	2	2
铝合金中立柱芯套（上）	0	0	1	1	1	1
铝合金中立柱芯套（下）	0	0	1	1	1	1
铝合金中横梁（大2.0）左	0	0	1	1	1	1
铝合金中横梁（大2.0）右	0	0	1	1	1	1
铝合金中横梁（小2.0）左上	0	0	1	0	1	0
铝合金中横梁（小2.0）右上	0	0	1	0	1	0
铝合金中横梁（小2.0）左下	0	0	1	1	0	0
铝合金中横梁（小2.0）右下	0	0	1	1	0	0
铝合金支座1	1	1	1	1	1	1
铝合金支座2（转角）	0	0	0	0	0	0
铝合金盖板1	2	2	2	2	2	2
铝合金挂件1（左）	1	1	1	1	1	1
铝合金挂件1（右）	1	1	1	1	1	1
铝合金挂件2（左）	1	1	1	1	1	1
铝合金挂件2（右）	1	1	1	1	1	1
铝合金玻璃托块	4	4	8	4	8	4
铝合金明框扣盖	1	1	3	3	3	3
铝合金明框扣盖（90度阳角）	0	0	0	0	0	0
铝合金装饰条连接件1	2	2	2	2	2	2

图 12　组框图中构件加工数量表

3.4 组框明细汇总

到这一步，整个系统就算基本完成了。在填入正确的板块编号与对应的组框图编号后，此表格就会根据不同的组框图编号，自动从表格"ZK"中找到相对应的构件加工表格，再在构件加工表格中根据板块编号自动提取对应的构件加工编号，加工长度填入组框明细表；自动从表格"标准乘数"中提取相对应的加工数量填入组框明细表，从而完成组框明细表的自动填写（图 13）。很明显，此一步，只需复核板块编号与组框图编号的对应关系就可以确保数据正确。

	1			2			3			4			5			6		
组框图号	ZK-T1-01			ZK-T1-02			ZK-T1-03			ZK-T1-04			ZK-T1-05					
单元编号	B05A01			B05A02			B05B01			B05B02			B05B03					
数量	90			18			12			15			12					
	杆件编号	长度	单组数量	杆件编号	长度	单组数量	杆件编号	长度	单组数量	杆件编号	长度	单组数量	杆件编号	长度	单组数量	杆件编号	长度	单组数量
铝合金下横梁1	TXC-03-2-1	2200	1	TXC-03-2-1	2200	1	TXC-03-1-2	1800	1	TXC-03-1-2	1800	1	TXC-03-1-2	1800	1			
铝合金下横梁2	–	–	0	–	–	0	–	–	0	–	–	0	–	–	0			
铝合金下横梁3	–	–	0	–	–	0	–	–	0	–	–	0	–	–	0			
铝合金上横梁1	TXC-04-2-1	2200	1	TXC-04-2-1	2200	1	TXC-04-1-2	1800	1	TXC-04-1-2	1800	1	TXC-04-1-2	1800	1			
铝合金上横梁2	–	–	0	–	–	0	–	–	0	–	–	0	–	–	0			
铝合金上横梁3	–	–	0	–	–	0	–	–	0	–	–	0	–	–	0			
铝合金水槽芯1	TXC-05-1-1	300	1	TXC-05-1-1	300	1	TXC-05-1-1	300	1	TXC-05-1-1	300	1	TXC-05-1-1	300	1			
铝合金水槽芯套2	–	–	0	–	–	0	TXC-05-1-3	200	1	TXC-05-1-3	200	1	TXC-05-1-3	200	1			
铝合金下横梁护1	TXC-06-1-1	2275	1	TXC-06-1-1	2275	1	TXC-06-1-2	1875	1	TXC-06-1-2	1875	1	TXC-06-1-2	1875	1			
铝合金中横梁(大2.5)	TXC-09-1-1	2200	1	TXC-09-1-1	2200	1	–	–	0	–	–	0	–	–	0			
铝合金中横梁(小2.5)	TXC-09-1-1	2200	1	TXC-09-1-1	2200	1	–	–	0	–	–	0	–	–	0			
铝合金公立柱(明1)	TXC-10-2-1	4171.3	1	TXC-10-2-1	4171.3	1	TXC-10-1-1	4171.3	1	TXC-10-3-1	4171.3	1	TXC-10-1-1	4171.3	1			
铝合金母立柱(明1)	TXC-11-2-1	4171.3	1	TXC-11-2-1	4171.3	1	TXC-11-1-1	4171.3	1	TXC-11-3-1	4171.3	1	TXC-11-1-1	4171.3	1			
铝合金公立柱(90度阴角)1	–	–	0	–	–	0	–	–	0	–	–	0	–	–	0			
铝合金母立柱(90度阴角)1	–	–	0	–	–	0	–	–	0	–	–	0	–	–	0			
铝合金垫块1	TXC-15-1-1	190	2	TXC-15-1-1	190	2	TXC-15-1-1	190	2	TXC-15-1-1	190	2	TXC-15-1-1	190	2			
铝合金中立柱芯套(下)	–	–	0	–	–	0	TXC-16-1-1	161.2	1	TXC-16-1-1	161.2	1	TXC-16-1-1	161.2	1			
	–	–	0	–	–	0	TXC-16-2-1	148.9	1	TXC-16-2-1	148.9	1	TXC-16-2-1	148.9	1			
铝合金中横梁(大2.0)左	–	–	0	–	–	0	TXC-17-1-2	850	1	TXC-17-1-2	850	1	TXC-17-1-2	850	1			
铝合金中横梁(大2.0)右	–	–	0	–	–	0	TXC-17-1-2	850	1	TXC-17-1-2	850	1	TXC-17-1-2	850	1			
铝合金中横梁(小2.0)左上	–	–	0	–	–	0	TXC-18-1-2	850	1	TXC-18-1-2	850	1	TXC-18-1-2	850	1			
铝合金中横梁(小2.0)右上	–	–	0	–	–	0	TXC-18-1-2	850	1	TXC-18-1-2	850	1	TXC-18-1-2	850	1			
铝合金中横梁(小2.0)左下	–	–	0	–	–	0	TXC-18-2-2	850	1	TXC-18-2-2	850	1	TXC-18-2-2	850	1			
铝合金中横梁(小2.0)右下	–	–	0	–	–	0	TXC-18-2-2	850	1	TXC-18-2-2	850	1	TXC-18-2-2	850	1			
铝合金支座1	TXC-19-1-1	250	1	TXC-19-1-1	250	1	TXC-19-1-1	250	1	TXC-19-1-1	250	1	TXC-19-1-1	250	1			
铝合金支座2(转角)	–	–	0	–	–	0	–	–	0	–	–	0	–	–	0			
铝合金盖板1	TXC-20-1-1	60	2	TXC-20-1-1	60	2	TXC-20-1-1	60	2	TXC-20-1-1	60	1	TXC-20-1-1	60	1			
铝合金挂件1(左)	TXC-21-1-1	105	1	TXC-21-1-1	105	1	TXC-21-1-1	105	1	TXC-21-1-1	105	1	TXC-21-1-1	105	1			
铝合金挂件1(右)	TXC-21-2-1	105	1	TXC-21-2-1	105	1	TXC-21-2-1	105	1	TXC-21-2-1	105	1	TXC-21-2-1	105	1			

（注：填入需要加工的板块编号，与对应的组框编号；此区域数据自动生成，不用干预。）

图 13 板块组框明细表

3.5 构件加工数据汇总

通过 Excel 的 VBA 二次开发小程序（图 14），自动把所有构件的加工数据汇总到表格"加工件汇总"中，包括构件编号、构件对应的加工图、构件的加工参数与加工数量、构件使用的对应模图编号。使构件加工参数信息与加工图对接更加简单明了，减少纸张浪费，降低来回翻查构件加工数据表格引起的错误（图 15）。在最后可以通过构件的总加工数量与每个板块的加工数量来校核板块的数据是否完整，进行发图前最后一道自动检查。

4 系统应用方法及推广

从上述所知，对于每一个工程，系统只需根据工程实际情况按标准填写，即可完成系统的建立。系统建立后，只需根据项目施工进度，把相对应的板块编号、数量与板块组框图号填到表格"组框明细汇总"中，再运行 VBA 小程序，即可完成一批次的板块加工图数据的整理与出图。

此系统侧重点在于铝材加工与板块组装，但只要稍加改变一下用法，就可以推广到更大的应用范围。

（1）直接利用数据汇总中的构件编号与构件加工长度，用线材优化软件进行配料优化，即可以得出铝材的原材料采购订单。

（2）把玻璃、背板像铝材构件一样进行编号，增加对应的加工图编号数量及加工表格，通过 VBA 小程序汇总面板的编号、尺寸与数量，从而快速生成对应的采购订单。

（3）把胶条、紧固件、密封胶等配件像构件加工做同样处理，汇总数据，快速生成各种辅料采购订单。

（4）通过调整板块类型与加工数量，可以快速统计得出某一特定类型板块的具体信息。

```
Sub 数据汇总()
    Dim I As Integer
    Dim str As String
    Dim str1 As String
    Dim n As Integer
    Dim L As String
    Dim J As Integer
    Dim K As Integer
    J = 10
    K = 5
    For I = 1 To Sheets.Count
        If StrComp(Sheets(I).Name, "加工件汇总", 1) = 0 Then
            n = I
            Exit For
        End If
    Next

    For I = 1 To Sheets.Count

        str = Mid(Sheets(I).Name, 1, 2)
        If StrComp(str, "BG", 1) = 0 Then
            If Sheets(I).Cells(J, 6) <> "" Then
                Do
                    Sheets(n).Cells(K, 2 + 20) = Sheets(I).Cells(J, 6)
                    Sheets(n).Cells(K, 3 + 20) = Sheets(I).Cells(J, 8)
                    Sheets(n).Cells(K, 4 + 20) = Sheets(I).Cells(J, 7)
                    Sheets(n).Cells(K, 5 + 20) = Sheets(I).Cells(J, 9)
                    Sheets(n).Cells(K, 6 + 20) = Sheets(I).Cells(7, 9)
                    J = J + 1
                    K = K + 1
                Loop While (Sheets(I).Cells(J, 6) <> "")
                J = 10
            End If

        End If

    Next I
End Sub
```

图 14　数据汇总 VBA 小程序源代码

序号	构件编号	数量	L	L1	L2	L3	L4	L5	L6	L7	L8	L9	模图编号	铝型材加工图编号	备注
59	TXC-09-1-1	76	2200.0										TXC-09	JGT-TXC-09-1	
60	TXC-10-1-1	44	4171.3	90.3	1085.3	950.0	936.0						TXC-10	JGT-TXC-10-1	
61	TXC-10-2-1	76	4171.3	90.3	1085.3		936.0						TXC-10	JGT-TXC-10-2	
62	TXC-10-3-1	28	4171.3	90.3	1085.3								TXC-10	JGT-TXC-10-3	
63	TXC-10-4-1	3	4171.3	90.3	1085.3								TXC-10	JGT-TXC-10-4	
64	TXC-10-5-1	3	4171.3	90.3									TXC-10	JGT-TXC-10-5	
65	TXC-10-6-1	18	4171.3	90.3	1085.3	950.0	936.0						TXC-10	JGT-TXC-10-6	
66	TXC-10-7-1	12	4171.3	90.3	1085.3								TXC-10	JGT-TXC-10-7	
67	TXC-10-8-2	2											TXC-10	JGT-TXC-10-8	
68	TXC-10-9-2	3											TXC-10	JGT-TXC-10-9	
69	TXC-11-1-1	60	4171.3	90.3	1085.3	950.0	936.0						TXC-11	JGT-TXC-11-1	
70	TXC-11-2-1	76	4171.3	90.3	1085.3		936.0						TXC-11	JGT-TXC-11-2	
71	TXC-11-3-1	40	4171.3	90.3	1085.3								TXC-11	JGT-TXC-11-3	
72	TXC-11-4-1	3	4171.3	90.3	1085.3								TXC-11	JGT-TXC-11-4	
73	TXC-11-5-1	3	4171.3	90.3									TXC-11	JGT-TXC-11-5	
74	TXC-11-6-2	2											TXC-11	JGT-TXC-11-6	
75	TXC-11-7-2	3											TXC-11	JGT-TXC-11-7	
76	TXC-12-1-1	4	4171.3	90.3	1085.3								TXC-12	JGT-TXC-12-1	
77	TXC-12-2-1	3	4171.3	90.3	1085.3								TXC-12	JGT-TXC-12-2	
78	TXC-13-1-1	6	4171.3	90.3	1085.3								TXC-13	JGT-TXC-13-1	
79	TXC-13-2-1	3	4171.3	90.3	1085.3								TXC-13	JGT-TXC-13-2	
80	TXC-15-1-1	386	190.0										TXC-15	JGT-TXC-15-1	
81	TXC-16-1-1	58	161.2										TXC-16	JGT-TXC-16-1	
82	TXC-16-2-1	58	148.9										TXC-16	JGT-TXC-16-2	
83	TXC-17-1-2	130	850.0										TXC-17	JGT-TXC-17-1	
84	TXC-17-1-3	30	1075.0										TXC-17	JGT-TXC-17-1	
85	TXC-17-2-8	6	681.8										TXC-17	JGT-TXC-17-2	
86	TXC-17-3-4	4	681.8										TXC-17	JGT-TXC-17-3	
87	TXC-18-1-2	68	850.0										TXC-18	JGT-TXC-18-1	
88	TXC-18-1-3	18	1075.0										TXC-18	JGT-TXC-18-1	
89	TXC-18-2-2	68	850.0										TXC-18	JGT-TXC-18-2	
90	TXC-18-2-3	18	1075.0										TXC-18	JGT-TXC-18-2	
91	TXC-19-1-1	189	250.0										TXC-19	JGT-TXC-19-1	
92	TXC-19-2-1	9	500.0										TXC-19	JGT-TXC-19-2	
93	TXC-19-3-1	7	500.0										TXC-19	JGT-TXC-19-3	

设计：　　校核：　　图名：　　图号：

此区域用VBA程序自动生成，不用干预

图 15　数据汇总表格

5　结语

本参数化系统从最早 2013 年佛山北滘镇新城区总部办公大楼幕墙工程开始形成最早的原始版本，

经过 2015 年深圳湾科技生态园四区幕墙工程的修改调整，在 2018 年广铝远大总部经济大厦西塔工程做了系统验证。结果表明，通过参数化系统的建立、标准化编号规则、组框图与加工图的生成原则，固化了深化设计流程，可以很好地适应不同的项目，最终实现整个深化设计过程自动化、流水化，大大提高了工作效率。

参考文献

［1］中华人民共和国国家质量监督检验检疫总局，中国国家标准化管理委员会. 建筑幕墙：GB/T 21086—2007［S］. 北京：中国标准出版社，2008.
［2］曾晓武. 基于 VCB 技术的幕墙设计系统初探［C］//现代建筑门窗幕墙技术与应用-2020 科源奖学术论文集. 北京：中国建材工业出版社，2020.

BIM 碰撞检测解决幕墙设计问题案例解析

◎ 李奇新

深圳市方大建科集团有限公司　广东深圳　518052

摘　要　本文以幕墙专业作为主视角，简述 BIM 技术对设计、施工等方面关于碰撞检查的应用与实践，通过真实的施工案例来说明碰撞检查对项目带来的效益。随着幕墙技术的提高，造型变得越来越复杂，现今 BIM 已发展为建筑、结构、机电、幕墙的多方协同的平台。

关键词　BIM；碰撞检查；幕墙设计

1　引言

早些年在幕墙设计中 BIM 技术一直主打参数化设计，即便作为建筑业的一个新技术，大部分情况仍然处于单独的建模体系中，使用 RHINO、TEKLA、CATIA 等曲面设计软件来建立 BIM 模型，其原因是为配合造型多变以及后期下料提取型材、玻璃尺寸长度等数据的便利性，与现在主流 BIM 协作软件 Autodesk 旗下的 REVIT 系列软件缺乏模型转换接口，存在着兼容性差的问题，导致不能把幕墙模型直接组合在几个大专业的模型中互相协调。基于现实施工中异型建筑以及商业建筑裙楼的复杂性、存在大量幕墙与机电管线、结构干涉的问题，导致现场大量返工甚至应急处理后破坏幕墙外观的问题。近年来，业主越来越重视幕墙专业在建筑中 BIM 模型同步的重要性，现今中大型甲级项目都规定幕墙专业需要有完整的 BIM 服务程序贯穿整个项目流程，形成建筑、结构、机电、幕墙四大专业的协同 BIM 平台。希望借助 BIM 技术提前发现幕墙与建筑、结构、机电之间的干涉问题并解决，维持建筑外观的美观。

建筑多专业模拟碰撞检查一直是 BIM 应用中的技术亮点，也是 BIM 技术初期最易实现、最直观、最易产生价值的功能之一。在二维图纸转换成三维模型的过程中，实际上是初步的模拟施工，在图纸中隐藏的空间问题可以轻易地暴露出来，是提前反馈问题给设计团队的一个精细化的设计过程，从而提高设计质量。在真实建造施工之前，理论上能 100％消除各类碰撞，减少返工，缩短工期，节约成本。

随着幕墙模型加入 BIM 协同平台，各大幕墙施工单位都已经建立 BIM 团队，90％项目都配套 REVIT 模型。从技术层面来说，也已经可以支持 RHINO-REVIT 之间提取体量数据来达到多专业跨软件平台进行碰撞检测的应用。

2　实际项目案例说明

以下通过三个工程实例阐述项目协同过程中通过碰撞检查技术解决施工中多专业干涉问题。

2.1　深圳国际会展中心（一期）七标幕墙工程

深圳国际会展中心位于深圳市宝安区福永街道的会展新城片区，是深圳市委市政府布局深圳空港新城"两中心一馆"的三大主体建筑之一，项目一期建成后，将成为净展示面积仅次于德国汉诺威会展中心的全球第二大、国内第一大的会展中心；整体建成后，将成为全球第一大会展中心。

幕墙工程面积约 16 万 m^2，主要分为屋面幕墙系统、廊道玻璃盒子幕墙系统、蜂窝铝板吊顶系统和栏杆系统。幕墙类型为框架幕墙，其中屋面幕墙系统采用框架单元板块设计方案，本工程幕墙面积16 万 m^2，体量巨大；7 个标段同时施工，各交叉作业面多，管理难度较大。本项目全程应用 BIM 技术，各参建方基于云平台参与沟通协调，是一个 BIM 技术应用的典型成功案例。

根据幕墙类型选用 BIM 软件，本项目屋面幕墙系统全部采用 RHINO 软件，结合 GH 辅助完成建模、提料、工艺制作（图 1）；玻璃盒子造型比较规整则采用 REVIT 软件；施工模拟、动画、碰撞采用 Navisworks 软件（图 2）。

图 1 会展中心屋盖 RHINO 模型

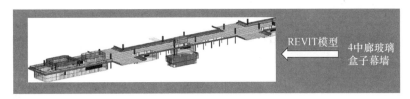

图 2 会展中心玻璃盒子 REVIT 模型

屋盖幕墙为双曲面设计，造型复杂且呈波浪形延伸，因此幕墙板块中大量的铝板、型材、玻璃等尺寸数据对接工厂下单生产时需要基于高精度模型（LOD400）对接生产团队协同工作，基于这个复杂的硬性条件，BIM 人员决定使用容易提取异型数据的 RHINO 软件进行建模来兼顾幕墙板块制造需求（图 3）。

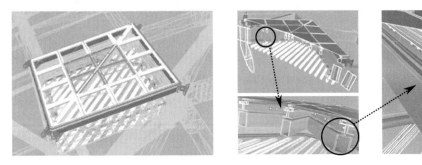

图 3 屋盖幕墙系统 LOD400 模型

屋盖幕墙 BIM 模型（RHINO 格式模型）完成后需要按业主要求加入全专业碰撞检查。幕墙 BIM团队通过研究轻量化 RHINO 模型，去除大量工业制造需要的构件信息，只提取含有外表面层的数据，按总包统一的项目基点校准模型位置，然后输出统一的软件格式（NWD、NWC 格式），成功把体量数据大、造型复杂的屋盖模型导入 NAVISWORKS 软件上与不同专业、不同标段范围的模型进行合模（图 4）。

各个单位把内部审好的模型合模后发现大量的干涉问题，以下列举四个难以在设计阶段发现并解决的问题案例：

碰撞问题一：机电雨水管没有定位在幕墙范围的屋顶排水沟上，并且与钢结构柱碰撞（图 5）。

图4　多专业、多标段合模模型　　　　　　图5　屋盖雨水管与排水沟、钢结构干涉

问题分析：在初步设计中，给排水设计师按照建筑专业提供的平面图去布置虹吸雨水斗时缺乏三维数据，不能考虑到双曲面扭曲之后的形变，导致原设计方案的虹吸雨水系统大范围与不锈钢雨水沟、钢结构柱碰撞。

解决方案：通过幕墙模型单独提取雨水沟部分的三维数据模型交由机电BIM工程师，协助给排水设计师找出合理安放雨水斗以及相应管道的位置，重新出二次深化图纸并更新模型，解决此类所有碰撞问题。

碰撞问题二：不同标段幕墙单位按照各自工艺去深化檐口铝板，导致接合处出现大缝隙（图6）。

问题分析：深圳国际会展中心屋盖呈波浪形延伸造型，是一个连贯不中断的大体量建筑，如此大面积的幕墙屋盖系统由五个不同的幕墙单位共同施工，每个单位都有自己的设计模板、型材工艺。在第一次合模后，接缝处基本都存在互相干涉或者缝隙大的问题。

解决方案：所有不同幕墙标段的BIM工程师在业主搭建的BIM云平台上实时协调，通过完整模型反馈回来的碰撞信息划分精确的接缝定位点，重新调整檐口铝板，调整后解决了问题。

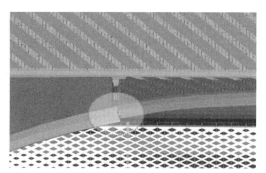

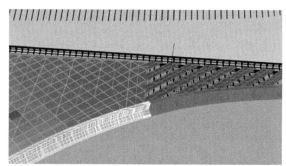

图6　相邻不同幕墙标段调整前后对比

碰撞问题三：幕墙吊顶格栅与钢结构柱碰撞。

问题分析：幕墙吊顶格栅对应屋盖的造型，按菱形板块为一个整体预制构件（图7）由工厂生产完成后运到现场进行吊装，设计的前期难以确定与相邻结构柱的位置信息，导致出现碰撞问题。

解决方案：通过格栅模型加入最新结构柱，按照设计给出的最优间距避开结构柱切割格栅模型，再提取数据发往工厂，施工前解决碰撞问题（图8）。

碰撞问题四：大厅入口吊顶格栅与相邻展厅吊顶格栅在同一平面上，由于功能区不一样，设计出不同的间距，导致交会的时候出现碰撞问题，影响外观（图9）。

问题分析：设计团队在设计室内展馆部分使用密度高的格栅间距区分功能区域，不同密度的格栅交会时出现干涉、过渡不美观的问题。

解决方案：优化格栅布置，接近交会处采取渐变式的原则重新排布格栅过渡这个区域。

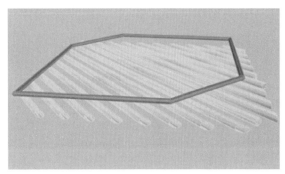

图 7　预制构件吊顶格栅

图 8　格栅二次切割调整前后对比

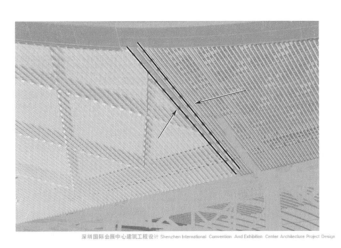

图 9　相邻两个幕墙标段格栅布置（调整前）

2.2　尚智科技园幕墙工程

尚智科技园项目用地面积 57711.14m²，规定建筑面积 202080㎡，建筑覆盖率 50％。规划建立社区与园区"两轴一心"关系，充分引入东侧、南侧的城市绿地及城市公园景观；以纵向绿色生活轴引入城市公园，设置下沉商业广场吸引人气；以横向绿色商务轴建立立体街区，设置架空平台串联园区；沿光明大道主路形象展示 1 栋超高层建筑，塑造项目地标形象。

该项目造型方正，整个项目七栋塔楼都是通过一个巨大的裙楼连接在一起，裙楼包含商铺、地下广场、办公室、空中广场等多功能区域，这些商业区域都通过大面积的幕墙系统来呈现美观、干净的空间感，复杂并且巨大的商业裙楼必然带来大量的施工问题。整个幕墙 BIM 模型都使用 REVIT 搭建，可以直接多专业合模。在初步多专业碰撞检查中发现大量幕墙与机电管线的干涉问题。

碰撞问题一：给排水管线穿幕墙面（图10）。

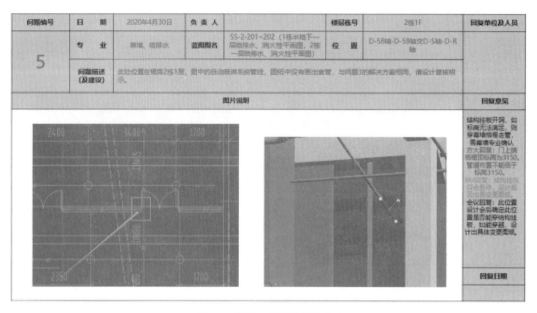

图 10　给排水管线穿幕墙面

问题分析：裙楼面积大并且有半地下室商业以及车库，管线布置密，管线梁下走管与幕墙面冲突。

解决方案：结构工程师通过计算确认此类情况可以穿梁走管，确认开洞位置后 BIM 人员根据剖面定位图纸在模型上按穿梁走管并加入套管来调整模型，解决了此类型问题。

碰撞问题二：暖通环管会合进入管道井穿幕墙面（图11）。

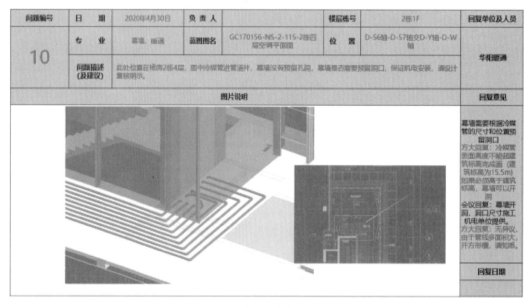

图 11　暖通环管穿幕墙面

问题分析：管道井外围公共商业部分有幕墙面，幕墙玻璃面没有预留孔洞。

解决方案：此处管线多并且穿墙面积大，由机电专业提供洞口尺寸，幕墙单位开方形槽走管。

碰撞问题三：燃气管没预留好穿幕墙广告位（图12）。

问题分析：燃气专业作为后期施工分包，因其管径小，初步设计的时候没有全面考虑其空间布置，导致燃气管与多专业碰撞而影响外观。

解决方案：广告位上方有雨篷，幕墙专业修改雨篷节点，预留燃气管道位置，穿结构梁进入室内，后期开洞加入套管。

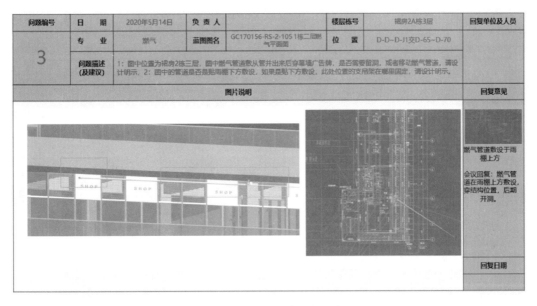

图 12　燃气管穿幕墙广告位

2.3　创智云城三期幕墙工程

创智云城项目位于深圳市南山区，雄踞广深港澳科技创新走廊关键节点，由特区建设发展集团斥资 240 亿元打造，是集办公、商业、公寓等多元业态于一体的建筑集群，未来将恢宏启幕 136 万平方米新兴产业智慧之城。

本次方大建科中标的创智云城三期幕墙工程，共有三座建筑，分别为 A 座、B 座、C 座研发办公塔楼，最高建筑为 256.6m，幕墙总面积约 14.3 万 m²。幕墙类型包括单元式玻璃幕墙、拉索幕墙等（图 13）。

图 13　创智云城三期工程效果图

项目中有两栋折线面造型的塔楼，多面角延伸的幕墙面导致空间不断收窄为施工难点。幕墙 BIM 团队在招标初期就已经介入建筑、结构、机电之间的 BIM 协同工作中，目前结构在施工中尚未封顶，通过多专业协同，已经通过碰撞检查并发现大量干涉问题（图 14）。

碰撞问题一：塔楼折线部分机电暖通风管、给排水管、电气桥架均超出幕墙外立面。

问题分析：此处幕墙面为纵向竖向都倾斜三角形状，空间从起点（空间最优处）不断收窄到多面角会合点处（空间最不利处），机电各专业在没有三维数据的情况下布置环管，没有考虑到复杂的空间变化，按整层最优的空间去设计导致管线超出外立面。

解决方案：此处是电影院、多功能厅，为封闭空间，对消防等级要求高，不可取消或者减小管线尺寸，业主协调设计院重新进行此处所有管线的设计。

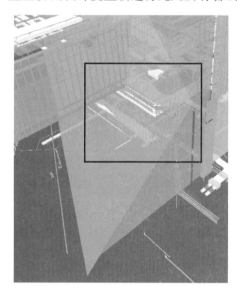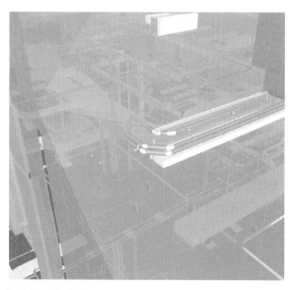

图 14　机电管线超出幕墙外立面

碰撞问题二：在 B 座与 C 座之间的架空平台上，有一根排烟管 2000×1200 和两组空调水管从 C 座室内穿 C 座东侧幕墙再穿 B 座西侧幕墙进入 B 座室内（图 15）。

问题分析：排烟管尺寸大于幕墙分隔，与龙骨干涉，无法通过穿玻璃面的做法解决。

解决方案：幕墙专业做特殊处理，取消此处分隔大小，重新计算受力并调整龙骨，加大分隔后风管穿幕墙面，排烟管当前分隔其余位置的玻璃材质改百叶。

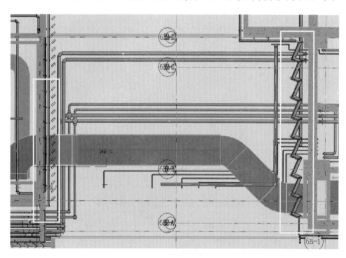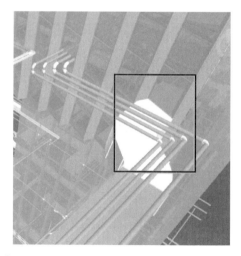

图 15　大型风管穿幕墙玻璃面

3　结语

　　幕墙 BIM 应用从早期内部建模用于辅助下料、型材开模到现在落地项目与多专业进行同步协调，说明了幕墙 BIM 技术在建筑体系中的重要性。前期的碰撞检查给项目施工带来极大的好处，规避了施工问题，节约了施工成本。幕墙数字化技术近年来有了多维度发展，不论是在技术层面还是在管理层面都使整个项目受益匪浅。展望未来，随着软件技术以及硬件设备的不断升级，幕墙方面的 BIM 应用将会有更好的发展。

第三届亚青会汕头市人民体育场改造工程 BIM 设计应用

◎ 林 云 陈 串 余金彪 宋尚明

深圳广晟幕墙科技有限公司 广东深圳 518029

摘 要 本文介绍了 BIM 技术在不规则幕墙设计中的应用，叙述了设计过程中的难点、重点和解决思路。讨论 BIM 建模设计在异型建筑设计中的优势与劣势，并通过 BIM 技术的应用来改善设计流程，提高工作效率，辅助现场施工，以及运用参数化设计拓展 BIM 技术在幕墙中的应用。

关键词 钢架建立；铝板幕墙；玻璃幕墙；BIM 设计

1 引言

随着行业发展，BIM 应用越来越多，幕墙 BIM 技术在复杂的幕墙工程中发挥了不可替代的作用，其大大地提高了工作效率，节约了大量的人力、物力成本，本文重点就 BIM 在铝板幕墙、竖明横隐玻璃幕墙、采光顶幕墙等系统中的应用进行阐述。

1.1 工程概况

该项目位于汕头市区中心（图 1），属于改扩工程，主要是为亚青会做准备。幕墙最高为 28.6m。其造型主要由大规模的曲面铝板幕墙及玻璃幕墙组成，项目设计周期短，安全文明施工要求高，场地极其狭窄，对项目设计及管理有很大的挑战。同时本项目建成后将立足于服务社会、弘扬体育文化、增强人民群众健身意识、提高全民健康素质。

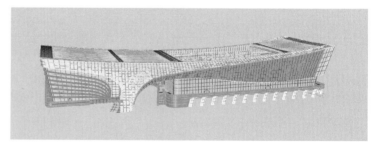

图 1 实景拍摄（左）和整体模型（右）

1.2 主要幕墙系统

本项目幕墙系统包括铝板幕墙、竖明横隐玻璃幕墙、采光顶幕墙等系统。

1.3 BIM 应用及难点

对体育馆项目进行整体建模，通过模型对项目的前期设计和施工阶段的整体进度、施工质量等方面进行全局把握，并随时根据现场放线情况核对实际结构与幕墙表皮碰撞等情况。

本文就前期模型、施工统一轴网坐标系建立、南北面檐口铝板幕墙钢架建模、采光顶幕墙建模思路、东西面转角弧形玻璃二次优化及东西面曲面铝板幕墙优化等几个方面进行探析。

2　模型、施工基于统一轴网坐标系建立

相对于一般的旧改工程，本工程需要在建筑结构上有新增钢结构，各个工种之间需要交叉作业。本项目采用全站仪扫描来做结构复测，使用专业的德国莱卡设备进行测距，精度可达到 $1mm+1\times 10^{-6}m$，保证打点复测的准确性。

建立统一图纸轴网坐标系后，基于现场全站仪测得点的三维坐标再通过 Grasshopper 提取数据转入犀牛模型（图 2），后期建模的时候只需保证外表皮与测点之间的距离可以满足最小施工安装距离，则实际施工就不会出现结构外露的情况。

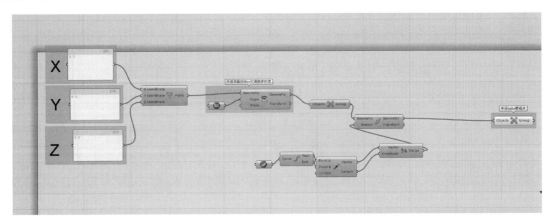

图 2　对新建建筑结构严格复测

3　南北面檐口铝板幕墙钢架建模探析

南北面檐口为传统铝板幕墙（图 3），用 Rhino 软件便可完成表面建模。本文就采用传统 CAD、钢结构软件 Tekla 与 BIM Rhino 插件 Grasshopper 对铝板幕墙钢架龙骨出图进行探析。

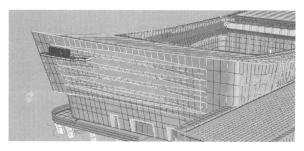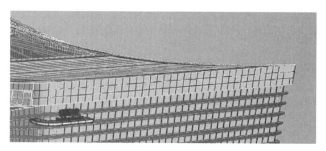

图 3 南面铝板幕墙（左）和北面铝板幕墙（右）

3.1 传统 CAD 出图（图 4）

首先导出模型剖面，然后手动进行偏移，最后标注编号等。此方法效率低，容错率高，单位成图出图时间多。

序号	坐标点编号	X坐标	Y坐标	Z坐标
1	SKJ15-a	151387.5469	6451.0283	14886.5742
2	SKJ15-b	151789.2656	6451.0283	16188.6328
3	SKJ15-c	152082.375	6451.0283	17305.8457
4	SKJ16-a	152161.7656	6451.0283	17586.5742
5	SKJ16-b	152563.4817	6451.0283	18888.6399
6	SKJ16-c	152850.6562	6451.0283	19977.0762
7	SKJ17-a	152936.2969	6451.0283	20287.623
8	SKJ17-b	153337.7031	6451.0283	21588.6563
9	SKJ17-c	153581.2983	6451.0283	22511.1304
10	SKJ18-a	153710.1875	6451.0283	22986.5742
11	SKJ18-b	154111.9063	6451.0283	24288.6523
12	SKJ18-c	154404.2344	6451.0283	25396.543
13	SKJ28-a	151366.6108	7281.3509	14929.4673
14	SKJ28-b	151789.2813	7148.5742	16193.9238
15	SKJ28-c	152059.875	7034.4441	17280.9071
16	SKJ27-a	152148.0625	6999.1962	17616.4249
17	SKJ27-b	152563.474	6865.0649	18893.9004
18	SKJ27-c	152844.4589	6749.8665	19990.9652
19	SKJ32-a	151320.9587	8802.8491	15010.8293
20	SKJ32-b	151789.203	8702.625	16193.0859
21	SKJ32-c	151992.4894	8616.0085	17214.8099
22	SKJ31-a	152102.578	8575.0908	17697.4766
23	SKJ31-b	152563.4217	8473.7363	18893.0605
24	SKJ31-c	152777.2342	8386.2549	19924.9922
25	SKJ30-a	152884.0155	8347.318	20384.4318
26	SKJ30-b	153337.6875	8244.8486	21593.0371
27	SKJ30-c	153561.7813	8156.5215	22634.9492
28	SKJ29-a	153645.8906	8116.5249	23106.7441
29	SKJ29-b	154111.9844	8015.9297	24293.3613
30	SKJ29-c	154346.0625	7926.8038	25344.6756
31	SKJ36-a	151268.1406	10324.3122	15105.1826

图 4 传统 CAD 出图

3.2 Tekla 出图

Tekla 作为世界通用的钢结构详图设计软件，能够对材料、细节差异明显的各类结构模型进行设计、分析，并根据需要设计出合理的大型结构（图 5），并且拥有对杆件进行自动标注、编号、出图等功能。但是对于某些需要旋转角度进行拼接的龙骨，Tekla 处理会较慢，针对此部分杆件暂时只能拉伸建立。

3.3 Grasshopper 出图

使用 Grasshopper 出图则可以用少量电池组完成模型桁架的建立（图 6），通过参数化建模对同规律杆件成批数据处理自动编号标注成图。此方法可以在异型龙骨出图的效率上有着较大的优势，还可以批量把相对应的坐标返给施工队做定位。

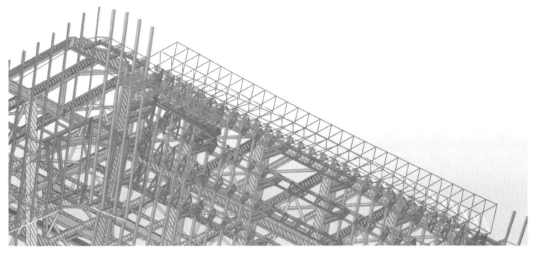

图 5　Tekla 模型出图

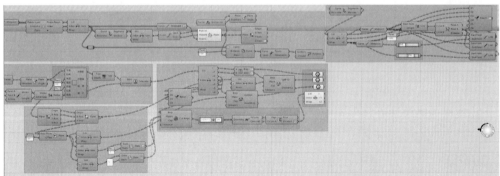

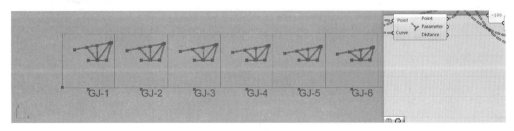

图 6　空间骨架（上）、参数化建模（中）和摊平到地面（下）

3.4 施工定位

采取三维坐标数据提取打点与模型投影平面图纸方式给到施工队（图7）。

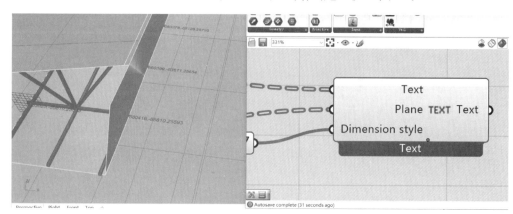

图 7 施工定位

3.5 探析

该方法结合 Grasshopper 数据处理能力与 Tekla 软件结构计算和节点自由编写等功能（图8）。该方法先用 GH 统一完成杆件建模，用 Tekla 进行节点处理形成族库，再利用 Teklalink 导入 Tekla 族库入 GH，通过参数化统一完成节点拼接处理，再利用 Teklalink 将生成的模型重新导入 Tekla 进行计算、编号、出图，使其相互配合达到建模计算一体化。后期如果龙骨布置变化但是做法不变，则只需在 GH 里面进行修改，此时 Tekla 里面模型会自动更新，可以大大提高工作效率。

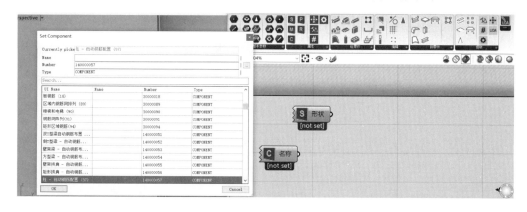

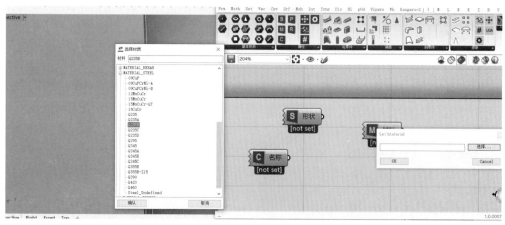

图 8 Grasshopper 数据处理能力与 Tekla 软件结构计算和节点自由编写

4　采光顶幕墙建模思路探析

原方案采光顶轮廓为双曲面，单个板块最大拱高 $h=62$mm（图9），原设计方案提供了2种思路。

图9　原方案采光顶轮廓为双曲面

方案1：在弧形曲面上做14个洞口（图10），参考平面投影每个洞口的俯视图尺寸是一样的。然后根据节点设计进行实体建模得到方案1模型（图11）。此方案做出的弧形曲面造型在一定程度上比较美观，但是每个采光顶都不一样，对于材料组织和现场施工来说比较麻烦。

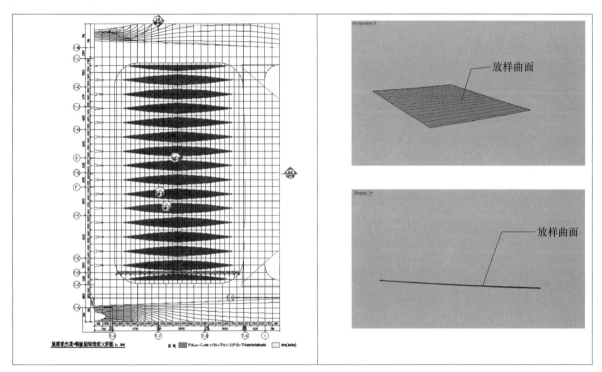

图10　方案1

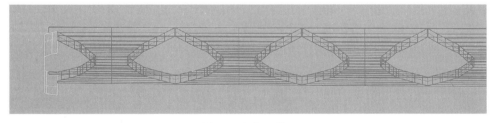

图11　方案1模型

方案2：通过放样曲线确定采光顶面板中轴线，通过平移对齐方式进行整体建模，得到模型（图12）。此方案每个装饰线条之间会有一个高差，容易积灰、积水。

由于上述方法各有优劣，经过多次论证，并与设计院、业主沟通，最终决定采用方案3（图13），将每个装饰线条做成一样，通过平行拼接的方式形成整体，既保证了每个采光顶的外观需求，又方便了材料组织和现场施工，再通过单坡排水解决积水、积灰问题。

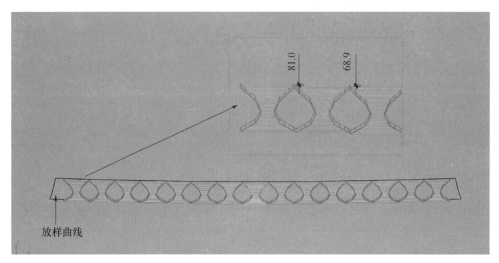

图 12　方案 2 模型

图 13　方案 3

5　东西面转角弧形玻璃二次优化探析

5.1　原方案设计思路

A 区东西面双转角圆弧玻璃造型其设计思路以顶底面半径 $r=1300\mathrm{mm}$ 圆形做基础斜向拉伸形成曲面，由于上下口不同，分格切分后会使每块玻璃的圆弧半径不一致，现对此转角面进行优化（图 14～图 18）

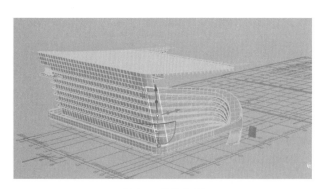

图 14　优化位置

图 15　原曲面是非统一的圆弧线
曲面，需要在保持交接
顺滑情况下进行优化

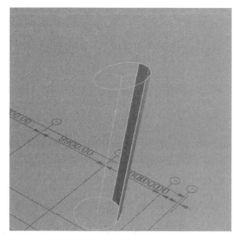

图 16　首先求出此面中线，再取边线方向
为优化圆面中心方向，使其两边交接顺滑

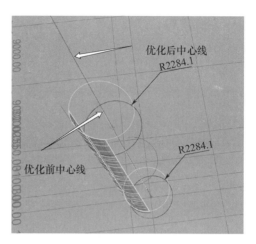

图 17　优化中心线对比

优化后统一了圆弧半径，再运用 Grasshopper 对其进行切缝、展开以及标注（图 19），提高了玻璃厂制作单曲玻璃的效率，节约了制作时间。

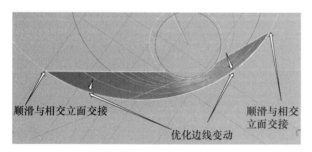

图 18　优化边线与相交立面交接

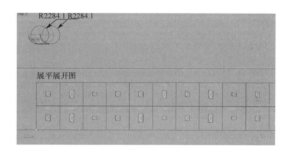

图 19　展开优化后的玻璃加工图

6　东西面曲面铝板幕墙优化探析

东面铝板由大量单曲铝板和双曲铝板组成，整个加工工艺、加工过程比较复杂，对加工厂的硬件和软件要求很高，后续的表面处理非常耗时费力，因此为了节省成本，提高生产效率，项目使用 Grasshopper 对此部分铝板进行优化，以实现计划目标。

6.1　初筛铝板

通过初筛，区分出原有的平板铝板及曲面铝板，并给予着色（图 20）。

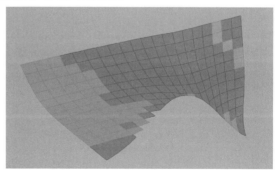

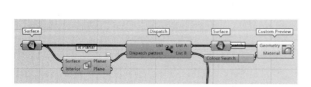

图 20　绿色为可优化为平板部分铝板

6.2 二次筛选

对铝板进行第二次筛选（图 21），在曲面取一定数量的随机点，做出靠近这些点的最近 UV 平面，把原铝板外边线投影至新铝板面，这个新铝板面就是最优铝板平面。然后使新面其中三角点与原曲面三角点拟合，量出第四角点新曲面点与原曲面对应点的距离，得到第四点的翘曲高度。

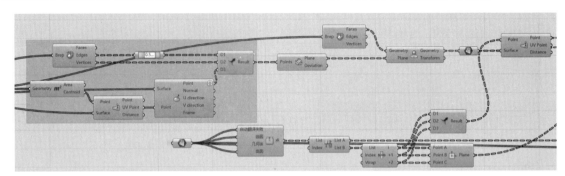

图 21 第二次筛选

根据翘曲高度对铝板进行第二次筛选（图 22），根据结构计算结果，选取 10mm 翘曲高度作为阈值，筛选出翘曲高度低于 10mm 的铝板。

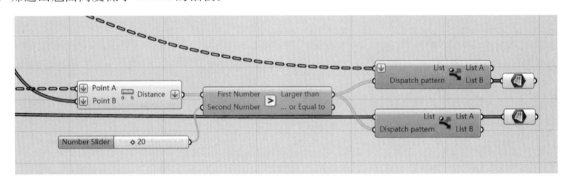

图 22 第三次筛选

6.3 双曲优化

本环节将对翘曲高度过大的铝板重新进行优化，将双曲铝板优化为单曲铝板（图 23）。

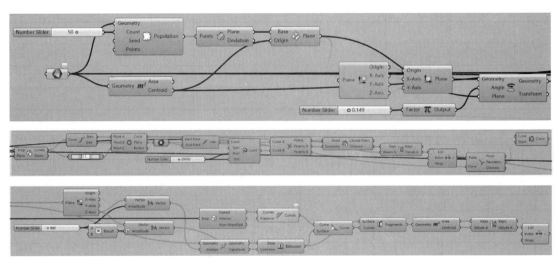

图 23 双曲铝板优化为单曲铝板

在原铝板中点上创建一个与原曲面垂直的平面，平面与曲面相交，取出相交线，通过这条曲线的两个端点和中点进行三点画圆。将圆拉伸为圆管，拉回原曲面的边线，对圆管进行切割，得到新优化曲面，再使用 GH 遗传算法计算，得到最优曲面。

在新曲面边线上取数点，量出与原曲面边线的距离，取平均值 A，在新曲面内随机取数点，并投映在原曲面上，量出对应每一组点的距离，取平均值 B，把平均值 A 与 B 相加，结果连入遗传算法电池组，通过遗传算法求垂直平面角度最优 π 值（图 24）。

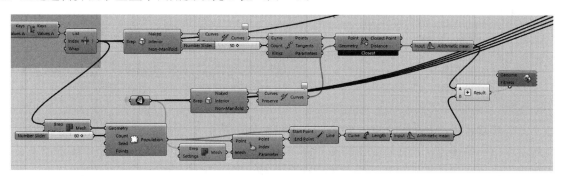

图 24　通过遗传算法求垂直平面角度最优 π 值

遗传算法将把曲线所有角度可得到的不同圆管预演一次，拉回切出新平面后计算平均值 A 与 B，取所有结果中的最小值，得到与原平面最近的单曲面。重复优化平面的步骤，扣三个角点并计算最后一点的距离，如第三点翘曲高度符合要求，则完成该铝板优化。

7　结语

现阶段 BIM 技术将应用于项目的整个设计、施工过程中，通过模型不断优化设计、参数化的建立节约了设计周期，通过对数据的处理并反馈给施工现场，这种精准定位能够减少项目的施工误差。对不同 BIM 软件的联合使用，取长补短发挥各个软件的优势，将重复工作交给机器，减少统计失误的概率。总之，BIM 技术的发展是必然趋势，本文只是就本项目 BIM 使用情况进行阐述，希望对同行有所启发。

参考文献

［1］中华人民共和国住房和城乡建设部. 建筑工程设计信息模型制图标准：JGJ/T 448—2018 ［S］. 北京：中国建筑工业出版社，2019.

［2］埃塞俄比亚商业银行幕墙工程 BIM 应用 ［C］//现代建筑门窗幕墙技术与应用：2021 科源奖学术论文集. 北京：中国建材工业出版社，2021.

［3］基于 BIM 技术的建筑幕墙设计下料 ［C］//现代建筑门窗幕墙技术与应用：2018 科源奖学术论文集. 北京：中国建材工业出版社，2018.

论犀牛在多维曲面幕墙设计中的应用

◎ 陈冠军　黎大城

深圳市华辉装饰工程有限公司　广东深圳　518023

摘　要　随着科技发展，新思维、新材料、新工艺的不断涌现，以及人们审美的不断追求，设计师越来越多地将多维曲面造型运用到建筑设计中，使得现在更多的建筑需要多维度曲面幕墙技术来支持，从而更好地表达建筑师的要求。本文结合工程实际案例，从如何通过使用先进的 BIM（犀牛＋Grass-hopper）技术，在幕墙设计过程中对降低建造成本、提高工作效果和设计的准确性方面进行了阐述，总结出利用犀牛＋Grasshopper 针对多维度曲面幕墙技术难题的一些解决办法。

关键词　多维度曲面建筑幕墙；BIM 设计；犀牛；Grasshopper

1　引言

幕墙作为建筑外围护结构，因为其造型美观、轻巧及多变的颜色和效果，受到建筑师和业主的青睐，在当今建筑中的应用越来越广泛，几乎成了现代建筑的代名词，甚至有的建筑项目 50% 以上的外立面都是由幕墙来完成的。我国建筑幕墙从 1982 年开始起步，历经近 40 年的发展，已经成为世界第一幕墙生产大国。随着人们生活水平的不断提高和经济的飞速发展，建筑外立面效果越来越复杂化和异型化，特别是大型"公建"和标志性建筑中，为了追求建筑地标艺术效果，建筑师们标新立异，不断创新元素，出现了很多异型建筑幕墙，如北京的国家大剧院、鸟巢体育中心、央视新大楼、深圳的 T3 航站楼、上海中心等，给施工企业提出了新的机遇和挑战。如何通过采用 BIM 技术使多维度曲面幕墙通过设计变得工作高效、造价经济、施工可行，这是专业幕墙公司的常见技术课题，下面把在联泰万悦汇裙楼多维度双曲面铝板幕墙设计过程中的体会写出来与读者分享，达到相互学习、抛砖引玉的效果。

2　多维度双曲面铝板幕墙项目介绍

联泰万悦汇项目位于江西省南昌市东城大街以东，望城路以西，主要由地上五栋楼组成，3 号楼为集中式商业 Mall。本项目总建筑面积 250972.4m²，其中计入容积率面积为 161663.8m²。裙楼商业部分建筑，建筑高度 17.7m，局部 26.6m，含有穹形玻璃采光顶及双曲面装饰铝构架，如图 1 所示。

整个项目幕墙的难点和重点就是商业裙房结构外装饰的双曲面的铝板幕墙，铝板幕墙外侧设计有横向弧形格栅，跟随铝板的曲度，横向格栅上设置灯槽，在保证铝板光滑曲度效果的前提下，还要保证铝格栅的效果和安装可行性，并确保灯槽内侧的灯具能正常工作。本项目双曲面铝板外观效果，如图 2 所示。

图 1　联泰万悦汇项目效果图

图 2　联泰万悦汇裙楼双曲面铝板效果图

3　犀牛在设计中的运用

无规则的曲面，导致项目的设计难度提升不少，根据建筑效果及建筑施工图提供的基础数据，我们可以先建立初步的双曲面的铝板外表皮模型，这个是整个裙房幕墙设计的基础，之后的所有设计工作都将基于此表皮模型进行优化调整，设计之初需要先考虑以下几项工作：（1）复核初步表皮模型与结构是否有干涉；（2）复核铝板表皮模型的曲率及位置尺寸是否能满足幕墙工艺节点的设计要求；（3）确定铝板最经济、最科学的分格尺寸，在满足外观效果的前提下，多采用平面铝板和单弧铝板去实现曲面效果。

图 3 是把建筑结构图反映到犀牛模型中，再通过铝板外表皮向内侧偏移的方法复核安装空间是否足够，以确定模型与结构没有干涉。

在得到与建筑结构关系合理的铝板外表皮模型之后，下一步将对表皮模型进行板块分格，此项工作需要根据建筑图及效果图分格效果作为基本参考，这里不做过多赘述。本文重点分析确定分格后如何使用犀牛＋GH 优化双曲面板块，使得最终既能满足外观效果又可更好控制成本。

首先，我们需要将铝板板块分为平面板、单曲面板以及双曲面板三种类型，这三种类型铝板的加工难度以及价格也是相应增加的，优化原则即为采用尽量多的平面板或单曲面板来达到最终整体的双曲面外观效果。本项目由于铝板幕墙外侧还有横向格栅作为遮挡，所以整个项目后侧铝板对接精度可允许偏差可适当放宽，以保证项目经济性。经过模型放样比对，铝板优化原则定为本项目全部铝板可采用平面板或单曲面板来实现建筑效果和功能。（此为根据项目特性确定，不同项目需根据项目实际情况具体分析）优化整体铝板分格后如图4所示。

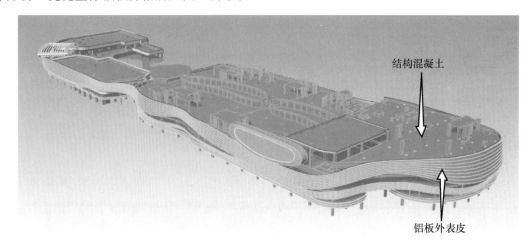

图3　联泰万悦汇裙楼双曲面铝板与结构相对关系图

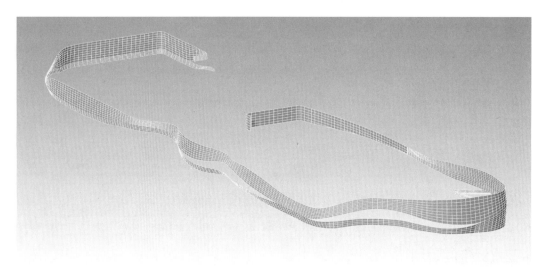

图4　联泰万悦汇裙楼双曲面铝板分格后板块图

4　Grasshopper 在设计中的运用

判断分格后的板块是否可以采用平面板代替的重要指标就在于能够接受多大的翘起误差值（或者理解为一块曲面拱板的拱高，即距板任意一个角点到另外三个角点形成平面的垂直距离），这与面板材料的冷弯特性有很大关系。比如一块矩形平板玻璃，当固定其中三个角点对剩下一个角点施加压力时平板玻璃将发生冷弯，但玻璃本身属于脆性材料，当冷弯到达一定限值时很容易发生破坏。铝板则能承受更大的冷弯变形而保证本身材料不发生破坏，我们需要考虑的是铝板面板在冷弯变形后对于整体外观的影响。

对于冷弯值，这里简单理解为对于类似四边形面板在固定其中三个角点的情况下对剩下的一个角点下压位移的距离值，此冷弯位移值对面板外形的影响与面板本身尺寸大小有很大关系，这里需要取一个恰当的比例关系，经过多次建模分析发现，冷弯位移值与面板最短边长的比值小于 1.00% 时对于面板外观影响相对较小，外观接受度较高。图 5 为冷弯位移值与面板最短边长的比值模型。

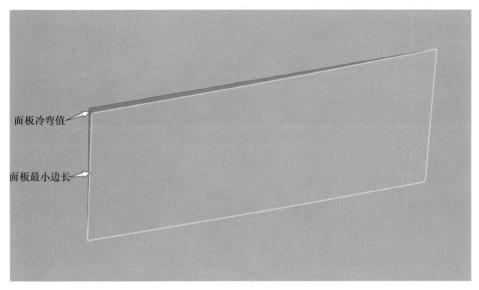

图 5　冷弯位移值与面板最短边长的比值模型

　　此项目犀牛的运用在于建立外表皮模型，复核表皮模型与结构是否冲突，之后大量的面板优化处理工作就需要 Grasshopper 来完成。项目裙楼铝板板块数量 3640 块，如果采用逐个板块放样确认，则需要耗用大量的人工和时间。面板的平板化处理、勾缝、编号以及后续下料加工都可用 Grasshopper 完成，在建立 Grasshopper 的电池组时以上提到的思路变得极为重要。Grasshopper 参数化设计的优势在于只要我们用这组电池解决了一块面板的问题，就可以用来解决整个项目 3640 块面板的问题，这样等于我们将原来的机械绘图工作转变成程序化自动工作。我们将所有面板导入编好的 Grasshopper 电池组里（图 6），即可得到可优化的平面板块及单曲面板块，以及不同类型的板块采用不同颜色区分，以验证电池组的正确性，并能指导设计和施工安装的工作，烦琐枯燥的理论变得更直观有效（图 7），当然我们一定要保证电池组程序的正确性、完整性、普适性。

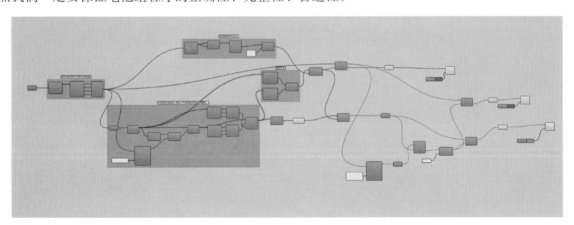

图 6　Grasshopper 电池组

5　结语

　　在各种异型幕墙的设计及施工过程中，问题是不相同的，解决问题的手段也会不同，我们要随机应变，领会建筑设计意图，深入了解实际情况，积极沟通与研究，有预见性地发现其中的难点、重点

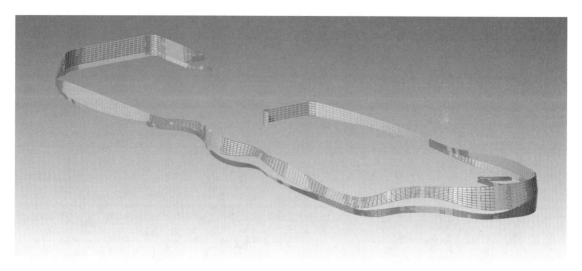

图 7　平面板块与单曲板块区分图

及存在的问题，充分利用各种资源，发挥参与者的积极能动性，充分利用成熟技术，合理运用新型技术，不断推动行业技术发展。

综上所述，对于复杂形体的幕墙，首先要采用正确的方法建立三维模型，并复核幕墙与结构是否冲突，只有保证模型几何形状准确，后续的工作才有效，之后面板的优化采用 Grasshopper 可大大简化设计过程，且为后续下料加工带来方便，同时犀牛＋Grasshopper 三维可视化设计更是增强了设计过程中的直观性，值得广大设计人员学习和使用。

参考文献

［1］曲春珑，蔡鹏程，宋红. 兰华国际大厦单元式玻璃幕墙及异型弧体的设计与施工技术［J］. 建筑技术，37（9）：4.
［2］马锦明，王旭峰，张芹，等. 异型建筑幕墙施工质量控制的几个问题［J］. 建筑技术，36（9）：3.

第三部分

新型建材研发与应用

火灾防护产品在建筑上的应用与分析

◎ 徐松辉　邱志永

中山市中佳新材料有限公司　广东中山　528441

摘　要　《建筑设计防火规范》（GB 50016—2014）（2018 年版）（以下简称：新建规）下，做好火灾的预防与控制对于保障民众生命和财产安全十分重要。本文围绕新规范下火灾防护产品的应用与分析（火灾防护产品分别是：防火玻璃、防火窗、防火门、防火玻璃非承重隔墙），指出在新规范下火灾防护产品的应用、分类、防火等级等，详细阐述了火灾防护产品在建筑防火中的应用范围，就火灾防护产品应用中存在的问题进行分析并提出了对策。

关键词　防火玻璃；防火窗；防火门；防火玻璃非承重隔墙

1　引言

随着经济高速发展，生活水平的不断提高，人们日益意识到建筑安全、环保的重要性，做好建筑消防工作就显得极为重要。而在此过程中尤其需要注重的便是火灾防护产品的设计和应用。火灾防护产品是建筑消防中的重要组成部分，其在建筑发生火灾时可有效阻止火势的蔓延，并对烟气予以有效扩散，从而实现对财产和人身安全的可靠保护。为了对火灾防护产品予以有效的消防设计，需要对火灾防护产品的组成和特点予以准确认知，并结合其作用的特殊性展开设计，让其消防作用得以充分体现，让其能够在人身、财产保护方面发挥更大作用。

2　防火玻璃

防火玻璃是一种经过特殊工艺处理的玻璃，其具有良好的抗热冲击性能，能够在火焰的高温和热冲击下保持一定时间的稳定而不破裂，实现火、烟、热的隔离。在防火玻璃的基本性能要求方面，《建筑用安全玻璃 防火玻璃》（GB 15763.1—2009）中都做了严格的规定。为了达到防火玻璃性能的要求，防火玻璃的尺寸、厚度、外观质量、弯曲度、光学性能、耐热性能、耐辐射性能、力学性能、抗冲击性能等方面都必须符合《建筑用安全玻璃 防火玻璃》（GB 15763.1—2009）中的统一规定，且根据防火玻璃防火性能的不同划分为不同的分类。但防火玻璃种类较多，性能各异，应在实践中结合产品特性，结合使用位置、耐火、隔热性能的要求，采用不同的防火玻璃产品。

2.1　按耐火性能分类

防火玻璃可以分成隔热型防火玻璃（A 类）、非隔热型防火玻璃（C 类）两类，见表 1。

表 1　防火玻璃等级分类

分类名称	耐火极限等级（小时）	耐火性能要求
隔热型防火玻璃（A类）	3.00h	耐火隔热性能≥3.00h　且耐火完整性时间≥3.00h
	2.00h	耐火隔热性能≥2.00h　且耐火完整性时间≥2.00h
	1.50h	耐火隔热性能≥1.50h　且耐火完整性时间≥1.50h
	1.00h	耐火隔热性能≥1.00h　且耐火完整性时间≥1.00h
	0.50h	耐火隔热性能≥0.50h　且耐火完整性时间≥0.50h
非隔热型防火玻璃（C类）	3.00h	耐火完整性时间≥3.00h　耐火隔热性无要求
	2.00h	耐火完整性时间≥2.00h　耐火隔热性无要求
	1.50h	耐火完整性时间≥1.50h　耐火隔热性无要求
	1.00h	耐火完整性时间≥1.00h　耐火隔热性无要求
	0.50h	耐火完整性时间≥0.50h　耐火隔热性无要求

2.2　按结构分类

防火玻璃可分为复合型防火玻璃（FFB）与单片防火玻璃（DFB），见表2。

表 2　防火玻璃结构分类

产品名称	产品分类	防火等级	执行标准
防火玻璃	非隔热单片防火玻璃	C类，0.5h、1h、1.5h、2h、3h	GB 15763.1
	非隔热复合防火玻璃	C类，0.5h、1h、1.5h、2h、3h	
	隔热复合防火玻璃	A类，0.5h、1h、1.5h、2h、3h	

2.2.1　复合防火玻璃

复合防火玻璃：目前市场上主要有复合型"无机硅材料"防火玻璃和复合灌注型"有机聚丙烯酰胺"防火玻璃两种。复合防火玻璃中包含有的特殊化学物质能够吸收一定程度的火焰高温并形成温度阻隔层，实现对火焰以及毒烟的阻隔。

复合型"无机硅材料"防火玻璃采用无机硅酸钾为主要原材料配制而成，防火性能优越，具有较强的火焰阻隔能力，且成品通透性好，耐候性能非常良好，目前被广泛应用于建筑中；

复合灌注型"有机聚丙烯酰胺"防火玻璃具有较强的火焰阻隔能力，但由于采用有机材料制成，使其耐候性较差，在紫外线照射下一般2年内会发白、起雾、产生气泡，失去玻璃的透明功能，其次就是灌注到玻璃腔体的防火液不能固化（果冻状态），因此防火玻璃不能制成大板面尺寸。

复合型防火玻璃可以制成隔热型防火玻璃（A类）、非隔热型防火玻璃（C类）两类。

2.2.2　单片防火玻璃

单片防火玻璃：目前市场上主要有铯钾单片防火玻璃（超强钢化）和高硼硅单片防火玻璃两种，都是由单层钢化玻璃构成，并满足相应耐火等级要求，只能制成非隔热型防火玻璃（C类）。

2.3　防火玻璃在建筑防火中的应用

防火玻璃除具有良好的防火性能外，其本身也属于建筑耐火材料中的一种，在建筑施工中的一些重点防火部位被广泛使用，其多应用于防火门、防火窗、防火玻璃隔墙等建筑耐火构件上。

2.4　当前防火玻璃应用中存在的问题

2.4.1　以单片防火玻璃取代复合型防火玻璃

根据新规范的设计要求，防火门、防火窗、防火玻璃隔墙需要采用复合型隔热防火玻璃（A类），但在实际施工过程中，为了降低工程施工成本或者采光、美观等要求，在应该使用复合型隔热防火玻璃（A类）的位置使用了单片防火玻璃，有些施工单位认为它们都是防火玻璃，可以通用，但由于单片防火玻璃不具耐火隔热性，造成整个构件的耐火隔热性无法满足标准要求。

2.4.2　以防火玻璃取代框架结构，忽略框架的耐火性能

项目施工时将防火玻璃和框架结构混为一谈，将防火玻璃镶嵌在普通铝合金框中，充当防火窗、防火玻璃非承重隔墙等。防火窗、防火玻璃非承重隔墙也是一种火灾防护产品，与防火玻璃执行的是不同产品标准，产品的耐火试验方法是不同的，防火窗、防火玻璃非承重隔墙其玻璃、边框的整体都应满足相应耐火性能的要求，而不仅是对窗上镶嵌的玻璃有相应的要求。

2.4.3　测试不合格的主要原因

在工程实际中，防火玻璃与其支撑框架密切相关，根据实验室的相关检验数据，测试不合格的主要原因有以下两点：一是玻璃与框架间配合尺寸不符合要求，玻璃热膨胀系数较大，玻璃与框架间未填充柔性隔热材料，二是框架的耐火极限达不到防火玻璃的耐火要求，导致玻璃破碎脱落，丧失耐火完整性。

3　防火窗、防火门、防火玻璃非承重隔墙

防火窗、防火门、防火玻璃非承重隔墙三种火灾防火产品，都是由框架结构＋防火玻璃＋防火填充材料＋五金配件组成。防火窗、防火门、防火玻璃非承重隔墙的基本性能、规格参数、试验方法、判定依据等方面，在《防火窗》（GB 16809—2008）、《防火门》（GB 12955—2008）、《防火玻璃非承重隔墙通用技术条件》（XF 97—1995）、《建筑构件耐火试验方法　第1部分：通用要求》（GB/T 9978.1—2008）中都做了非常清晰、严格的规定；为了达到产品性能的要求，产品的尺寸、厚度、外观质量、开合性能、光学性能、隔热性能、耐火性能、力学性能等方面都要符合对应的相关规定，且根据产品防火性能的不同划分为不同的等级。新规范对各类建筑防火等级、防火分区、防火设计、火灾防护产品的特定要求都有明确规定，在实践中建筑设计、应用时应结合火灾防护产品的特性，结合使用位置、耐火、隔热性能的要求，采用不同的火灾防护产品。

3.1　防火窗、防火门、防火玻璃非承重隔墙，火灾防火产品按性能分类见表3。

表3　火灾防护产品性能分类

产品名称	产品分类	防火等级	执行标准
防火门	非隔热防火门	C类：1h、1.5h、2h、3h	GB 12955—2008
	隔热防火门	A类：0.5h（丙级）、1h（乙级）、1.5h（甲级）、2h、3h	
	部分隔热防火门	B类：1h、1.5h、2h、3h	
	非隔热防火门	C类：1h、1.5h、2h、3h	
防火窗	非隔热防火窗	C类：0.5h、1h、1.5h	GB 16809—2008
	隔热防火窗	A类：1h（乙级）、1.5h（甲级）、2h、3h	
非承重隔墙	防火玻璃非承重隔墙	A类：1h、1.5h、2h、3h	XF 97—1995 GB/T 9978.1—2008

3.2　防火窗，能起隔离和阻止火势蔓延的作用，同时具备通风（活动式防火窗）、采光功能。防火窗在目前市场的应用、控制、材料情况大致如下（具体按规范要求）。

3.2.1　在防火间距不足的两建筑物外墙上，需要采光、通风时，需采用隔热防火窗。

3.2.2　在建筑内防火墙或防火隔墙上，需要采光、通风或观察时，需采用隔热防火窗。

3.2.3　建筑高度大于100m的公共建筑、住宅建筑，每50m之间应设有避难层（间），避难层（间）的外窗需采用乙级防火窗（隔热防火窗）。

3.2.4 建筑高度大于 54m 的住宅建筑，每户应有一间房间设为避难间，避难间的外窗需达到耐火完整性不低于 1.0h 要求（非隔热防火窗）。

3.2.5 防火窗按结构分类：防火窗可分为固定式防火窗（GFC-D）和活动式防火窗（GFC-H），对于活动式防火窗，由窗扇启闭控制装置控制窗扇的开启、关闭，同时具有手动控制启闭功能。窗扇启闭控制装置有热敏感元件方式、电信号控制电磁铁关闭或开启方式、消防联动电信号控制关闭或开启方式等。

3.2.6 防火窗按窗框和窗扇框架的材料分类，主要分为钢质防火窗、木质防火窗、钢木质复合防火窗，其中钢质防火窗的应用最为广泛。

3.3 防火门：防火门主要是指在规定时间内能够达到耐火的要求，具有稳定性、隔热性以及耐火完整性的优势，在防火分区、垂直竖井和疏散楼梯间较为常见。防火门作为建筑物防火分隔完整性的重要物件，在能够疏散人员的同时还可以起到阻止烟气扩散与火势蔓延的作用。

3.3.1 防火门按开启状态分为常闭防火门和常开防火门。防火门一般由防火门扇、门框、闭门器、密封条等组成，双扇或多扇常闭防火门还装有顺序器，防火门关闭后应具有防烟性能。

3.3.2 防火门按材料分有木质防火门、钢质防火门、钢木防火门、其他材质防火门等。

3.3.3 设置在建筑内经常有人通行处的防火门宜采用常开防火门。常开防火门应能在发生火灾时自行关闭，并应具有信号反馈的功能。

3.3.4 除允许设置常开防火门的位置外，其他位置的防火门均应采用常闭防火门。常闭防火门应在其明显位置设置"保持防火门关闭"等提示标识。

3.3.5 防火门主要的应用位置与等级：①电缆井、管道井、强弱电井、水暖井、垃圾道等竖向管道井的检查门通常设置为丙级防火门，疏散走道通向前室及前室通向楼梯间的门应采用乙级防火门；②消防电梯前室与合用前室的门、消防控制室开向建筑内的门应采用乙级防火门；③高层住宅通向室外疏散楼梯的门应采用乙级防火门；库房通向疏散走道或楼梯的门应设置为乙级防火门；④常有人停留或可燃物较多的地下室房间隔墙上的门，应采用甲级防火门；与中庭相连的门，应采用甲级防火门；⑤设计有特殊要求的分户门，如档案资料室、贵重物品仓库等的分户门，通常选用甲级防火门；⑥防火分区至避难走道入口处应设置防烟前室，开向前室的门应采用甲级防火门；前室开向避难层走道的门应采用乙级防火门；避难间应采用耐火极限不低于 2.00h 的防火隔墙和甲级防火门与其他部位隔开。

3.4 防火玻璃非承重隔墙。从建筑使用功能上考虑，设计师总是希望将建筑的内部空间设计得通达四方，但通畅无阻的内部空间则为某一局部火灾的蔓延与发展提供了有利的条件。为了防止这种现象的发生，就必须从设计上将一栋较大面积的建筑物有机地划分成若干个小的防火区域，这就是设置防火分区的隔墙，可以采用砌体防火墙，也可以采用防火玻璃非承重隔墙。防火分区的主要功能是：严格保证本分区出现火灾后不在规定的时间内向其他区域蔓延；推迟火灾整体蔓延的时间，以保证建筑内的人员迅速撤离和消防队及时扑灭火灾；对一时无法及时撤离的人员，暂时提供相对安全的区域。

3.4.1 防火玻璃非承重隔墙由防火玻璃、框架系统、密封材料和（或）自动喷水防护冷却系统等组成，在一定时间内满足耐火完整性和隔热性要求。分隔系统分为隔热型防火玻璃分隔系统和非隔热型防火玻璃分隔系统。

3.4.2 防火玻璃非承重隔墙应根据建筑物的防火要求、立面设计、使用环境及功能要求，确定玻璃防火分隔系统的形式、构造和材料。

3.4.3 当建筑物防火玻璃非承重隔墙有隔热性要求时，宜选用隔热型防火玻璃分隔系统。隔热型防火玻璃非承重隔墙的耐火极限不应低于设置部位的耐火极限。当采用非隔热型防火玻璃非承重隔墙时，应满足设置部位的耐火完整性要求，并应独立设置闭式自动喷水防护冷却系统保护，独立闭式自动喷水防护冷却系统的用水量应计入室内消防用水量。

3.4.4 当建筑物防火玻璃非承重隔墙是连续玻璃防火分隔系统，应采用有竖框的结构。结构不对称的玻璃防火分隔系统中，防火玻璃的受火面应面向具有火灾荷载的一侧，且防火玻璃的受火面应有明显标识。

3.4.5　防火玻璃非承重隔墙系统应与主体建筑牢固连接。防火玻璃隔墙系统中，防火玻璃和压条的重合部分不应小于 15mm。框架系统应采用现场全装配形式，不应在现场焊接，宜采用层压式螺栓装配形式。框架系统的横向龙骨和竖向龙骨的连接不应采用焊接方式，应采用紧固方式连接，宜采用任意横向龙骨均能单独拆装的独立横杆装配方式。（图 1）

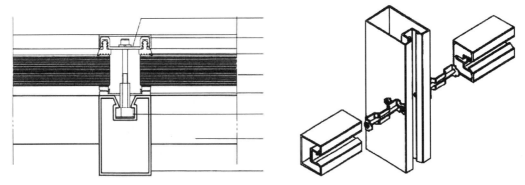

图 1　防火玻璃非承重隔墙系统装配图

3.4.6　防火玻璃非承重隔墙系统的框架与主体结构间的安装缝隙，应采用柔性不燃材料填充，玻璃防火分隔系统的单元板块不应跨越主体建筑的变形缝，钢型材壁厚不应小于 1.5mm，压条应采用连续性的钢型材。当玻璃防火分隔系统处于临空位置时，框架系统的结构设计应符合现行行业标准《玻璃幕墙工程技术规范》（JGJ 102）的有关规定。（图 2）

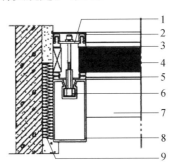

图 2　防火玻璃非承重隔墙安装收口图

1—钢压板；2—竖向铝合金装饰盖板；3—室外侧防火胶条；4—防火玻璃；
5—室内侧防火胶条；6—不锈钢连接件；7—横向钢龙骨；
8—竖向钢龙骨；9—柔性防火封堵材料

3.4.7　隔热型防火玻璃非承重隔墙系统，应满足所替代墙体的防火性能要求，每块防火玻璃的高度不宜大于 3.5m，当在隔热型防火玻璃分隔系统上设置防火门时，应符合现行国家标准《防火门》（GB 12955）的有关规定，并应采用企口搭接方式（图 3）。

3.4.8　非隔热型防火玻璃非承重隔墙系统，除国家标准《建筑设计防火规范》（GB 50016—2014，2018 年版）第 5.3.2 条、第 5.3.6 条规定的部位外，不应采用非隔热型防火玻璃分隔系统。

3.5　当前防火窗、防火门、防火玻璃非承重隔墙应用中存在的问题：

3.5.1　防火窗类型、防火等级应用错误问题。防火窗在实际应用中主要分为 A 类（隔热防火窗）与 C 类（非隔热防火窗），防火等级有 A 类甲级（1.5h）、乙级（1.0h）开启与固定形式，以及 2h、3h 固定形式，C 类 0.5h、1h、1.5h。有些项目设计者经常将防火窗使用的部位及类型标注错误，误导采购、施工、安装单位。比如建筑避难间的窗应是非隔热防火窗（C 类，1.0h 防火窗），但标注却是乙

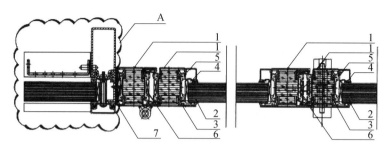

图 3　防火玻璃非承重隔墙与防火门扇企口搭接示意图

1—隔热钢型材；2—A 类防火玻璃；3—防火密封胶条；4—钢质玻璃压条

5—钢质压条固定件；6—防火膨胀条；7—柔性防火封堵材料

级防火窗；避难间的防火窗是乙级防火窗（A 类，1.0h 防火窗），也与避难间的窗标注一样，而且玻璃配置却是单片防火玻璃（单片防火玻璃只能达到 C 类），A 类防火窗应采用复合隔热防火窗。

3.5.2　防火门最主要的问题是常闭式防火门代替常开式防火门，根据建筑使用的状态防火门划分成两种：第一种是常闭式防火门，第二种是常开式防火门。常闭式防火门的缺陷在于给人群疏散使用带来不便，因为防火门通常都是安装在人员经常经过的通道位置上，但是由于常闭式防火门一般都是关闭状态，人员要想通过必须要开启门扇或者是卡住门扇。尤其是在大型商场通道上，每天经过通道的人数众多，楼梯间设置的防火门必须处于开放式状态，如果没有对防火门进行固定，就无法达到防火的效果，导致存在火灾隐患等。因此，在大型公共建筑中安装常闭式防火门替代常开式防火门极有可能损坏防火门的配件、防火性能。

3.5.3　防火玻璃非承重隔墙系统主要的应用问题是，隔热与非隔热使用混淆，经常出现建筑需要用隔热防火玻璃非承重隔墙（A 类），有些为了节约成本，或者设计错误，而应用了非隔热防火玻璃非承重隔墙（C 类）。

3.5.4　防火窗、防火门、防火玻璃非承重隔墙火灾防护产品的另外一个问题是，实际应用安装的产品与型式报告的结构不符，影响后期建筑消防验收。

4　结语

如今，在对外进一步开放、各种国际交往日益增多的情况下，我国消防事业的现代化将与国际社会发生更加密切的联系。虽然我们取得了很大的成就，但是由于我国消防产业的起步晚，与国外消防产业历史相比，我们的发展还落后于世界先进水平。例如，对于系统概念的认识、应用设计、材料制作、深加工技术、生产过程中质量控制管理等方面均有一定的差距。为此，注视国际消防动态，了解外国消防法规和消防管理，研究消防工作中所出现的问题，是十分必要的。为了市场的发展，也为了创造一个更好的消防产业环境，更进一步地完善制度规定，提高现有产品的技术水平，及时解决工程应用中的难题，是我们今后努力的方向。

第四部分

理论研究与技术分析

幕墙开启扇锁点安全的理论分析与实现

◎ 黄庆祥　陈　丽　黄健峰　何林武

中建深圳装饰有限公司　广东深圳　518023

摘　要　本文探讨了作为开启扇安全重要环节的锁点的受力分析，从锁点所受荷载的计算模型分析，到锁点承载力的取值分析，旨在从理论上解决极端大风天气中开启扇关闭状态下不因锁点问题造成较大安全问题。除了理论分析外，也列举了一些关于锁点在加工安装中的注意事项及检测方法来保证锁点的有效性。毕竟理论分析合格是首要基础，加工安装、施工合格是保障，各个环节都严格把控，才能做出更安全的幕墙。希望对行业相关人员有一定的参考意义。

关键词　开启扇；锁点；计算模型；有限元分析；调试；检测

1　引言

　　玻璃幕墙作为建筑的外围护结构，幕墙开启扇的设置应满足使用功能和立面效果要求。玻璃幕墙本身要求具有良好的密封性，如果开启扇设置过多，开启面积过大，既增加了采暖空调的能耗，影响立面整体效果，又增加了雨水渗漏的可能性。结合《公共建筑节能设计标准》（GB 50189—2015）、《民用建筑设计统一标准》（GB 50352—2019）、《建筑设计防火规范》（GB 50016—2014）等规范关于通风量和消防安全的规定，幕墙必须设置一定数量的开启扇。因此说到幕墙安全问题，开启扇安全绝对是绕不开的话题。

　　开启扇脱落造成的安全事故近年来屡见不鲜。多数发生于高层或超高层建筑，且多位于风压较大的城市。针对此类问题，2016 年中国建筑装饰协会幕墙工程委员会制定的《关于淘汰建筑幕墙落后产品和技术的指导意见》中限制了开启扇面积："开启扇尺寸不宜超过 1.5m²，严禁超过 2.0m²"；行业标准《玻璃幕墙工程技术规范》（JGJ 102—2003）也限制了开启要求："开启扇的开启角度不宜大于 30°，开启距离不宜大于 300mm"；还对幕墙开启扇的使用有明确规定："幕墙工程竣工验收时，承包商应向业主提供《幕墙使用维护说明书》。雨天或 4 级以上风力的天气情况下不宜使用开启部位，6 级以上风力时，应全部关闭开启部位"。即便规范要求在不断提高，但是开启扇的安全问题在每年台风季也还是令业内人士头疼的问题。在各类分析开启扇安全事故原因分析的报告中，不难发现开启扇锁点破坏在其中占比较多，且多以活动锁块破坏居多，锁座破坏相对较少。本文以某工程四性试验窗开启扇活动锁块多次破坏的实例为基础，针对锁点破坏因素及解决方法进行分析，希望对行业相关人员有一定的参考意义。

　　本项目开启扇基本情况，主要对开启扇在关闭状态设计风压下的受力情况进行分析，风荷载设计值为 6.0kPa，开启扇尺寸为 1.5m（宽）×1.3m（高），锁点为 12 点，合页为 3 个，按每个锁点不超过 1200N 控制，窗扇大样图如图 1 所示。

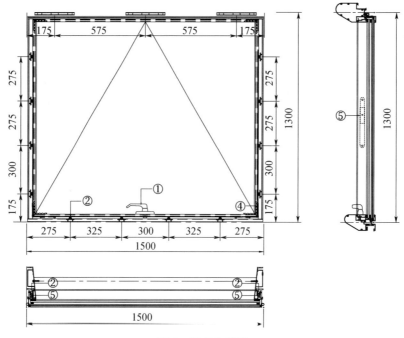

图1 窗扇大样图

2 开启扇锁点的理论受力分析

2.1 开启扇锁点理论荷载计算

从结构力学模型的角度来说，开启扇锁点相当于以扇框为杆件的计算模型的支座。开启扇锁点作为开启扇安全的重要设计一环，其重要性不言而喻，因此不少规范对开启扇锁点的设置有明确的规定，如：上海有关规范建议："……开启扇面积大于 $1.0m^2$ 时，应采用多点锁。锁点应根据计算确定，且锁点间距不宜大于 600mm，边距不应大于 300mm"，规范明确指出，锁点应根据计算确定，那么计算假定和模型的选择，将直接影响计算结果。目前，常见的计算假定和模型有以下三类：

（1）假定每个锁点所受荷载相同。此种计算来源为《上海民用建筑外窗应用技术规程》（DGTJ 08-2242-2017）附录 A。

A. 0. 1 锁点数量应根据开启扇尺寸及锁点、锁座受力能力确定，应按下列公式计算；

$$n \geqslant W_k \cdot S/f_a - 2（合页）\tag{A.0.1}$$

式中 n——锁点的个数，取不小于计算值的自然数；

W_k——风荷载标准值；

S——开启扇面积；

f_a——单个锁点允许使用的承载力，应根据试验确定，或取 800N。

根据公式可看出，规范假定了每个锁点受到的荷载是相同的，这种假定过于理想化，根据此种假定计算出来的锁点荷载来选择适用的锁点产品，可能存在较大的安全隐患。根据此种假定，单个锁点荷载为 $6 \times 1.3 \times 1.5/12 = 0.975kN$。

（2）根据锁点受荷面积计算各锁点荷载。开启扇锁点分布如图 2 所示，荷载按 45°传导荷载到杆件，每个锁点承担的荷载为分配的受荷面积（图 3）乘以风荷载设计值，各点计算结果见图 4。

根据计算可以看出，各锁点荷载分布非常不均匀，最大值与最小值相差甚至数倍。这种算法在一定程度上考虑了锁点荷载分布不均匀的影响，但是没有很好地考虑多点锁（3 点及以上）窗扇作为超静定杆件的受力特性的影响，故此种计算方法也与杆件实际受力特性有一定差异。根据此种假定，单个锁点最大荷载为 1083.3N。

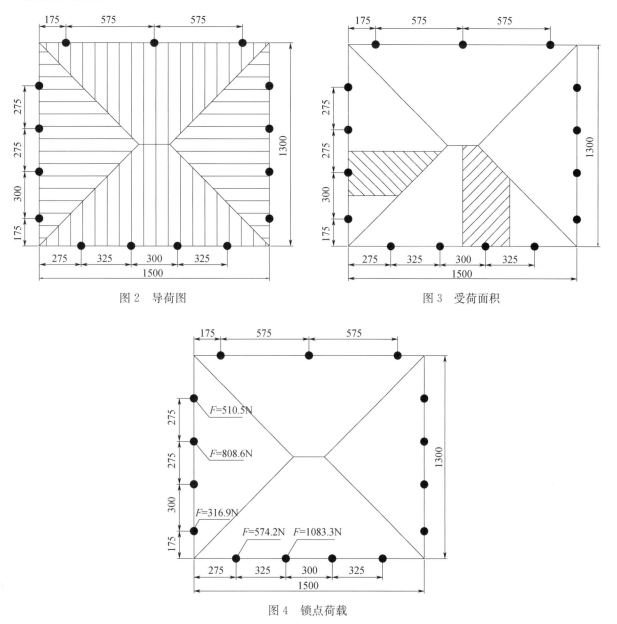

图 2　导荷图

图 3　受荷面积

图 4　锁点荷载

（3）通过有限元模拟分析计算各锁点荷载。开启扇扇框通过组角码连接，各杆件节点间铰接连接。窗扇杆件实际受力模型为带悬臂的超静定梁，杆件变形对支座力的分配有着一定的影响，所以根据杆件实际截面参数输入并进行分析，得出各锁点荷载计算结果如图 5 所示。为对比超静定梁杆件变形对支座荷载的影响，取消中间的合页，计算结果见图 6。根据结果对比可知，杆件变形对支座力有很大的影响，这种影响是前两种计算方案没有考虑的。此种计算模型充分考虑锁点分布、杆件受力特性等因素的影响，较为真实地模拟了窗扇锁点理论的受力情况，对实际工程锁点的布置和选择都具有一定的指导意义。根据此种假定，单个锁点最大荷载为 1097.7N。

通过以上对比计算，可以得出以下结论：第一种计算假定是偏于不安全的，第三种计算方法更接近实际情况。从有限元分析结果可知，锁点荷载对杆件变形非常敏感，根据对多个工程的总结，发现一些规律：尽量减小上横框的尺寸，减小上横框两端的悬挑距离，如窗扇横框较宽时，考虑增加合页数量；锁点布置可以通过试算确定，避免出现支座力反向的情况，如图 6 所示，出现此种情况应考虑调整合页的布置。

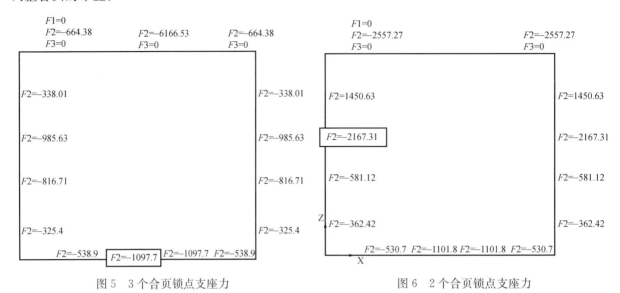

图5 3个合页锁点支座力   图6 2个合页锁点支座力

2.2 开启扇锁点产品的选择与试验

开启扇锁点的选择应能满足锁点的受力需求。根据上节理论计算分析，某工程依据厂家提供检测报告选择锁点型号进行安装及四性试验测试（图7）。试验过程中，开启扇前期气密及水密均顺利通过，但是在抗风压检测时却出现锁点断裂情况。具体试验产品及结果见表1。

图7 某项目四性试验现场照片

表 1　某工程开启扇锁点四性试验数据对比表

	产品 1	产品 2	产品 3
产品图片	 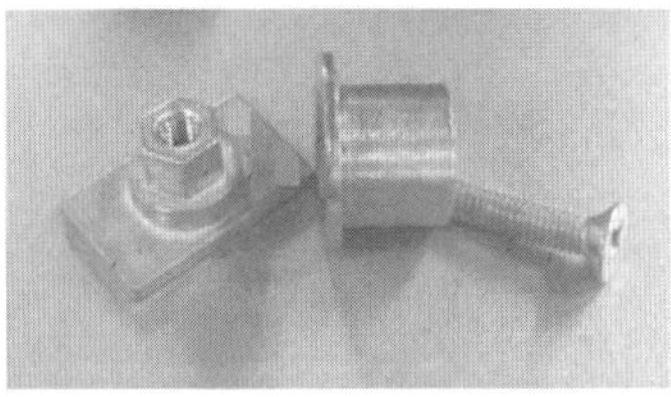	 	 
产品描述	锁点由 2 部分组成，卡槽材质为镀铝锌，锁头材质为不锈钢，通过机制螺丝钉连接	锁点由 2 部分组成，卡槽材质为镀铝锌，锁头材质为不锈钢，通过冲压工艺直接成型	锁点材质为锌合金，整体铸造成型
厂家报告	破坏值 2139N	破坏值 2992N	静载 1000N 不破坏
四性试验结果	3800Pa（对应理论计算最大锁点荷载为 697N），锁点破坏	5300Pa（对应理论计算最大锁点荷载为 972N），锁点破坏	6000Pa，未出现破坏
锁点破坏照片	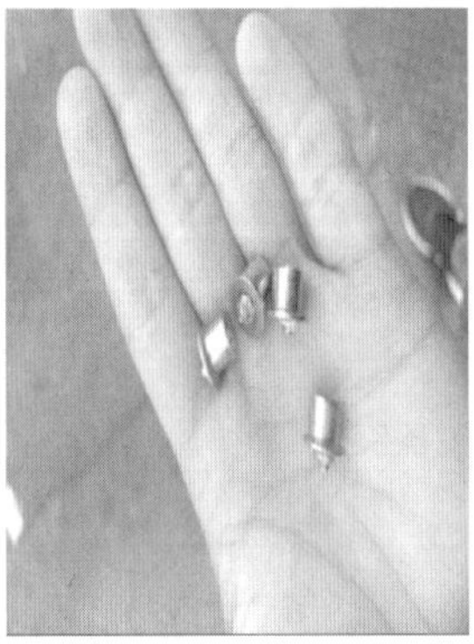		—

通过试验数据可知，产品 1 的理论破坏值（550N）远小于厂家提供的最大破坏值（2139N），产品 2 的理论破坏值（972N）也远小于厂家提供的最大破坏值（2992N）。对此结果，我们有两大疑问：厂家产品实际承载力与所提供的检测报告数值是否一致？理论计算得出的锁点荷载是否与实际受力情况一致？带着这两个疑问，我们进行更进一步的分析。

2.3　开启扇锁点承载力分析

厂家产品实际承载力与所提供的检测报告数值是否一致？因为条件所限，我们对产品进行简单的理论材料力学分析。根据节点构造对锁点进行受力分析，受力示意图如图 8 所示。首先，锁点与锁座在关闭状态下要保证有效接触及有效搭接量，锁点才能发挥作用，否则，锁点就是无效的。其次，力的作用点位于锁座锁点搭接部分的中间位置，锁点的不利截面位于锁头悬臂根部及卡槽处，受剪力、偏心弯矩等荷载作用，可能发生的破坏形式为锁点剪断或者拉弯。具体的破坏形态也与锁点的组成部分息息相关。锁点无效的几种情形如图 9 所示。

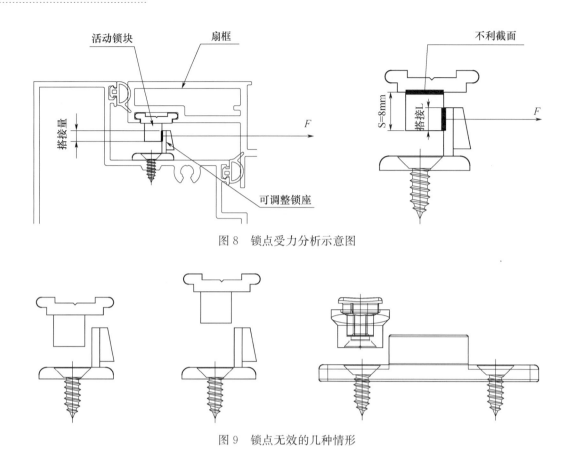

图 8　锁点受力分析示意图

图 9　锁点无效的几种情形

　　由于锁点本身是组合而成，受力分析应综合考虑各个不利截面计算，选取各不利截面承载力最小值作为产品的最大破坏值。本文仅为说明问题，取其中一项不利截面分析，具体产品的承载力值应综合分析或经试验给定。计算数据为实物测量，可能略有偏差，计算结果可能会有一定偏差。（表 2）

表 2　理论分析与厂家试验检测报告数据对比表

	产品 1	产品 2	产品 3
产品图片	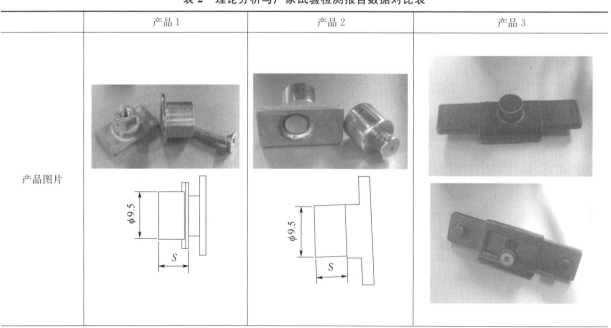		

		产品 1	产品 2	产品 3
产品描述		锁点由 2 部分组成，卡槽材质为镀铝锌，锁头材质为不锈钢，通过机制螺丝钉连接。螺丝钉直径为 M3，有效直径 2.5mm，有效截面面积为 4.91mm²	锁点由 2 部分组成，卡槽材质为镀铝锌，锁头材质为不锈钢，通过冲压工艺直接成型。薄弱截面厚度 2mm，宽度 10mm	锁点材质为锌合金，整体铸造成型。锁头为空心圆柱，外径为 9.5mm，内径为 6mm，截面面积 $A=42.6mm^2$；截面抵抗矩 $W=70.8mm^3$
不利截面选取		参考四性试验，验算螺钉承载力，螺钉破坏为拉断。	参考四性试验，卡槽破坏，截面剪切破坏	悬臂根部最不利
计算公式		拉应力：$$\sigma=\frac{F\cdot\left(S-\frac{L}{2}\right)}{D\cdot0.5\cdot A}\leqslant485MPa$$ 其中 485MPa 为不锈钢极限抗拉强度标准值。（此处为求取最大破坏荷载，故取极限抗拉强度标准值） 剪应力：$\tau=\frac{F}{A}\leqslant214MPa$ 拉应力：$\sigma=\frac{F\cdot\left(S-\frac{L}{2}\right)}{W}\leqslant283MPa$ 拉剪复合：$\sqrt{\sigma^2-\tau^2}\leqslant11.283MPa$	有限元分析（ABAQUS） 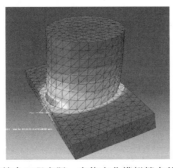	
理论最大破坏值	L=2	F≤1600N	F≤2100N	F≤2850N
	L=4	F≤1875N	F≤2300N	F≤3325N
	L=6	F≤2250	F≤2575N	F≤4000N
	L=8	F≤2525N	F≤3400N	F≤5000N
厂家报告值		最大破坏值 2139N	最大破坏值 2992N	静载 1000N 不破坏
检测方法		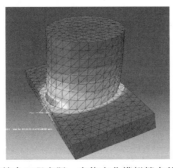检测方法未能结合工程实际，未能充分模拟锁点的实际受力环境，检测数据对工程应用不具备直接的指导意义，应慎重选取		通过型材配合模拟实际受力情况，在一定程度上与工程实际情况相符，但是未能考虑批量生产、大面安装的各种不可控因素，给出具体的安全系数指标

通过对比分析有以下几个发现：

（1）理论分析与厂家试验检测报告在一定程度上是相符的，但是产品应该对使用条件有明确指导要求。

（2）锁点锁座的搭接量影响锁点的承载力，理论分析的最大值与最小值相差 1.5 倍以上，对安全系数的影响非常大，加工安装中应严格控制。

（3）厂家检测报告的值是在特定条件（指定搭接量）下的破坏值，在实际工程应用中应考虑足够的安全系数。

（4）在产品选择上，尤其是锁点较多的开启扇，选择冲压成型或者铸造一体的锁点更合理。

2.4 开启扇锁点实际荷载分析

从材料力学的分析可以看出，厂家锁点承载力基本上是可以满足设计要求的，即便检测方法对锁点破坏力数值有较大的影响，但是产品本身的承载力是足够的，起码在设计值（锁点全部有效）的范围内应该都是安全的。在对锁点受力分析的过程中，我们发现锁点失效的问题是完全可能存在的，而且是影响锁点破坏的主要因素。如果存在失效的锁点，那么之前"锁点理论荷载计算"中得出的锁点荷载与实际受力情况就是不一致的。下面我们通过有限元来模拟分析部分锁点失效后的受力情况。我们将 12 个锁点逆时针编号（图 10～图 13），依次考虑 1 个锁点、2 个锁点、3 个锁点失效的情况。（表 3～表 5）

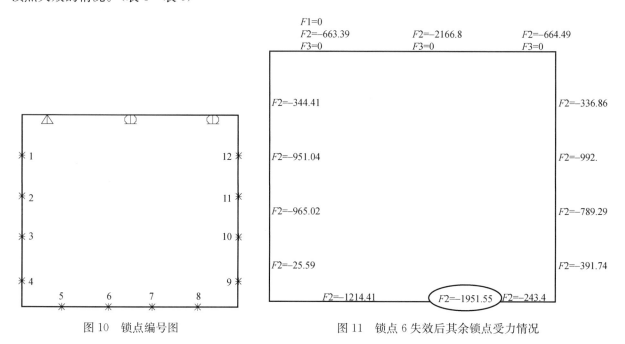

图 10 锁点编号图　　　图 11 锁点 6 失效后其余锁点受力情况

表 3 锁点可能最大荷载值（1 个锁点失效）

失效锁点编号	剩余锁点最大荷载（单位：N）	失效锁点编号	剩余锁点最大荷载（单位：N）
1	1324	7	1952
2	1525	8	1607
3	1694	9	1139
4	1139	10	1694
5	1607	11	1525
6	1952	12	1324

以产品 1 为例，若锁点锁座搭接量仅 2mm，风压值到 4910Pa 时，锁点即会破坏。

表 4　锁点可能最大荷载值（2 个锁点失效）（节选）

失效锁点编号	剩余锁点最大荷载（单位：N）	失效锁点编号	剩余锁点最大荷载（单位：N）	失效锁点编号	剩余锁点最大荷载（单位：N）	失效锁点编号	剩余锁点最大荷载（单位：N）
3，1	1758	4，1	1188	5，1	1605	6，1	1953
3，2	1874	4，2	1601	5，2	1622	6，2	1935
3，4	2234	4，3	2234	5，3	1615	6，3	2040
3，5	1615	4，5	2081	5，4	2081	6，4	1942
3，6	2040	4，6	1942	5，6	2884	6，5	2884
3，7	2054	4，7	1768	5，7	2122	6，7	2249
3，8	1691	4，8	1641	5，8	1411	6，8	2122
3，9	1691	4，9	1129	5，9	1641	6，9	1768
3，10	1699	4，10	1691	5，10	1691	6，10	2054
3，11	1688	4，11	1522	5，11	1612	6，11	1927
3，12	1697	4，12	1324	5，12	1606	6，12	1954

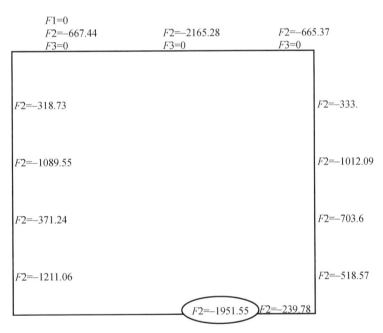

图 12　锁点 5、6 失效后其余锁点受力情况

以产品 1 为例，若锁点锁座搭接量仅 2mm，风压值到 3325Pa 时，锁点即有可能破坏。若锁点锁座搭接量达到正常搭接量 4mm，风压值到 3900Pa 时，锁点也有可能破坏。甚至在对锁点受力最有利的全搭接情况下，锁点也可能会破坏。

表 5　锁点可能最大荷载值（3 个锁点失效）（节选）

失效锁点编号	剩余锁点最大荷载（单位：N）	失效锁点编号	剩余锁点最大荷载（单位：N）	失效锁点编号	剩余锁点最大荷载（单位：N）
1，4，2	2144	4，5，1	2097	5，6，1	2883
1，4，3	2084	4，5，2	2034	5，6，2	2889
1，4，5	2096	4，5，3	3024	5，6，3	2873
1，4，6	1936	4，5，6	3299	5，6，4	3299

续表

失效锁点编号	剩余锁点最大荷载（单位：N）	失效锁点编号	剩余锁点最大荷载（单位：N）	失效锁点编号	剩余锁点最大荷载（单位：N）
1，4，7	1760	4，5，7	2331	5，6，7	3734
1，4，8	1642	4，5，8	1872	5，6，8	2739
1，4，9	1188	4，5，9	2113	5，6，9	2664
1，4，10	1696	4，5，10	2052	5，6，10	2963
1，4，11	1525	4，5，11	2088	5，6，11	2862
1，4，12	1322	4，5，12	2080	5，6，12	2866

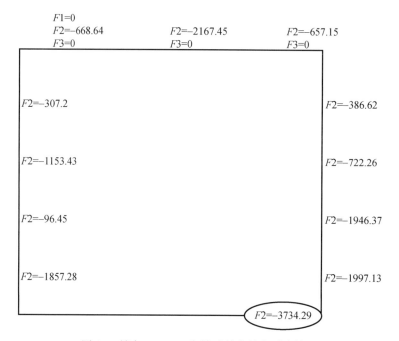

图 13　锁点 5、6、7 失效后其余锁点受力情况

以产品 1 为例，当有 3 个锁点同时失效时，开启扇锁点已经达不到设计要求的功能了。

通过分析我们发现，当开启扇中可能存在失效锁点时，锁点的实际荷载就像开盲盒一样，不知道哪个点会超出设计允许的范围，从一个点开始破坏导致所有点破坏，最后整个开启扇出现安全问题。伴随着锁点失效导致的剩余锁点荷载变大，不仅对锁点本身强度要求提高，对与之配合受力的锁座、锁座连接螺钉、窗框窗扇型材局部壁厚也都有了更高的要求。因此，除了理论分析各锁点的受力情况，弄清楚锁点产品本身的实际承载力之外，如何保证锁点的有效性，也是我们急需解决的不容忽视的关键环节。

3　开启扇锁点有效性的实现

经过理论分析及试验情况可知，开启扇锁点锁座实际配合的紧密程度，直接影响开启扇锁点实际受力与理论模型受力贴合程度。在施工中，如何采用简便的方式来检测锁点配合的有效性，有以下几点方法和建议：

1. 锁点与锁座的搭接尺寸：市面上大部分厂家的锁点与锁座搭接的尺寸为 5mm 左右，使用中控制在 2～7mm 为宜，可通过窗框窗扇的相对偏差尺寸检测锁点锁座的配合尺寸。相对偏差在 3mm 内，锁点锁座配合尺寸是有效的，如果超过 3mm，则需重新考虑在加工组装环节对杆件加工尺寸、外轮廓尺寸进行控制，以保证锁点锁座的搭接。（图 14）

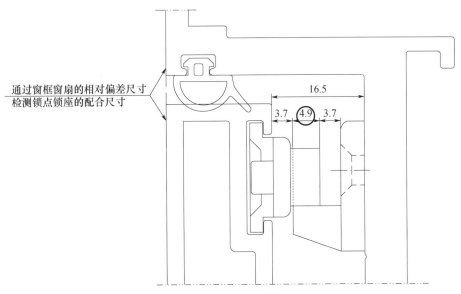

图 14　锁点与锁座的搭接尺寸

2. 锁点与锁座安装及检测

① 沿传动杆方向配合的检测及调整：

锁点锁座在安装过程中，会出现没有咬合或者咬合不紧的情况，可使用橡皮泥来检测。在锁座上抹适量橡皮泥，关闭、开启后根据橡皮泥变形的形态来检测锁点锁座是否对齐，如若没有配合上，则调整锁座沿传动杆方向位置。

该方案适合在试验或者样板确定五金定位位置时应用，大批量生产时应提前根据样板确定安装尺寸，安装过程中抽检亦可采用该方法检验。（图 15）

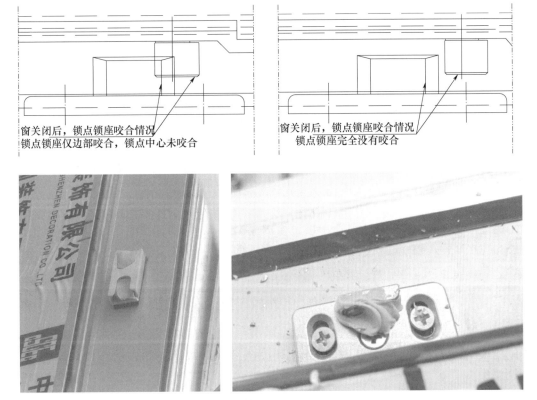

图 15　橡皮泥检测锁块配合

②咬合紧密程度的检测及调整：

在多点锁开启扇中，存在有的锁点咬合非常紧密，有的锁点没有咬合上，尤其是在锁点较多的开启扇上。（图16）

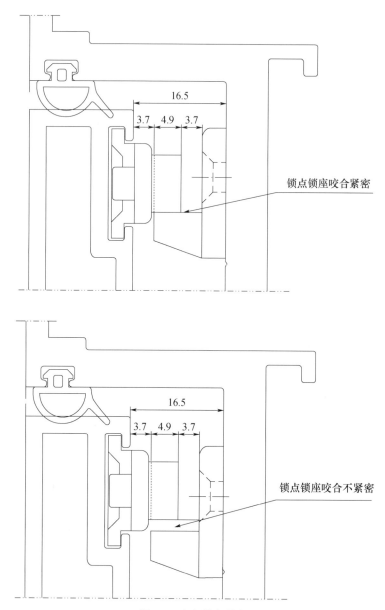

图16 咬合紧密程度

仍然是通过橡皮泥来判别，根据锁座上被刮橡皮泥剩余的厚度来判定，余留厚度较大的部位，需通过锁座长圆孔来调整，锁座的长圆孔可提供3～4mm前后调节量，调整时中间定位钉先不钻，待调整好确定锁点锁座能够配合紧密后，再钻定位钉孔位。

如果通过调整锁座仍不满足，则再调整锁点的偏心轴，锁点偏心轴有1mm的调整空间，锁座锁点共提供了4mm左右的调整空间，足够使锁座锁点配合紧密。（图17）

锁点锁座调整到位后，再用一张纸来检测窗的锁紧情况：将一张纸放置于窗框窗扇胶条处（靠近锁点锁座位置），闭合开启扇，拉拔纸张，若无法将A4纸轻易拉出，则表明开启扇闭合紧密，反之则需重新调整锁点锁座。每个锁点锁座位置都检测一下，均较难拉出，则窗框窗扇配合较为紧密。（图18）

图 17　可调整锁座

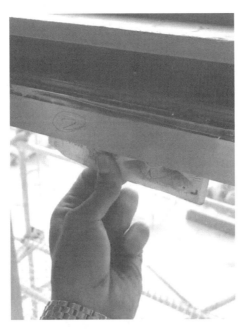

图 18　用纸检测窗框窗扇关闭后的紧密度

4　结语

　　虽然本文从理论计算到后期加工安装检测进行了一系列分析，试图从各个环节保证开启扇锁点的安全性，但是并非每个流程都会很完美，所以还是建议开启扇设计应从减小尺寸、减小荷载出发，从根本上降低其危险性。另外，锁点分析只是开启扇安全问题中的一部分，开启扇防脱落、玻璃托条防坠落、风撑及铰链不稳、扇框组角及结构胶老化等问题，也都是开启扇安全应该关注的重点。开启扇只是幕墙工程中极小的一部分，但是事关安全，值得业内设计施工人员的高度重视。

参考文献

[1] 戴红亮. 力学模型选择对多点锁闭系统五金应用的影响 [J]. 中国建筑金属结构，2017（10）：4.
[2]《建筑结构静力计算手册》编写组. 建筑结构静力计算手册（第二版）[M]. 北京：中国建筑工业出版社，2004.
[3] 国家标准化管理委员会. 锌合金压铸件：GB/T 13821—2009 [S]. 北京：中国标准出版社，2009.

建筑耐候密封胶拉伸压缩剪切组合形变试验

◎ 高新来 李延鑫 邓镇宇 钟 斌

广州集泰化工股份有限公司 广东广州 510670

摘 要 采用接缝耐候密封胶为双凹月面截面，尺寸为 12mm×6mm 的对接接缝，用自制的 X、Y、Z 三轴位移试验装置，对安泰193、198、196 三种分别为高、中、低模量的耐候密封胶进行了拉伸压缩和平面内平面外剪切形变的组合形变试验，验证测评了形变的方式及密封胶形变能力。试验表明，单一维度形变时，大幅度的拉伸或者压缩，对密封胶的形变要求比剪切形变要大；两个维度和三个维度形变时，先进行大幅度的拉伸或者压缩形变，胶体形变产生反力，会对其他方向的形变产生约束，不利于再进行剪切形变。先进行剪切形变，可以再进行大幅度的拉伸或者压缩形变。低模量高形变能力的安泰198比高模量类型的安泰193更能耐受接缝的三个维度的形变。

关键词 建筑耐候密封胶；拉伸；压缩；剪切；平面内；平面外；组合形变

1 引言

建筑耐候密封胶填缝防水的接缝构造以对接接缝形式为主（图1）。针对对接接缝的黏结密封，密封胶接缝位移有相应的实验室标准测试方法。早自 1972 年 ASTM 就发布了 C719 Hockman 拉压循环法，该试验方法对于接缝密封胶的弹性进行了分级，至 2019 年历经多次修订，但其主体的分类方法未变，其试样密封胶的尺寸截面为正方形，缝宽/胶厚 1：1 为 12.7mm（1/2 英寸），胶体长度 25.4mm（1 英寸）（图2）；国家标准 GB/T 22083 修改采用国际标准 ISO 11600，对建筑密封胶的弹性和位移进行了分级，具体试验方法采用了 GB/T 13477.13，试样密封胶的尺寸截面也为正方形，缝宽/胶厚 1：1 为 12mm，胶体长度 25mm（图3）。

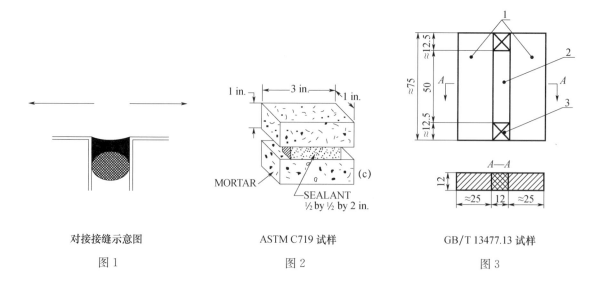

对接接缝示意图	ASTM C719 试样	GB/T 13477.13 试样
图1	图2	图3

ASTM C719 与 GB/T 22083 分类分级的比对见下表：

	接缝胶黏结试样尺寸	接缝位移能力分级（%）						
ASTM C719—2019	12.7mm×12.7mm×25.4mm	/	±12.5	/	±25	±35	±50	+100/−50
	分类：	无模量高低分类						
GB/T 22083—2008 （修改采用 ISO 11600—2002）	12mm×12mm×50mm	±7.5p	±12.5p ±12.5E	±20HM ±20LM	±25HM ±25LM	±35	±50	+100/−50
						GB/T 22083 附录 A		
	分类：	塑性	塑性 p 弹性 E	高模量 HM， 低模量 LM	无模量高低分类			

以上实验室标准测试方法，很好地表征了密封胶的拉伸压缩循环的弹性，但是其测试方法的试验装置只能完成接缝宽窄变化进行拉伸和压缩测试，仅具有 1 个维度方向的接缝位移，实际工程的接缝填缝时，缝宽尺寸和胶厚尺寸是多变的，截面也不一定是正方形或矩形，接缝形变的方式也不仅是拉伸、压缩，可能还有其他形式的变形。

胶缝截面形状和缝宽、胶厚尺寸可按工况定制，进行接缝密封胶拉伸＋剪切组合形变（平面内和平面外）试验，对验证密封胶匹配工程接缝形变工况的能力有指导意义。

2 接缝试验用非标试验装置的 DIY 设计与制作

2.1 试验装置的构造设计：采用钢质燕尾槽构造手动滑动平台来实现单轴向连续位移，整个装置采用了 3 个钢质燕尾槽滑动平台来实现 X、Y、Z 三个轴向的位移，可以实现 X 轴或者 Y 轴或者 Z 轴各自独立位移，某两轴组合位移，X、Y、Z 三者组合位移。结构示意简图如图 4 所示，实物试验装置如图 5 所示。

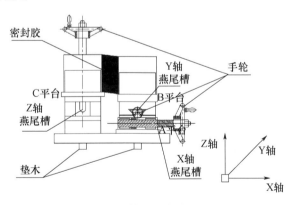

图 4 结构示意简图

图 5 实物试验装置

3 试验密封胶的基本性能

3 种硅酮耐候密封胶，按 GB/T 13477.8 进行常温拉伸黏结性和 GB/T 13477.10 定伸黏结性测试，如下表：

硅酮耐候密封胶	位移能力	邵 A 硬度	模量类型	应力@100% 伸长率	100%定伸黏结性	最大强度伸长率	最大强度
安泰 193	35 级	38	高模	0.9MPa	通过	250%	1.3MPa

硅酮耐候密封胶	位移能力	邵 A 硬度	模量类型	应力 @100% 伸长率	100% 定伸黏结性	最大强度伸长率	最大强度
安泰 198	50 级	32	中高模	0.5MPa	通过	530%	1.7MPa
安泰 196	＋100/－50 级	27	低模	0.3MPa	通过	500%	0.7MPa

拉伸黏结的应力应变曲线如图 6 所示。

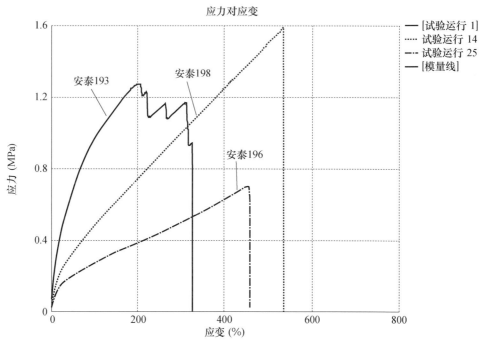

图 6　拉伸黏结的应力应变曲线

4　拉伸剪切组合形变试验

4.1　黏结试件的形式和尺寸

黏结试件的基材为外侧边长 100mm×100mm 铝合金型材，壁厚 3.0mm，在两个型材的对接接缝位置做密封胶填缝（图 7）。可以根据测试的需要制作不同缝宽和胶厚及截面形状的样件，来测试具体的工况。

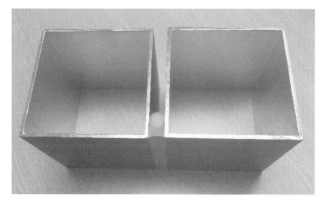

图 7　密封胶填缝

本试验制作了缝宽12mm，聚乙烯泡沫棒做衬棒塞缝，打胶后在外露表面进行刮抹修型，形成双凹月面的接缝截面，在缝壁黏结表面位置的胶厚为12mm，凹月面最小位置胶厚为6mm（图8），试样胶缝的长度为100mm。

4.2 形变试验按照协会标准《建筑接缝密封胶应用技术规范》（T/CECS 581—2019）的示例图（图9），分别进行以下试验。

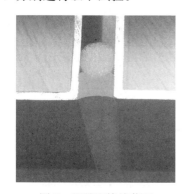
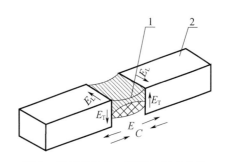

图8 凹月面接缝截面　　　　图9 接缝的拉伸、压缩和切变位移

1—密封胶；2—构件表面；E—拉伸；C—压缩；E_T—竖向切变；E_L—剪切形变

4.2.1 单一维度的接缝形变试验：接缝宽度初始值为12mm。按相应变形量进行以下试验，常温下，接缝胶的压缩C、拉伸E、平面外剪切形变E_T、平面内剪切形变E_L试验。

胶的型号	单独做其中1项测试					试验编号
	压缩 C	拉伸 E	平面外剪切形变 E_T	平面内剪切形变 E_L	试验结果	
安泰193	−35%	+100%	+100%	+100%	完整无破坏	1号
安泰198	−50%	+100%	+100%	+100%	完整无破坏	2号
安泰196	−50%	+100%	+100%	+100%	完整无破坏	3号

4.2.2 常温下两个维度组合接缝形变试验：

胶的型号	平面外剪切形变 E_T	平面内剪切形变 E_L	拉伸 E	压缩 C	组合形变试验结果	试验编号
安泰193	+100%	+100%	—	—	出现表面褶皱	4号
	+100%	/	+100%	—	变形阻力，大	5号
	—	先+100%	后+100%	—	变形阻力，大	6号
	—	后+5%	先+100%	—	变形阻力，大	7号
	—	先+100%	—	后−35%	变形阻力，小	8号
	—	后+5%	—	先−35%	变形阻力，大	9号
	后+100%	—	—	先−35%	变形阻力，大	10号
	先+100%	—	—	后-35%	变形阻力，小	11号
安泰198	+100%	+100%	—	—	出现表面褶皱	12号
	+100%	—	+100%	—	变形阻力，大	13号
	—	先+100%	后+100%	—	变形阻力，大	14号
	—	后+5%	先+100%	—	变形阻力，大	15号
	—	先+100%	—	后-50%	变形阻力，小	16号
	—	后+5%	—	先-50%	变形阻力，大	17号
	后+100%	—	—	先−50%	变形阻力，大	18号
	先+100%	—	—	后-50%	变形阻力，小	19号

胶的型号	平面外剪切形变 E_T	平面内剪切形变 E_L	拉伸 E	压缩 C	组合形变试验结果	试验编号
安泰 196	+100%	+100%	—	—	出现表面褶皱	20 号
	+100%	—	+100%	—	变形阻力，中	21 号
	—	先+100%	后+100%	—	变形阻力，中	22 号
	—	后+100%	先+100%	—	变形阻力，中	23 号
	—	先+100%	—	后−50%	向外挤压胶体凸出	24 号
	—	后+10%	—	先−50%	变形阻力，大	25 号
	后+100%	—	—	先−50%	变形阻力，大	26 号
	先+100%	—	—	后−50%	变形阻力，小	27 号

* 备注说明："先"表示先完成这个变形，"后"表示随后进行并完成的变形。

4.2.3 常温下拉伸压缩剪切组合三个维度的接缝形变试验

胶的型号	平面外剪切形变 E_T	平面内剪切形变 E_L	拉伸 E	压缩 C	组合形变试验结果	试验编号
安泰 193	+35%	+35%	+35%	—	变形阻力小	28 号
	+100%	+100	后+100	—	变形阻力大	29 号
	+100%	+100	—	后−35%	变形阻力稍小	30 号
	+5%	+5%	先+100%	—	变形阻力大	31 号
	+5%	+5%	—	先−35%	切形变阻力大	32 号
安泰 198	+50%	+50%	+50%	—	变形阻力小	33 号
	+10%	+5%	先+100%	—	切形变阻力大	34 号
	+5%	+5%	—	先−50%	切形变阻力大	35 号
安泰 196	+100%	+100%	先+100%	—	切形变阻力中	36 号
	+5%	+5%	—	先−50%	切形变阻力大	37 号

* 备注说明："先"表示先完成这个变形，"后"表示随后进行并完成的变形；只标注 1 个"先"或者 1 个"后"，则另外 2 个变形不要求顺序先后。

5 结果与讨论

5.1 单一维度的形变试验 1 号～3 号

5.1.1 压缩 C 形变试验结果显示三个胶样都能压缩到各自符合 GB/T 22083 分类的压缩等级，1 号压缩到 35%，2 号、3 号压缩到−50%停止时，其胶体压缩变形会凸出胶缝。

5.1.2 拉伸 E 形变试验结果显示三个胶样（35，50，100/50 级）双月面截面的试样都能满足 GB/T 14683 标准要求的常温下定伸+100%的能力，1 号高模量类型的胶体拉伸到+100%，其形变的反力比起 3 号低模量类型的胶体拉伸到+100%的反力要大，手动摇轮驱动拉伸丝杠的阻力更大。

5.1.3 通过计算胶体的实际变形量来比对数值，单独进行 E_T+100%或者 E_L 形变+100%，对胶体产生的拉伸变形率为 $(\sqrt{2}-1) \times 100\% = +41\%$，比起拉伸 E+100%要小；能通过拉伸 E+100%的测试，则也能通过 E_T+100%或者 E_L 形变+100%。

5.1.4 大幅度−50%的压缩或者大幅度+100%的拉伸，在短期（<24 小时）保持形变后即去除外力，1 号～3 号试样的胶体弹性可以基本回复，但进行长时间（比如>30 天）保持常温−50%大幅度压缩状态或者＋100％大幅度拉伸定伸状态，胶体会产生永久残余变形，只能部分回复。因此，本试验只验证短期内胶缝的极限形变能力，与冷拉热压循环试验以及长时间定伸黏结试验测评有区别。

5.2 两个维度的形变试验：试验 4 号～27 号

5.2.1 试验 4 号、12 号、20 号，拉伸的形式是平面外和平面内的组合剪切形变，同时 $E_T＋E_L$ 都大幅度＋100％形变时胶体拉伸量计算值为 $(\sqrt{3}-1)\times100\%＝＋73\%$，胶体出现褶皱，如图 10 所示。

图 10　变形试验胶体出现褶皱

5.2.2 试验 5 号、13 号、21 号，在平面外切剪切变形 $E_T＋100\%$ 和拉伸变形 $E＋100\%$ 大幅度形变组合切变形变时，没有产生胶体破坏。计算胶体的拉伸变形率为 $(\sqrt{5}-1)\times100\%＝＋123\%$，比起单一维度拉伸 $E＋100\%$ 形变率要大，根据拉伸应力－应变曲线，应变更大，胶体的应力也越大，如图 11 所示。

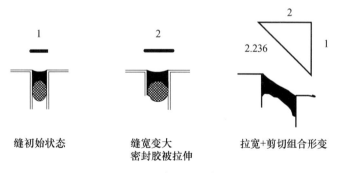

缝初始状态　　　　　缝宽变大　　　　　拉宽+剪切组合形变
　　　　　　　　　密封胶被拉伸

图 11　组合形变示意图

5.2.3 与 5.2.2 相同的胶体形变量，试验 6 号、14 号、22 号，在平面内剪切变形 $E_L＋100\%$ 和拉伸变形 $E＋100\%$ 组合形变时，没有产生胶体破坏。但是，在组合形变的方式上有区别，先进行 $E_L＋100\%$，再进行拉伸变形 $E＋100\%$，可以完成组合形变。变更先后顺序，先进行拉伸变形 $E＋100\%$，再进行 E_L 实际试验，7 号、15 号只有＋5％的形变量，但是 23 号仍有 $E_L＋100\%$ 的能力。

5.2.4 出现 1 个维度拉伸剪切 E_L 和 1 个维度压缩变形 C，试验 8 号、16 号、24 号先进行 $E_L＋100\%$，再进行压缩变形 C，可以完成组合形变。变更顺序，先进行压缩变形 C，再进行 E_L，试验 9 号、17 号只有＋5％的形变量，但是 25 号仍有 $E_L＋10\%$ 的能力。

5.2.5　试验 10 号、18 号、26 号先进行平面外剪切形变 $E_T+100\%$，再进行压缩变形 C，可以完成组合形变。变更顺序，先进行压缩变形 C，再进行 E_T，试验 1 号、19 号、27 号也能完成 $E_T+100\%$ 的能力。这个情况与 5.2.4 在平面内的情况不同。压缩后，胶缝有褶皱，如图 12 所示。

5.3　三个维度的形变试验：试验 28 号～37 号

5.3.1　同时进行 E_T+E_L+E 三个维度的拉伸变形组合试验，形变量的计算公式为 $(\sqrt{(1+E)^2+E_T^2+E_L^2}-1)\times100\%$；试验 28 号的总形变量为 $+44\%$；33 号的总形变量为 $+66\%$，36 号的总形变量为 $+145\%$，都能完成其对应位移等级的总形变。试验 29 号也进行与试验 36 号相同的 $+145\%$ 大形变，胶样安泰 193 表现出非常高的反力。33 号试验拉伸＋平面内剪切＋平面外剪切后，总形变的胶缝形态如图 13 所示。

图 12　组合形变胶缝有褶皱

图 13　总形变的胶缝形态

5.3.2　试验 30 号在形变顺序上相当于先进行 4 号的两维组合剪切试验，再进行总形变量减小趋势的压缩 C 的形变，安泰 193 能通过试验的形变不破坏，则安泰 198 和安泰 196 两个试样具有更大的余量通过相同的试验。

5.3.3　试验 31 号、34 号与在两个维度的形变试验 5.2.3 讨论中的情况相似，先进行 E 方向的大幅度 100% 拉伸后，再进行其他的剪切变形，胶体反力较大，E_T+E_L 的形变数据受影响，比较难变形，但 36 号却仍能保持 E_T+E_L 完成 100% 的形变。

5.3.4　试验 32 号、35 号、37 号当先进行大幅度压缩变形 C 后，再进行 E_T+E_L 组合形变时，胶体在接缝内被压缩后夹紧产生的阻力很大，E_T+E_L 的形变数据只有 $+5\%$，不利于变形。

6　结语

6.1　单一维度的形变试验，对密封胶形变能力挑战大的变形是拉伸变形 E 和压缩 C，剪切方向的形变 $E_{T(或L)}+100\%$ 产生的形变量为 $+41\%$，比拉伸形变 $E+100\%$ 的要低。

6.2　两个维度的形变试验，对密封胶形变能力挑战大的变形是先进行大幅度拉伸变形 E 或者先进行大幅度的压缩变形 C，胶体被拉伸产生反力后，不利于平面内的剪切变形，但平面外的剪切变形阻力不大；胶体被大幅度压缩后阻力变大，也不利于剪切变形。先进行剪切变形后，可以接着进行拉伸变形和压缩变形。

6.3　三个维度的形变试验，验证与 6.2 一致的规律，对密封胶形变能力挑战大的变形是先进行大幅度拉伸变形 E 或者先进行大幅度的压缩变形 C，胶体被拉伸产生反力后，不利于再进行平面内＋平面外 E_T+E_L 的剪切变形；胶体被压缩后阻力大，也不利于剪切变形。先进行 E_T+E_L 剪切变形后，可以接着进行拉伸变形和压缩变形。

6.4 与比对样安泰 193 相比，安泰 196 的低应力高应变特性，更有利于在两个维度拉伸剪切组合形变，在三个维度（平面内＋平面外＋拉伸）组合形变上有更优的形变耐受能力。

参考文献

［1］ US-ASTM. Standard test method for adhesion and cohesion of elastomeric joint sealants under cyclic movement （Hockman cycle）：ASTM C719.

［2］ 广州集泰化工股份有限公司. 一种用于建筑接缝密封胶位移的测试装置：202121417398. 0 ［P］. 2021-12-7.

［3］ 中国工程建设标准化协会. 建筑接缝密封胶应用技术规程：T/CECS 581—2019 ［S］. 北京：中国计划出版社，2019.

浅谈幕墙双支座体系变形分析

◎ 郑宗祥　刁宇新　张新明

深圳市方大建科集团有限公司　广东深圳　518057

摘　要　本文结合深城投湾流大厦项目探讨了幕墙立柱采用双支座体系时，四性试验（抗风压性能）变形检测时立柱实际变形值与理论变形值产生差距的原因，以及解决该问题的办法。

关键词　单元式幕墙；超静定；支座位移；四性试验抗风压性能变形检测

1　引言

随着建筑幕墙工程的发展，降低工程成本，避免材料浪费，创造更加低碳的生活越来越成为今后发展的方向。在幕墙设计过程中，通过幕墙结构的巧妙设计就可以减少建筑材料的浪费，进而达到环保节能的目的，比如在大跨度位置采用双支座体系。本论文以深城投湾流大厦项目双支座体系为例，分析四性试验（抗风压性能）变形检测时立柱实际变形值与理论变形值产生差距的原因，以供广大工程技术人员借鉴。

2　工程概况

深城投湾流大厦项目位于广东省深圳市宝安中心区滨海片区 A002-0068 地块。北侧为香湾三路，南侧为海天路，西侧为规划支路，东侧为宝兴路，本项目总用地面积 5086.32m²，总建筑面积 44857.33m²，其中地上 32052.09m²，地下 12805.24m²，建筑高度 107.85m，属一类高层公共建筑，地下 3 层，功能为机动车停车库、设备用房及人防。地上 22 层，主要功能为商业、办公等，幕墙体系主要为竖明横隐单元系统。（图 1 和图 2）

图 1　建筑效果图

图 2　计算位置索引

3　计算位置立柱挠度理论分析计算

项目计算基本参数：基本风压 0.75kPa，地面粗糙度 C 类，标准层计算高度 55m，负压墙面区，风荷载标准值依据广东省《建筑结构荷载规范》DBJ 15-101-2014 计算可知为 2.19kPa。标准幕墙分格为 1.43m×8.8m，幕墙采用双支座，双支座间距为 900mm。计算位置大样、节点图如图 3 和图 4 所示。

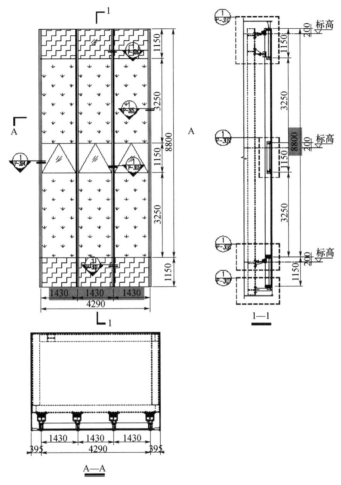

图 3　计算位置大样图

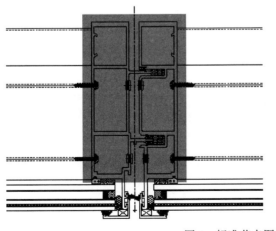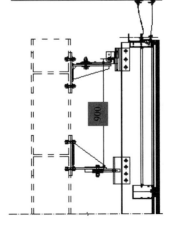

图 4　标准节点图

单元立柱采用叠合截面，立柱截面属性如图 5 所示。

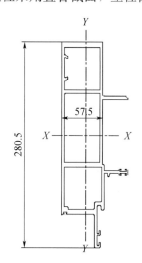

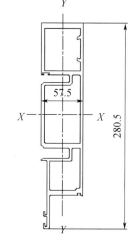

截面几何参数表

A	3704.6538	I_p	26732559.0000
L_x	24385467.0000	I_y	2347092.0000
i_x	81.1319	i_y	25.1705
$W_x(上)$	190961.0613	$W_x(左)$	69336.3827
$W_x(下)$	159568.1678	$W_x(右)$	99680.8453
绕X轴面积矩	133267.6319	绕Y轴面积矩	42005.5172
形心离左边缘距离	33.8508	形心离左边缘距离	59.1492
形心离上边缘距离	127.6986	形心离上边缘距离	152.8216
主矩I_1	244102533.399	主矩1方向	(0.999,0.034)
主矩I_2	2322025.601	主矩2方向	(-0.034,0.999)

截面几何参数表

A	3608.9568	I_p	252245014.5000
L_x	23654805.0000	I_y	1590209.5000
i_x	80.9597	i_y	20.9912
$W_x(上)$	188927.5057	$W_x(左)$	54389.1453
$W_x(下)$	152302.9528	$W_x(右)$	56266.0430
绕X轴面积矩	129250.7901	绕Y轴面积矩	34677.0792
形心离左边缘距离	29.2376	形心离左边缘距离	28.2623
形心离上边缘距离	125.2057	形心离上边缘距离	155.3145
主矩I_1	23661877.346	主矩1方向	(1.000,-0.018)
主矩I_2	1583137.154	主矩2方向	(0.018,1.000)

图 5　立柱截面属性

　　叠合截面之间不加任何连接，仅从构造上保证两者同时受力。发生弯曲变形时，在接触面间两者会产生相互错动，亦即叠合截面不符合"平截面假定"条件。在正常受力情况下，型材变形在弹性范围内，因此两者各自沿自身截面中和轴产生挠曲，且两截面未脱开，两者有着共同的边界约束条件，故两者挠度相等，则叠合立柱抵抗挠曲的刚度等于单元立柱两者刚度之和。采用 3D3S 整体建模分析立柱挠度，风荷载标准值为 2.19kPa，双向板导荷载，立柱截面采用等效正方形截面（按照单元公母立柱 X—X 轴惯性矩等效，等效正方形边长 a 为 154.95mm，等效过程不赘述）。立柱在风荷载标准值作用下的变形图如图 6 所示。

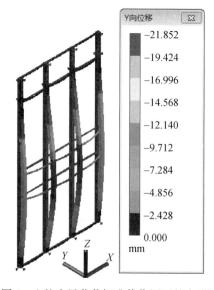

图 6　立柱在风荷载标准值作用下的变形图

根据计算可知，立柱在 2.19kPa 的风荷载标准值作用下，最大挠度值为 21.852mm，中间支座支座反力为 39.144kN。

4 计算位置立柱四性试验（抗风压性能）实际挠度值

正压即＋2.19kPa 作用，最大挠度值＋29.16mm；负压即－2.19kPa 作用，最大挠度值为－39.12mm。实测值正负压差距为 34.16％，且与理论值误差为 79.02％。根据现场位移传感器显示（位移传感器放置在支座码件上），1a 号测点正压作用时产生了＋3.51mm 的位移，负压作用时候产生了－8.39mm 位移。（图 7～图 9）

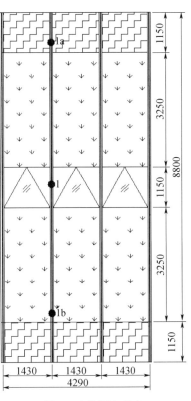

图 7 实验室实测立柱挠度数据　　　　图 8 立柱测点分布

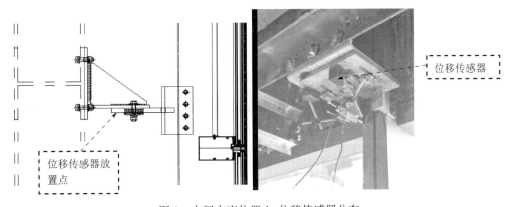

图 9 中间支座位置 1a 位移传感器分布

5 支座位移时双支座体系立柱分析

超静定结构有一个重要特点，就是无荷载作用时，也可以产生内力。支座移动、温度改变、材料收缩、制造误差等所有使结构发生变形的因素，都会使超静定结构产生内力，即自内力，采用力法计算，力法基本原理如下。

力法是计算超静定结构的最基本方法。主要特点是：把多余未知力的计算问题当作解超静定问题的关键问题，把多余未知力当作处于关键地位的未知力——称为力法的基本未知量。把原超静定结构中去掉多余约束后得到的静定结构称为力法的基本结构，把基本结构在荷载和多余未知量共同作用下的体系称为力法的基本体系。多余未知量 X_1 以主动力的形式出现。基本体系本身是静定结构，却可以通过调节 X_1 的大小，使得它的受力和变形形状与原结构完全相同。

双支座立柱，如果支座 B 有微小位移，移至 B'，梁的轴线将变成曲线，产生内力。实际上，如果去掉支座 B，梁仍是几何不可变体系，不能发生运动。要使梁与沉降后的支座相连，必须使梁产生弯曲变形，因而在梁内产生内力（图 10）。

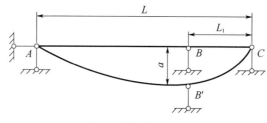

图 10　计算简图（一）

取支座 B 的竖向反力为多余未知力 X_1，基本体系为简支梁，如图 11 所示。变形条件为基本体系在 B 点的竖向位移 Δl 应与原结构相同。由于原结构在 B 点的竖向位移已知为 a，方向与 X_1 相反，故变形条件如下：

$$\Delta l = -a$$

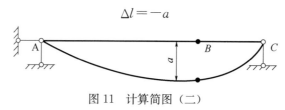

图 11　计算简图（二）

根据变形条件方程式可以计算出多余未知量，从而计算出梁单元内力及变形值，现阶段计算采用结构计算软件，软件依托力学原理对结构体系进行计算。

以下为整体计算模型基础设置：①立柱采用梁单元计算，计算单元采用 beam188，立柱总跨度为 8800mm，短跨间距为 900mm，B 点约束 UX /UZ 两个方向，C 点约束 UX /UZ 两个方向，D 点约束 UX/UY/UZ 三个方向，整个梁单元约束 RY，立柱截面采用边长为 154.95mm 正方形实心铝材；②对梁单元施加 $2.19 \times 1.43 \times 8.8 = 27.56$kN 集中荷载（软件会将此荷载均匀分布于整个杆件）（图 11 和图 12）。

根据上述位移传感器得出支座位移，将中间支座位移值施加于计算模型，计算结果如图 13 和图 14 所示。

正压计算值为 +29.537mm，与实测 +29.16mm 误差为 1.3%；负压计算值为 -39.83mm，与实测 -39.12mm 误差为 1.8%。误差较小，试验与计算值吻合。

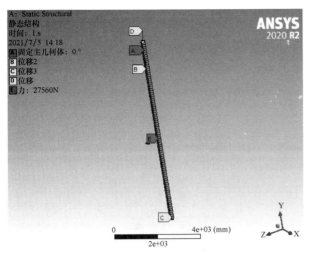

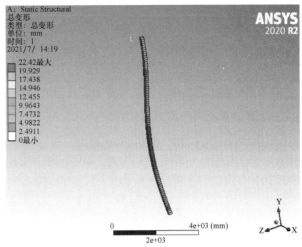

图 11　软件建模基础设置

图 12　立柱变形图

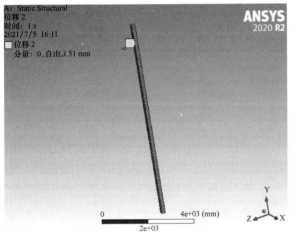

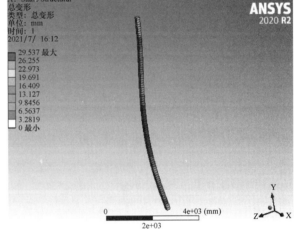

图 13　正压支座位移＋3.51mm 立柱挠度值

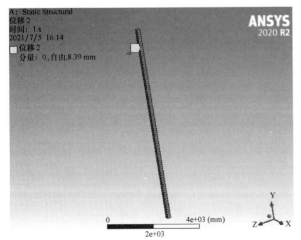

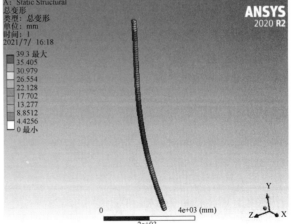

图 14　负压支座位移＋3.51mm 立柱挠度值

6 支座位移产生的原因

6.1 支座挂接位置存在间隙

中间支座挂接位置存在间隙，现场详图如图 15 所示，现场实测该处间隙达到 5mm。

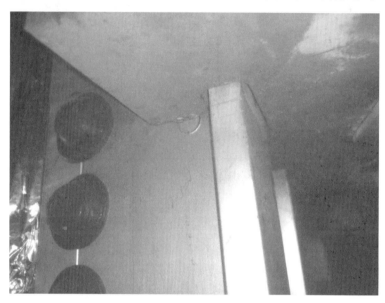

图 15 中间支座挂接位置现场详图

6.2 试验钢梁翼缘板薄弱

根据上述计算可知，在风荷载标准值作用下，中间位置反力为 39.144kN，反力较大，而翼缘板厚仅为 10mm，在此荷载作用下，翼缘板可能会发生变形。中间支座挂接位置现场详图如图 16 所示。

主体钢梁翼缘板
厚度10mm

图 16 中间支座挂接位置现场详图

6.3　挂接螺栓没有连接好

挂接螺栓没有连接好的中间支座挂接位置现场详图如图 17 所示。

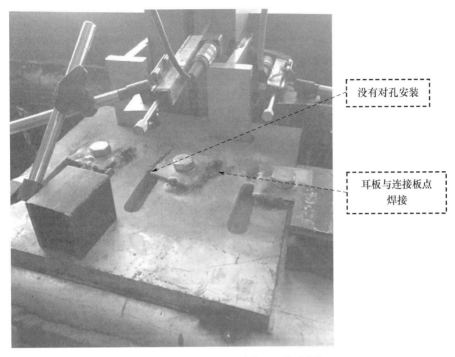

没有对孔安装

耳板与连接板点焊接

图 17　中间支座挂接位置现场详图

7　解决方案

7.1　挂接位置间隙处敲入钢板

中间支座挂接间隙处可敲入钢板，如图 18 所示。

图 18　中间支座挂接间隙处理措施

7.2 钢梁位置翼缘增加钢肋板，提高翼缘刚度

中间支座钢梁可增加钢肋板，如图 19 所示。

图 19　中间支座钢梁增加钢肋板

原方案位移传感器仅仅设置在立柱支座上，无法监测主体结构梁变形，在主体钢梁位置增加位移传感器（1 号点位），支座码件位移传感器（25 号点位），监测主体结构梁翼缘变形。

7.3 螺栓位置严格按照设计对孔，提高耳板焊接质量（此项由于试验时间关系没来得及整改）

通过前两项整改，再次进行试验，试验结果如图 20 所示。

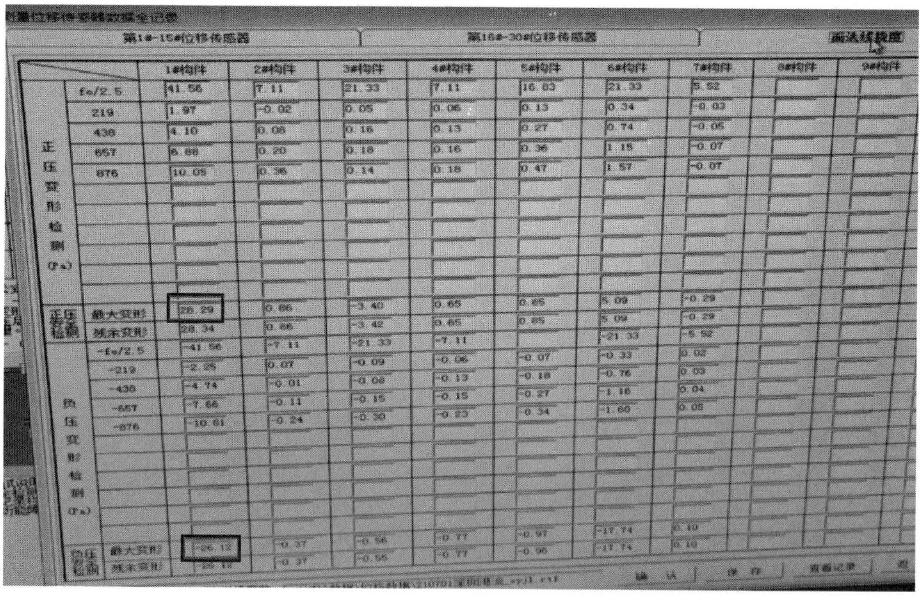

图 20　立柱实测挠度值

正压即＋2.19kPa 作用，最大挠度值＋28.29mm；负压即－2.19kPa 作用，最大挠度值－26.12mm。

1 号点位（主体结构梁）正压作用下移动＋0.78mm，负压作用下移动－0.59mm；25 号（立柱支座）点位正压作用下移动＋3.18mm，负压作用下移动－1.93mm，主体结构梁翼缘板增加了加劲肋之

后移动值较小，对整体挠度影响较小，则主要的支座位移还是由于立柱支座的变形产生（此处认为可能是连接螺栓耳板位置焊接质量不达标导致），如图 21 所示。

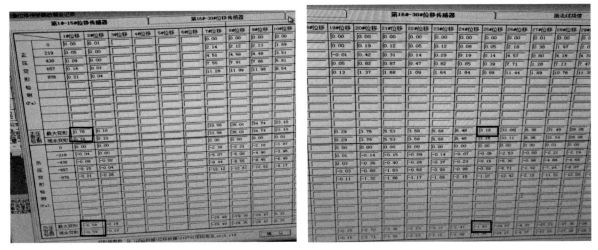

图 21　1 号、25 号点位位移值

采用软件分析支座移动＋3.18mm 和－1.93mm 时，立柱挠度值分别如图 22 和图 23 所示。

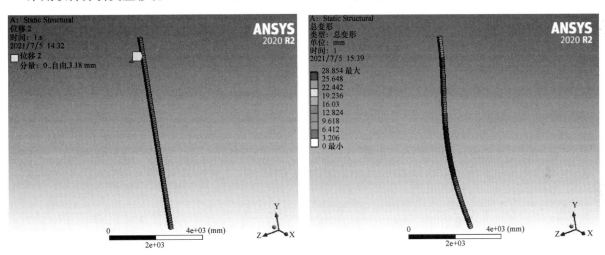

图 22　正压支座位移＋3.18mm 立柱挠度值

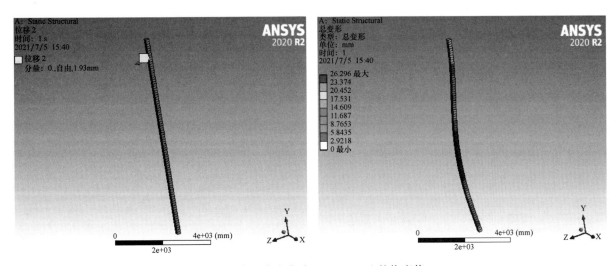

图 23　负压支座位移－1.93mm 立柱挠度值

正压计算值＋28.854mm，与实测＋28.29mm 误差为 2%；负压计算值－29.296mm，与实测－29.12mm 误差为 0.6%。误差较小，试验与计算值吻合。

8 结语

根据上述的分析，可以得出以下结论：

（1）幕墙双支座模型属于超静定体系，支座位移会产生附加变形；

（2）当试验结果与理论计算模型误差较大时，应该分析误差产生的原因，应该考虑计算模型简化是否合理；

（3）双支座体系幕墙，当幕墙立柱跨度较大、且短跨较短时，由于第二支座反力较大，应加强幕墙立柱与主体结构的连接以及幕墙支座与幕墙立柱的连接；

（4）支座系统对于幕墙系统的安全起决定性作用，实际工程中，必须严格按图施工；

（5）实验室提供的试验钢梁与真实项目主体结构不一致，在做抗风压性能试验时，设计师应当判断试验钢梁刚度是否满足要求，可以通过多增设位移传感器来监测各点位移值。

参考文献

[1] 王新敏. ANSYS 工程结构数值分析 [M]. 北京：人民交通出版社，2007.

[2] 龙驭球，包世华. 结构力学 [M]. 北京：高等教育出版社，2011.

[3] 广东省住房和城乡建设厅. 建筑结构荷载规范：DBJ 15-101-2014 [S]. 北京：中国建筑工业出版社、中国城市出版社，2015.

[4] 国振喜，张树义. 实用建筑结构静力学计算手册 [M]. 北京：机械工业出版社，2009.

门窗幕墙开启扇锁点布置的计算要点和应用浅析

◎ 欧阳文剑

深圳广晟幕墙科技有限公司　广东深圳　518052

摘　要　本文就门窗幕墙开启扇各部分的连接、型材壁厚、局部强度、自攻钉的可靠性等进行一次系统性的探讨，以期找到锁点连接的薄弱环节，进而为锁点布置给出建设性意见。

关键词　开启扇；安全性；锁点；荷载计算

1　引言

门窗幕墙开启扇的安全性能一直都受到建筑行业的重点关注，在台风多发地区经常有开启扇整扇掉落的情况，给人民群众的生命财产安全带来了极大的隐患。开启扇作为一个由多种五金件连接组成的系统，其各部位承载能力最薄弱的环节决定了开启扇的整体承载能力。因此，系统性地探讨开启扇的各节点承载能力，对保证幕墙开启扇的产品安全和管控幕墙门窗成本有着极为重要的意义。

2　开启扇锁点布置及反力计算

我们常见的开启扇固定方式有挂钩/穿轴（幕墙用，受力模式与合页基本相同）、合页和铰链等，其区别是在开启扇闭合情况下，合页式开启扇是由合页和锁点承担荷载，而铰链是由锁点和风压块来承担荷载，铰链只承担开启扇自身自重（铰链承受风荷载有限，实际分析时为保守起见，通常不将其视为风荷载支撑点）。以铰链固定的开启扇为例，各个锁点、风压块或合页的布置间距决定了各支撑点承受的荷载，而每个锁点系统、风压块所能承受的最大荷载都是相等的，所以我们在进行锁点布置时，应当尽量使每个支点受力均匀，这样可以使产品成本最优化。

2.1　锁点布置

开启扇锁点布置示意如图1所示。

在平开窗中，开启扇在执手一侧通常会布置锁点，另一侧出于成本考虑通常放置风压块，在开启扇宽度过大时，还要考虑在开启扇上下两侧放置锁点以保证开启窗扇的强度及开启扇整体的密闭性，不过在考虑成本和铰链与锁点的放置部位冲突等诸多因素后，我们实际的锁点布置并不是均匀对称的，这种情况下，想要得到精确的反力值就比较困难。

我们发现在其他工程的计算书中有一种常见的计算方法，就是根据锁点和压块个数来计算各支点的反力平均值（以下简称简化计算方法），但这种计算方法是有条件的适用；当为四点（锁点或风压块）支撑且双向对称布置时，此方法才适用，多数情况下，锁点受力时是不均匀的。根据《玻璃幕墙工程技术规范》（JGJ 102—2003），四边支撑玻璃荷载传递示意如图2所示。

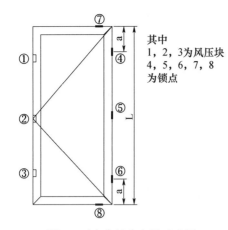

其中
1, 2, 3为风压块
4, 5, 6, 7, 8
为锁点

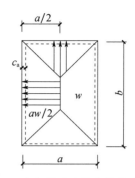

图 1 开启扇锁点布置示意图   图 2 四边支撑玻璃荷载传递示意图

应按此荷载传递规则进行各点反力的计算，这样计算得出的结果较为准确。但是实际操作时我们会发现，在支点数量较多时，该计算就会成为一个多次超静定问题，计算起来较为繁琐，不适用于工程计算。因此我们用有限元软件来较为精准地模拟开启扇受力情况，从而得到各支座的反力值，我们用两个案例来探讨其中的区别：

案例一：假定一个开启扇尺寸为 1200mm×2100mm，风荷载组合设计面荷载 5kPa；4 支点左右对称布置，其布置及反力示意如图 3 和图 4 所示。

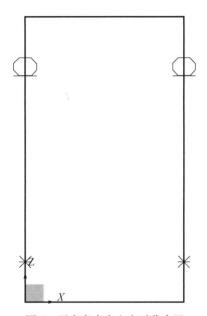

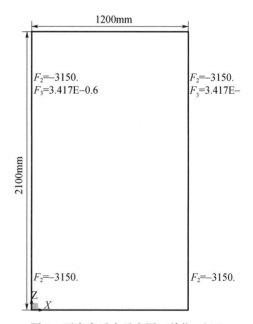

图 3 开启扇支点左右对称布置   图 4 开启扇反力示意图（单位：kN）

简化计算方法：$F = \dfrac{W \times B \times H}{4} = \dfrac{5\text{kPa} \times 1.2\text{m} \times 2.1\text{m}}{4} = 3.15\text{kN}$，结果与有限元软件计算反力一致。

案例二：假定一个开启扇尺寸为 1200mm×2100mm，风荷载组合设计面荷载为 5kPa；8 支点，由于左侧方上下位置需布置铰链，整体锁点布置图上下对称，左右不对称，反力示意如图 5 和图 6 所示。

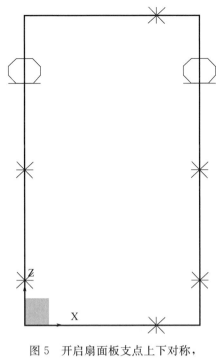
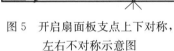

图5　开启扇面板支点上下对称，
左右不对称示意图

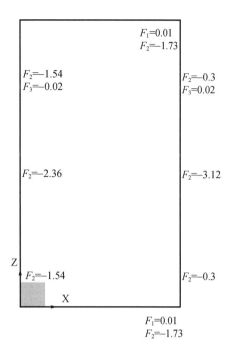

图6　开启扇支点反力
示意图（单位：kN）

简化计算方法：$F=\dfrac{W\times B\times H}{8}=\dfrac{5\text{kPa}\times1.2\text{m}\times2.1\text{m}}{8}=1.575\text{kN}$，结果与有限元软件计算最大反力值相比小了近$50\%$。

综上可以看出：1. 当开启扇为4个支撑点且支点双向对称时，各支点反力是均匀分布的；2. 当支点超出4个或不再对称时，各个支点反力差别很大，不再适用简化计算方法。

3　锁点连接系统计算

锁点由锁座和锁柱组成：锁点使用螺钉固定在窗框上，而锁柱固定在开启扇的传动杆上，执手控制传动杆上下移动，以达到控制开启扇闭合的效果。

3.1　锁柱

锁柱节点示意如图7所示。

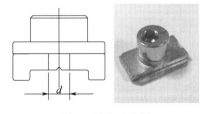

图7　锁柱示意图

锁柱由锁头和支座组成，中间由铆钉连接，我们在校核锁柱时，主要计算铆钉的截面抗剪强度。计算公式如下：

$$\sigma=\frac{4\times F}{\pi\times d^{2}}\leqslant f_{\mathrm{v}}\rightarrow F\leqslant\frac{\pi\times d^{2}\times f_{\mathrm{v}}}{4}$$

式中 f_v 为铆钉材质抗剪强度；d 为铆钉直径。

可以看出，提高锁柱承载能力的途径有两个：1. 增大铆钉的直径；2. 选择强度更高的铆钉材质。当锁柱承载力不满足设计要求时，可以在这两个方面做出合适的选择。

3.2 锁座

锁座有锌合金、不锈钢等不同材质，不同材质的材料性能也不一样，价格也有着很大区别，其中不锈钢材质性能较好，价格也较其他材质更昂贵，但是我们常用的锁座材质是锌合金，其价格较为便宜，使用的场合也较多。

锁座剖面示意如图 8 所示，锁座受力示意如图 9 所示。

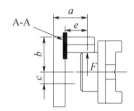

图 8　锁座剖面示意图　　　　图 9　锁座受力示意图

截面强度校核公式如下：

$$\sigma = \frac{F \times e}{w_x} \leqslant f_y \rightarrow F \leqslant \frac{f_y \times w_x}{e}$$

$$\tau = \frac{F}{A} \leqslant f_v \rightarrow F \leqslant f_v \times A$$

$$\sqrt{\left(\frac{F \times e}{w_x}\right)^2 + \left(\frac{F}{A}\right)^2} \leqslant f_y$$

式中 E 为锁座与锁柱咬合部位中心位置；F 为锁柱传递过来的反力；w_x 为锁座计算部位截面（A—A）抵抗矩；f_y 为锁座材质的屈服强度；f_v 为锁座材质的抗剪强度。

从式中我们可以看出，想要增强 A—A 截面的可承受荷载，我们可以增加锁座 A—A 截面的面积或者抵抗矩，增强锁座所使用的材质，或者减小力臂 e 的距离，这些都可以使锁座的可承受荷载增大。

另外，我们在设计和加工的过程中在满足开启扇开启闭合顺畅的前提下，尽量使锁座和锁柱咬合部位的深度加大，这样做可以在减少偏心距的同时增大咬合部位接触面积，从而提供更强的锁闭有效性。近些年常有开启扇整扇掉落事故，而锁座和锁柱并无破坏痕迹，原因就是加工或施工过程的误差导致锁座和锁柱之间咬合部位极小甚至没有咬合，使开启扇传力路径失效，这点需要从业人员注意。

3.3 锁座的固定

施工过程中，我们会先固定 A、B 螺钉，再调节锁座的进出位距离，保证开启扇的开合顺畅，然后固定 C 螺钉，以达到固定整个锁座的目的。（图 10）

3.3.1 螺钉承载力计算

锁座横向剖面示意如图 10 所示。

螺钉许用最大拉力计算：

$$F_N = A \times f_y$$

螺钉许用最大剪力：

$$F_v = A \times f_v$$

式中 f_y 为螺钉材质的屈服强度；f_v 为螺钉材质的抗剪强度；A 为螺栓有效截面积。

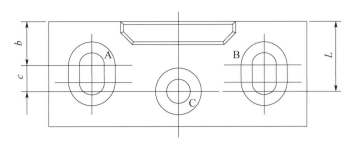

图 10 锁座横向尺寸示意图

从公式可以看出,螺钉强度越高、有效截面积越大,螺钉抗拉抗及剪能力越强。在大多数工程中,螺钉一般为不锈钢材质,此时如果螺钉承载力无法满足设计要求,则可换用更大规格的螺钉来解决这一问题。

3.3.2 螺钉在锁座部位许用最大荷载计算

在平面刚度无限大的情况下,锁座在三颗螺钉部位的转动角度是一致的,那么在最外侧螺钉的受力应当是最大的,但是在实际情况中,锁座的横向平面是存在变形的,不适用平面刚度无限大假定,可以简单按照结构力学原理简化计算模型。

锁座受力模型示意如图 11 所示。

模型为一次超静定,使用图乘法(图 12 和图 13)解得。

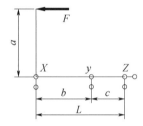 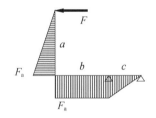 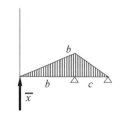

图 11 锁座受力模型示意   图 12 外力作用下弯矩图 M_P 图 13 单位力作用下弯矩图 M

单位力作用下弯矩图自我图乘法得到单位力作用下的虚位移,如下

$$\delta_{11} = \frac{1}{EI} \times \frac{b^2}{2} \times \frac{2 \times b}{3} + \frac{b \times c}{2} \times \frac{2 \times b}{3}$$

外力弯矩图与单位力弯矩图进行图乘,弯矩图在杆件同侧取正,异侧取负。得出实际荷载作用下产生的虚位移。

$$-\Delta_{1p} = \frac{1}{EI} \times \left(M \times b \times \frac{b}{2} + M \times \frac{c}{2} \times \frac{2b}{3} \right)$$

列得平衡方程:

$$\delta_{11} X_1 + \Delta_{1p} = 0$$

式中 δ_{11} 为单位力作用下在作用方向上产生的虚位移; Δ_{1p} 为实际荷载作用下产生的虚位移; X_1 为所求解的目标反力。

代入解得:

$$F_x = \frac{M}{2 \times L} + \frac{M}{b} \tag{1}$$

$$-F_y = \frac{M}{2 \times c} + \frac{M}{b} \tag{2}$$

$$F_{Z竖向} = \frac{M}{2 \times c} - \frac{M}{2 \times L} \tag{3}$$

$$F_{Z水平} = -F \tag{4}$$

其中：

$$M = F \times a$$

此时，我们可以看到，b 和 c 的大小影响着 F_y 的大小，将螺钉自身许用拉力限值 F_N 及支点 Y 处螺钉数量 n，将公式 2 整理为

$$F \leqslant \frac{F_N \times c \times (L - c)}{a \times (L + c)} = A \times f_y \times \frac{1}{a} \times \frac{c \times (L - c)}{L + c}$$

式中 f_y 为螺钉材质的屈服强度；f_v 为螺钉材质的抗剪强度；A 为螺栓有效截面积；F_N 为螺钉许用最大拉力；a 为水平力 F 的力臂。

令 $x = c$，函数 $R(x) = \dfrac{x \times (L - x)}{L - 3 \times x}$，则锁座螺钉承载力函数可以表达为

$$F \leqslant A \times f_y \times \frac{1}{a} \times R(x) \tag{5}$$

函数 $R(x)$ 的函数曲线如图 14 所示。

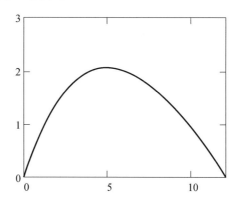

图 14 R 随 x 变化函数示意图

将 $f_x = \dfrac{x \times (L - x)}{L + x}$ 求导可得

$$\frac{L - 2 \times x}{L + x} - \frac{x \times (L - x)}{(L + x)^2} = 0$$

解得：

$$x = \frac{L}{\sqrt{2} + 1}$$

结合式（5）和 $R(x)$ 函数曲线可以看出，要想使得螺钉承载力 F 增大，可以从以下途径着手：（1）使用具有更高强度的螺钉材质，（2）选用更大规格的螺钉，进而增大螺钉面积 A，（3）增加锁柱锁座之间的咬合面积，从而减小力臂 a，（4）选择合适的打钉位置，即选择合适的 c 值使得函数 R 取得更大的值。可以注意到，在 $c = \dfrac{L}{\sqrt{2} + 1}$ 处，R 有最大值，即此处为最佳打钉位置。

3.4 螺钉螺纹

固定锁座的螺钉分为自攻钉和机制螺钉两种，自攻钉方便快速施工，可以直接在窗框上打钉，但是自攻钉螺牙较大，螺纹距较大，承载能力不高；而机制螺钉需要提前在窗框上开内螺纹孔，工序时间长，好处是孔位精确，施工过程中不会有偏差，而且机制螺钉螺纹距较自攻钉小，内外螺纹咬合的有效圈数较自攻钉更多，承受荷载能力也较好，但是会增加施工时间和成本。为了保证精确施工，我们常用的螺钉是机制螺钉。

螺纹的计算可以把螺纹牙看做悬臂梁进行计算，螺纹牙高为其悬挑长度，螺纹圈数与其有效直径

的乘积为悬臂梁的宽度，螺纹牙根部宽度为悬臂梁的高度。同时，在螺钉受拉过程中，荷载不均匀分配，螺距螺纹弹性模量之比是影响荷载分配的主要参数，螺距 P 和螺钉直径的比值对荷载分布也有着很大的影响。

螺纹间距：P

母材壁厚：t_e

自攻钉材质抗剪强度：f_v，抗拉强度：f_y。

母材的端部承压强度：f_t

螺纹牙高：$h = \dfrac{5 \times P \times \sqrt{3}}{16}$

内螺纹牙根部宽度：$b_n = \dfrac{7 \times P}{8}$

外螺纹牙根部宽度：$b_w = \dfrac{3 \times P}{4}$

螺纹中径：$d_m = d - h$

外螺纹小径：$d_{ws} = d - 2 \times h$

螺纹圈数：$z = \dfrac{t_e}{P}$，取整。

荷载不均匀系数：k_z，由 d/P 决定，如果 $d/P < 8$，则取 $6P/d$，否则取 0.75；且不大于 1。（注：仅适用于自攻钉材质为钢，木材材质为铝型材）

常用螺钉不均匀系数取值表见表1。

表1 常用螺钉不均匀系数取值表

	螺距	有效直径	d/P	$6P/d$	实际取值
M4	0.70	3.34	4.77	1.26	1.00
M5	0.80	4.25	5.31	1.13	1.00
M6	1.00	5.06	5.06	1.19	1.00
M8	1.25	6.83	5.46	1.10	1.00
M10	1.50	8.59	5.73	1.05	1.00

螺纹抗剪计算公式如下：

$$\tau = \frac{F_w}{k_z \times \pi \times d \times b \times z} \leqslant f_v \rightarrow F_w \leqslant k_z \times \pi \times d \times b \times z \times f_v$$

螺纹抗弯计算公式如下：

$$\sigma = \frac{3 \times F_w \times h}{k_z \times \pi \times d \times b^2 \times z} \leqslant f_y \rightarrow F_w \leqslant \frac{k_z \times \pi \times d \times b^2 \times z \times f_y}{3 \times h}$$

式中 F_w 为螺纹许用最大荷载。

母材壁端部承压计算：

$$\frac{F}{t_e \times d} \leqslant f_t$$

4 案例分析

案例基本情况：某项目使用锁座及锁柱：

不锈钢 A2-70，抗剪强度：265MPa，抗拉强度 280MPa。

碳钢 Q235B，抗剪强度：125MPa，抗拉强度 215MPa。

锁座尺寸示意如图 15 所示。

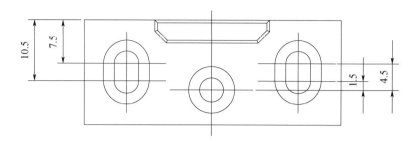

图 15　锁座尺寸示意图

竖向截面及截面属性示意如图 16 所示。

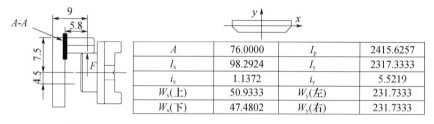

A	76.0000	I_p	2415.6257
I_x	98.2924	I_y	2317.3333
i_x	1.1372	i_y	5.5219
W_x(上)	50.9333	W_y(左)	231.7333
W_x(下)	47.4802	W_y(右)	231.7333

图 16　竖向截面及截面属性示意图

4.1　锁柱决定的锁点承载力

锁柱决定的锁点承载力见表 2。

表 2　锁柱决定的锁点承载力表

许用承载力（单位 N）	直径（mm）				
材质	4.0	5.0	6.0	7.0	8.0
不锈钢	3328.4N	5200.6N	7488.9N	10193.2N	13313.6N
碳钢	1570.0N	2453.1N	3532.5N	4808.1N	6280.0N

4.2　锁座决定的锁点承载力

锁座最薄弱部位 A—A 截面，截面积 76mm²，截面抵抗矩 47.5mm³。

截面示意见表 3。

表 3　截面示意表

锁座承载力（单位 N）	
不锈钢	2286.19N
锌合金	3102.6N

4.3　固定锁座螺钉决定的锁点承载力

据函数 $R(x) = \dfrac{x \times (L-x)}{L - 3 \times x}$ 可以看出，c 值在 $x = \dfrac{L}{\sqrt{2}+1}$ 处有最大值，代入可得 c 为 4.9mm，即在 4.9mm 处具有极大值，考虑到该项目 c 值最大为 4.5mm，故取 c 值可取的最大及最小值作为代表计算。

表4 固定锁座螺钉决定的锁点承载力计算表

可变距离 C 值（单位：mm）	自攻钉（4.2mm）	机制螺钉（4mm）
1.5	677N	785N
4.5	1791N	2079N

4.4 螺纹决定的锁点承载力

（1）M4 机制螺钉计算的锁点承载力（表5）

表5 M4 机制螺钉计算的锁点承载力

壁厚值	1.8mm	2.5mm	3mm
内螺纹抗剪	992N	1489N	1985N
内螺纹抗弯	944N	1213N	1888N
外螺纹抗剪	2602N	3346N	5205N
外螺纹抗弯	1294N	1664N	2589N

（2）ST4.2 自攻钉计算的锁点承载力（表6）

表6 ST4.2 自攻钉计算的锁点承载力

壁厚值	1.8mm	2.5mm	3mm
内螺纹抗剪	876N	1315N	1753N
内螺纹抗弯	833N	1250N	1667N
外螺纹抗剪	2296N	3448N	4597N
外螺纹抗弯	1143N	1715N	2286N

5 结语

根据以上的计算结果及木桶理论，可以得出如下结论：整个锁点系统最薄弱环节为母材（幕墙龙骨或窗框）的内螺纹。为此，想要有效提高锁点承载力，我们应着重从以下几点出发考虑：

（1）增强母材材质：选用具有较高强度的材料作为母材可以增强内螺纹强度；

（2）增大母材厚度：如增大固定锁座处的局部型材壁厚，但应从成本角度考虑在增加锁点配件及增强局部型材壁厚之间权衡；

（3）选用合适的螺钉：机制螺钉螺距比自攻钉小，在同等壁厚条件下可以得到更多的螺纹圈数，增强螺纹整体强度。值得注意的是，机制螺钉需要事先在型材壁开好螺钉孔，虽然使定位更加精准，也增强了螺纹性能，但增加了施工工序和时间成本。

现阶段的工程项目中开启扇锁点的承载能力因规范相关规定的空白通常依赖于采用配件供应商给定的承载数据，但对于该数值的由来以及合理与否并未深究，某种程度上作为设计依据具有一定的风险。本文按照传力路径将各传力环节逐个剖析，探索出锁点承载力的最薄弱环节，对于今后开启扇锁点配置的设计具有极大的指导作用和现实意义。

开启扇的系统安全性并不完全由设计环节决定，工厂的加工制作、现场的安装质量以及用户是否按规操作等也都影响着开启扇的安全性能，只有每个环节确保无误，才能保证广大人民群众的生命财产安全，营造安全的社会环境。

参考文献

［1］国家市场监督管理总局、国家标准化管理委员会. 铝合金门窗：GB/T 8478—2020［S］. 北京：中国标准出版社，2020.

［2］龙驭球，包世华. 结构力学教程（Ⅰ）［M］. 北京：高等教育出版社，2000.

［3］颜庭梁，李家春. 螺纹载荷分布计算方法研究及有限元分析［J］. 机电工程，2020，37（5）：7.

［4］中华人民共和国建设部. 玻璃幕墙工程技术规范：JGJ 102—2003［S］. 北京：中国建筑工业出版社，2003.

［5］Zinc and zinc alloys—Casting—Specifications：EN 12844：1998［S］.

关于防风销座设计要点与分析

◎ 黄素文

广东科浩幕墙工程有限公司　广东深圳　518052

摘　要　当吊船（吊篮）在受风力影响的户外区域使用并且作业高度大于40m时，应该安装约束系统或有限制使用。比较常用的约束系统是采用工作钢丝绳约束系统：安装在建筑物上一系列垂直排列的连接点上，下降时与钢丝绳上的索环连接以引导吊船（吊篮），上升时解除连接。

关键词　吊篮；约束系统；悬挂装置

1　引言

随着城市建设的发展和创建卫生城市、宜居城市活动的开展，各地越来越重视城市的形象，要求城市外观整洁亮丽，各地政府规定了各种外墙装饰材料的高楼清洗年限（基本上每年至少要清洗一次）。2021年5月10日，湖北某工程有限公司两名工人对三阳路幕墙工程进行清洁作业，作业中大风骤起，吊船（吊篮）被吹起摆动，撞击大楼幕墙；吊船（吊篮）工作人员被救出送医，经抢救无效死亡。此事件钢丝缆绳的安全锁扣未按规定与幕墙上预留好的防风销可靠连接，导致吊船（吊篮）在清洗作业时没有很好地与幕墙固定，从而发生意外。对此，不但要对吊船（吊篮）操作人员进行作业安全操作的培训，而且要教育他们在登篮作业时关注吊船（吊篮）的防风措施的落实，学会如何使用和应对，如安全使用防风销等。

2　约束系统介绍

2.1　约束系统的定义

约束系统是指将吊船（吊篮）与建筑物的竖向导轨或锚固约束点连接的系统，以限制吊船（吊篮）在风力作用下的横向或纵向摆动。

2.2　高空清洗作业类型需求

① 座板式单人吊具（蜘蛛人），不需要约束系统；
② 高空清洗吊船（吊篮，暂设式吊篮），需要约束系统；
③ 擦窗机（常设式吊篮），需要约束系统；
④ 高空作业平台（车），不需要约束系统；
⑤ 机器人擦窗机，不需要约束系统。

2.3　吊船（吊篮）约束系统一般采用下列方式

① 与立面竖框成一体；
② 工作钢丝绳约束（一般做法是做防风销座的设计），防风销及销座安装示意如图1所示。

防风销   防风销座

图1 防风销及销座安装示意图

3 防风销座荷载设计

3.1 风载荷计算公式

作用在吊船（吊篮）平台上的工作状态风载荷按下式计算：

$$P_{WI} = C \cdot p_I \cdot A$$
$$P_{WII} = C \cdot p_{II} \cdot A \quad \text{（GB/T 3811—2008-4.2.2.3.4）}$$

式中，P_{WI}：作用在吊船（吊篮）平台上的工作状态下的正常风载荷（N）；P_{WII}：作用在吊船（吊篮）平台上的工作状态下的最大风载荷（N）；p_I 为工作状态下的正常风压（N）；p_{II} 为工作状态下的最大风压（N）；A 为吊篮平台垂直于风向的实体迎风面积，$A = 1 + 0.7 + 1.80 = 3.50 \text{m}^2$（为便于计算，假设平台上每块物料迎风面积 1.0m^2，最大不超过 1.0m^2；每人的迎风面积 0.35m^2，两个操作人员面积为 0.7m^2；已知 6m 标准吊船（吊篮）篮体迎风面积 $1.2 \times 6.0 = 7.2 \text{m}^2$，一般按 $20\% \sim 25\%$ 充实率计算，即有 $S = 7.2 \times 0.25 = 1.80 \text{m}^2$）；$C$ 为风力系数，按《起重机设计规范》（GB/T 3811—2008）表 16 的规定，$C = 1.7 \times (1 + 0.343) = 2.284$；$\eta$ 为挡风折减系数，按《起重机设计规范》（GB/T 3811—2008）表 17 的规定取插值计算，$\eta = 0.343$。

3.2 风载荷计算

① 参照规范《擦窗机》（GB/T 19154—2017）中的表，见表1。

表1 工作状态风压和设计风速表

工作时的风压 p（N/m²）		风速 v（m/s）
无约束系统吊船（吊篮）	125	14
有连续约束系统吊船（吊篮）	250	20

假定风载荷水平作用于擦窗机各自部分的面积中心；

作用在吊船（吊篮）上的风载荷被认为是作用在相关悬挂装置的悬挂点上；

工作状态下风载荷：（无约束系统）

$$P_{WI} = C \cdot p_I \cdot A = 2.284 \times 125 \times 3.50 = 999.25 \text{N} \quad \text{（5级风）}$$

工作状态下风载荷：（有约束系统）

$$P_{WII} = C \cdot p_{II} \cdot A = 2.284 \times 250 \times 3.50 = 1998.5 \text{N} \quad \text{（6级风）}$$

② 参照规范《擦窗机》（GB/T 19154—2017），一般正常工作要求：

一个操作者可施加的最大水平作用力为 200N，常规操作人员为 2 人，即有：

$P_{\text{w I}}=1102.03\text{N}>2\times200=400\text{N}$，显然此处不满足。

由于规范《擦窗机》（GB/T 19154—2017）未能列出无约束系统吊船（吊篮）适用尺寸，因此此处可算作规范中的一个失误；根据实际反推校核，吊船（吊篮）应该只能选用不大于 2.0m 的标准分格，此时迎风面积为 $0.25\times1.2\text{m}\times2.0\text{m}=0.60\text{m}^2$；包含两个操作人员（迎风面积为 0.7m^2）。

总体迎风面积：$A_{\text{k}}=0.6+0.7=1.30\text{m}^2$，此时工作状态下的风载荷为：

$$P_{\text{w I}}=C\cdot p_{\text{I}}\cdot A_{\text{k}}=2.284\times125\times1.30=371.15\text{N}<2\times200=400\text{N}$$

③ 在工作状态下风载荷下：（有约束系统）

约束系统的锚固力应 $>P_{\text{w II}}=1998.5\text{N}$

常规约束系统做法采用防风销设计，6m 标准吊船（吊篮）篮体采用双排吊索悬挂固定，即防风销承载力应 $>1998.5/2=999.25\text{N}$。

显然，规范《擦窗机》（GB/T 19154—2017）提出约束系统锚固点作用力不小于 1000N 是合理的（都是设计值），至少 6m 标准吊船（吊篮）是最常用的，包含使用范围最广（尺寸再大就得增加吊索数量）。至于原先国内没有合适的规范约定，而是生搬硬套美国标准《Window Cleaning Safety》（ANSI IWCA I 14.1—2001）的相关规定，取值 2700N；实际标准（括号内）对此条文有解释说明，2700N 这个数值包含 4 倍安全系数。显然，直接套用此数值不符合我国国情，浪费巨大，一般常用的配件都不能满足此设计要求。

④ 根据规范《擦窗机》（GB/T 19154—2017），擦窗机还应计算在停泊位置时受暴风作用力的影响，见表 2。

表 2 非工作状态风压和设计风速

距离地面高度（m）	风速 v（m/s）	风压 p（N/m²）
0～20	36	800
>20～100	42	1100
>100～150	46	1300
>150	根据当地条件考虑	

吊船（吊篮）在停泊位置应提供一个非工作状态的锚固装置进行固定，即应有连续的约束系统。

举例：考虑正常标准 6.0m 吊船（吊篮）停泊固定时，标高 150m，根据前面计算数据可知：

工作状态下风载荷：（有约束系统）

$$P_{\text{w II}}=C\cdot p_{\text{II}}\cdot A=2.284\times130\times3.50=10392.2\text{N} \quad （12\text{级风}）$$

考虑双排吊索，每边吊索承受荷载为：$P=P_{\text{w II}}/2=10392.2\div2=5196.1\text{N}$

根据前面提到约束系统锚固点 1000N 规定，此处锚固点数量 n 应 $>5196.1/1000=5.2$

即 n 应取 6 才能满足，布置如图 2～图 4 所示。

图 2 防风销座通过锁扣与吊索连接一块

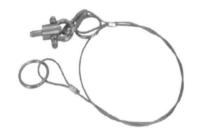

图 3 带锁扣的防风销

图 4　防风销座及锁扣串联一起作用受力

4　防风销座工作过程描述

防风销的使用，是将销座固定在建筑物玻璃幕墙龙骨上（一种是幕墙安装前固定在幕墙龙骨上做预置，另一种是幕墙安装后再固定在幕墙龙骨做后补），吊环连接防风销端部，锁销穿过顶块，顶块的一端顶住插销芯，插销芯内含弹簧及钢珠形成机关卡进插销内径；顶块被按下工作，插销芯机关工作，其一端顶住插销芯，另一端扣住插销套，使插销芯与插销套相互锁住，且插销芯插进销套内同时可在插销套内轴向相对滑动。

防风销座根部一般设计为一长条形板（长条形板主要方便布置与幕墙龙骨连接的螺钉，参照前面插图所示），中间焊接一圆管，圆管端部孔径比其内部边沿孔径略小，能起到防止钢珠脱出的作用。插销芯为一细长多台阶杆，该杆的端部直径略大于中部直径，根部直径略大于端部直径，这样在外力作用下，钢珠可以轻松滑进中间直径，但也不至于完全脱离。

吊环为一 U 形环、设有开口，其一端为光孔、一端为螺纹孔，通过锁扣与吊船（吊篮）吊索连接。

5　防风销座布置与控制

5.1　工作钢丝绳约束系统——防风销座布置

①最下端的防风销布置点应低于自然地坪面 40m；

②竖向布置每隔 4～5 层布置一圈，布置间距不大于 20m；

③考虑吊船（吊篮）相对立面的最大允许水平位移是 4m（横向摆动），纵向摆动不大于船体长度的 40％，防风销水平布置点距离应按 2～3m 布置。

5.2　防风销座参数

①防风销座应采用不锈钢材料，沿海地区不低于 316 级别；

②防风销座在任意方向上作用力设计值＞1000N。

6　结语

随着城市化建设的发展，高层建筑、超高层建筑在城市中出现得越来越多，与此同时，对于幕墙的清洗和维护的工作难度也明显增加。在幕墙规范中特别规定了"建筑物幕墙的保养与维护"的要求：幕墙验收交工后使用单位应及时制定幕墙的保养、维修计划与制度。然而，高层幕墙的保养、维修，对于施工人员来说是有极大的安全隐患的，而具有降低劳动强度、提高工作效率的擦窗机在高层、超高层建筑上的应用开始普及。但是擦窗机也有很多不足，如擦窗机吊船（吊篮）会在空中受风荷载的影响而有较大的晃动，尤其是大风天的时候，难以保障施工人员的安全。防风销座的发明与使用，以有效防止吊船（吊篮）在空中的晃动，改善了擦窗机的缺陷，弥补了擦窗机安全防范的不足，大大提高了高空作业在风荷载作用下的安全性和稳定性，保证了施工人员的安全，对我国城市化建设的发展有着积极作用。

参考文献

［1］中华人民共和国国家质量监督检验检疫总局，中国国家标准化管理委员会. 擦窗机：GB/T 19154—2017［S］. 北京：中国标准出版社，2017.

［2］中华人民共和国国家质量监督检验检疫总局，中国国家标准化管理委员会. 高处作业吊篮：GB/T 19155—2017［S］. 北京：中国标准出版社，2017.

［3］中华人民共和国工业和信息化部. 擦窗机规划设计和使用安全规程：JB/T 13482—2018［S］. 北京：机械工业出版社，2018.

［4］中华人民共和国住房和城乡建设部. 擦窗机安装工程质量验收标准：JGJ/T 150—2018［S］. 北京：中国建筑工业出版社，2018.

［5］中华人民共和国住房和城乡建设部. 建筑结构荷载规范：GB 50009—2012［S］. 北京：中国建筑工业出版社，2012.

［6］中华人民共和国国家质量监督检验检疫总局，中国国家标准化管理委员会. 起重机设计规范：GB/T 3811—2008［S］. 北京：中国标准出版社，2008.

［7］中国建筑标准设计研究院. 擦窗机（图集）：18J632［S］. 北京：中国计划出版社，2018.

［8］ANSI IWCA I 14.1-2001 STANDARD FOR WINDOW CLEANING［S］.

浅谈单元式幕墙支座系统的设计形式

◎ 黄庆祥　陈伟煌　何林武

中建深圳装饰有限公司　广东深圳　518023

摘　要　现阶段建筑幕墙采用单元式幕墙的工程越来越多，而单元式幕墙挂件支座系统作为单元式幕墙与建筑主体结构连接的唯一条件，必然是单元式幕墙的设计重点之一，其设计的合理性，影响到单元式幕墙的施工效率、安装质量、建筑外观效果以及后期维护。本文针对幕墙与主体结构的关系、支座的受力体系、单元板块支座个数及不同支座材质等几种设计形式对单元幕墙挂件支座系统进行归纳和论述，供参考。

关键词　单元式幕墙；支座及挂件系统；三维可调节性能；连接设计形式

1　引言

在现代的建筑幕墙中，单元式幕墙的运用越来越普遍，特别是在超高层建筑中，采用单元式幕墙几乎是必选项。相对于传统的"构件式幕墙"定义，单元式幕墙就是将面板和金属框架（横梁、立柱、副框面板等）在工厂组装为幕墙单元板块后运至施工现场，以幕墙单元板块的形式在现场完成吊装施工的框支撑幕墙。这种单元板块一般为一个楼层高度，具有工厂化程度高、施工周期短、产品整体质量高等优点。单元板块安装到主体结构上，主要是依靠单元式幕墙的支座及挂件系统来实现的，而由于土建主体结构的施工误差、工厂中单元板块的加工误差及施工现场的安装误差等综合因素，想要实现单元板块的水平度及垂直度，板块必须设计有三维调节系统（上下调节、左右调节、前后调节），此系统功能通常由单元式幕墙的支座挂件系统来完成。由此可见，单元板块的安装对支座系统的要求很高，支座系统的设计是单元式幕墙的技术重点之一，是涉及幕墙结构安全以及建筑整体外观质量的主控点。本文主要以常用的几种单元式幕墙挂件支座系统的设计形式展开说明，通过区分常规幕墙与主体结构的关系、支座的受力体系分类、单元板块支座的个数及不同支座材质等几种设计形式，对各类不同的支座挂件系统展开阐述，剖析其中的设计思路，以供行业相关人员参考。本文以下的 X、Y、Z 方向分别表示的是上下方向、左右方向及前后方向。

2　单元式幕墙与主体结构连接形式不同的支座挂件系统设计

单元式幕墙支座系统与主体结构的连接，按照地台码支座系统不同的安装位置来区分，一般可分为面埋式和侧埋式两种挂件支座系统。两种不同的支座连接系统，具体的外观区别可参考图1施工对比照片。

由图1可知，面埋式是固定在结构边梁顶部，而侧埋式则是固定在结构边梁的侧面，两种不同的挂件支座系统，适应的单元式幕墙系统各不相同。按照目前的项目施工经验，由于侧埋式支座的视野局限问题，常规的面埋式幕墙支座挂码系统从安装角度上来讲比侧埋式支座系统更方便。

图1 面埋式与侧埋式支座挂码的现场照片对比

2.1 面埋式单元式幕墙支座挂件系统

采用面埋式单元式幕墙支座挂件系统，一般由以下几个条件决定：（1）结构梁的厚度偏小不利于侧面安装预埋件；（2）楼板面有足够的空间安装铝合金地台码且厚度满足预埋件要求；（3）上、下单元板块的竖向分格分缝在楼板面以上且不宜小于100mm。根据构造的特点，面埋式单元式幕墙支座挂件系统常见的设计形式包括以下几种。

2.1.1 常规挂码系统三维可调的设计方式

常规支座挂码系统现场照片参考图2，其设计原理主要如图3和图4所示。通常情况下铝合金地台码通过槽式预埋件固定于楼板面上，地台码根据现场主体结构的精确统筹数据之后，开长条孔以适应Y方向的误差调节，可调节尺寸一般为±25mm；利用单元板块本身的自重是永久性荷载及挂码1在Z方向上无位移等特点，板块的上、下高度通过挂码2上的内六角螺钉，实现Z方向误差微调，通常设计调节尺寸亦为±25mm；而当单元板块通过挂码1安装于铝合金地台码之后，实际上单元板块是可左、右方向自由移动调节的，此时通过公立柱的水平限位钉可限制单元板块的左、右位移，实现板块整体的X方向调节。这种系统属于较经典的支座挂件系统，在现场施工比较方便。

图2 常规挂码系统现场照片

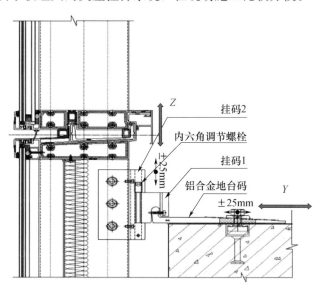

图3 常规支座挂码竖剖节点

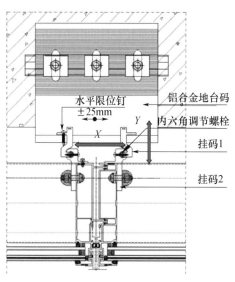

图4 常规支座挂码横剖节点

2.1.2 穿槽式支座挂码系统三维可调的设计方式

当上、下单元板块的竖向分格分缝距离楼板面顶部较低时（小于80mm），可以考虑采用穿槽式支座挂码系统进行设计，其现场照片如图5所示。穿槽式支座挂码系统要求施工前期对铝合金地台码进行提前调节，测量放线好大致的前后、左右方向位移后，单元板块在现场吊装时只需将挂件对准地台码的插槽系统放置即可，吊装完成后再进行单元板块上、下方向调节，以此实现三维可调。

槽式挂码的设计特点是在铝合金地台码上提前切开挂件避位槽，工厂生产并组装完工的单元板块吊装时直接将单元挂件插入避位槽里面，实现除上、下方向之外的一次性安装，后期高度 Z 方向的调节，主要靠辅助调节型材及调节螺栓来完成。其设计方案如图6和图7所示。

图5 穿槽式支座挂码系统现场照片

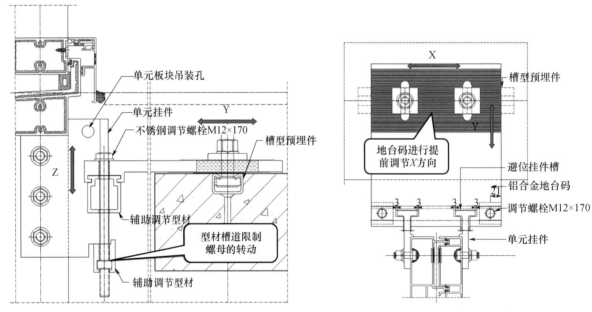

图6 穿槽式支座挂码竖剖节点

图7 穿槽式支座挂码横剖节点

高度方向调节设计的实现原理为：单元板块通过挂件系统将自重落于下部的辅助调节型材上面，调节型材开模时空腔里槽道的形状可设计成限制螺母的转动，利用螺栓紧固时只能上、下移动的螺纹方向朝向，最终通过不锈钢螺栓的螺帽控制上、下调节误差，详细安装效果如图8所示。

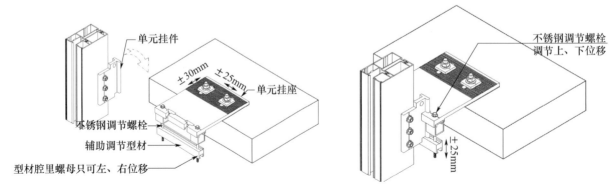

图8 穿槽式支座挂码安装示意图

2.1.3 组合式支座挂码系统三维可调的设计方式

当单元板块立柱端部与主体结构板边的距离越来越小时（特别是小于30mm时），考虑到支座的调节空间，此时可采用组合式支座挂码系统。

组合式挂件由挂码1和挂码2两个型材组合而成，挂码1与立柱相连，挂码2通过组合连接螺栓套接在挂码1上，形成挂件系统。其中单元板块质量通过挂码2传递到铝合金地台码，整体结构受力形式与常规挂码相差不大。单元板块高度Z方向的调节通过"高度调节螺栓"来实现，板块的一边通过限位钉控制X方向位移，另一边释放X方向位移，而为了防止板块向上跳动，通常需设置防脱钉。本支座挂码系统的具体做法参考图9和图10。

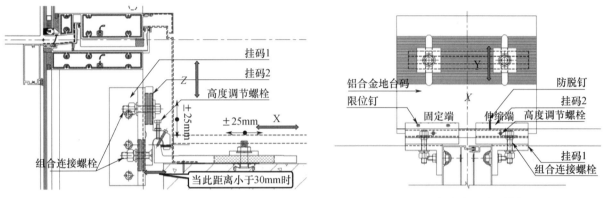

图9 组合式支座挂码竖剖节点   图10 组合式支座挂码横剖节点

组合式支座挂件系统的优势是能实现立柱与结构面板之间较小的安装空间需求，通过挂码2的合理调整，可最大化利用结构板边到挂码1的距离，实现单元式幕墙的误差调节。此挂件系统还有一个优势，即能同时实现小角度的单元式幕墙。详见图11的节点示意。

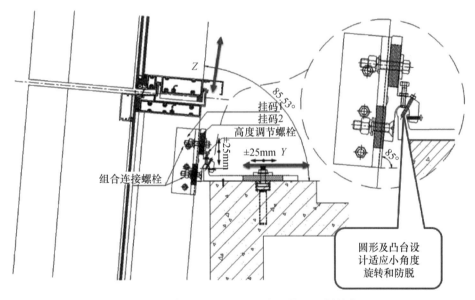

图11 组合式支座挂码实现斜吊挂的竖剖节点

2.1.4 较大斜截面立柱挂码三维可调的设计方式

在目前的建筑外观设计中，采用超大玻璃分格及超大立柱的单元式玻璃幕墙越来越多，而立柱的形式也开始追求多样化设计，呈现有斜坡造型的大立柱也应运而生，具体现场照片可参考图12，针对此情况，挂件系统也需做特别的设计。

斜面大立柱的公立柱、母立柱通常最大宽度尺寸不小于400mm，最小宽度尺寸不小于250mm，具有一定的斜坡性，考虑到单元板块公立柱、母立柱吊挂于铝合金地台码的挂码距离不太大（挂码距离过大时地台码尺寸非常大，也不利于预埋件结构计算），需要将公立柱、母立柱的挂码距离缩短，此时的挂码系统可参考图 13 和图 14 的设计。

图 12　斜面大立柱支座挂码系统现场照片

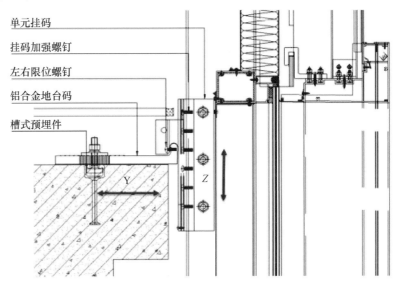

图 13　斜立柱支座挂码竖剖节点

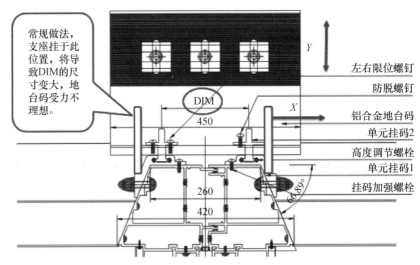

图 14　斜立柱支座挂码横剖节点

此斜截面立柱挂码三维可调系统与常规挂码系统的区别，是将挂码型材设计成适应立柱斜坡造型，将两个单元挂码 2 的距离 DIM 进行缩短，而考虑到斜坡的影响，单元挂码 1 需增设挂码加强螺钉，以增加整个单元挂码系统的整体稳定性。

2.2　侧埋式单元式幕墙支座挂件系统

采用侧埋式单元幕墙支座挂件系统，主要有以下几种情况：（1）上、下单元板块的竖向分格分缝在楼板面以下，采用面埋式系统无法施工，只能采用侧埋式将幕墙的支座系统安装在结构梁的外侧；（2）结构梁的厚度应满足预埋件的设置；（3）单元板块顶部内侧与主体结构边梁空间不够，常规支座设计无法满足施工；（4）单元板块背后为整体剪力墙，无施工空间。根据构造的特点，侧埋式单元幕墙支座挂件系统常见的设计形式包括以下两种。

2.2.1 整体式侧挂支座系统三维可调的设计方式

整体式侧挂支座系统的三维调节设计原理与面埋式相近，设计方案可参考图 15 及图 16。U 形的铝合金地台码通过槽式预埋件固定于主体结构的侧梁上，地台码系统上设置有不锈钢挂轴，用于承受单元板块的荷载。地台码系统设置有 Y 方向（前后）的位移调节；挂码 1 与挂码 2 连接在一起形成挂码系统，在挂码 1 上设有上、下两个高度调节螺栓，用于限制死挂码 2 的 Z 方向（上下）可移动距离，单元板块质量通过挂码 1 传递到挂码 2 上之后，高度调节螺栓即可调节 Z 方向的误差；挂码系统最终吊挂到不锈钢挂轴上，挂轴长度一般比单元板块公母立柱的宽度要略大一点，使其有足够的 X 方向（左右）移动空间，单元板块吊挂完成后，通过公立柱一侧的限位角码及左右限位钉实现 X 方向定位。

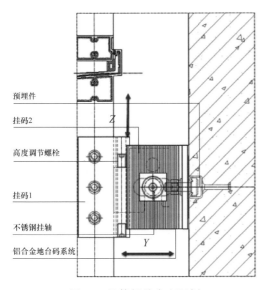

图 15　整体侧挂支座竖剖

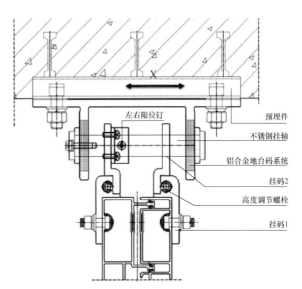

图 16　整体侧挂支座横剖

整体式侧挂支座系统的安装思路可参考图 17。该支座系统的优势是能快速形成类似面埋式支座的安装条件，缺点是当主体结构边缘出现超过设计可调节量之外的较大正公差时难以处理，需要切割侧梁，有一定的安全隐患，故在单元板块下料生产之前，需要提前做好相关的测量放线的准备工作。

图 18 为现场施工参考照片及较大正公差时的处理照片。

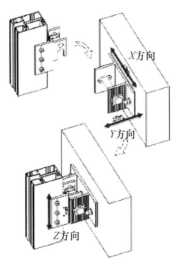

图 17　整体式侧挂示意图

图 18　整体式侧挂支座挂码施工参考照片及出现较大正公差时的处理照片

2.2.2　开槽式侧挂支座系统三维可调的设计方式

当单元板块立柱端部至主体结构外端的空间尺寸不够又必须用侧埋式时，采用开槽式侧挂支座系统是一种更好的选择。其现场的安装照片可参考图 19。

图 19　开槽式侧挂支座系统现场顶、底视图照片

开槽式侧挂支座系统的主要特点是通过对铝合金地台码进行开槽避位处理，以更合理的方式包容更小的安装尺寸空间。具体的设计方案，可以参考图 20 和图 21 的节点图。

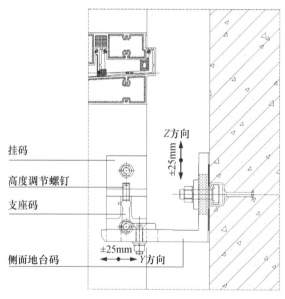

图 20　开槽式侧挂支座挂码竖剖节点

开槽式侧挂支座系统的铝合金地台码为 L 形，在安装立柱的位置将地台码进行铣槽避位处理，以减少整个支座系统占用的 Y 方向空间，L 形侧面地台码设计有上、下可调节的长条孔，配合高度调节螺栓辅助之后可以适应 Z 方向的误差调节空间；支座码与侧面地台码之间通过锯齿咬合设计，可以满

足 Y 方向的结构受力，支座码上设计有长圆孔，可以进行 Y 方向约 25mm 的进出位调节；单元板块通过与挂码连接，将荷载传递到支座码上，Y 方向的受力靠挂码的卡槽承担，Z 方向的受力靠高度调节螺栓控制，挂码的 X 方向可在支座码上自由移动，最终通过支座码上的小凸台进行限制位移，达到一边为固定端结构，另一边为伸缩端结构。本系统的具体安装效果图，可参考图 22。

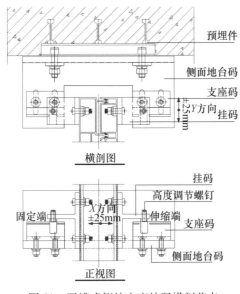

图 21　开槽式侧挂支座挂码横剖节点

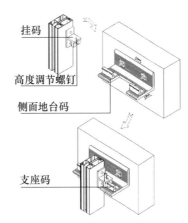

图 22　开槽式侧挂支座挂码效果示意图

3　常见的不同受力体系的单元式幕墙支座挂件系统设计

常规的单元式玻璃幕墙，支座系统设计一般是需要直接承受单元板块的自重，本文称之为承重式幕墙支座系统。而对于较大宽度单元板块且有中立柱或者高度方向跨度较大的单元板块时，因单元板块需设计多个挂件系统并释放其中某个挂件系统的重力方向约束，该位置挂件支座系统设计时不考虑承受单元板块的质量，我们则将此不承重的挂件系统称之为非承重幕墙支座系统。以下对两种支座系统进行简单的阐述。

3.1　承重式单元幕墙支座系统的设计形式

上文举例阐述的所有面埋式及侧埋式支座挂件系统，均有承重设计，故全部为承重式幕墙支座系统。鉴于篇幅，本章节对承重式幕墙支座系统不再多做复述，其做法可以参考以上的几种挂件系统的设计方案。

3.2　非承重式单元幕墙支座系统的设计形式

对于高度方向跨度超过 6m 或者风荷载非常大的单元式幕墙，考虑到幕墙整体的经济性以及主体结构对支座反力的承担程度，在幕墙设计过程中通常会采用增设支座点数的方式来减少立柱的截面参数或者单个点的支座反力，使主体结构及整个幕墙系统更安全。这时，我们的支座系统为了受力更清晰，一般会将重力方向的荷载只分担到其中一个支座，而其余的支座单独只承受水平荷载作用。承重式与非承重式的支座吊挂区别，详细可参见图 23，图中上支座系统为承重支座系统，下支座系统为非承重支座系统。

非承重式单元幕墙支座系统的支座高度间距，一般不小于 500mm，这就对主体结构边梁的尺寸有尺寸要求：即结构边梁高度不小于 500mm。非承重单元幕墙支座系统的设计要点是释放重力方向约束，具体设计思路可参考图 24，其中，中挂码与铝合金地台码仅限制了 X 和 Y 方向，主要作用是承担水平方向的荷载，而在 Z 方向释放了限制，是可自由伸缩移动的。

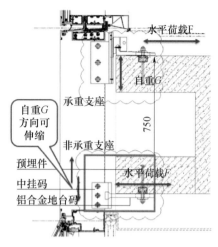

图 23　非承重式支座挂码竖剖节点

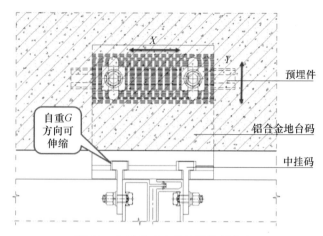

图 24　非承重式支座挂码横剖节点

4　按单双支座分类的单元式幕墙支座挂件系统设计

单元式幕墙与主体结构的连接形式，一般采用单跨梁或双跨梁的力学模型，其分别对应的便是单支座和双支座系统。采用不同的支座系统，主要是考虑到现场的施工条件及幕墙造价。

4.1　单支座系统设计

单支座系统一般固定在结构梁的顶部或者结构边梁的侧边，本文第 2 部分论述的内容，基本上为单支座系统。单支座系统便于现场安装及后期的维修，当建筑结构梁本身不具备采用双支座时，只能采用双支座系统。

4.2　双支座系统设计

双支座系统的上部支座一般与单支座系统相同，但其下部的支座一般设计为主承受风荷载，且需考虑到单元板块的上、下伸缩。双支座的下部支座与第 3 部分讨论的非承重式单元幕墙支座系统一致。采用双支座系统设计时，能节约幕墙立柱的总体造价，也可减少单点的支座反力。但采用双支座设计，也有其明显的缺点，因其安装时需要同时顾及到上、下两个支座，因此双支座系统对现场的施工要求更高。图 23 和图 25 分别列举了 2 种双支座系统设计做法参考，图 26 为某双支座的效果图。

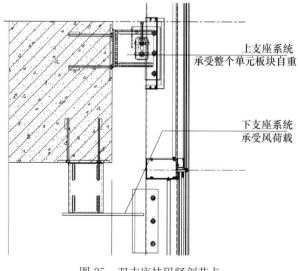

图 25　双支座挂码竖剖节点

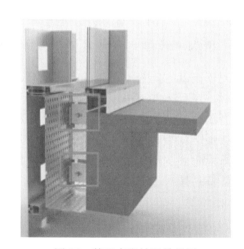

图 26　某双支座挂码效果图

5　不同材质的单元式幕墙支座挂件系统设计

鉴于经济性以及特殊位置构造，建筑幕墙在支座设计时，不一定采用铝合金系统，有时也会采用钢支座挂件系统。钢支座挂件系统相较于铝合金支座系统，具有加工速度快且能零散加工的优点，但是缺点也非常明显，不适合于造型较复杂的支座系统，且由于钢加工件加工通常为非开模生产，加工时会有一定的误差，影响整体幕墙的质量。

5.1　铝合金支座挂件系统

铝合金支座挂件系统为最常用的单元板块支座挂件系统，前述内容大多为此系统，详情请参考前述内容，本处只做归类而不做展开讲解。

5.2　钢支座挂件系统

钢支座挂件系统一般采用钢加工件来替换铝合金地台码，其结构受力形式与铝合金支座挂件系统基本无差别，其做法可以参考图 27 和图 28。

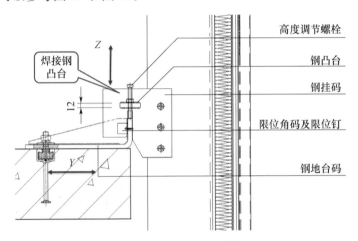

图 27　钢支座挂码竖剖节点

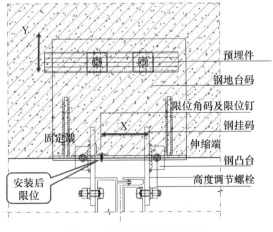

图 28　钢支座挂码横剖节点

钢支座挂码的特点是在钢挂码上设计有钢凸台，用于放置高度调节螺栓，钢凸台上的螺母一般与钢凸台焊接一起，独立形成螺纹结构，达到可调节的目的。

钢支座的优势是可以短期内定制生产，适用于用量不大的支座系统，截面可以随时调节，如在施工过程中，因结构偏差、预埋件错位明显、转角荷载较大需要加强原支座等原因，均可以采用钢支座快速解决，详情参考图 29 所示某工程现场钢支座安装照片。同时，钢支座挂码系统也有其明显缺点，即容易生锈、精度不如铝合金、支座质量全靠焊缝、如不加垫片会有金属化学反应等。

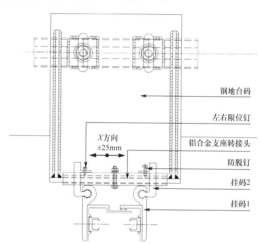

图 29 某工程现场钢支座安装照片

5.3 钢铝组合挂件系统

由于钢加工件的精度误差较大，地台码顶部支撑板块质量的钢加工件难以生产，在设计过程中，为了消除此类缺陷，一般采用钢铝组合式挂件系统，具体做法可参考图 30 和图 31。

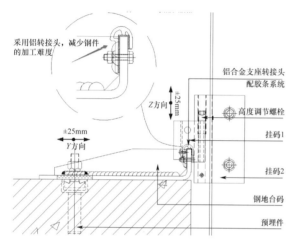

图 30 钢铝组合支座挂码竖剖节点

图 31 钢铝组合支座挂码横剖节点

本支座钢铝组合支座系统仿照原铝合金地台码系统，在钢地台码顶端采用铝合金支座转接头模仿原铝合金支座系统，最终达到原系统的使用功能。从图 32 和图 33 现场项目实际照片来看，该系统特别适用于复杂的转角支座或者预埋件位置偏差过大之后改造的地台码。

图 32 某工程钢铝组合支座转角照片

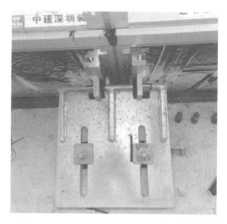

图 33 某工程钢铝组合改造支座照片

6 结语

综上所述，作为单元式幕墙与建筑主体结构连接的唯一条件，单元幕墙的挂件支座系统有多种构造形式，设计的思路主要是针对不同的幕墙系统的构造特点来进行设计，从而保证在单元板块运至现场进行吊装施工时，能有 25mm 左右的 X、Y、Z 三向三维微调能力，用于适应主体结构偏差、加工偏差、安装偏差等综合误差造成的对建筑外观效果不利的影响，使建筑设计的整体效果得到更好的呈现。

不同的支座设计形式适合不同的施工条件，有其本身的明显优点，本文所举设计方案均为经验之谈，仅供参考，鉴于笔者水平有限，文中可能存在某些不当之处，望批评指正。

参考文献

[1] 中华人民共和国建设部. 玻璃幕墙工程技术规范：JGJ 102—2003 [S]. 北京：中国建筑工业出版社，2004.
[2] 上海市城乡建设和交通委员会. 建筑幕墙工程技术规范：DGJ 08-56—2012 [S].

建筑幕墙门窗用密封胶的行业现状及选用建议

◎ 邢凤群　陈继芳　张燕红

郑州中原思蓝德高科股份有限公司　河南郑州　450007

摘　要　本文介绍了国内建筑幕墙、门窗用密封胶的行业现状，对比分析了市场上常见的三种低质密封胶（掺加白油的密封胶、掺加有机硅裂解料或高沸料的密封胶、低质量的硅改性聚醚密封胶）的热重分析图谱，介绍了三种低质密封胶的危害及鉴别方法，对密封胶的选用给出建议。

关键词　建筑幕墙；门窗；密封胶；行业现状

1　引言

建筑幕墙好似建筑物的脸面，使整体建筑绚丽多姿；门窗好似建筑物的眼睛，使建筑整体富有灵气。密封胶是一种兼具黏结和密封等多种功能的高分子密封材料，对幕墙门窗的气密性、水密性、抗风压性能等起到非常关键的作用。密封胶为有机高分子材料，与玻璃、金属型材等无机材料相比，是影响建筑质量和寿命的关键材料之一。因其采购成本在幕墙门窗中占比较小，以玻璃幕墙为例，密封胶的采购成本占玻璃幕墙总造价的 2%～4%，在门窗中密封胶的采购成本占比更低（约占千分之几），故往往不被业主方重视，但其质量直接影响到建筑幕墙门窗的安全和使用寿命。因此，密封胶在建筑幕墙门窗行业中俗称为"小材料，大作用"。本文介绍了我国建筑幕墙门窗用密封胶的行业现状及市场上较为常见的三种低质密封胶的危害及鉴别方法，对密封胶的选用给出建议。

2　国内密封胶的行业现状

据不完全统计，国内建筑密封胶的生产厂家已超过 300 家，其中 2021 年由中国建筑金属结构协会铝门窗幕墙分会抽检合格的硅酮结构胶的厂家就有 107 家，而且密封胶的生产厂家还在逐年递增。随着密封胶生产企业的日趋增多，市场竞争愈加激烈，部分企业为了低价中标、获取短期利益最大化，想尽各种办法降本增效，在密封胶内添加白油、有机硅裂解料、高沸料等劣质原料，造成密封胶提前老化，导致中空玻璃出现流泪、出雾、彩虹、镀膜玻璃失效甚至玻璃板块脱落的案例时有发生。2017年以来国内有机硅原材料持续上涨，2021 年涨幅最高时达 2017 年的 400%，密封胶市场低价恶性竞争现象更加激烈，密封胶中添加廉价的矿物油、有机硅裂解料、高沸料等劣质原材料的现象更加疯狂，导致密封胶失效的时间越来越短、失效的频率越来越高。图 1～图 6 为近年来市场上出现的密封胶提前失效的典型案例。

从图 1～图 6 可以看出，密封胶提前失效的案例最短的仅 6 个月、长的约 18 个月，且提前失效的案例在我国各个地区都有发生。上述提前失效的案例从某一侧面反映了我国密封胶的质量现状，该现状与我国《玻璃幕墙工程技术规范》（JGJ 102—2003）规范规定的玻璃幕墙的设计使用年限不低于 25年，《中空玻璃》（GB/T 11944—2012）标准规定的中空玻璃的使用寿命不低于 15 年的要求严重不符，与我国节能减排、长效节能的政策严重不符，严重制约了整个行业的健康发展。这种低价中标、恶性竞争的结果是坑死业主、饿死同行、累死自己，最终的结果是毁了整个行业。

图1　丁基胶溶解

图2　中空玻璃出现彩虹

图3　中空玻璃流泪

图4　中空玻璃出雾

图5　密封胶脆化开裂

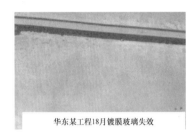
图6　镀膜玻璃失效

3　密封胶提前失效原因及危害

郑州中原思蓝德公司多年来持续对国内市场密封胶的质量情况进行了跟踪，发现密封胶提前失效的原因主要是采用了廉价的低质密封胶，市场上低质密封胶通常有以下几类。

3.1　添加白油的密封胶（俗称白油胶）

3.1.1　白油胶的危害

白油胶是指在硅酮密封胶内添加白油代替二甲基硅油做增塑剂的密封胶。白油俗称石蜡油、白色油、矿物油，是由原油经常压和减压分馏、溶剂抽提和脱蜡、加氢精制而得。主要成分为 C16～C31 的正异构烷烃的混合物，分子链以 C—C 键为主，具有挥发性和可燃性，白油胶与合格硅酮胶的热重分析图谱如图7所示。

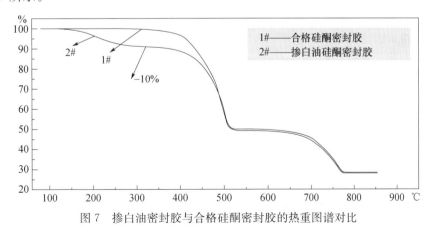
图7　掺白油密封胶与合格硅酮密封胶的热重图谱对比

从图7可以看出，合格硅酮密封胶的起始失重温度约为 250℃，失重阶段有 2 个，第一阶段失重温度区间为 250～620℃，失重主要物质是硅橡胶、硅油等有机物；第二阶段失重温度区间为 620～

165

800℃，失重主要物质是填料等无机物。白油胶的起始失重温度约在110℃左右，失重阶段有3个，第一阶段失重温度区间为110～250℃，失重主要物质为白油，失重量约10％；第二阶段失重温度区间为250～620℃，失重主要物质是硅橡胶、硅油等；第三阶段失重温度区间为620～800℃，失重主要物质是填料等无机物。

从以上分析可以看出：白油胶的耐温性明显低于合格的硅酮密封胶。与合格硅酮密封胶相比，白油胶有以下特点：①生产成本更低；②光泽度好、挤出速度快；③耐老化性能差。原因是白油分子量较低、易挥发，会随着使用时间的推移，白油逐渐从硅酮密封胶中挥发或渗出，易导致中空玻璃出现流泪、彩虹、镀膜玻璃失效，同时会导致密封胶脆化、开裂、黏结失效等现象，严重影响建筑幕墙门窗的安全和使用寿命。

3.1.2 白油胶的鉴别方法

3.1.2.1 丁基密封胶接触法

丁基密封胶属热熔型密封胶，可将丁基胶预热后制成薄片状，将单组分或混合后的双组分密封胶涂抹在片状丁基胶上，使两种密封胶紧密接触（如图8所示），间隔一定时间从丁基胶表面剥离密封胶，若两者接触面出现扯丝现象（如图9所示），可判定密封胶内含有白油；若两者接触面无任何变化，可初步判定密封胶内不含白油。原因是丁基密封胶的主要成分为聚异丁烯，分子链以C—C键为主，与白油的分子结构相似，根据相似相容原理，白油是丁基密封胶的优良溶剂。如果密封胶内含有白油，二者接触后会出现图9所示丁基密封胶扯丝的现象。丁基密封胶表面出现扯丝的时间与密封胶内白油含量多少有关，如果密封胶内白油含量越高，丁基表面出现扯丝的时间越短；若密封胶内白油含量越低，丁基表面出现扯丝的时间越长。此方法可初步判定密封胶内是否含有白油，准确的方法应该采用仪器分析法。

图8　密封胶与丁基密封胶紧密接触

图9　丁基胶表面扯丝

3.1.2.2 仪器分析法

仪器分析法是指采用红外光谱分析和热重分析联合进行分析的方法，红外光谱分析可定性地判定密封胶内是否含有白油，如图10所示，热重分析可定量判定白油含量的多少，如图11所示。

具体的检测方法参照专利一种掺白油的硅酮密封胶的鉴定方法（ZL201010200499.2）或《硅酮结构密封胶中烷烃增塑剂检测方法》（GB/T 31851—2015）。

3.2 添加有机硅裂解料或高沸料的密封胶

3.2.1 添加有机硅裂解料或高沸料的密封胶的危害

有机硅裂解料（裂解硅橡胶、硅油）是以用废硅橡胶裂解得到的二甲基环硅氧烷混合物（DMC）为原料制成的，含有未处理干净的酸或碱催化剂以及各种小分子物质，其挥发分高，化学成分复杂。有机硅高沸料如高沸硅油等，高沸硅油以甲基氯硅烷混合单体经过精馏制得的高沸物为主要原料，再经醇解或水解工艺制得的高沸硅油，其主要成分为聚甲基硅氧烷混合物，其结构以Si—O键、C—C键、Si—Si键为主，并带有部分支链，主要适用于消泡剂、防水剂、隔离剂等行业。添加有机硅裂解料或高沸料的密封胶与合格硅酮密封胶热重分析图谱如图 12 所示。

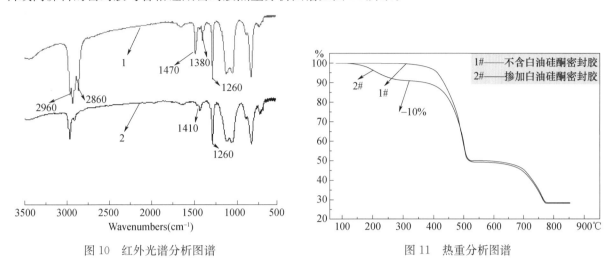

图 10 红外光谱分析图谱   图 11 热重分析图谱

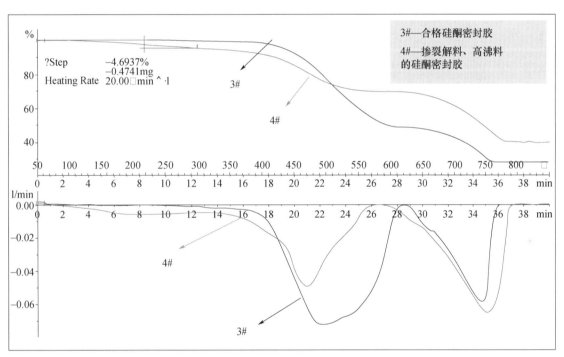

图 12 添加有机硅裂解料或高沸料的密封胶与合格硅酮密封胶的热重图谱对比

从图 12 可以看出：合格硅酮密封胶的起始失重温度约为 250℃，失重阶段有 2 个，第一阶段失重温度区间为 250～620℃，失重主要物质是硅橡胶、硅油等有机物；第二阶段失重温度区间为 620～800℃，失重主要物质是填料等无机物。以一阶导数曲线失重速率是否为 0 作为判断失重温度区间的依据，掺有裂解料或高沸料的密封胶约在 100℃开始明显失重，在 50～300℃区间失重约 4.7％，失重主要物质为有机硅裂解料或高沸料等小分子物质；在 300～620℃区间，失重主要物质是硅橡胶、硅油等；在 620～800℃区间，失重主要物质是填料等无机物。

从以上分析可以看出，掺加有机硅裂解料或高沸料密封胶的耐温性明显低于合格的硅酮密封胶。与合格有机硅密封胶相比，掺加有机硅裂解硅料或高沸料的密封胶有以下特点：①生产成本更低；②耐老化性能差。原因是裂解硅料或高沸料纯度不高，含有未处理干净的酸或碱催化剂以及各种小分子物质，这些杂质在紫外线或高温老化的作用下，会加速密封胶的衰减，使其各项性能快速下降，易导致密封胶提前脆化、老化，存在严重的安全隐患。

167

3.2.2 添加有机硅裂解料或高沸料密封胶的鉴别方法

目前，关于添加有机硅裂解料或高沸料密封胶的鉴别方法不多，杨潇珂等报道了利用 TGA 对含裂解硅油的硅酮密封胶进行热性能分析，再用四氢呋喃、丙酮等溶剂对含裂解硅油的硅酮密封胶进行溶胀试验，把增塑剂泡出，然后对其进行 GPC、核磁测试，利用其谱图可以分析出硅酮密封胶中是否含有裂解硅油。有机硅高沸料可参照此方法进行。

3.3 低质量的硅改性聚醚密封胶（俗称 MS 胶）

3.3.1 低质量硅改性聚醚密封胶的危害

硅烷性聚醚密封胶是一种以硅烷封端聚醚聚合物（MS 树脂）为基料，添加填料、增塑剂、助剂制得的密封胶，具有不污染基材、可涂饰等特点，主要用于预制混凝土装配式建筑接缝的密封。其分子链以 C—C 键、C—O—C 键为主，与硅酮密封胶主要分子链 Si—O—Si 相比，其耐热性、耐老化性有较大差距。硅烷改性聚醚密封胶与合格硅酮胶的热重分析图谱如图 13 所示。

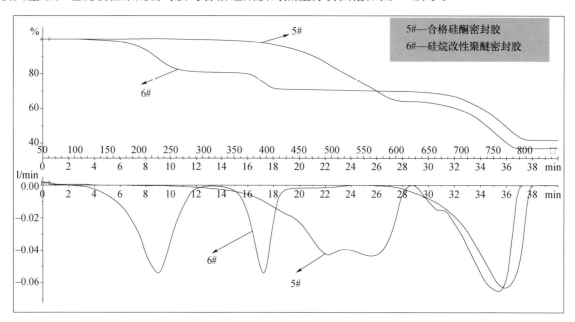

图 13　硅烷改性聚醚密封胶与合格硅酮密封胶的热重图谱对比

从图 13 可以看出，合格硅酮密封胶的起始失重温度约为 250℃，失重阶段有 2 个，第一阶段失重温度区间为 250～620℃，失重主要物质是硅橡胶、硅油等有机物；第二阶段失重温度区间为 620～800℃，失重主要物质是填料等无机物。硅烷改性聚醚密封胶的起始失重温度约在 110℃，失重阶段有 3 个，第一阶段失重温度区间为 110～310℃，失重约 18.9%；第二阶段失重温度区间为 310～550℃，失重约 10.6%，前两个阶段失重的主要物质是 MS 树脂、增塑剂等有机物；第三阶段失重温度区间为 550～800℃，失重主要物质是填料等无机物。从以上分析可以看出，硅烷改性聚醚密封胶的耐温性明显低于合格的硅酮密封胶，且橡胶含量偏低。

近年来随着有机硅原材料的大幅上涨，部分企业为了降低成本，采用极低含量的 MS 树脂制成的 MS 胶用于中空玻璃的密封。因 MS 胶的耐热性、耐老化性远不及硅酮胶，随着时间的推移，会造成中空玻璃脱粘，导致中空玻璃漏气、漏水，中空玻璃外片脱落等现象。MS 胶典型失效案例如图 14 和图 15 所示。图 14 为国内市场上质量较好的 MS 胶制作的中空玻璃，经大气暴晒 2 个月后脱粘；图 15 为某工程开启扇使用 MS 胶制作的中空玻璃，使用 8 个月后 MS 胶脆化、硬化，造成多块中空玻璃外片玻璃脱落。

MS胶暴晒两个月脱粘

图14　MS胶中空玻璃脱粘

MS胶脆化，8个月外片玻璃脱落

图15　MS胶中空玻璃外片玻璃脱落

3.3.2　低质量MS胶的鉴别方法

部分硅改性聚醚树脂中含有活性基团，易吸收空气中的水分交联成为弹性体。故可将密封胶的A组分暴露在空气中，间隔一段时间观察A组分的黏度变化，如果黏度增大，该密封胶有可能为MS胶，准确的方法应采用红外光谱分析、热重分析等化学分析方法。

4　密封胶的选用建议

密封胶的质量直接影响建筑幕墙门窗的安全和使用寿命。面对市场上质量良莠不齐的密封胶，建议选用时应注意以下几点：（1）应选用社会责任感强、品牌过硬、质量稳定好的产品；（2）建立适合企业自身的密封胶进厂检验方法，将劣质产品拒之门外；（3）不定期地对现场使用的密封胶进行抽查，送第三方检测机构进行检验，对密封胶的质量稳定性起监督作用；（4）同时密封胶生产企业应加强自律，拒绝使用不合格的原材料，避免不合格产品出厂；（5）希望政府、相关行业协会加强监管，对生产劣质产品的企业进行曝光。

5　结语

建筑质量，百年大计，密封胶的质量直接影响到建筑幕墙门窗的安全和使用寿命，希望建筑幕墙门窗行业上下游企业联动，以国家高质量发展为目标，从行业可持续发展、企业长久发展角度出发，既要选用高品质材料，又要制作高质量产品，最终打造高质量优质工程，共同促进我国建筑幕墙门窗行业朝着良性的方向发展。

参考文献

[1] 张海龙，张燕青. 掺白油硅酮密封胶危害及鉴别方法［J］. 中国建筑防水，2013（6）：4-8.

[2] 杨潇珂，安静，胡生祥，等. 有机硅密封胶中裂解硅油的检测［J］. 有机硅材料，2014，28（5）：374-377.

[3] 中国氟硅有机硅材料工业协会. 高沸硅油：T/FSI 007—2017［S］.

中盈项目渐变尺寸单元式幕墙设计分析

◎ 柴龙飞　林建平　林永杰

深圳广晟幕墙科技有限公司　广东深圳　518029

摘　要　本文介绍了中盈盛达国际金融中心项目塔楼束腰形外立面及其渐变尺寸单元式幕墙设计情况，重点解析模型定位点数据分析与利用、遮阳板连接构造、水槽料/开启扇排水坡度设置及转角节点设计；在满足幕墙各项性能要求的前提下，通过巧妙的设计方案及安装校核尺寸，降低材料下单及加工难度，降低项目成本。充分利用模型数据，为生产加工及材料安装提供定位校核尺寸，控制安装精度，顺利实现板块逐层周圈的闭合。

关键词　束腰形建筑；渐变尺寸；角度调节；折线幕墙；参数化

1 引言

中盈盛达国际金融中心项目位于佛山新城 CBD 一期片区，紧邻佛山城市中轴线。本工程塔楼外立面效果形似商朝四角鼎，四个立面以不同的内凹弧度组成束腰形的建筑效果。层间位置设有水平遮阳板作为飘带造型，"鼎"带有飘带。（图 1~图 3）

图 1　整体效果图　　　　　图 2　模型轴视图　　　　　图 3　塔楼近景照片

本工程塔楼高 198m，塔楼单元式幕墙楼层共 41 层，由 4505 个单元板块组成。本工程通过建立模型将幕墙板块及边缘结构数据结合起来进行分析研究。在几何分析模型方面，通过点、线、面的规律找到模型参数及后期生产施工的各种数据，加以归纳优化，提高生产效率。在节点分析模型方面，充分利用整体及局部模型分析取得的数据体现构造特点，利用局部模型放样验证具体的设计思路。在经济分析模型方面，利用模型数据结合优化方案，可快速验证材料成本。通过塔楼整体模型数据分析得出：

（1）塔楼外立面板块倾角变化范围为 $-11.39°$ 外倾~$0°$ 垂直~$8.11°$ 内倒

由于倾角尺寸均小于15°，根据规范判定属于斜幕墙。由于业主出于成本的考虑，未采用夹胶玻璃，按招标文件约定采用外片超白钢化中空玻璃。虽然一定程度上降低了成本，但不建议后续斜幕墙工程继续采用此方案。

（2）束腰形外轮廓导致上下单元式板块夹角种类多达93种，角度变化范围178.61°~180°~179.02°。如图4所示，塔楼四个立面虽然外形均为内凹弧线，但是并无对称或相等关系。此种情况造成转角板块夹角的空间变化。

（3）塔楼的6种层高尺寸以及不同的倾角变化，导致单元板块高度尺寸共有161种，板块高度变化范围为4400~5061mm。不同的层高及结构标高的变化，导致单元板块支座系统需要具有较强的适应能力。

（4）如图5所示，特殊的立面造型使转角相邻板块夹角为空间角，角度变化范围为91.76°~90°~91.03°。

（5）考虑到转角、百叶、开启扇等特殊情况，总计650种单元板块类型。

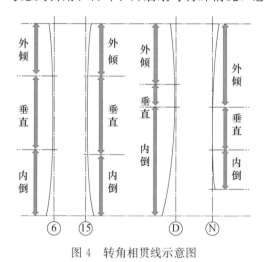

图4 转角相贯线示意图

图5 表皮轮廓线示意图

2 数据汇总分析，提供设计思路、材料下单及加工安装的依据

2.1 设置定位点，提取坐标数据，进行基础数据计算

塔楼外立面轮廓为折线拟合的弧线，通过渐变的尺寸及倾角实现束腰形的效果。设计初期阶段，主要工作任务为分析塔楼外形变化趋势及主要的设计参数，如板块长度、上下相邻板块之间的夹角、板块倾角范围、相邻转角板块平面内夹角变化范围等。这些数据会为接下来的系统节点设计提供深化依据和方向，同时也利于材料下单及生产加工阶段简化工作量，避免大量重复绘图和填表操作，降低错误发生的概率。（图6和图7）

图6 整体模型图

序号	楼层序号	楼层建筑标高	板块定位标高	楼层WP高度	理论 楼层结构标高	各楼层单元板块高度H、倾倒类别 东面H	东面倾倒
44	天面	198000	197838	无	197300	无	无
43	屋面	193500	193800	4038	193500	4078.87	外倾
42	42F	189000	189150	4650	188850	4688.47	外倾
41	41F	184500	184650	4500	184350	4531.08	外倾
40	40F	180500	180150	4500	179850	4524.71	外倾
39	39F	175500	175650	4500	175350	4519.39	外倾
38	38F	171000	171150	4500	170850	4514.36	外倾
37	37F	166500	166650	4500	166350	4510.38	外倾
36	36F	162000	162150	4500	161850	4506.86	外倾
35	35F	157500	157650	4500	157350	4504.20	外倾
34	34F	153000	153150	4500	152850	4502.35	外倾
33	33F	148500	148650	4500	148350	4500.51	外倾
32	32F	144000	144250	4400	143950	4400.12	外倾
31	31F	139500	139650	4600	139350	4600.00	垂直
30	30F	135000	135150	4500	134850	4500.00	垂直

序号	楼层序号	各楼层单元板块倾倒 东面倾角	东面倾角弧度	上下板块夹角 东面夹角	楼层结构边线坐标 东面	标准铝地台码后端定位（2孔150边距） 东面
44	天面	无		无		
43	屋面	8.117349	0.141674	179.23		
42	42F	7.344380	0.128184	179.37	3646.00	249.78
41	41F	6.714838	0.117196	179.28	3119.00	248.78
40	40F	5.990315	0.104551	179.32	架空层	/
39	39F	5.308680	0.092654	179.26	2237.00	架空层
38	38F	4.571264	0.079784	179.32	架空层	/
37	37F	3.887716	0.067853	179.27	1579.00	250.70
36	36F	3.162186	0.055191	179.31	1334.00	/
35	35F	2.475165	0.043200	179.37	1143.00	251.23
34	34F	1.849629	0.032282	179.02	架空层	/
33	33F	0.865355	0.015103	179.56	928.00	/
32	32F	0.424632	0.007411	179.58	904.00	249.50
31	31F	90.000000	1.570796	180.00	904.00	249.50
30	30F	90.000000	1.570796	180.00	904.00	249.50

图 7　基础数据表格图

2.2　利用理论结构边线坐标点，提供现场放线依据

束腰形渐变的外轮廓同样对土建结构的施工精度有一定要求，所以我们将结构数据也加入到模型及基础数据表格中进行统一分析。工程初期，结合模型碰撞检测判断及局部实例放样，避免结构与幕墙产生冲突，将结构问题与修改建议尽快通知业主及总承包商。考虑到现场结构偏差对地台码安装的不利影响，通过与现场施工人员的讨论，约定采用地台码后端点作为放线定位点，以此定位点坐标结合轴线作为各层各面的幕墙放线依据。此定位点坐标首先通过模型读取数据进行汇总，再依据模型提供的基础数据，运用三角函数计算并校核，最终随放线图相关尺寸一并提供给现场。施工队通过测量地台码悬挑出结构边缘的尺寸是否超出限值（25mm，计算得出），判断是否将铝合金地台码调整为钢制地台码。（图8）

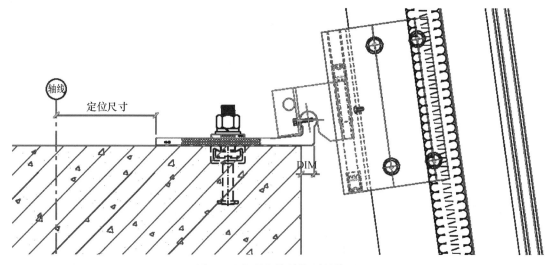

图 8　地台码定位计算测量简图

2.3 提供水槽料测量点坐标尺寸，作为现场安装校核依据

每一层幕墙安装定位的准确程度，决定了整体外立面效果能否将折线形拟合成比较顺滑的弧线。

为了避免安装误差积累，针对本工程幕墙造型特点，我们利用模型读取水槽料后端点定位坐标，并进行了逐层逐面的定位，再根据模型基础数据进行定位尺寸的校核；最终以此定位点坐标结合轴线、标高间距尺寸作为现场安装校核依据。（图9）

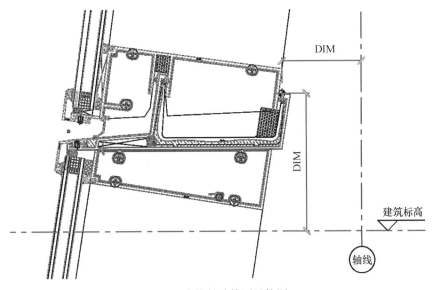

图 9　水槽料计算测量简图

3　遮阳板连接构造如何适应板块倾角变化

3.1　角度变化范围

板块倾角的不同，造成板块与水平遮阳板之间的夹角不断变化，其夹角数值共有91种，角度变化范围78.61°外倾～约90°垂直～约98.11°内倒。其中内倒板块占比34.9%，垂直板块占比30.5%，外倾板块占比34.6%。（图10）

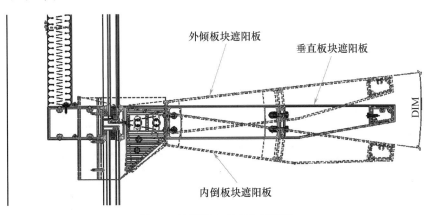

图 10　遮阳板夹角变化示意图

173

3.2 通过数据分析,确定深化设计方向

若要针对每一种角度单独设置加工数据,会导致设计烦琐,不利于加工厂生产加工及现场材料安装。通过数据分析及板块放样,我们发现遮阳板上表面与定位点水平间距始终保持 35mm,进出间距始终保持 600mm。这样就可以理解为遮阳板保持水平的同时,板块以中横梁定位点为圆心进行一定角度的旋转。参考普通构件式幕墙钢支座通过长孔调节适应结构偏差的做法,采用弧形的长孔即可适应本项目旋转式的调节要求;辅助在遮阳板封口板上设置横向调节锯齿,配合带锯齿的铝合金介子,通过猪鼻螺栓进行遮阳板的限位及安装。(图 11)

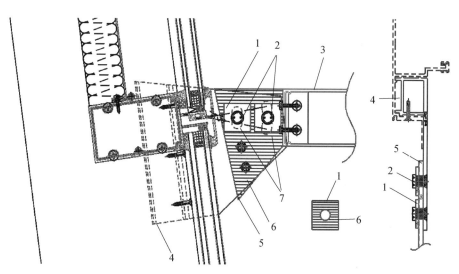

图 11 遮阳板调节原理详图
1—铝合金介子;2—猪鼻螺栓;3—装饰条;4—遮阳板连接件;
5—遮阳板封口板;6—齿牙齿槽;7—弧形长孔

3.3 遮阳板连接件及其封口板的三种外形尺寸及安装定位

根据外立面特点,针对内倒、垂直、外倾三种形式,对遮阳板连接件及遮阳板封口板分别设计适宜的杆件外形及弧形长孔,满足角度调节范围的同时,避免过于单一的外形尺寸造成材料浪费。

根据遮阳板、封口板"枪"形外观,我们采用双片组合形式进行模具设计,材料在铝板厂采用线切割完成外形加工。考虑到遮阳板与板块是在现场进行连接,组框图中需提供安装定位尺寸用于现场校核,避免同层遮阳板出现安装错位的情况。(图 12 和图 13)

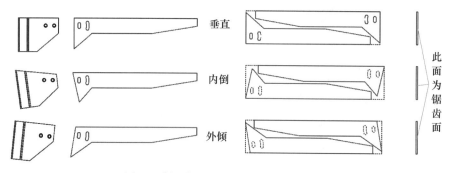

图 12 封口板及连接件三种外形示意图

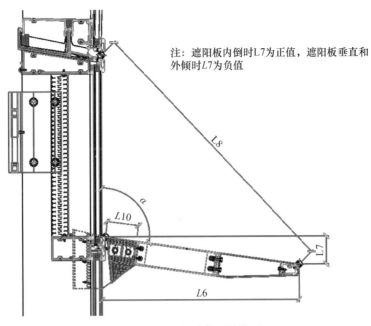

注：遮阳板内倒时L7为正值，遮阳板垂直和外倾时L7为负值

图13 遮阳板计算测量简图

4 板块倾角对水槽料及开启扇排水坡度的影响

4.1 板块内倾时不利于水槽料及开启扇排水

普通的垂直幕墙，由于没有倾角的影响，水槽料及开启扇中的积水能够快速地通过泄水孔排出。本工程塔楼四个面共有53层水槽料及388樘开启扇处于板块内倒区域，倾角对于排水产生不利影响。

4.2 优化水槽料排水坡度

依据数据分析得出的最大内倒倾角，合理设计水槽料排水坡度，使进入型材腔体的水能顺畅排出水密线外。（图14）

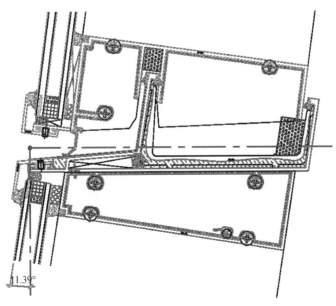

图14 水槽料排水图

4.3 优化开启扇排水坡度

确保开启扇顺利排出积水的主要措施，就是在底窗框构造一个排水小腔；上下表面分别设置泄水孔，并在底框两端进行封口。（图15）

5 如何适应转角平面内夹角的变化

5.1 以成本为前提，调整设计思路

通过数据分析得知，转角相邻板块空间夹角的变化范围为91.76°～90°～91.03°。如图16所示，普通设计方式为划分角度范围，采用多套型材适应角度变化；虽然此种方式能解决问题，但由于转角型材用量较少，多套模具极大地增加开模费用的同时，降低了材料的经济性，对控制成本产生不利影响。所以我们首要确定的就是调整设计思路，争取采用一套转角型材就能够适应整个工程的要求。

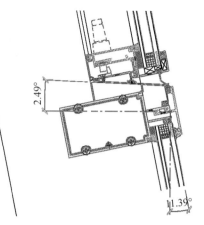

图15 开启扇排水示意图

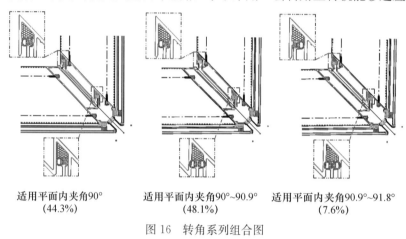

| 适用平面内夹角90°
(44.3%) | 适用平面内夹角90°~90.9°
(48.1%) | 适用平面内夹角90.9°~91.8°
(7.6%) |

图16 转角系列组合图

5.2 模拟极限状态，划分变化范围

通过分析转角立柱的插接变化状态，可以发现影响公母立柱配合的主要因素就是插接槽口的配合间隙。仅仅通过扩大插接槽口尚无法满足角度变化的要求，但如果辅助微调立柱夹角的变化，则可提供适宜的插接间隙；根据总体转角板块平面内夹角的分析结果，我们创造性地将板块平面内夹角为90°时（两转角立柱侧面夹角为90°），转角立柱后端面夹角设置为90.9°；以此作为转角立柱角度变化的基础，后续角度变化通过立柱进一步旋转进行适应。此种设计目的主要是保证室内加工效果，使板块横竖铝龙骨端面处于同一平面。

其次，针对不同角度范围的插接间隙，辅助不同外观尺寸的胶条组合，适应插接槽内不同的间隙要求，就实现了一套转角模具的设计目标，如图17所示。

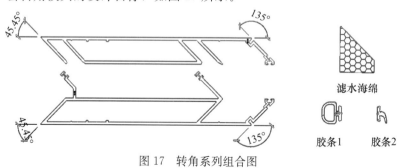

图17 转角系列组合图

6 灵活运用表格数据计算，结合模型放样进行校核

得益于前期数据分析整理较为完善，所以在材料下单及加工图设计阶段，我们充分利用模型数据及 Excel 辅助计算，结合加工图尺寸代号设置，进行参数化设计。将参数化工作融入初步深化设计、施工图设计和加工安装设计等设计阶段，每个阶段中都有不同的数据使用策略，得以辅助设计师高效高质地完成设计工作。

6.1 转角板块铝型材加工

本工程转角板块特殊之处在于存在大量梯形构造，特别是横梁及立柱切口位置，加工切面均为二面角。面对大量的加工数据需求，我们通过合理设计典型加工图尺寸代号，充分利用模型基础数据及各项加工尺寸计算公式简化设计工作。具体工作中，只需将基础数据录入（复制粘贴）表格，通过设定好的计算公式，则可顺利完成各项加工尺寸的校核计算。（图18～图20）

I20　Q fx 18

	A	B	C	D	E	F	G	H	I	J	K	L	M	N	O	P	Q
					基本数据												
组框编号			使用楼层	板块数量	高	宽	角度	弧度	遮阳角1	遮阳角2	支座角度		WP点和结构标高差				
TN24Z002	-XC01-1		24	6	4500	1350	90.00	1.571	1.629	-0.058	0.000	0.699	262.000	0.000	94.98	94.98	0.00
TN25Z006	-XC01-1		25	4	4500	1350	90.16	1.574	1.632	-0.061	-0.003	0.696	262.001	-0.100	94.66	94.66	-0.69
TN26Z006	-XC01-1		26	8	4500	1350	90.52	1.580	1.638	-0.067	-0.009	0.690	262.011	-0.318	93.95	93.96	-2.20
TN27Z006	-XC01-1		27	8	4500	1350	90.93	1.587	1.645	-0.075	-0.016	0.683	262.035	-0.569	93.13	93.15	-3.93
TN28Z006	-XC01-1		28	8	4500	1350	91.17	1.591	1.650	-0.079	-0.021	0.679	262.055	-0.718	92.65	92.67	-4.96
TN29Z006	-XC01-1		29	4	4500	1350	91.70	1.601	1.659	-0.088	-0.030	0.669	262.116	-1.040	91.58	91.62	-7.19
TN30Z006	-XC01-1		30	8	4500	1350	91.99	1.606	1.664	-0.093	-0.035	0.664	262.158	-1.217	91.00	91.05	-8.42
TE25Z002	-XC01-1		25	1	4500	1590	90.00	1.571	1.629	-0.058	0.000	0.699	262.000	0.000	94.98	94.98	0.00
TE26Z002	-XC01-1		26	3	4500	1590	90.00	1.571	1.629	-0.058	0.000	0.699	262.000	0.000	94.98	94.98	0.00
TE27Z002	-XC01-1		27	3	4500	1590	90.00	1.571	1.629	-0.058	0.000	0.699	262.000	0.000	94.98	94.98	0.00
TE28Z002	-XC01-1		28	3	4500	1590	90.00	1.571	1.629	-0.058	0.000	0.699	262.000	0.000	94.98	94.98	0.00
TE29Z002	-XC01-1		29	1	4500	1590	90.00	1.571	1.629	-0.058	0.000	0.699	262.000	0.000	94.98	94.98	0.00
TE30Z002	-XC01-1		30	3	4500	1590	90.00	1.571	1.629	-0.058	0.000	0.699	262.000	0.000	94.98	94.98	0.00
TW24Z002	-XC01-1		24	3	4500	1590	90.00	1.571	1.629	-0.058	0.000	0.699	262.000	0.000	94.98	94.98	0.00
TW25Z002	-XC01-1		25	2	4500	1590	90.00	1.571	1.629	-0.058	0.000	0.699	262.000	0.000	94.98	94.98	0.00

图18　转角系列板块基础数据表格

Y3　Q fx =E3/SIN(H3)-12.8+16

	U	V	W	X	Y	Z	AA	AB	AC	AD	AE	AF	AG	AH	AI	AJ	AK	AL	AM	AN
	序号	杆件编号		数量				变量												备注
					L	W	α	L1	L2	L3	L4	L5	L6	L7	L8	L9	L10			
1	TN24Z002-XC01-1		6	4503.2				1166.0	1250.0	887.2	182.9									
2	TN25Z006-XC01-1		4	4503.2				1166.0	1250.0	887.2	183.8									
3	TN26Z006-XC01-1		8	4503.4				1166.0	1250.1	887.2	185.8									
4	TN27Z006-XC01-1		8	4503.8				1166.2	1250.3	887.3	188.2									
5	TN28Z006-XC01-1		8	4504.1				1166.2	1250.5	887.4	189.5									
6	TN29Z006-XC01-1		4	4505.2				1166.5	1251.1	887.6	192.5									
7	TN30Z006-XC01-1		8	4505.9				1166.7	1251.5	887.7	194.2									
8	TE25Z002-XC01-1		1	4503.2				1166.0	1250.0	887.2	182.9									
9	TE26Z002-XC01-1		3	4503.2				1166.0	1250.0	887.2	182.9									
10	TE27Z002-XC01-1		3	4503.2				1166.0	1250.0	887.2	182.9									
11	TE28Z002-XC01-1		3	4503.2				1166.0	1250.0	887.2	182.9									
12	TE29Z002-XC01-1		1	4503.2				1166.0	1250.0	887.2	182.9									
13	TE30Z002-XC01-1		3	4503.2				1166.0	1250.0	887.2	182.9									
14	TW24Z002-XC01-1		3	4503.2				1166.0	1250.0	887.2	182.9									
15	TW25Z002-XC01-1		2	4503.2				1166.0	1250.0	887.2	182.9									

图19　转角系列立柱加工尺寸

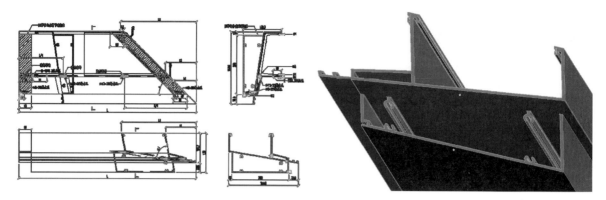

图20　水槽料加工图及端面三维放样

6.2　渐变尺寸板块的玻璃面板下单

玻璃面板下单的重点是满足外观尺寸及板块安装的需要，简化设计工作量。充分利用模型及基础数据，半自动化生成材料订单；充分利用 Ecxel 中的 IF 函数，自动填充玻璃规格；结合通过不同的计算方式进行校核。以转角板块玻璃下单为例（进行说明）。

6.2.1　确定编号规则

如图21和图22所示，转角板块玻璃分别由上、中、下三种类型组成，编号中"T"代表塔楼，"W"代表玻璃所处的面，"15"代表所处的楼层，"B006"代表组成板块的玻璃类型。

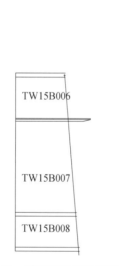

图21　玻璃面板编号规则

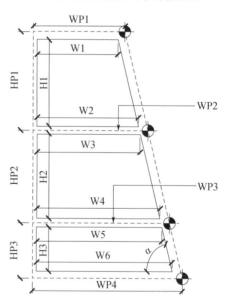

图22　玻璃面板尺寸代号

6.2.2　基本数据提取及表格计算校核

转角板块玻璃数据由于很难通过 CAD 二维放样来得出，并且利用模型读取的数据也不排除出现意外操作失误的可能性。因此，可利用前期准备的模型进行基础数据的提取，得到转角板块的基本数据。再利用表格计算的数据与模型数据做出对比，实现检查过程的自动化。通过此种方式，本工程塔楼5大类、14172块玻璃，设计下单正确率100%。（图23和图24）

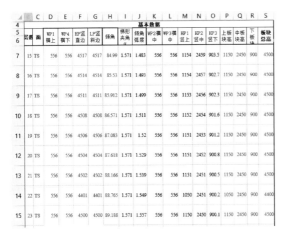

基本数据

层数	面	WP1横上	WP4横下	HP竖直边	LP竖料边	竖角	横形夹角	倾角坡度	WP2横中	WP3横中	HP1竖上	HP2竖中	HP3竖下	上板块高	中板块高	下板块高	板块总高
15	TS	556	556	4517	4517	84.99	1.571	1.483	556	556	1154	2459	903.5	1150	2450	900	4500
16	TS	556	556	4514	4514	85.53	1.571	1.493	556	556	1154	2457	902.7	1150	2450	900	4500
17	TS	556	556	4511	4511	85.912	1.571	1.499	556	556	1153	2456	902.3	1150	2450	900	4500
18	TS	556	556	4508	4508	86.571	1.571	1.511	556	556	1152	2454	901.6	1150	2450	900	4500
19	TS	556	556	4506	4506	87.083	1.571	1.52	556	556	1151	2453	901.2	1150	2450	900	4500
20	TS	556	556	4504	4504	87.618	1.571	1.529	556	556	1151	2452	900.8	1150	2450	900	4500
21	TS	556	556	4502	4502	88.166	1.571	1.539	556	556	1151	2451	900.5	1150	2450	900	4500
22	TS	556	556	4401	4401	88.765	1.571	1.549	556	556	1050	2451	900.2	1050	2450	900	4400
23	TS	556	556	4500	4500	89.188	1.571	1.557	556	556	1150	2450	900.1	1150	2450	900	4500

图 23　玻璃面板模型基础数据

B006　玻璃规格

编码	规格	上宽(W1)	下宽(W2)	高(H1)	钢边(L)	对角线X1	对角线X2	数量	面积	图号
TS15B006	6mm超白CENO3-55D#2+12A+6mm白玻	500.0	500.0	1109.9	1109.9	1217.3	1217.3	1	0.555	TB-J108
TS16B006	6mm超白CENO3-55D#2+12A+6mm白玻	500.0	500.0	1109.0	1109.0	1216.5	1216.5	1	0.555	TB-J108
TS17B006	6mm超白CENO3-55D#2+12A+6mm白玻	500.0	500.0	1108.4	1108.4	1216.0	1216.0	1	0.554	TB-J108
TS18B006	6mm超白CENO3-55D#2+12A+6mm白玻	500.0	500.0	1107.6	1107.6	1215.2	1215.2	1	0.554	TB-J108
TS19B006	6mm超白CENO3-55D#2+12A+6mm白玻	500.0	500.0	1107.0	1107.0	1214.7	1214.7	1	0.553	TB-J108
TS20B006	6mm超白CENO3-55D#2+12A+6mm白玻	500.0	500.0	1106.5	1106.5	1214.2	1214.2	1	0.553	TB-J108
TS21B006	6mm超白CENO3-55D#2+12A+6mm白玻	500.0	500.0	1106.1	1106.1	1213.9	1213.9	1	0.553	TB-J108
TS22B006	6mm超白CENO3-55D#2+12A+6mm白玻	500.0	500.0	1005.7	1005.7	1123.1	1123.1	1	0.503	TB-J108
TS23B006	6mm超白CENO3-55D#2+12A+6mm白玻	500.0	500.0	1105.6	1105.6	1213.4	1213.4	1	0.553	TB-J108

图 24　玻璃面板表格计算加工数据

7　结语

建筑外观日趋复杂，加工图设计难度剧增。大量重复的绘图、誊写数据及填表操作，费时费力，长期加班导致紧张的工作状态下，错误难以避免。尤其单元式幕墙，加工图设计有一定难度，对设计师有较高的技术要求，需要长期投入主要设计力量。迫切需要一种方法，把设计师从枯燥的体力劳动中解放出来，把更多精力用在技术创新发展上。加工图异型幕墙工程分析模型是思路的变革，让人们将以往的线条式构件形成一种三维的立体实物图形展示在人们面前。本工程充分利用模型提供的各项数据，验证了多项具体设计方案，对倾斜幕墙的通用节点设计，特别是水槽料、开启扇、遮阳板及空间角转角等造型，具有一定的参考价值。材料下单及加工安装阶段，在模型数据基础上引入参数化设计，将零散的模型数据转化为具体杆件的加工参数及安装定位参数，通过半自动化操作变革，降低工作强度，提高了工作效率。

参考文献

[1] 中华人民共和国建设部. 玻璃幕墙工程技术规范：JGJ 102—203 [S]. 北京：中国建筑工业出版社，2004.
[2] 李凯凯. BIM 在商业建筑幕墙设计及施工中的应用方法 [D]. 天津：天津大学研究生院，2017.
[3] 黄越. 初探参数化设计在复杂形体建筑工程中的应用 [D]. 北京：清华大学建筑学院，2013.
[4] 麦飞龙. 异形建筑幕墙的分析模型与应用研究 [D]. 上海：上海交通大学船舶海洋与建筑工程学院，2013.

大跨度T型钢立柱稳定性有限元计算方法探讨

◎ 邓军华

深圳市方大建科集团有限公司　广东深圳　518057

摘　要　建筑主入口为了追求大空间，以及通透的效果，常采用大跨度的幕墙结构形式，幕墙立柱属于拉弯构件，当荷载不大的时候，立柱在其弯矩作用平面内弯曲，但当荷载大到一定数值后，立柱将同时产生较大的侧向弯曲和扭转变形，最后很快地使立柱丧失继续承载的能力。本文探讨了建筑主入口大跨度T型钢幕墙立柱稳定性的有限元计算方法。

关键词　T型钢立柱；拉弯构件；整体稳定；理想梁；平衡分枝失稳；极值点失稳

1　拉弯构件稳定性计算综述

1.1　钢结构的失稳分类

（1）平衡分枝失稳

完善的（即无缺陷、挺直）轴心受压构件和完善的在中面内受压平板的失稳都属于平衡分枝失稳问题，属于这一类的还有理想的受弯构件等。以完善的轴心受压构件为例，当作用于端部的荷载 P 在未达到某一限值时，构件始终保持挺直的稳定平衡状态，构件截面只承受均匀的压应力，同时沿构件的轴线只产生相应的压缩变形。但当压力达到一特定的限值 P_E 时，构件会突然弯曲，由原来的轴心受压的平衡形式转变为与之相邻的但是带有弯曲的新的平衡形式。这一过程可以用图1中的荷载位移曲线（也称为平衡状态曲线）OAB 来表示。在 A 点发生的现象称为构件屈曲。由于在该处发生了平衡形式的转移，平衡状态曲线呈现分枝现象，所以称为平衡的分枝，此种失稳也称第一类失稳，P_E 称为屈曲荷载或者临界荷载。

（2）极值点失稳

偏心受压杆件从一开始其侧移即随荷载值增加而持续增大。其后由于塑性区的发展，侧移增大越来越快，最后达到极限荷载 P_u。此后，荷载必须逐渐下降，才能继续维持内外力的平衡。由此可见，这类稳定问题与平衡分枝失稳具有本质的区别。它的平衡状态是渐变的，不发生分枝失稳现象。它失稳时的荷载 P_u 也就是构件的实际极限荷载，故称为极值点失稳。实际的轴心受压构件因为都存在初始弯曲和荷载作用点稍微偏离构件曲线的初始偏心，因此其荷载挠度曲线也呈现极值点失稳现象。这种稳定问题的求解通常是考虑初始缺陷，设法找出荷载全过程的位移关系，求得荷载-位移曲线，包括曲线的上升段和下降段，从而求得极限荷载 P_u。这个途径比较复杂，要同时考虑材料和几何非线性，很难求得闭合解，常用计算机进行数值分析求出近似解。

（3）跃越失稳

图2所示的两端铰接较平坦的拱结构，在均布荷载 q 的作用下有挠度 w，其荷载曲线也有稳定的上升段 OA，但是达到曲线的最高点 A 时会突然跳跃到一个非邻近的具有很大变形的 C 点，拱结构顶

刻下垂。在荷载挠度曲线上，虚线 AB 是不稳定的，BC 段是稳定的而且一直上升的，但是因为结构已经破坏，故不能被利用。与 A 点对应的荷载 q_{cr} 是坦拱的临界荷载，这种失稳现象就称为跃越失稳。

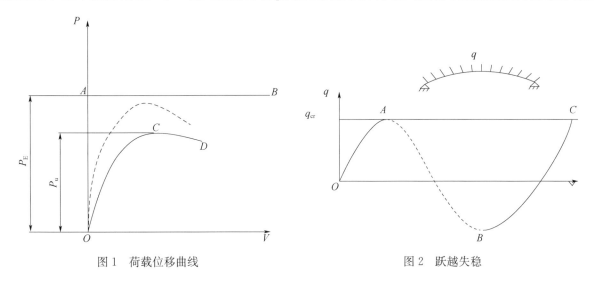

图1　荷载位移曲线　　　　　　　　　　　图2　跃越失稳

可见，区分结构失稳类型的性质十分重要，只有这样我们才能正确地估计结构的稳定承载力。对于大跨度拉弯幕墙立柱，则只需要考虑平衡分枝失稳与极值点失稳两种失稳。

1.2　拉弯构件整体稳定的计算思路

建筑幕墙立柱上下端与主体结构连接，通常采用上端悬挂方式，立柱受力模式为拉弯构件。对于幕墙立柱的计算，一般认为拉力可以提高立柱的抗弯刚度，不考虑拉弯立柱的失稳，只对其强度与刚度进行验算。但是实际上，当幕墙立柱所承受弯矩较大，而拉力较小，立柱截面上存在受压区，也会发生弯扭失稳的现象，其失稳形态与压弯构件相似（弯扭屈曲）。梁之所以发生弯扭屈曲，可以理解为梁的受压翼缘和部分与其相连的受压腹板看作一根轴心压杆，随着压力的加大，其刚度将下降，到达一定程度，此压杆即不能保持其原来的位置而发生屈曲。梁的受压翼缘和部分腹板又与轴心受压构件并不完全相同，它与梁的受拉翼缘要和受拉腹板是直接相连的，当其发生屈曲时只是出平面侧向弯曲（即对 y 轴弯曲），又由于梁的受拉部分对其侧向弯曲产生牵制，出平面弯曲时就同时发生截面的扭转（图3）。

图3　梁弯扭失稳

规范与教材中对于轴心受压、压弯以及受弯构件的失稳情况做了比较充分的研究，我国规范对于拉弯构件没有稳定设计公式，欧洲规范 Eurcode 3 Design and Construction of Steel Structures（1993）中就有对拉弯构件稳定设计的规定。其思路是，把拉弯构件转化成受弯构件进行计算。具体如图 4 所示。

受压一侧的应力 $\sigma_{com,Ed} = \dfrac{M_{sd}}{W_{com}} - \psi_{ved} \dfrac{N_{t,sd}}{A}$

$M_{sd} = N_{t,sd} \cdot e$ 时，$\psi_{ved} = 1.0$

M_{sd} 与 $N_{t,sd}$ 不相关时，$\psi_{ved} = 0.8$

式中，W_{com} 为受压侧的弹性抗弯截面系数；M_{sd} 为端弯矩；$N_{t,sd}$ 为轴向拉力。

转换为受纯弯作用梁的弯矩：

$$M_{eff,sd} = W_{com} \cdot \sigma_{com,Ed}$$

然后按照梁的弯扭失稳进行验算。

图 4　欧洲规范拉弯构件转化为受弯构件等效弯矩计算

1.3　规范对受弯构件稳定性计算原则

国内外设计规范中，目前大部分采用的是按理想梁采用平衡分枝稳定理论来考虑梁的弯扭屈曲，即当弯矩低于临界弯矩 M_{cr} 时，梁只在弯矩作用平面内弯曲而无侧向出平面位移和转角。当到达临界弯矩 M_{cr} 时，出现平衡分枝点。我国规范对于梁的整体稳定采用平衡分枝点的稳定理论，规定按照下式计算：

$$\frac{M_x}{\varphi_b w_x} \leqslant f \tag{1-1}$$

式中，M_x 为梁跨中绕截面强轴 x 的最大弯矩设计值；φ_b 为梁的整体稳定系数。

式（1-1）的意思是：应使梁的最大受压纤维弯曲正应力不超过梁的整体稳定的临界应力，即

$$\sigma_{max} = \frac{M_x}{w_x} \leqslant \frac{M_{cr}}{w_x} \times \frac{1}{\gamma_R} = \frac{\sigma_{cr}}{\gamma_R} = \frac{\sigma_{cr}}{f_y} \times \frac{f_y}{\gamma_R} = \varphi_b f \tag{1-2}$$

整体稳定系数的定义是：

$$\varphi_b = \frac{M_{cr}}{M_y} \tag{1-3}$$

式中，M_y 为梁边缘纤维屈服弯矩。

1.4　T 型钢梁受弯整个稳定系数计算

规范中对于 T 型钢梁整体稳定系数的计算给出如下近似公式：

当 $\lambda_y \leqslant 120\sqrt{f_y/235}$ 时，T 形截面受弯构件整体稳定性系数 φ_b 的近似计算：

弯矩绕 x 轴作用在对称平面

（1）弯矩使得翼缘受压时

双角钢 T 形截面

$$\varphi_b = 1 - 0.0017\lambda_y \tag{1-4}$$

两钢板焊接而成的 T 形截面和部分 T 型钢

$$\varphi_b = 1 - 0.0022\lambda_y \sqrt{f_y/235} \tag{1-5}$$

（2）弯矩使得翼缘受拉时

$$\varphi_b = 1 - 0.0005\lambda_y \sqrt{f_y/235} \tag{1-6}$$

立柱为了追求室内外效果，长细比都较大，一般都难以满足 $\lambda_y \leqslant 120\sqrt{f_y/235}$ 的要求（本项目 T 型钢立柱 $\lambda_y = 12000/16.9697 = 707.14 > 120\sqrt{f_y/235}$），则根据规范无法计算幕墙立柱整体稳定性。

构件失稳时极值点失稳的极限荷载 P_u 通常小于平衡分枝失稳的极值 P_E，且极值点稳定分析法通常较平衡分枝失稳分析法更符合工程实际。规范也仅仅按照平衡分枝失稳计算，此种分析是基于线弹性结构的假设进行分析，所以该方法的结构安全性不佳，在设计中不宜直接采用分析结果。

故采用有限元的方法分析拉弯构件平衡分枝失稳（第一类失稳）与极值点失稳（引入初始几何缺陷）。

2 工程概况及基本条件

本项目位于广东省河源市东源县，新河大道与东江大道交会处之北西侧，包括 1 栋塔楼及商业裙房；建筑主入口位置两层通高，每层楼高 6m，采用框架式玻璃幕墙，幕墙立柱采用 T 型焊接钢立柱。

项目计算基本参数：基本风压 0.30kPa，地面粗糙度 B 类，标准层计算高度 12m，负压墙角区，正压墙面区，风荷载标准值依据广东省《建筑结构荷载规范》（DBJ 15-101—2014）计算为 1.00kPa。自重荷载标准值为 0.6kPa。地震作用标准值为 0.24kPa。标准幕墙分格为 1.80m×12.0m，幕墙立柱力学模型为简支梁。计算位置大样、节点图如图 5～图 7 所示。

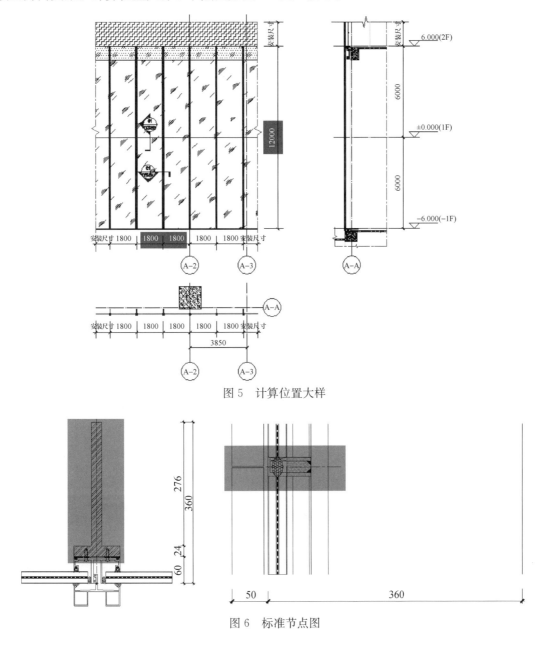

图 5 计算位置大样

图 6 标准节点图

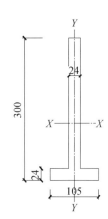

截面几何参数表

A	9144.0000	I_p	85877329.7500
L_x	83244127.7500	I_y	2633202.0000
i_x	95.4133	i_y	16.9697
W_x(上)	464172.9990	W_y(左)	20156.2286
W_x(下)	689898.4746	W_y(右)	20156.2286
绕X轴面积矩	385947.9268	绕Y轴面积矩	52947.0000
形心离左边缘距离	52.5000	形心离右边缘距离	52.5000
形心离上边缘距离	179.3386	形心离下边缘距离	120.6614
主矩I_1	83244127.750	主矩1方向	(1.000,0.000)
主矩I_2	2633202.000	主矩2方向	(0.000,1.000)

图 7　立柱截面属性

荷载基本组合按照：1.3×自重荷载标准值＋1.5×风荷载标准值＋0.5×1.3×地震作用标准值

轴心拉力设计值：

$$N_t = 1.3 \times 0.0006 \times 1800 \times 12000 = 16848\text{N}$$

水平力设计值：

$$F_x = (1.5 \times 0.001 + 0.65 \times 0.00024) \times 1800 \times 12000 \approx 35770\text{N}$$

3　平衡分枝失稳计算

3.1　计算模型设置

静力学计算模型设置如图 8 所示。

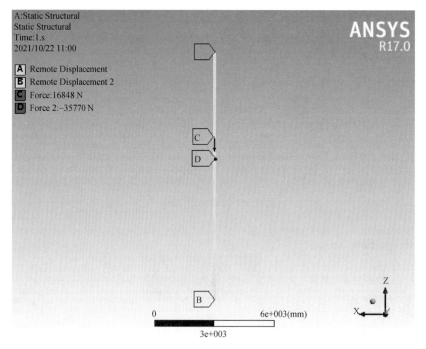

图 8　静力学计算模型设置

（1）材料线弹性，构架为无几何缺陷的等截面直杆；

（2）采用 Ansys2017 实体分析，计算单元采用 Solid187；

（3）AB 段长度为 12000mm，A 端支座设置（约束 UX，UY，UZ，RZ），B 端支座设置（约束

UX，*UY*，*RZ*）；

（4）轴向拉力设计值与水平力均匀分布在 T 型钢翼缘外表面。

3.2　引入平衡分枝屈曲分析，提取前 6 阶屈曲工况

根据上述计算，最低阶屈曲因子为前 6 阶屈曲因子中绝对值最小值（幕墙风荷载存在正负之分），图 9 中第三行数值即为 −1.1999。最低阶屈曲变形图如图 10 所示。

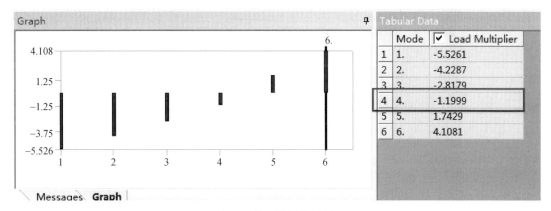

图 9　前 6 阶屈曲因子

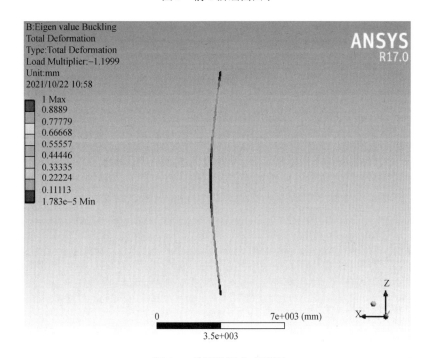

图 10　最低阶屈曲变形图

3.3　结果分析

最低阶屈曲因子为 −1.1999，即荷载超过所施加荷载的 −1.1999 倍时，幕墙立柱发生沿着 X 轴的侧移，发生了平衡形式的转移。这里可以把最低阶屈曲因子看作一个安全系数，常规情况下 1.1999 的安全系数是不够用的（至少 3～5），因为实际工程中不可能存在理想梁构件，构件总是存在各种各样的缺陷或者非线性或者预应力等。所以这种纯理论简化的线性屈曲计算结果并不是很准确，但是还具有工程意义（计算方便，计算所需时间较少），设计人员可以通过规定安全系数（屈曲因子）的最小值来确保计算结果的安全性。

　　计算选取前 6 阶屈曲模态，除了最低阶屈曲模态以外的其他屈曲模态仍然较有工程意义。构件的失稳总是按照消耗能量最小的形式发生变形，则最低阶的屈曲模态对应的消耗能量是最小的，我们认为最低阶已经屈曲了就不会存在构件一直保持原始变形直至达到高阶荷载的情况。如果最低阶屈曲因子过小，我们可以通过控制最低阶屈曲模态（比如在构件半波位置增加横向支撑等方式，横向支撑的线刚度以及横向支撑与立柱的连接仍需要计算确定），使得构件达到高阶屈曲，增强构件稳定性。次低阶屈曲变形图如图 11 所示。

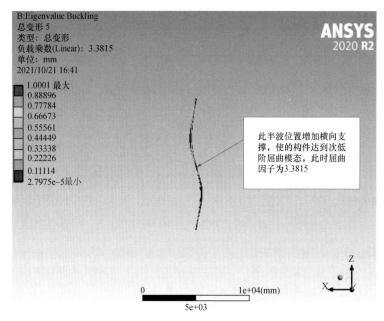

图 11　次低阶屈曲变形图

　　Ansysworkbench 平衡分枝失稳分析不区分整体屈曲或局部屈曲，其计算结果包括二者在内，需要设计人员加以分析确定，即最低阶失稳模态总是最容易发生失稳的形式，可能是整体屈曲也可能是局部屈曲。本项目前 19 阶屈曲模态均为整体屈曲，直到第 20 阶屈曲模态才出现局部屈曲，此模态下 T 型钢立柱腹板发生鼓包。则本项目立柱的屈曲是由整体屈曲控制的。最低局部屈曲变形图如图 12 所示。

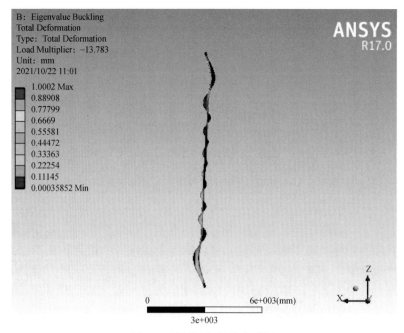

图 12　最低局部屈曲变形图

186

4 极值点失稳计算

此时若不进行极值点失稳分析，则需要设计人员对屈曲因子值的大小进行判定，即最低阶屈曲因子值至少需要大于多少，才可以判定幕墙立柱具有足够的稳定性以至于不会发生极值点失稳。此时则需要设计人员的经验来判定，此判定则具有不确定性，或可导致材料的浪费（安全系数取值过高）或立柱稳定性不佳（安全系数取值过低）。取最低阶屈曲模态作为初始几何缺陷，引入极值点失稳分析，计算极值点失稳极限荷载 P_u，此种方法则更符合工程实际，也更具安全性。（图 13 和图 14）

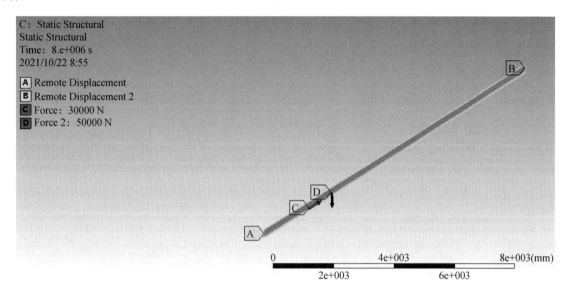

图 13　极值点失稳分析基本设置

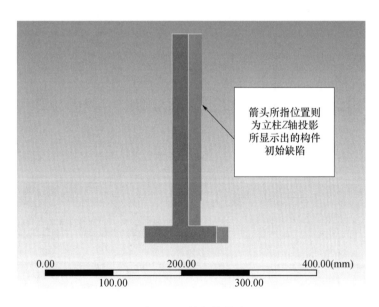

图 14　立柱初始缺陷

（1）以平衡分枝失稳最低阶屈曲模态作为几何缺陷，立柱 Y 轴支座反力与位移曲线如图 15 所示，X 轴位移（立柱侧移）与加载时间关系图如图 16 所示，拐点位置立柱 Y 轴支座反力如图 17 所示；

（2）施加荷载值大于 1.1999×16848N＝20516N，1.1999×35770N＝42920N，则取值为 30000N 和 50000N；

（3）其余设置同静力学分析设置。

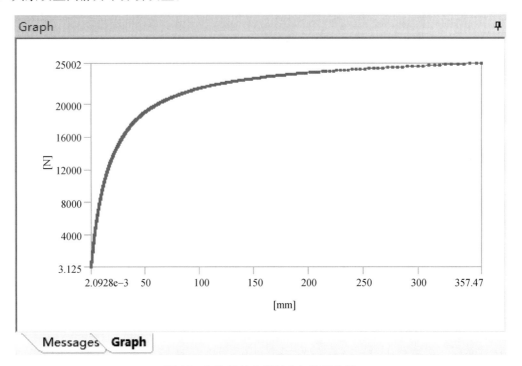

图 15　立柱 Y 轴支座反力与位移曲线

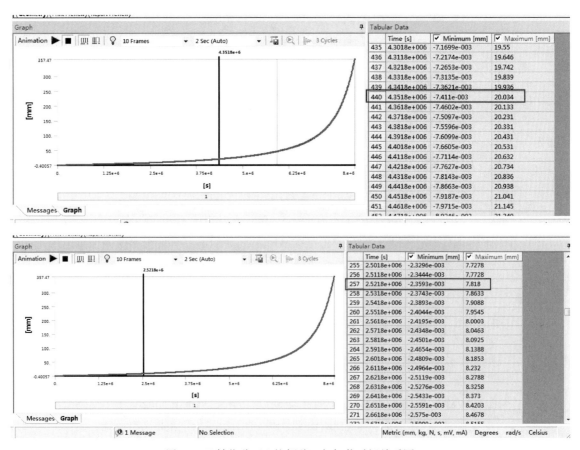

图 16　X 轴位移（立柱侧移）与加载时间关系图

Tabular Data	Time [s]	☐ Force Reaction (X) [N]	☑ Force Reaction (Y) [N]
432	4.2718e+006	-9.5851e-004	13349
433	4.2818e+006	-9.6353e-004	13381
434	4.2918e+006	-9.6843e-004	13412
435	4.3018e+006	-9.7347e-004	13443
436	4.3118e+006	-9.7844e-004	13474
437	4.3218e+006	-9.835e-004	13506
438	4.3318e+006	-9.8867e-004	13537
439	4.3418e+006	-9.939e-004	13568
440	4.3518e+006	-9.9895e-004	13599
441	4.3618e+006	-1.0042e-003	13631
442	4.3718e+006	-1.0094e-003	13662
443	4.3818e+006	-1.0146e-003	13693
444	4.3918e+006	-1.0199e-003	13724
445	4.4018e+006	-1.0253e-003	13756
446	4.4118e+006	-5.0187e-004	13787
447	4.4218e+006	-5.0481e-004	13818

图 17 拐点位置立柱 Y 轴支座反力

根据 2 倍斜率法可知，加载步长段为（2.5218e＋6～4.3518e＋6）时，位移与时间曲线斜率［此段斜率为（20.034－7.818）/（4.3518－2.5218）＝6.68］与（0～2.5218e＋6）段曲线斜率［此段斜率为 7.818/（2.5218－0）＝3.10］的比值为 2.15＞2，则在 4.3518e＋6 步长点，则为位移快速变化的拐点，此点对应的支座反力值则对应极值点屈曲分析的极限荷载。此种斜率计算方法为手算法，若追求更精确的计算结果，可以辅助计算软件，导出曲线图形，加以分析曲线整体斜率的变化。

极值点位置 Y 轴支座反力为 13599N，则对应施加的水平力极限为 13599×2＝27198N，即本工程水平力极限荷载 P_u 为 27198N，小于平衡分枝屈曲最低阶屈曲模态 1.1999×35770＝42920N，也小于本工程水平力设计值。则本工程幕墙立柱在水平荷载超过 27198N 时，会发生屈曲。此时则需要设计人员进行增强稳定性设计，再重复上述计算步骤计算，直至极限荷载 P_u 达到合适值为止。

5 结语

根据上述分析，可以得出以下结论：

（1）幕墙立柱属于拉弯构件，存在弯扭失稳的现象；

（2）大跨度细长立柱，长细比过大，规范公式不具有参考性，建议采用有限元分析；

（3）平衡分枝屈曲分析屈曲模态在考虑一定安全系数的情况下，具有参考性和工程意义；

（4）当平衡分枝屈曲分析最低阶屈曲因子过小时，则应该进行极值点屈曲分析；

（5）平衡分枝屈曲分析高阶屈曲模态具有提高稳定性的指导意义。

参考文献

［1］王新敏. ANSYS 工程结构数值分析［M］. 北京：人民交通出版社，2007.

［2］广东省住房和城乡建设厅. 建筑结构荷载规范：DBJ 15-101—2014［S］. 北京：中国建筑工业出版社、中国城市出版社，2015.

［3］中华人民共和国住房和城乡建设部. 钢结构设计标准（附条文说明［另册］）：GB 50017—2017［S］. 北京：中国建筑工业出版社，2018.

［4］夏志斌，姚谏. 钢结构—设计原理［M］. 2 版. 北京：中国建筑工业出版社，2011.

［5］陈骥. 钢结构稳定理论与设计［M］. 北京：科学出版社，2000.

［6］夏志斌，潘有昌. 结构稳定理论［M］. 北京：高等教育出版社，1988.

［7］刘笑天. ANSYS Workbench 结构工程高级应用［M］. 北京：中国水利水电出版社，2015.

铝合金门窗渗漏问题分析及应对方案

◎ 高　洋　蒋金博　汪　洋　周　平　庞达诚　卢云飞

广州市白云化工实业有限公司　广东广州　510540

摘　要　本文简要介绍了铝合金门窗渗水问题的现状，结合工程实践，总结导致铝合金门窗渗漏的常见原因，并从密封设计、密封材料选用和密封胶施工工艺等方面提出应对方案。

关键词　铝合金门窗；渗漏；门窗密封胶；施工工艺

1　引言

建筑门窗是建筑不可缺少的组成部分，也是建筑节能的重点部位，它具有采光、通风、防水和隔热保温等功能。近些年来，随着我国房地产行业以及城镇化进程的推进，门窗行业也迎来高速发展期。目前，门窗种类繁多，根据型材可以分为塑料门窗、铝合金门窗、复合门窗、木门窗以及其他门窗，其中铝合金门窗具有较高的抗腐蚀性能、质量更高、不易出现损坏等优点，逐渐成为市场上的主流门窗型材。

目前，渗漏水是我国建筑门窗的高发问题，铝合金门窗一旦投入使用，若门窗发生渗漏，将会对人民生活造成极大的困扰。从外界的报道来看，门窗发生渗漏问题之后，遇到雨雪天气，其室内装饰大多数都会受到破坏，同时渗漏还会增大建筑能耗，影响居住功能，增加维修频度和维护费用，甚至折损建筑寿命，影响结构安全，如何应对铝合金门窗的渗漏问题对于建筑整体来说颇为重要。本文接下来对铝合金门窗的渗漏问题进行具体的分析。

2　铝合金门窗渗漏问题

铝合金门窗最容易出现渗漏的部位一般有窗框拼接处、飘窗顶板、窗台、窗框与墙体的连接部分，以及窗扇与窗框压接部位等区域。铝合金门窗渗漏的具体原因有很多，需要考虑到整体门窗的密封情况，下面列举一些铝合金门窗较为典型的渗漏问题。

图1为铝合金门窗施工完成后窗框和洞口的拼接处塞缝不密实造成渗水。塞缝不实的问题一旦发生，将会在铝合金门窗上形成渗漏点，长时间使用后会发生明显的渗漏现象，甚至危害建筑安全。

图2是铝合金门窗的接缝密封过程中使用耐老化性能差的门窗密封胶后出现的硬化、开裂和脱粘的现象。硬化、开裂和脱粘同样会导致门窗密封失效而发生渗漏。

图3是在密封胶施工过程中打胶太薄或者接触面太小导致门窗密封胶使用一段时间之后出现开裂的现象，在门窗密封胶的施工过程中应根据门窗密封胶的施工工艺指南指导施工，谨防密封胶因施工原因出现开裂导致渗漏问题的发生。

图1　窗边塞缝不密实造成渗水

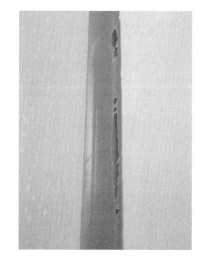

图 2　门窗密封胶出现硬化、开裂和脱粘　　　　　　　图 3　门窗密封胶因施工不良造成开裂

从以上列举的实例不难看出，铝合金门窗的密封安装、选材和施工工艺等方面都有可能导致渗漏。为了减少铝合金门窗渗漏问题的发生，下面针对其渗漏问题做出具体的分析以及采取相应的应对方案。

3　铝合金门窗渗漏原因分析

3.1　门窗安装设计不当及施工造成渗漏

从门窗安装设计来讲，门窗和洞口之间出现尺寸设计偏差、门窗的密封设计不当等都会造成铝合金门窗渗漏问题。而在施工过程中，施工单位只负责在结构中预留门窗的洞口，门窗厂家仅负责门窗的质量及安装固定，这就造成在施工过程中存在很多其他的危害因素，如接缝/凹槽使用密封胶施打尺寸未按要求施工、门窗框与洞口间隙密封不佳等，也会造成铝合金门窗在后期使用过程中出现渗漏问题。

3.2　门窗密封胶使用不当造成渗漏

铝合金门窗洞口缝隙填充完密封材料之后，还需要使用密封胶进行嵌缝密封，同时窗框与保温层、外墙的保护层之间预留的凹槽也需要使用密封胶进行填充。密封胶作为铝合金门窗密封防水的重要组成部分，也担负着门窗外层密封防水的重要作用，若在铝合金门窗的密封过程中选用了耐老化性能差的门窗密封胶，随着使用时间增加会出现硬化、开裂等不良情况，导致门窗渗漏，而选用综合性能优异的门窗密封胶，并且按照门窗密封胶的施工工艺进行施工，这样可以有效预防门窗密封胶导致的渗漏。

4　铝合金门窗渗漏问题应对方案

4.1　铝合金门窗密封设计

4.1.1　铝合金门窗洞口尺寸设计

铝合金门窗洞口尺寸的设计可以直接影响到铝合金窗框的安装和后期的使用性能。建筑外墙洞口尺寸的施工尺寸误差一般远大于门窗加工的精度，就会导致实际安装位置在洞口定位的时候存在较大的偏差，不仅会对门窗安装带来一定的困难，影响门窗安装后的性能，甚至会导致铝合金门窗在后续的使用过程中发生渗漏。若洞口尺寸太小，铝合金门窗框放不进去或者因无伸缩造成门窗使用过程中发生形变，在后期使用过程中造成渗漏；若洞口尺寸太大，铝合金门窗与墙体间隙过大，造成连接困难并降低门窗安装的强度，同时伸缩缝太宽会增加门窗与洞口之间密封材料使用量增加，提高安装成本，同时还会降低密封材料的黏结效果，造成铝合金门窗与洞口之间密封不佳，出现渗漏问题。因此铝合金门窗和洞口的尺寸需要按照规范进行设计。

铝合金门窗洞口的尺寸设计参照标准有《建筑门窗洞口尺寸系列》（GB/T 5824—2021）、《建筑门窗洞口尺寸协调要求》（GB/T 30591—2014）。根据《铝合金门窗工程技术规程》（DGJ32/J07—2005），"安装施工"第5.1条规定：门窗框与洞口的间隙，应视不同的饰面材料而定，一般可参考表1。

表1　门窗框与洞口的间隙

墙体饰面材料	门窗框与洞口的间隙（mm）
一般粉刷	20～25
马赛克贴面	25～30
普通面砖贴面	35～40
泰山面砖贴面	40～45
花岗岩板材贴面	45～50

注：1. 门下部与洞口间隙还应根据楼地面材料及门下槛形式的不同进行调整，确保有槛平开门下槛上边与高的一侧地面平齐。

2. 无槛平开门框高比洞口高增加30mm。

4.1.2　铝合金窗框与洞口间隙填塞

铝合金门窗框与洞口之间预留伸缩缝是用于调节门窗因为温度变化导致的变形，需填充密封材料进行密封，但相关标准、规程和规范中对材料的要求存在差异。相关的标准中一般用弹性的发泡材料（聚氨酯泡沫填缝剂）进行密封，但有些也使用聚合物水泥防水砂浆进行分层填实密封。

根据《铝合金门窗工程技术规范》（JGJ 214—2010）第7.3.2条第6项规定：铝合金门窗框与洞口缝隙，应采用保温、防潮且无腐蚀性的软质材料填塞密实；亦可使用防水砂浆填塞，但不宜使用海砂成分的砂浆。使用聚氨酯泡沫填缝胶，施工前应清除黏结面的灰尘，墙体黏结面应进行淋水处理，固化后的聚氨酯泡沫胶缝表面应做密封处理。根据《建筑外墙防水工程技术规程》（JGJ/T 235—2011）第5.3.1条规定：门窗与墙体间的缝隙宜采用聚合物水泥防水砂浆或发泡聚氨酯填充。

按照标准、规范以及规程的相关规定，合理进行铝合金门窗框与洞口间隙的密封，可以有效预防铝合金门窗框与洞口之间的渗漏问题。

4.1.3　接缝/凹槽的密封设计

门窗洞口间隙使用发泡剂等填充材料充填密封后，需要用密封胶嵌缝，此外窗框与保温层、外墙保护层之间预留沟槽/凹槽的也需要采用建筑密封胶填缝密封。根据《铝合金门窗工程技术规范》（JGJ 214—2010）第7.3.5条规定：铝合金门窗安装就位后，边框与墙体之间应做好密封防水处理，并应符合下列要求：应采用黏结性良好并相容的耐候密封胶；胶缝采用矩形截面胶缝时，密封胶有效厚度应大于6mm，采用三角形截面胶缝时，密封胶截面宽度应大于8mm。根据《建筑窗用弹性密封胶》（JC/T 485—2007）附录B第B.5.2条规定：接缝注涂密封胶深度取决于密封胶宽度，推荐以下值：

（1）密封胶最小宽度为6.5mm时，深度为6.5mm；

（2）嵌填混凝土、砌体或石材接缝时，缝宽在13mm以下时，密封胶深度取同样尺寸；胶缝为13～25mm时，密封胶深度取缝宽的一半；缝宽为25～50mm时，密封胶深度不应大于13mm；更宽的接缝，密封胶的深度应同制造方协商。

（3）对金属、玻璃等无孔材料接缝，缝宽为6.5～13.0mm时，密封胶深度不小于6.5m；缝宽大于13.0mm时，密封胶深度为6.5～13.0mm；再大的缝宽条件下密封胶深度不应大于13.0mm。

《建筑接缝密封胶应用技术规程》（T/CECS 581—2019）中第5.5.1条也与上述要求一致，同时规定接缝密封胶嵌填最小宽度和厚度不应小于6mm。

门窗接口尺寸的设计会直接影响到铝合金门窗后期的密封效果，因此嵌缝密封时应该严格按照规范要求的尺寸进行施工，确保铝合金门窗接缝/凹槽的长效密封。

4.2 门窗密封胶的选用

4.2.1 门窗密封胶的特点

门窗密封胶主要应用于门或窗与玻璃间的密封及窗框和墙体嵌缝密封，起到密封防水作用，如图4所示。当门窗密封胶出现问题，门窗就会发生漏水现象，门窗的保温、隔热、隔声、防水等功能就会丧失，直接影响居住的舒适性和安全性。门窗密封胶出现问题的主要原因有两个：一个是选用了耐老化性能差的门窗密封胶，比如市面上常见的充油密封胶；另一个是门窗胶的施工工艺存在问题，即施工作业不规范，施胶操作不当。国内门窗密封胶主要是以硅酮密封胶为主，应选择合格、优质产品，规范施工操作要求，以保障工程质量，从而实现铝合金门窗密封胶的防水密封作用，减少渗漏问题的发生。

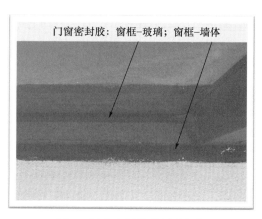

图4 门窗密封胶的用胶部位

4.2.2 充油胶的危害及鉴定

门窗密封胶为硅酮密封胶，硅酮密封胶主要是以有机硅基础聚合物、碳酸钙粉体和助剂组成。有机硅基础聚合物在原料成本中的占比较高，市场上有些厂家为了节约成本，生产出很多低价、性能差的硅酮密封胶，而这些低价、性能差的硅酮密封胶是通过大量掺杂矿物油来取代价格较高的有机硅基础聚合物来降低生产成本的，行业内称这些产品为"充油胶"。

充油胶中填充了大量的矿物油，其有机硅基础聚合物的含量低，老化性能差，在较短的时间内胶体变硬，失去弹性，接缝密封严重开裂、脱粘，导致铝合金门窗发生渗漏。

根据《铝合金门窗》（GB/T 8478—2020）中第5.1.5.2条规定：门窗玻璃镶嵌、杆件连接密封和附件装配所用密封胶宜采用《硅酮和改性硅酮建筑密封胶》（GB/T 14683—2017）中规定的Gw类（建筑幕墙非结构性装配用，不适用于中空玻璃）产品；门窗与洞口安装所用密封胶应符合《硅酮和改性硅酮建筑密封胶》（GB/T 14683—2017）中F类（建筑接缝用）的规定或《混凝土接缝用建筑密封胶》（JC/T 881—2017）的规定。而按照《硅酮和改性硅酮建筑密封胶》（GB/T 14683—2017）中规定Gn类（普通装饰装修镶装玻璃用，不适用于中空玻璃）密封胶并未要求不得检出烷烃增塑剂，所以市面上很多厂家宣称符合《硅酮和改性硅酮建筑密封胶》（GB/T 14683—2017），但是其所用的密封胶属于填充烷烃增塑剂（矿物油）的Gn类门窗密封胶。

为了能够鉴别密封胶是否填充矿物油，中国国家标准化管理委员会发布了国家标准《硅酮结构密封胶中烷烃增塑剂检测方法》（GB/T 31851—2015），该标准采用热重分析、热失重和红外光谱分析方法，定量或定性检测硅酮结构密封胶中的烷烃增塑剂（矿物油），耐候密封胶可按照该标准方法判定是否含有烷烃类物质（矿物油）。除了标准要求的实验室检测方法之外，还有一种简易的方法（利用塑料薄膜）来判断密封胶是否充油，可供项目现场鉴别使用。

4.2.3 选用质量有保障的门窗密封胶

另一方面，市面上部分硅酮密封胶生产厂家虽然没有填充矿物油，但是由于缺少技术积淀、品质管控以及管理较差等方面的原因，所生产的门窗密封胶也存在品质较差、无质量保证、产品之间批次波动大等问题。选择产品性能优异、质量稳定、品牌信誉好的生产厂家对于应对铝合金门窗的渗漏至关重要。

4.3　门窗密封胶的施工工艺

4.3.1　施工环境要求

施工环境温度应在 4～40℃，相对湿度在 40%～80% 之间，施工过程应注意防尘和清洁。如果环境温湿度不在推荐的范围内，我们建议先小批量施工，查看密封胶的固化情况，确认可以正常固化和良好黏结后方能进行施工。

4.3.2　施工前的要求

1）由于门窗所用材料日新月异，密封胶无法充分保证对每一种材料均能黏结良好，因此施工前应先进行黏结性试验和相容性试验。门窗洞口之间的接缝密封可以在施工前将相应的水泥砂浆、勾缝剂和外墙清洗剂等材料送检测厂家进行黏结性和相容性测试，而玻璃和窗框之间的嵌缝密封也可以在施工前将相应的门窗框材料送检测厂家进行黏结性和相容性测试，防止密封胶与接触材料反应导致起泡和黏结不良等情况，从而预防铝合金门窗因上述原因发生渗漏的情况。

2）在进行密封胶施工前应做好铝合金门窗框的防水层。

3）如果黏结性和相容性试验是推荐清洗或者打底涂，则要准备好清洗剂和底涂液。施工前应检查密封胶的牌号和生产日期是否符合要求，打胶工具处于良好的工作状态。

4.3.3　施工步骤

（1）接缝处理

门窗与墙体的接缝应填塞合适的衬垫材料，如采用聚氨酯发泡胶，应填充饱满，待发泡胶完全固化后，把多余的发泡剂割平。门窗窗框与玻璃的接缝中填入橡胶垫块或者橡胶条，按照《建筑玻璃应用技术规程》（JGJ 113—2015）第 12 章玻璃安装材料部分的第 12.2.1 至 12.2.7 规定，玻璃与窗框采用密封胶安装时，应使用支撑块、定位块、弹性止动片，保证玻璃固定、不松动。如果接缝需要在注胶后使用刮刀修整，则需要预先贴上保护胶带（美纹纸）。当接缝能够直接注胶、且外形美观不需修整时，可以不需要贴保护胶带。

（2）基材清洁

在施工打门窗密封胶时应先确定施工的基材表面处于干燥的状态，同时清理掉基材表面松动的水泥砂浆，然后用干净的棉布或者毛刷清除注胶部位的灰尘。如果确定需要溶剂清洗，采用"二次抹布清洗法"，溶剂推荐采用异丙醇、丙酮和二甲苯，清洗后 60 分钟内施胶完毕。基材清洁是保证门窗胶与基材获得良好黏结的前提条件。

（3）涂敷底涂液

根据粘结性试验结果确认是否需要涂底涂液，如需要施加底涂液，应根据厂家的底涂液使用要求进行施工。底涂液是黏结促进剂，特别是一些特殊的材料，可能需要底涂液，以便获得良好的黏结效果。

（4）注胶

采用与门窗接缝大小相匹配的胶嘴，然后用胶枪将密封胶从塑料管或香肠形包装中挤出，如图 5 所示。在注胶过程中也需注意铝合金门窗的防渗漏问题，有些做法也会影响到门窗后期的密封效果，比如注胶产生的气泡、密封胶的黏结面积不足等。因此在注胶过程中注胶速度要均匀，不能过快，以免导致气泡的出现，造成密封不佳而出现渗漏问题；另外，注胶要充分，确保密封

图 5　注胶操作

胶与基材有足够的黏结面积，否则固化后容易因环境温差造成接缝位移变形而导致胶缝开裂，造成铝合金门窗发生渗漏。门窗正反面都需要注胶时，一般采用的方法是一面充分固化后，再进行另外一面的注胶，应防止因搬动等原因造成胶缝外观不平整。

（5）修整

注胶后应立即修整，也可在注胶的同时进行修整，应使胶与待黏结表面充分接触，胶缝平整、无缺陷。

（6）养护

密封胶固化前期，应避免胶缝受到外界因素的影响而发生大的变形，以免造成胶缝表面不平整，甚至开裂。车间制作好的门窗可以立式或者水平放置，窗扇之间叠放养护，应错开放置或者中间放置垫块隔开放置，保证通风。

5 结论

铝合金门窗密封防水涉及多个方面的内容，从密封安装、选材和施工工艺等方面都直接影响窗框周边的密封防水效果。在具体的施工过程中需要按照标准规范要求进行铝合金门窗的设计、安装，选用优质密封胶以及正确的施工应用，这样可显著减少铝合金门窗的渗漏问题。通过对影响密封防水的各方面因素进行预防和改善，采用有效措施，可以确保铝合金门窗的质量，确保使用寿命的。

参考文献

[1] 张勇，李楠. 我国建筑外窗密封防水技术现状、问题及预防措施 [J]. 中国建筑防水，2019（S2）：1-4＋13.

[2] 张向涛. 铝合金门窗防渗漏施工关键技术 [J]. 工程技术研究，2020，5（05）：49-50.

[3] 黄夏东，李光旭，陈德威，等. 铝合金门窗工程技术规程 [Z]. 福建省建筑科学研究院，2005.

[4] 中华人民共和国住房和城乡建设部. 铝合金门窗工程技术规范：JGJ 214—2010 [S]. 北京：中国建筑工业出版社，2011.

[5] 中华人民共和国住房和城乡建设部. 建筑外墙防水工程技术规程：JGJ/T 235—2011 [S]. 北京：中国建筑工业出版社，2011.

[6] 中华人民共和国国家和改革委员会. 建筑窗用弹性密封胶：JC/T 485—2007 [S]. 北京：中国建材工业出版社，2007.

[7] 国家市场监督管理总局，国家标准化管理委员会. 铝合金门窗：GB/T 8478—2020 [S]. 北京：中国标准出版社，2020.

[8] 段林丽. GB/T 31851—2015《硅酮结构密封胶中烷烃增塑剂检测方法》标准解读 [J]. 中国建筑防水，2016（10）：30-34.

[9] 周平，汪洋，蒋金博，等. 采用"薄膜法"鉴别"充油"硅酮密封胶的试验研究 [J]. 中国建筑金属结构，2019（02）：52-55.

[10] 中华人民共和国住房和城乡建设部. 建筑玻璃应用技术规程：JGJ 113—2015 [S]. 北京：中国建筑工业出版社，2016.

单元式幕墙支座系统的设计探讨

◎ 茅雪平　赖辉龙

深圳广晟幕墙科技有限公司　广东深圳　518029

摘　要　保证幕墙的安全性是幕墙工程中最为基本，也是最为重要的要求。而单元式幕墙的支座系统作为幕墙唯一和主体发生结构连接关系的构件，其设计和现场施工直接影响到幕墙的安全和质量。本文主要从单元式幕墙支座系统的设计及施工两个方面进行了一些探讨。

关键词　单元式幕墙支座系统；三维可调；埋件设计；施工控制

1　引言

幕墙具有很好的造型能力和装饰效果，幕墙的质量只有传统混凝土结构及砖混结构的 1/2，乃至1/3。在建筑中使用幕墙可以大大减轻结构的质量，特别是对于超高层建筑，幕墙是其外围护结构的最佳选择。而单元式幕墙的构造设计决定其能吸收较大的层间变形，通常可承受较大幅度的建筑物摇摆，对高层建筑和钢结构类型建筑特别有利；同时单元式幕墙是在加工车间内将加工好的各种构件和饰面材料组装成一个整体板块，一个板块一般为一层或多层楼高，然后运至工地进行单元板块吊装，与建筑主体结构上预先安装的连接件精确挂接，这样就能够很好地缩短建筑的外墙施工时间并保证幕墙的性能和质量。

当然对于每个不同的工程，单元式幕墙设计和施工都存在不同的重点难点问题，但单元式幕墙支座系统的设计一直是其中的重点内容。只有单元式幕墙支座系统的设计合理、现场挂件系统的施工安装方便，才能满足工程的质量、安全、工期要求。

2　单元式幕墙系统介绍

在介绍之前，我们首先需要了解单元式幕墙是一个怎样的构造和原理。

传统构件式幕墙，一般是通过支座将主龙骨固定到主体结构上，然后将副龙骨固定到主龙骨上，然后再将面板等固定到龙骨上，外侧打胶密封。这样现场施工工序繁杂，现场对施工要求比较高，而且适应主体结构的变形能力较差。而单元式幕墙完全不同于传统构件式幕墙，在工地现场它是以组装好的各个单元板块组件为基本构件单元，直接通过支座系统固定在主体结构上，板块之间只是插接到一起，这样单元板块与单元板块之间能够有一定的错动，能更好地适应主体结构的变形。

3　单元式幕墙支座的设计

为了能适应单元板块的力学性能和变形性能的要求，这就要求单元式幕墙支座系统不仅需要适应不同构造的单元式板块，同时要求其适应不同的主体结构形式和类型。

3.1　单元式幕墙支座的材料选择

单元式幕墙支座一般采用钢支座或者铝合金支座，也有两者配合使用的情况。采用何种支座，主要受材料成本、人工成本，还有包括精度控制、预埋件类型等方面的影响。钢支座的优点是易加工、易造型，能焊接固定和连接，同时，材料成本比较低；缺点是焊接精度不好控制，易造成构件焊接位置局部变形，安装不易，施工安装人工成本较高。铝合金支座的优点是加工厂加工制造，精度容易控制，设计合理易安装；缺点是材料成本高，不同位置需开不同的模，转接较麻烦。所以在单元式幕墙支座系统选择材料时，需充分考虑相关情况并与项目部沟通决定。（图1～图4）

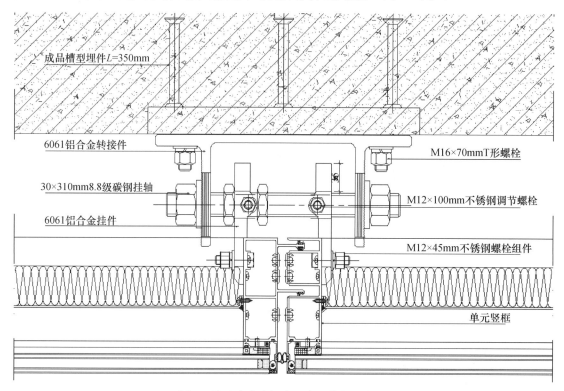

图1 单元式幕墙铝合金支座横剖示意图

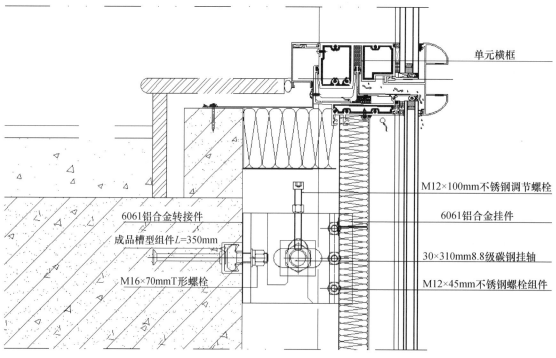

图2 单元式幕墙铝合金支座竖剖示意图

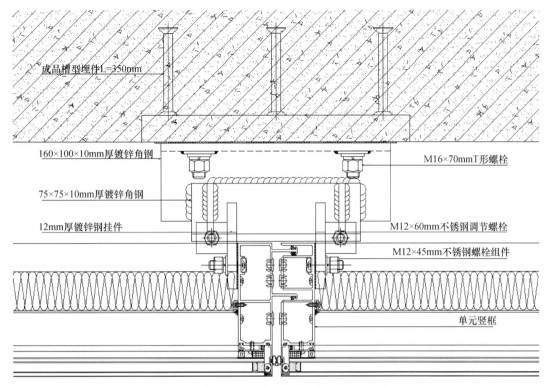

图 3　单元式幕墙镀锌钢支座位横剖示意图

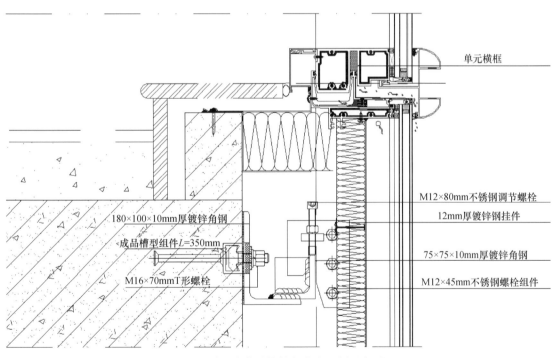

图 4　单元式幕墙镀锌钢支座竖剖示意图

3.2　主体结构形式对单元式幕墙支座系统选择的影响

目前，国内高层建筑的四大结构体系有：框架结构、剪力墙结构、框架—剪力墙结构和筒体结构。而超高层主要采用框架—剪力墙结构或者筒体结构。同时，为了能将建筑师要求的外形表现出来，结构边缘可能会做成弧形、锯齿形等不同的形式。而幕墙支座主要固定于结构边缘位置，主体结构边缘的支撑条件就决定了幕墙支座的设置方式。（图5～图6）

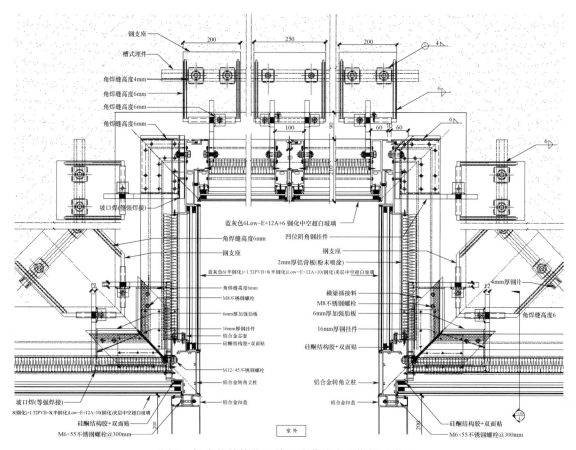

图 5　锯齿状结构位置单元式幕墙支座横剖示意图

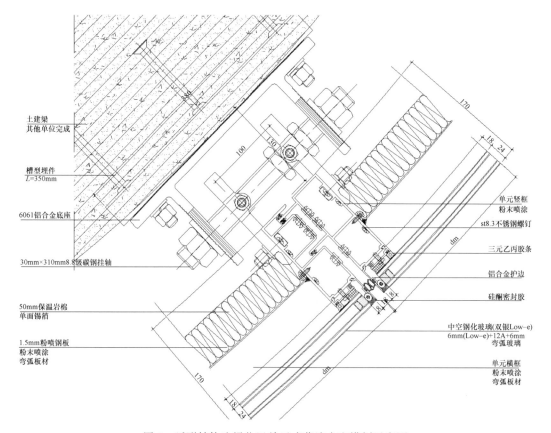

图 6　弧形结构边梁位置单元式幕墙支座横剖示意图

一般来说，主体结构边缘会考虑幕墙支座位置设置 250mm 厚以上的悬挑钢筋混凝土板，或者直接将主体结构梁设置在主体结构边缘，这样就有利于幕墙埋件的布置。但有些工程，结构边缘没有支撑条件，且现场已经施工，在这种情况下，就需要幕墙设计和主体结构设计沟通增加支撑结构，并将支座的支撑结构固定到主体结构上。

支座形式分为面埋支座和侧埋支座，一般结构如果能够做面埋支座，建议做面埋支座。因为面埋支座有以下优点：受幕墙进出位影响较小，力学性能较好，施工安装较方便。但是剪力墙位置或者建筑装修面到结构面较小时，面埋支座就很难实现，这就需要采用侧埋支座做法。（图7～图10）

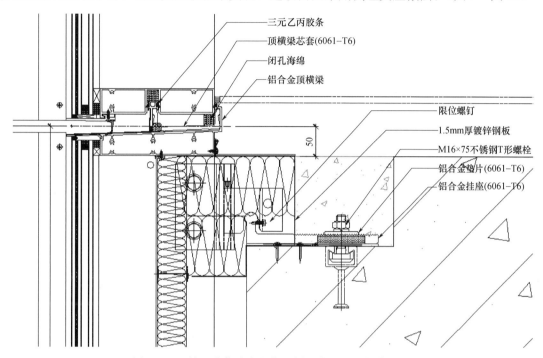

图 7 面埋单元式幕墙支座位竖剖示意图（结构降板处）

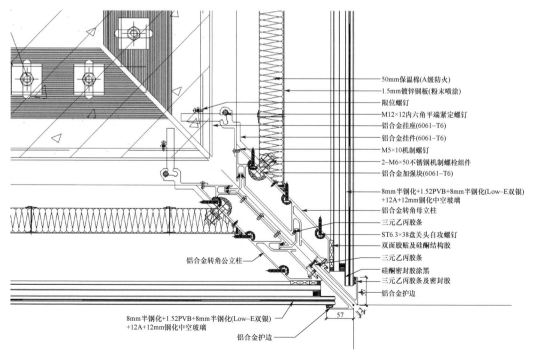

图 8 面埋单元式幕墙支座位横剖示意图（转角处）

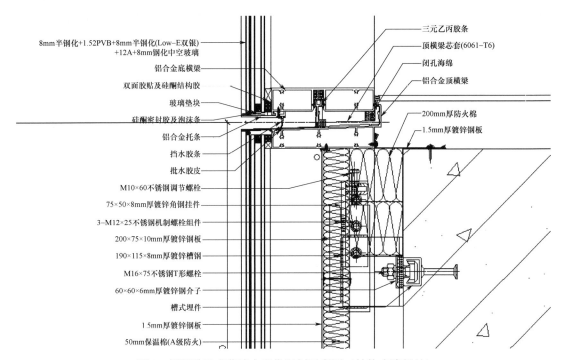

8mm半钢化+1.52PVB+8mm半钢化(Low-E双银)+12A+8mm钢化中空玻璃
铝合金底横梁
双面胶贴及硅酮结构胶
玻璃垫块
硅酮密封胶及泡沫条
铝合金托条
挡水胶条
批水胶皮
M10×60不锈钢调节螺栓
75×50×8mm厚镀锌角钢挂件
3-M12×25不锈钢机制螺栓组件
200×75×10mm厚镀锌钢板
190×115×8mm厚镀锌槽钢
M16×75不锈钢T形螺栓
60×60×6mm厚镀锌钢介子
槽式埋件
1.5mm厚镀锌钢板
50mm保温棉(A级防火)

三元乙丙胶条
顶横梁芯套(6061-T6)
闭孔海绵
铝合金顶横梁
200mm厚防火棉
1.5mm厚镀锌钢板

图9 侧埋单元式幕墙支座位竖剖示意图（结构未降板处）

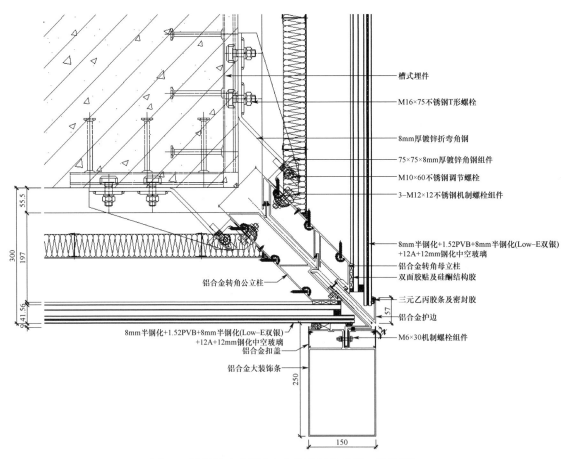

槽式埋件
M16×75不锈钢T形螺栓
8mm厚镀锌折弯角钢
75×75×8mm厚镀锌角钢组件
M10×60不锈钢调节螺栓
3-M12×12不锈钢机制螺栓组件
8mm半钢化+1.52PVB+8mm半钢化(Low-E双银)+12A+12mm钢化中空玻璃
铝合金转角母立柱
双面胶贴及硅酮结构胶
三元乙丙胶条及密封胶
铝合金护边
M6×30机制螺栓组件

铝合金转角公立柱
8mm半钢化+1.52PVB+8mm半钢化(Low-E双银)+12A+12mm钢化中空玻璃
铝合金扣盖
铝合金大装饰条

图10 侧埋单元式幕墙支座位横剖示意图（转角处）

202

3.3　单元式幕墙支座系统的力学分析

单元式幕墙支座系统主要由挂件和底座组成，其他构件还有调节螺栓、固定螺栓、限位装置等。由于主体结构存在结构误差，同时预埋件也存在结构误差，所以我们的支座系统一般需考虑三维上面的调节25mm。这个时候，一个力学性能不错的支座系统就很关键，好的支座系统挂件的挂接受力点能与连接立柱的螺栓受力中心点在一个水平面上下。下面为某工程在方案阶段选择两个支座系统的受力分析。

设计条件：基本风压 $W_0 = 0.75$ kPa，地形粗糙度为 C 类，抗震设防烈度为 7 度 0.10g，建筑高度 50m，层高 3.8m，幕墙分格 1m。支座采用 6061-T6 铝型材（图 11～图 14）。

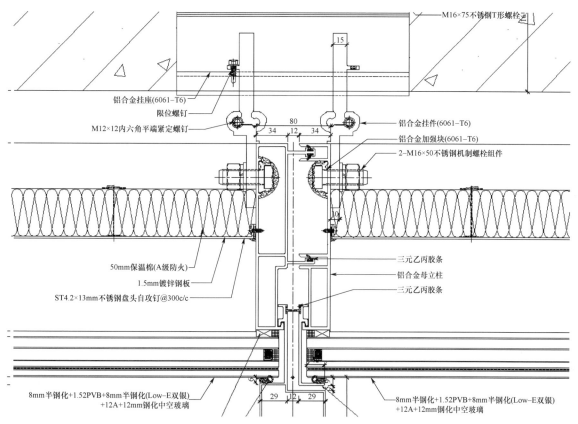

图 11　单元式幕墙支座系统—横剖节点

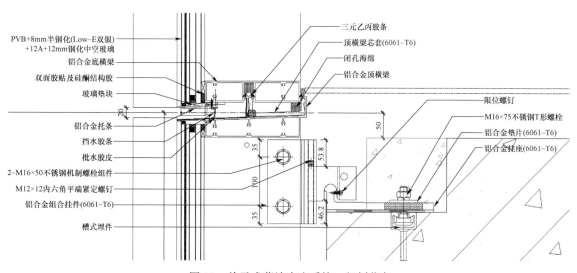

图 12　单元式幕墙支座系统—竖剖节点

203

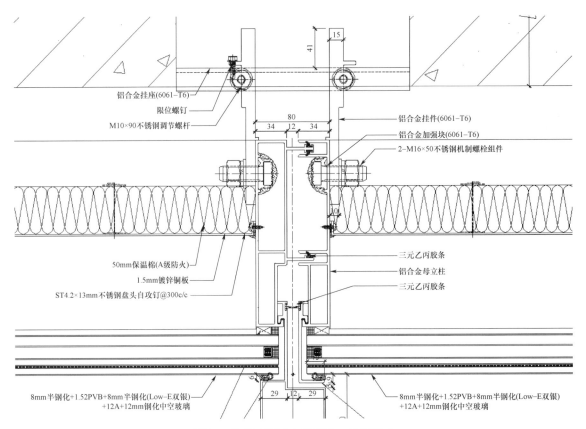

图 13　单元式幕墙支座系统二横剖节点

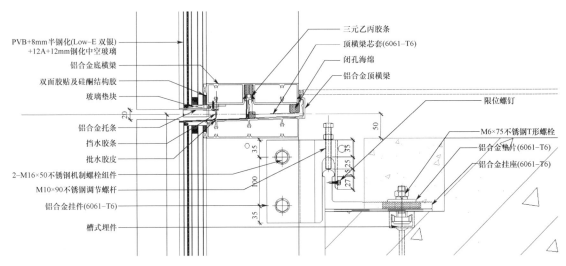

图 14　单元式幕墙支座系统二竖剖节点

　　由表1两个支座系统的受力分析我们可以很明显地看出：支座系统一的受力性能更好，能更好地适应结构的误差，而且若结构误差在45mm之内，支座一还能够完全适应，而支座二的受力性能不仅较差，还对结构误差的要求比较高。同时，由于支座一的受力性能较好，对结构误差的适应能力较强，这就能更好地优化其截面，减少材料的用量；而支座二通过分析，截面属性不够，需增大截面，增加材料用量。

　　由此可见，我们在设计支座系统时，需了解支座系统是否能够适应现场的条件，需要按照现场条件对支座系统的受力进行分析，然后决定采用最优的支座系统，在保证其力学性能的同时，能够获得更好的经济性能。

表 1 结构上下误差不同时两个支座受力分析对比表

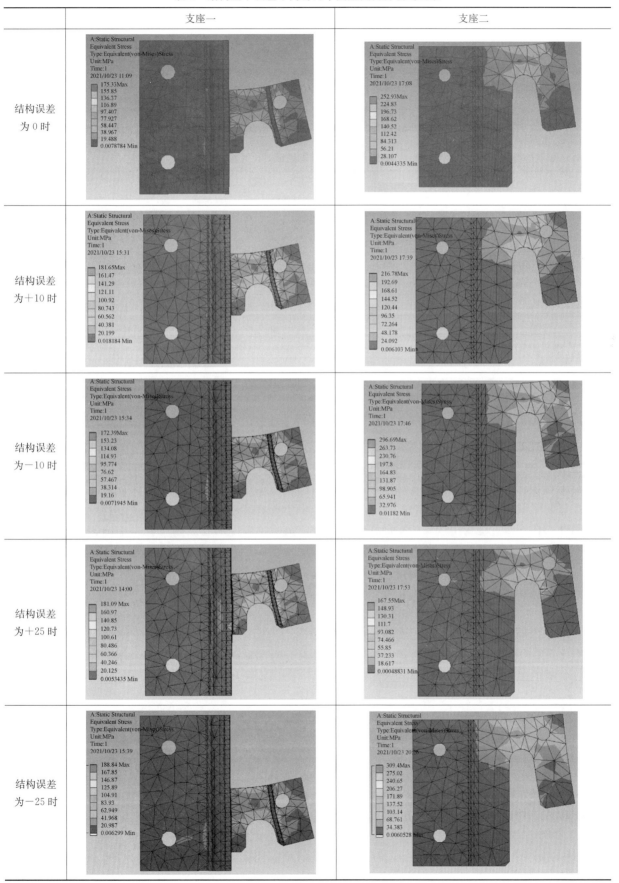

	支座一	支座二
结构误差为 0 时		
结构误差为 +10 时		
结构误差为 -10 时		
结构误差为 +25 时		
结构误差为 -25 时		

3.4 单元式幕墙支座系统的安装

单元式幕墙支座系统的测量放线是整个幕墙施工的基础工作，直接影响到安装质量和幕墙的性能，因此必须对此项工作引起足够的重视，努力提高预埋件和支座测量放线的精度。测量放线应进场后立即与总承包商等单位协调，由总承包商、监理等单位提供测量所需基准数据，包括基准坐标点数据等。在结构误差较大的情况下，我们需要提前收集数据，后面才能有针对性地进行数据分析，特别是对于偏差较大位置，需对埋件位置进行调整。某工程现场标高与图纸对比数据尺寸表如表 2 所示。

表 2　某工程现场标高与图纸对比数据尺寸表

内容	6-12轴至6-1轴 北面（单位：mm）			6-J轴至6-B轴 西面（单位：mm）			6-1轴至6-12轴 南面（单位：mm）			6-B轴至6-J轴 东面（单位：mm）		
8F 测量尺寸	1228	1220	1244				1209	1205	1216	1200	1240	1155
实际尺寸	1220	1220	1220				1220	1220	1220	1220	1220	1220
相差尺寸	8	0	24				−11	−15	−4	−20	20	−65
9F 测量尺寸	1115	1234	1220	1230	1206	1217	1217	1225	1233	1223	1175	1204
实际尺寸	1220	1220	1220	1220	1220	1220	1220	1220	1220	1220	1220	1220
相差尺寸	−105	14	0	10	−14	−3	−3	5	13	3	−45	−16
10F 测量尺寸	1212	1199	1195	1226	1231	1209	1218	1208	1222	1179	1176	1221
实际尺寸	1220	1220	1220	1220	1220	1220	1220	1220	1220	1220	1220	1220
相差尺寸	−8	−21	−25	6	11	−11	−2	−12	2	−11	−44	1
11F 测量尺寸	1191	1203	1201	1209	1228	1217	1210	1191	1211	1182	1209	1194
实际尺寸	1220	1220	1220	1220	1220	1220	1220	1220	1220	1220	1220	1220
相差尺寸	−29	−17	−19	−11	8	−3	−10	−29	−9	−38	−11	−26

在工程施工中，一定要保证主体结构和预埋件位置的测量精度，这样才能保证单元式幕墙支座的水平及竖向安装精度，使单元板块能够安装到位，防止板块挂件与支座之间挂接不到位，甚至无法挂件。因此，在安装过程中应认真核实预埋件的位置，按照预埋件的安装精度调整支座的安装位置，使单元板块的安装能在其允许偏差范围内。

4　结语

在单元式幕墙支座系统的设计和施工中，不仅需要设计人员对单元式幕墙支座的设计方案进行全方面的考虑；同时也需要施工人员严格按照施工要求进行测量放线、施工安装，才能提供给业主一个安全、优质的工程。

参考文献

[1] 中华人民共和国住房和城乡建设部. 建筑结构可靠性设计统一标准：GB 50068—2018 [S]. 北京：中国建筑工业出版社，2018.

[2] 中华人民共和国建设部. 玻璃幕墙工程技术规范：JGJ 102—2003 [S]. 北京：中国建筑工业出版社，2003.

[3] 中华人民共和国住房和城乡建设部. 建筑结构荷载规范：GB 50009—2012 [S]. 北京：中国建筑工业出版社，2012.

[4] 中华人民共和国国家质量监督检验检疫总局，中国国家标准化管理委员会. 建筑幕墙：GB/T 21086—2007 [S]. 北京：中国标准出版社，2008.

不忘初衷，不辱使命
——落地窗做法之我见

◎ 王海军

深圳市华辉装饰工程有限公司　广东深圳　518023

摘　要　住房城乡建设部制定38号文的初衷是为了幕墙安全，现行标准和规范没有规定铝合金窗不能用幕墙料做，也没有规定用幕墙料做的窗也属于幕墙，用幕墙料做落地窗其安全性及其他性能比用窗料做更好，幕墙技术人员不要自己主动把用幕墙料做的落地窗定性为幕墙而自缚手脚、舍好求次。在此呼吁政府监管部门不能因为落地窗用了幕墙料就按幕墙验收，同时建议对高度大于2m、单幅面积大于4m² 的外门窗也进行设计安全评审。

关键词　落地窗做法；安全性；38号文

住房城乡建设部《关于进一步加强玻璃幕墙安全防护工作的通知》（建标〔2015〕38号）（摘要及后文简称"38号文"）中规定："新建住宅、党政机关办公楼、医院门诊急诊楼和病房楼、中小学校、托儿所、幼儿园、老年人建筑，不得在二层及以上采用玻璃幕墙。"一些建筑设计师为了追求建筑外立面的美观和通透，在设计这类建筑时采用了落地窗，即竖向安装在上层梁底和下层楼板，横向安装在两柱之间甚至在柱前连续安装窗（图1和图2）。

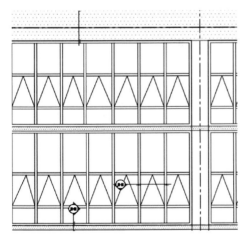

图1　安装柱间的落地窗

图2　安装在柱前的条形落地窗

对于这一类高度高、面积大的铝窗，本来采用幕墙做法可以做到更安全、简洁、通透、经济（图3），但我们很多幕墙设计师为了防止验收出问题，采用窗料设计，构造变得烦琐、费料、易渗漏，有的甚至安全性也降低（图4~图6）。

对比图3和图4可以看出：（1）幕墙料是用螺丝和压板压住玻璃，玻璃安装牢固；而窗料是用扣条卡住玻璃，强风作用下，玻璃可能脱落。（2）幕墙料做法是直接把玻璃安装在立柱的槽内，立柱宽度一般为80mm左右，简洁、美观；而窗的做法却在立柱的基础上再增加一套窗料，将玻璃安装在窗

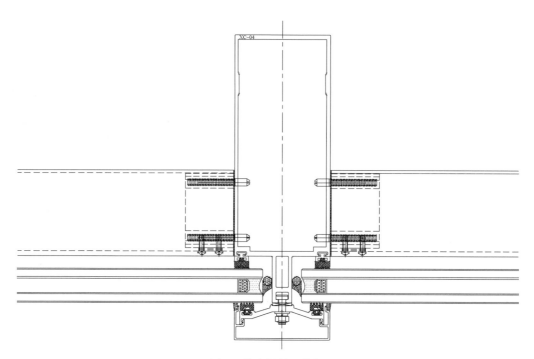

图 3 幕墙料做法横剖

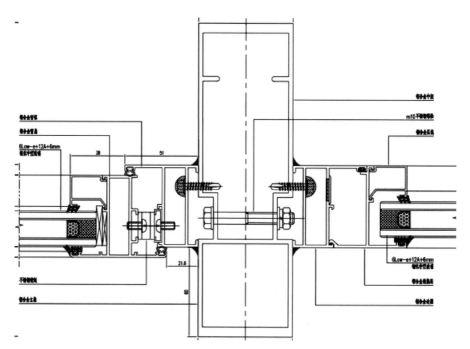

图 4 窗料做法横剖 1

料内，立柱两边增加了窗料后宽度达到 200mm，多条料拼接，烦琐、丑陋。（3）幕墙料做法，玻璃受到的力直接传给立柱；而窗料做法玻璃受到的力先传给窗框，窗框通过螺丝传给立柱。图 4 窗框采用了有底边的，螺丝头离立柱还算比较近，有些设计选用了无底边的，螺丝头离立柱达 2cm，螺丝除了受剪还受弯，窗框有移位甚至脱落的安全隐患，如图 5 所示。（4）由于幕墙料做法简洁，缝隙少，渗漏机会少；而窗料做法拼缝多，渗漏机会多。

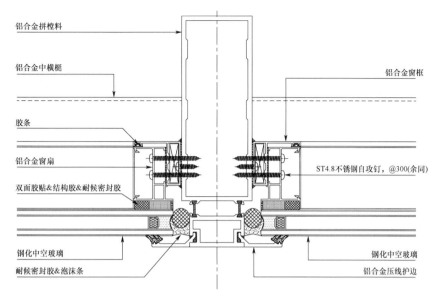

铝合金拼樘料

铝合金中横框

铝合金窗框

胶条

铝合金窗扇

ST4.8不锈钢自攻钉，@300(余同)

双面胶贴&结构胶&耐候密封胶

钢化中空玻璃

钢化中空玻璃

耐候密封胶&泡沫条

铝合金压线护边

图 5　窗料做法横剖 2

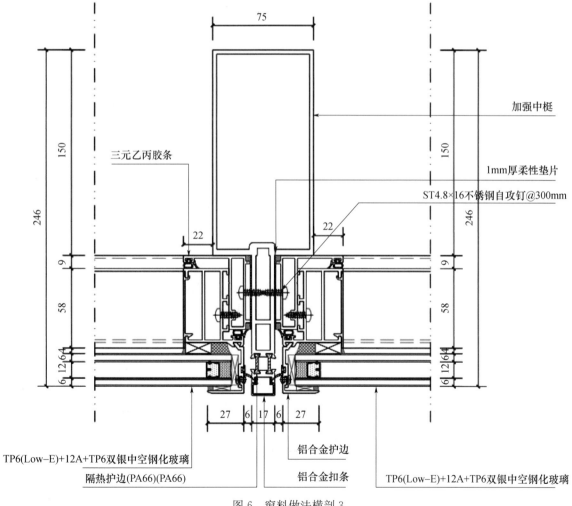

加强中梃

三元乙丙胶条

1mm厚柔性垫片

ST4.8×16不锈钢自攻钉@300mm

TP6(Low-E)+12A+TP6双银中空钢化玻璃

隔热护边(PA66)(PA66)

铝合金护边

铝合金扣条

TP6(Low-E)+12A+TP6双银中空钢化玻璃

图 6　窗料做法横剖 3

　　图 5、图 6 都用了结构胶连接玻璃与铝框，如果说隐框玻璃幕墙不安全，那么这些窗的做法也不安全。

住房城乡建设部为什么会出台38号文？38号文第一条是这样说明的：

玻璃幕墙因美观、自重轻、采光好及标准化、工业化程度高等优点，自20世纪80年代起，在商场、写字楼、酒店、机场、车站等大型和高层建筑的外装饰上得到广泛应用。近年来，在个别城市偶发的因幕墙玻璃自爆或脱落造成的损物、伤人事件，危害了人民生命财产安全，引发社会关注。造成这些安全危害的原因，除早期玻璃幕墙工程技术缺陷、材料缺陷等因素外，对人员密集、流动性大等特定环境、特定建筑的安全防护工作重视不够，玻璃幕墙维护管理责任落实不到位，也是重要原因。各地、各有关部门要高度重视玻璃幕墙安全防护工作，在工程规划、设计、施工及既有玻璃幕墙使用、维护、管理等环节，切实加强监管，落实安全防护责任。

最后一句很明确：制定38号文就是为了"确保玻璃幕墙质量和使用安全"，如果我们的设计变得不安全了，质量（这里的质量是广义的，包含性能）下降了，就违背了38号文的初衷。

《铝合金门窗》（GB/T 8478—2020）中对于"铝合金门窗"的定义为："采用铝合金建筑型材制作框、扇杆件结构的门、窗的总称。"

这里没有定义什么是窗。虽然有"采用铝合金建筑型材制作框、扇杆件结构"的定语，但什么样的框、怎样连接并未规定，就是说此定义并没有规定不能用幕墙料做窗。《民用建筑设计术语标准》（GB/T 50504—2009）对"窗"做了定义："为采光、通风、日照、观景等用途而设置的建筑部件，通常设于建筑物墙体上"。

此定义并未规定窗的面积大小，即没有规定安装在梁底和楼板上的具有采光、通风、观景用途的建筑部件就不是窗。

《建筑幕墙》（GB/T 21086—2007）和《玻璃幕墙工程技术规范》（JGJ 102—2003）并没有规定用幕墙料做的具有采光、通风、观景用途的建筑部件就是幕墙。

既然国家现行标准和规范并没有规定落地窗不能用幕墙料做，我们就不要自己把用幕墙料做的落地窗往幕墙上靠，那样做会自缚手脚。

由于落地窗面积大，大部分落地窗分格大，玻璃面积大，用幕墙料做在安全性、美观性和水密性、气密性及变形性等方面比用窗料做好。特别是近年来深圳市加强了对建筑幕墙设计的安全论证，玻璃幕墙发展日臻完善，安全性已经提高。用幕墙料做落地窗比用门窗料做落地窗安全性高。深圳是一个讲究实事求是、不按形式主义行事的地方，好的就要用，不能因为形式主义而舍好求次，走入歧途。我们行业的技术人员应始终把安全当做自己的使命，向政府监管部门解释和呼吁，用幕墙料做落地窗比用门窗料做落地窗安全性高，不能因为落地窗用了幕墙做法就按幕墙验收，这样做就会造成行业人员不得不舍好求次，降低工程质量和安全度。我市的工程监管部门应以安全第一、不拘形式的原则对待落地窗做法，允许用安全性以及其他性能更好的幕墙做法做的落地窗。

本人认为，38号文限制在二层及以上采用玻璃幕墙的建筑中，有的不适合采用落地窗。如病房楼的病床直视室外，采用落地窗对于有些病人会缺乏安全感。若落地窗未装防护栏杆或把防护栏杆拆掉，推病床过程很容易撞到玻璃。这类建筑有窗下墙更合适。

虽然38号文是针对玻璃幕墙的，但并不能说铝门窗就比玻璃幕墙安全。铝门窗一样有钢化玻璃自爆、窗扇坠落、玻璃脱落的情况，甚至比玻璃幕墙还多。全国很多地方出现过整幅铝窗被吹落的情况，如图7和图8所示。至于外门窗窗扇坠落伤人案例比玻璃幕墙多很多，想必大家会对2019年6月13日深圳×××城窗扇坠落砸死孩童的事故记忆犹新。

现在的外门窗普遍设计得比较大，很多窗的高度在2m以上，宽度在3m以上，单片玻璃面积达到3m^{2}以上，平开窗窗扇宽度达到0.7m，面积达到1m^{2}以上（接近门扇大小）。这样的窗如果设计不好，安全隐患比玻璃幕墙还大。因为传统铝门窗的杆件、窗框与主体结构的连接、玻璃的固定方法、窗扇的连接方法及抗风措施都比较弱，所以，笔者建议高度大于2m、单幅面积大于4m^{2}的外门窗也应进行设计安全评审，而不能因为住房城乡建设部没有规定，我们就不管这类门窗是否安全。保证我们行业的产品安全，是我们行业技术和管理人员的使命所在。

图 7　某图书馆整幅落地窗被吹落

图 8　某住宅整幅窗被吹落视频截屏

复杂工程中有限元整体建模结果
与试验数据差别的探析

◎ 林　云

深圳广晟幕墙科技有限公司　广东深圳　518029

摘　要　幕墙工程是高层、超高层建筑外观主要选择形式，其选择上主要以单元式为主，而且建筑外观和建筑主体的变化对幕墙结构计算有了更高的要求，传统计算方式已经不太适用。本文针对单元式幕墙有限元整体建模计算结果与试验数据差别进行分析。

关键词　单元式幕墙，结构计算问题

1　引言

对于在面内有倾角、面外也有倾角的复杂空间体系的计算，经典计算公式对实际工程实践意义不大，规范中的计算公式应用于工程实践的范围有限，因此针对复杂的高层建筑采用有限元整体建模会相对适用一些。本文针对某项目 PMU 采用计算软件 SAP2000 V20 进行整体建模，并与四性试验数据进行对比，来探析两者之间的差别并验证计算的准确性。

2　项目特点及技术难点

2.1　项目特点

项目塔楼大部分幕墙龙骨为折线形式且跨度大。主龙骨含有悬挑 300mm 和 750mm 的装饰条。项目转角板块也带有大装饰条。

2.2　技术难点与解决方法

原方案采用的是通长的斜向龙骨（约 40m）作为一个主受力构件，上下立柱通过螺钉与锌套连接并固定在主龙骨上。主龙骨的连接只能跟随相对应的楼板与结构柱（PMU 为钢龙骨），龙骨大样如图 1 所示。

通过计算发现单个连接件最大的受力部分已经达到 300kN，单元竖剖图见图 2，其结果超过结构设计院提供的允许设计值。通过计算得出主龙骨截面高度为 350mm。将此截面在 BIM 模型中进行放样模拟，发现已经严重影响了建筑的内外效果。经过多次论证并与设计院、业主沟通，最终决定简化受力模型，采用常规单元式幕墙做法将立柱做通长处理，横梁连接到立柱侧边，但是对连接位置进行特殊加强处理。但是对于这种复杂的幕墙体系，其龙骨本身是折线且外侧装有大小装饰条（图 3），龙骨同时受到了正向风荷载、侧向风荷载、自重荷载等荷载作用。此时龙骨受力形式已经从二维受力变为空间三维受力体系。所以只用规范中的计算公式已经不能很准确地得出杆件的实际受力情况。经沟通最终选用 SAP2000 V20 进行整体建模计算，以模拟真实的受力结果，再通过结果来优化节点，并与试验数据进行对比，对两者不同点进行探析，设计出比较完美的幕墙。

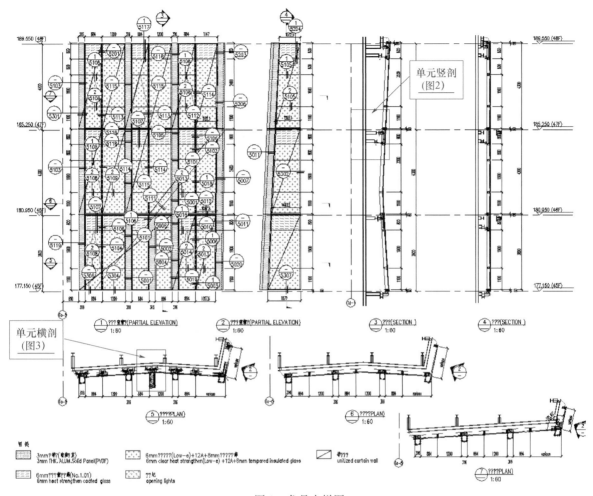

图 1　龙骨大样图

3　幕墙龙骨建模思路及主龙骨受力分析

对于本项目计算位置的选取主要是考虑折线最大处，重点是考虑龙骨的强度以及龙骨的位移，主要是为了保证幕墙的安全。

1）由于龙骨布置比较复杂，如果直接在 CAD 或者计算软件中建模，其效率和精度很难保证，所以采用 BIM 软件先建立表皮，然后通过 GH 得出杆件龙骨，并转化为 CAD 线条再导入 SAP2000 V20（图 4）软件对龙骨承载力及变形进行有限元分析。

2）由于进出位的限制和受力情况的复杂性，本项目最终采用双支座，下支座做竖向荷载释放。在不改变型材的基础上既增加了幕墙龙骨的安全性又提高了整体稳定性，模型中对杆件端部做释放，使其连接方式为铰接。（图 5）

3）玻璃自重荷载通过集中力施加到横梁上（图 6），横梁两端释放弯矩按铰接考虑。正向风荷载采用梯形和三角形荷载施加到主龙骨上，侧向风荷载（WLX、WLY）按线荷载施加到装饰条龙骨上（图 7），软件自动计算型材自重，铝板自重按线荷载施加在悬挑装饰条龙骨上。

4）考虑的荷载组合如图 8 所示。

5）龙骨型材分布及龙骨强度计算结果如图 9 和如图 10 所示。

6）龙骨挠度计算结果如图 11 所示。

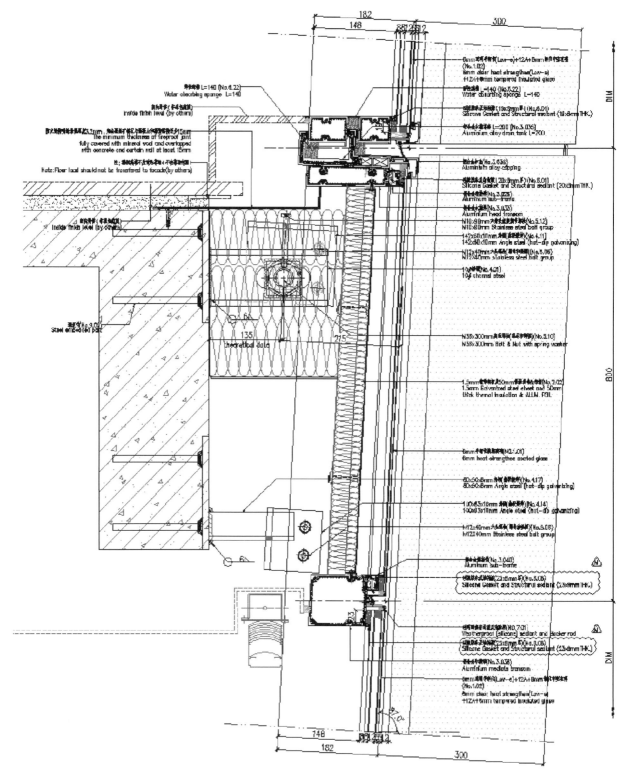

龙骨建模按双支座考虑，上下层立柱连接考虑
铰接，不传递弯矩，建模的时候将此处弯矩释放。

图 2　单元竖剖

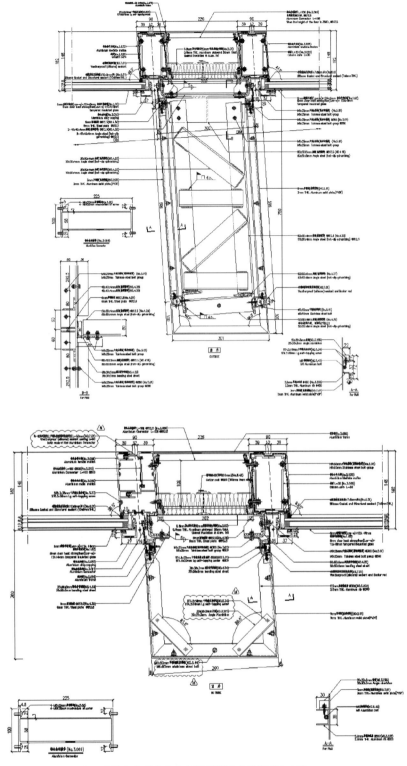

大小装饰条位置立柱之间放置铝合金连接件 $L=108mm$，
@812.5mm，起隐定作用

图 3 单元横剖

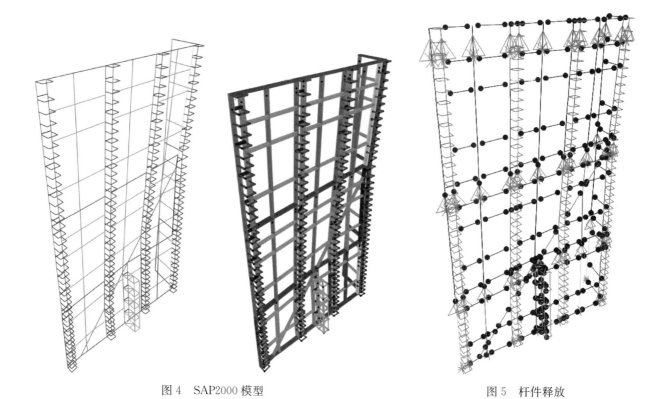

图 4　SAP2000 模型　　　　　　　　　　　　　　　图 5　杆件释放

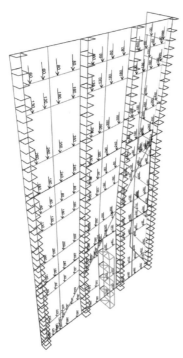

1) Self weight of the profiles and weight of the glass &accessories

Self Weight of Glass Panel, Two Point Loads Acted at 1/4 of the Transom Span $\alpha_P = 0.25$

2) Load on glass panel of Single glass

Thickness of 6mm TH. Glass. Panel: $t_{gl\_6} = 6mm$

The Design Dead Load of Glass. Panel $DL_{gl\_6} = \gamma_{gl} \cdot t_{gl\_6}$　　　$DL_{gl\_6} = 0.15 \cdot kPa$

Width of the Top Glass Panel:　$w_{gl} = 884mm$

Height of the Top Glass Panel:　$h_{gl} = 800mm$

Self-Weight of Glass Panel:　$P_{gl} = 0.5 \cdot DL_{gl\_6} \cdot w_{gl} \cdot h_{gl}$　$P_{gl} = 54.31 \cdot N$　　Say 60N conservatively!

3) Load on glass panel of Single glass

Thickness of 6mm TH. Glass. Panel: $t_{gl\_6} = 6mm$

The Design Dead Load of Glass. Panel $DL_{gl\_6} = \gamma_{gl} \cdot t_{gl\_6}$　　　$DL_{gl\_6} = 0.15 \cdot kPa$

Width of the Top Glass Panel:　$w_{gl} = 1200mm$

Height of the Top Glass Panel:　$h_{gl} = 800mm$

Self-Weight of Glass Panel:　$P_{gl} = 0.5 \cdot DL_{gl\_6} \cdot w_{gl} \cdot h_{gl}$　$P_{gl} = 73.73 \cdot N$　　Say 80N conservatively!

4) Load on glass panel of Single glass

Thickness of 6mm TH. Glass. Panel: $t_{gl\_6} = 6mm$

The Design Dead Load of Glass. Panel $DL_{gl\_6} = \gamma_{gl} \cdot t_{gl\_6}$　　　$DL_{gl\_6} = 0.15 \cdot kPa$

Width of the Top Glass Panel:　$w_{gl} = 1563mm$

Height of the Top Glass Panel:　$h_{gl} = 800mm$

Self-Weight of Glass Panel:　$P_{gl} = 0.5 \cdot DL_{gl\_6} \cdot w_{gl} \cdot h_{gl}$　$P_{gl} = 96.03 \cdot N$　　Say 100N conservatively!

5) Load on glass panel of IGU:

Thickness of 6mm + 12mm(Air) + 8mm TH. Glass. Panel: $t_{gl\_14} = 6mm + 8mm$

The Design Dead Load of Glass. Panel $DL_{gl\_14} = \gamma_{gl} \cdot t_{gl\_14}$　　$DL_{gl\_14} = 0.36 \cdot kPa$

Width of the Top Glass Panel:　$w_{gl} = 884mm$

Height of the Top Glass Panel:　$h_{gl} = 800mm$

Self-Weight of Glass Panel:　$P_{gl} = 0.5 \cdot DL_{gl\_14} \cdot w_{gl} \cdot h_{gl}$　$P_{gl} = 126.73 \cdot N$　　Say130N conservatively!

图 6　自重荷载分布图

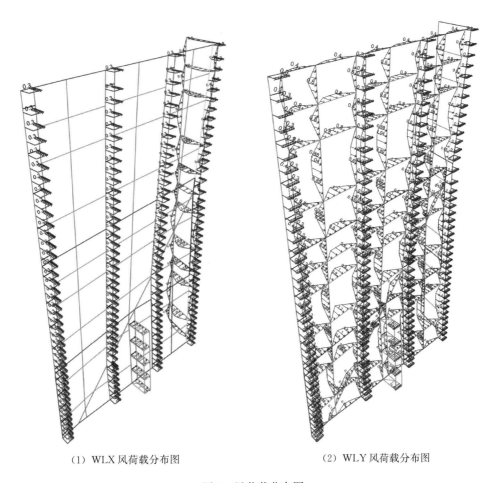

（1）WLX 风荷载分布图　　　　　　　　（2）WLY 风荷载分布图

图 7　风荷载分布图

Load Case:

Horizontal Wind Load Direction X–X:　　　　WLx = 4.31 x WLx = 4.31 kPa

Horizontal Wind Load Direction Y–Y:　　　　WLy = −4.31 x WLy = −4.31 kPa

Horizontal Earthquake Load Direction X–X:　　WLx=0.16 x WLx 0.16 kPa

Horizontal Earthquake Load Direction Y–Y:　　WLy =0.16 x WLy =0.16 kPa

Load Combination:

Un-factored load combination:To check mebers (mullion & transom) & accessories members for serviceability

Comb 1K=Dead Load (DL) +Wind Suction (WLy) +Lateral Wind Loads (WLx)

Comb 2K Dead Load (DL) +Seismic Load Direction y (EQ)

Comb 3K Dead Load (DL) +Seismic Load Direction x (EQ)

Factored load combination: To check mebers (mullion & transom) & accessories members for strength

Comb 1 = 1.35 x Dead Load (DL)+1.5 x Wind Suction (WLy) +1.5 x Lateral Wind Loads （WLx)

Comb 2 = 0.9x Dead Load (DL)+1.5x Seismic Load Direction x (EQx)

Comb 3 = 0.9x Dead Load (DL)+1.5x Seismic Load Direction x (EQy)

2.0 LOAD SPECIFICATION:

2.1.Design Dead Loads:

1) Self weight of the profiles and weight of the glass &accessories

2) Load on glass panel of Single glass

Thickness of 6mm TH.Glass.Panel:(Incrcasing 20% for Accessories)　　　　t_{gl_6} = 6mm

The Design Dead Load of Glass.Panel:　　$DLgl\_6 = 1.2\ \gamma gl\cdot tgl\_6$　　　$D_{Lgl\_6} = 0.18\cdot \gamma gl\cdot kPa$

3) Load on glass panel of IGU:　　(Incrcasing 20% for Accessories)

Thickness of 6mm+12mm（Air）+ 8mm TH.Glass.Panel:　　　　t_{gl_14} = 6mm + 8mm

The Design Dead Load of Glass.Panel:　　$DL_{gl\_14} = 1.2\ \gamma gl\cdot tgl\_14$　　　$DL_{gl\_14} = 0.43\cdot kPa$

4) Load on glass panel of IGU:(Incrcasing 20% for Accessories)

Thickness of 6mm + 12mm（Air)+6mm TH.Glass.Panel:　　　　tgl_12 = 6mm + 6mm

The Design Dead Load of Glass.Panel:　　$DL_{gl\_12} = 1.2\ \gamma gl\cdot tgl\_12$　　　$DL_{gl\_12} = 0.37\cdot kPa$

5）Load on the Alum.panel:

Thickness of 3mmTH.Alum.Panel:(Incrcasing 100% for Accessories)　　　　t_{al} = 3mm

The Design Dead Load of Glass.Panel:$DL_{al} = 2\gamma al\cdot tal$　　　　$DL_{al} = 0.16\cdot kPa$

2.2.Design Wind Load:　　　　WL With Reference to the wind tunnel test results report.

WL_p = 4.07kPa　(Pressure on Building)　WL_s = 4.31kPa　　　(Suction on the Building)

图 8　荷载组合

217

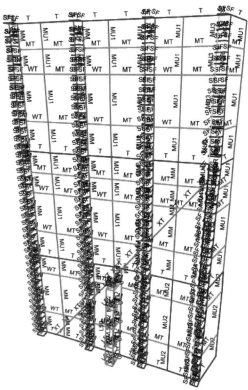

图 9　龙骨型材分布图

龙骨		强度	限值	是否满足安全要求
MU1	female	113MPa	150MPa	OK
	male	116MPa		OK
MU2	female	101MPa		OK
	male	98MPa		OK
MM		122MPa		OK
MCR		111MPa		OK
MU3&MU4		183MPa	215MPa	OK

图 10　龙骨强度计算结果

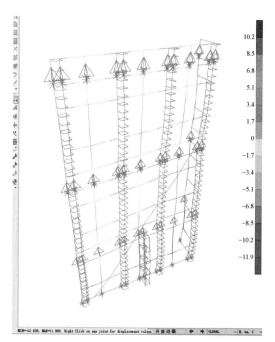

（1）Ux 方向上立柱的最大位移

Dx＝12.639mm＜（4300－200－500）/

300＋5＝17mm　OK

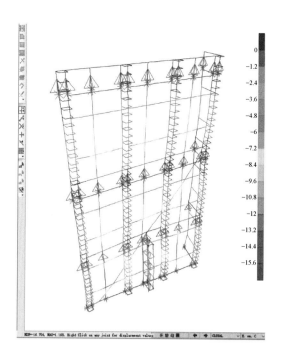

（2）Uy 方向上立柱的最大位移

Dy＝16.75 4mm＜（4300－200－500）/

300＋5＝17mm　OK

图 11　立柱最大挠度

由上计算结果可以看出，龙骨强度挠度都满足要求。

4　PMU 物理性能检测方案

试件尺寸：宽（7435＋1990）mm×高 12400mm，幕墙最大层高 4300mm，立柱支座最大垂直间距 3810mm，单元板块最大分格宽度 2400mm×3800mm，玻璃最大分格（上宽 1530mm，下宽 1620mm）×高 1900mm，开启上分格宽 884mm×高 1900mm，可开启部分面积占试件总面积的 8.93％。幕墙板块效果如图 12、节点如图 13 所示。

图 12　幕墙板块效果

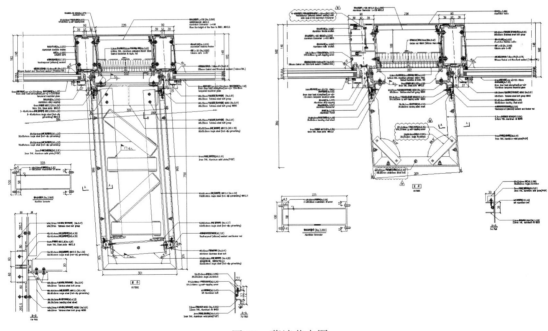

图 13　幕墙节点图

4.1　试件的要求

满足挠度要求

铝合金构件：

$L/175$（单片玻璃），$L/200$（$L \leqslant 3m$，双层玻璃），$L/300+5mm$（$3m < L < 7.5m$，双层玻璃），$L/250$（$7m \leqslant L$，双层玻璃）。

钢构件：$L/250$。

玻璃：$L/60$ 或 25mm，两者中取小值。

锚具、框架、玻璃或板材无破坏；

沿玻璃或者板材边结构无黏结失效；

不允许出现玻璃胶条松动，以及耐候密封条失效现象。

4.2 试验测试

首先对试件安装测点装置（图14），并用在图纸上标注出测试测点布置图（图15），再对测件进行施压，并记录测点主受力构件面法线挠度与压力差关系曲线（图16）的数据，得出主受力构件在 50% W_k 和 100% W_k 作用下的面法线挠度（表1）。

图14 安装测点

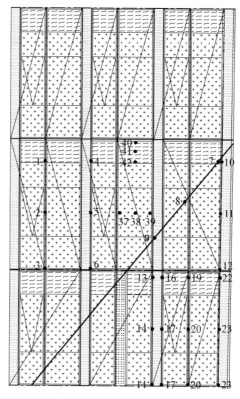

图15 测点布置图

表1 主受力构件在 50%W_k 和 100%W_k 作用下的面法线挠度

主受力构件	组合立柱	板块内立柱	板块内立柱	转角立柱	组合立柱	板块内立柱	组合立柱	转角组合立柱
对应测点	1、2、3	4、5、6	7、8、9	10、11、12	13、14、15	16、17、18	19、20、21	22、23、24
杆长（L）	3570	3570	1720	3570	3545	3545	3545	3545
挠度限值	$L/300+5$	$L/300+5$	$L/200$	$L/300+5$	$L/300+5$	$L/300+5$	$L/300+5$	$L/300+5$
+2034Pa 下挠度	2.44	0.99	1.05	1.08	1.98	1.25	4.93	1.1
−2159.7Pa 下挠度	−3.96	−1.37	−0.93	−1.36	−2.03	−1.13	−4.64	−1.09
+4082.3Pa 下挠度	5.42	2.27	2.03	2.17	3.75	2.46	9.48	2.21
−4312.7Pa 下挠度	−9.04	−3.28	−2.15	−3.32	−4.34	−2.71	−9.71	−2.57
100%W_k下允许挠度	16.9	16.9	8.6	16.9	16.82	16.82	16.82	16.82

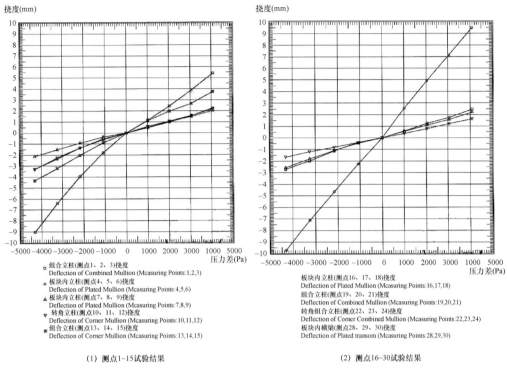

挠度(mm)

组合立柱(测点1、2、3)挠度
Deflection of Combined Mullion (Mcasuring Points:1,2,3)
板块内立柱(测点4、5、6)挠度
Deflection of Plated Mullion (Mcasuring Points:4,5,6)
板块内立柱(测点7、8、9)挠度
Deflection of Plated Mullion (Mcasuring Points:7,8,9)
转角立柱(测点10、11、12)挠度
Deflection of Corner Mullion (Mcasuring Points:10,11,12)
组合立柱(测点13、14、15)挠度
Deflection of Corner Mullion (Mcasuring Points:13,14,15)

板块内立柱(测点16、17、18)挠度
Deflection of Plated Mullion (Mcasuring Points:16,17,18)
组合立柱(测点19、20、21)挠度
Deflection of Combined Mullion (Mcasuring Points:19,20,21)
转角组合立柱(测点22、23、24)挠度
Deflection of Corner Combined Mullion (Mcasuring Points:22,23,24)
板块内横梁(测点28、29、30)挠度
Deflection of Plated transom (Mcasuring Points:28,29,30)

(1)测点1~15试验结果   (2)测点16~30试验结果

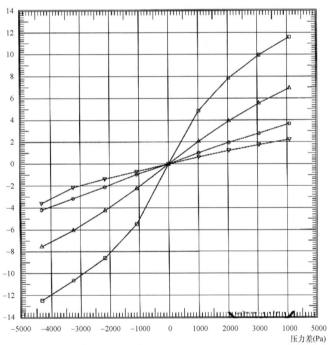

中空玻璃(测点31、32、33)挠度
Deflection of Insulating glass (Mcasuring Points:31,32,33)
单片玻璃(测点34、35、36)挠度
Deflection of Single glass (Mcasuring Points:34,35,36)
中空玻璃(测点37、38、39)挠度
Deflection of Insulating glass (Mcasuring Points:37,38,39)
单片玻璃(测点40、41、42)挠度
Deflection of Single glass (Mcasuring Points:40,41,42)

(3)测点31~42试验结果

图16　主受力构件面法线挠度与压力差关系曲线

4.3　试验结果

先后对试件施加 $50\%W_k$（$+2035Pa/-2155Pa$）、$100\%W_k$（$+4070Pa/-4310Pa$）的正负压差并持续 $10s$，试件无损坏发生，各受力构件挠度均小于允许挠度。

5　结语

从上述结论可以看出，模型计算结果和试验结果均能满足结构安全要求，但是从数据分析可以看出有限元模型结果会比试验数据更加保守，其结果应用到实际工程中更加安全。就此结果进行简单猜想：

实际工程设计放大了安全系数，使其结果偏保守。

因为整体有限元建模不能准确地表达单元耦合和单元间出现的半刚接情况，比如当装饰条位置立柱之间放置铝合金连接件，两侧通过螺钉固定到立柱上，设置此型材的作用是增强立柱在侧向风荷载作用下的稳定性，通过将其根部弯矩转化为力偶，从而加强连接件强度与型材局部承压强度。但是理论计算的时候只能选用最不利的情况对杆件端部进行释放并验算，所以计算结果会偏大。而实际试验中此部分连接会随着板块的整体位移而相对运动，其相对位移量或者说在风荷载作用下此部分的受力会被相邻板块分担，故实际试验结果数据相对偏小。在以后的项目中，进行整体有限元建模应该着重考虑这种特殊部件的耦合效应并进行具体分析，使结果更加趋于实际，并在保证安全的前提下尽量降低型材成本。

参考文献

[1] 中华人民共和国建设部. 玻璃幕墙工程技术规范：JGJ 102-2003［S］. 北京：中国建筑工业出版社，2003.

[2] 中华人民共和国建设部. 建筑幕墙：GB/T 21086-2007［S］. 北京：中国标准出版社，2008.

[3] 姚谏. 建筑结构静力计算实用手册［M］. 北京：中国建筑工业出版社，2014.

第五部分

工程实践与技术创新

大型近海博物馆建筑幕墙材料选择与构造分析

◎ 吴荫强[1]　戴松涛[2]　陈伟军[3]

1. 深圳市建筑工务署文体工程管理中心　广东深圳　518031
2. 深圳市建筑工务署工程管理中心　广东深圳　518042
3. 浙江江南工程管理有限公司　浙江杭州　311199

摘　要　近海建筑地处环境特殊、复杂，需要充分考虑台风、辐射、腐蚀等多重不利条件的影响，博物馆建筑作为满足文物收藏、社会服务等功能的重要公共建筑，建筑结构复杂，建筑造型新颖，社会关注度高。本文通过对深圳海洋博物馆在幕墙材料选择与构造分析等方面进行对比分析，在满足建筑方案效果、实现博物馆功能的前提下，寻求满足南海海洋类气候特点和博物馆建筑特点的幕墙材料，实现"双碳"目标的要求。

关键词　近海建筑；博物馆建筑；幕墙材料；构造分析

1　引言

2019 年 8 月，《中共中央国务院关于支持深圳建设中国特色社会主义先行示范区的意见》，明确了深圳全球海洋中心城市的定位，并将加快深圳建设全球海洋中心城市提上国家战略层面的议事日程。建设全球海洋中心城市，必须要有鲜明的海洋城市文化特色。深圳将从海洋生态环境保护和海洋文化意识培养两方面入手，全面落实海洋生态文明理念，促进陆海文化融合。深圳海洋博物馆项目的提出是突出深圳海洋城市特色，提升深圳海洋文化影响力和辐射力的重要体现，是助力深圳建设全球海洋中心城市的重要文化设施。

项目拟选址于大鹏新区龙岐湾新大片区，面朝龙岐湾，与海面近距离接触，作为近海的大型博物馆建筑，外立面幕墙材料与构造选择在满足博物馆建筑的美观、功能要求外，需重点关注防台风、防腐蚀、遮阳等方面的研究。

国内外学者对近海建筑混凝土结构耐久性设计方面进行了一些研究，但针对近海建筑，尤其是大型近海博物馆建筑幕墙材料的选型、构造分析研究等方面还比较少。在前人研究的基础上，结合相关规范，以深圳海洋博物馆项目为具体工程案例，系统研究幕墙材料选型与构造分析。由于该工程仍处于前期研究阶段，后期会根据具体的情况进行更加深入的分析，提出相关的处理措施，以期为同类工程提供借鉴与参考。

2　工程概况

深圳海洋博物馆总体定位为集收藏、研究、展示、科普等功能于一体的世界一流、体现深圳海洋中心城市标准与特色的国家级综合性海洋博物馆，将其建设成为海洋资源收藏展示中心、海洋文化传播中心、海洋科学研究中心。建成后的深圳海洋博物馆将代表深圳全球海洋中心城市形象、彰显深圳科技力量和城市建设品味，展现中国特色社会主义先行示范区风采，突显海洋知识科普和文化趣味体验，集文物收藏、展览展示、海洋科学研究与海洋意识教育于一体，全方位展示海洋历史、海洋自然、海洋科技和海洋人文的世界一流的国家级海洋博物馆。

项目暂定规划建筑面积约 10 万 m²，主要功能包括主展区、临展区、藏品保管保护区、社会教育区、综合业务与学术研究区、公共服务区六个功能区及配套用房。

拟选址位于深圳市大鹏新区龙岐湾新大片区（图1），南澳新东路以北，南澳新东路北侧，面朝龙岐湾，背靠七娘山。

图1　海洋博物馆选址位置

2.1　现状条件

深圳属于亚热带海洋性气候，气候温和湿润，雨量充沛，日照时间长。四季变化不明显，夏季长、冬季短。多年平均气温为 22.3℃，最高气温为 38.7℃，最低气温为 0.2℃，平均年日照时数为 2120.5h，太阳年辐射量 5225MJ/m²，多年平均相对湿度 79%。深圳地区雨量充沛，降雨量时空分布极不平衡，多年平均降雨量 1830mm。其中大鹏半岛一带降雨量普遍 2100mm 以上，汛期（4月～9月）降雨量占全年降水的 85%，属于短时强降水高发区。项目所在地属于暴雨高风险区域。项目所在地为两山之间的谷地，属于海水入侵较高风险区及地面沉降易发区。深圳处于广东中部沿海，平均每年有 1.5 个台风带来明显降雨，对社会生产和市民生活影响严重，如 1822 号台风"山竹"是 1983 年以来对深圳影响最严重的台风，深圳平均雨量 187.2mm，最大 338.6mm，12 级以上阵风持续 13h，造成严重社会经济损失，风暴潮和巨浪导致海堤等严重破损，要求本项目有抗超强台风的能力。

2.2　设计方案

通过国际竞赛招标，确定由 SANAA 事务所设计的"海上的云"为实施方案（图2），该方案结合基地本地文化、场地特色、海洋特质等因素精心打造，与大鹏山海环境浑然天成，建筑空间自由灵动，设计语言系统而纯粹。

灵动的界面内外交融。轻盈通透的界面材料，采用全透明、不透明与半透明三种材料叠加，在结构和逻辑上实现与公共空间、展陈空间、配套空间的精巧对位，虚实结合，构建光影交错、内外交互的空间体验。幕墙整体效果犹如轻纱覆盖，随环境与视角的流转产生无限变化，展现"云"的特质。

设计手法纯粹灵活。云朵转换成各种不同大小的半球形组合，既是结构又是空间。连续的无柱空间结构，使功能区相互独立又有机联系。内部形成自由流线，访客身在其中，犹如鱼群入海、洄游不息，创造出极具未来感的空间体验。同时，也使博物馆后期分阶段、分区域、分时段运营成为可能。

图 2 "海上的云"设计效果图

3 近海建筑的特点

海水的物理化学作用、腐蚀作用造成钢筋、金属幕墙、钢结构等锈蚀。南方地区经常受到台风的影响，在结构受力、防台风措施等方面需要专门加强。同时，近海工程施工作业，受自然条件的制约，一旦破坏其修复工作变得极为困难。沿海滩涂地区，建筑物建成后会常年遭受潮湿盐碱介质的腐蚀，尤其是建筑物幕墙作为建筑立面的外围护结构，吸附盐碱介质及受潮后，在亚热带气候影响下，长期经受太阳暴晒、台风、暴雨等侵蚀，易发生老化、锈蚀等，长期作用会影响建筑的观感，甚至会危及建筑物安全。

由于海水中含盐，风雨中夹杂的盐雾在建筑物表面沉积，盐分附着到幕墙材料表面或进入主体钢结构表面，受冷、热、干、湿等多种环境影响，使得金属幕墙材料基层或表面喷涂层产生膨胀、收缩而导致裂缝和疏松，主体结构构件亦会因海水中氯离子的渗入，在足够的水分和氧气情况下，产生电化学腐蚀，影响主体构件的耐久性和安全性。在方案设计、施工图设计等前期阶段，充分评估各种材料的优劣，结合项目的特点、所处环境的特殊性，选择性价比更高的幕墙材料，并结合相应的构造措施，是提高建筑品质最有效、最经济的措施。

博物馆建筑作为满足博物馆收藏、保护并向公众展示人类活动和自然环境的见证物，开展教育、研究和欣赏活动，以及为社会服务等功能需要而修建的公共建筑。

以深圳海洋博物馆为工程案例，近海建筑因氯离子、大气腐蚀等因素影响其立面美观、结构安全、耐久性等。幕墙材料的选择是结构设计中的一个重要部分，合理的幕墙材料和构造形式可以减少多种因素对外立面的腐蚀，因此根据耐久性规范的要求和国内外耐久性研究加以分析，提出近海类大型博物馆建筑幕墙材料选型和构造分析的一些探讨，以期在工程实施阶段得到最优的方案。

4 主要幕墙材料选型与构造分析

近年来随着现代建筑表皮的更新，对大型公共建筑实行个性化设计，建筑幕墙作为公共建筑重要的专项工程，既要满足结构安全的要求，又要满足建筑个性展示的需求，通过大尺度来实现建筑的通透性，这对建筑及结构本身具有一定的挑战，如何以全寿命周期的理念为指导去做好管理，促进建筑五大性能的实现，是值得从业者思考的问题。

4.1 金属幕墙材料的选型分析

建筑幕墙方案采用 15 个相连接的半圆形球体，如图 3 所示。球面造型构造除钢结构外主要为夹层玻璃及铝制金属张拉网，透明自然光部分、不透明金属板部分和屋盖悬挑部分实现渐变自然过渡。

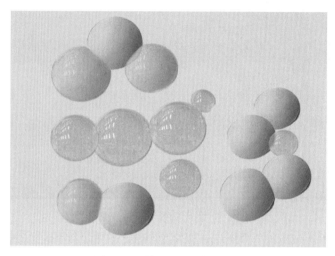

图 3　透明与不透明建筑幕墙

（1）透明自然光部分

球体的网格结构为 4.2m 跨度之间进行 3 段分隔，以进行玻璃框架的设置，并且利用此玻璃框架结构，设置支撑上方金属张拉网的次级结构，如图 4 所示。圆棒状的金属结构上以铰接方式设置可旋转金属扣件，使金属张拉网能够适应不同角度的接续，让施工变得更为简易。

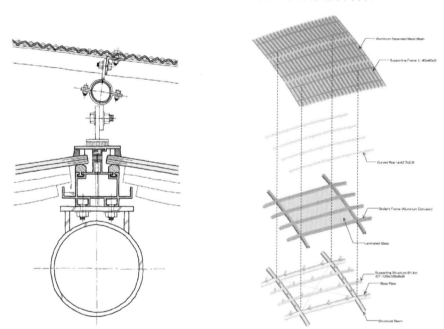

图 4　透明自然光节点构造

（2）不透明金属板部分

金属板上设小型的凸起构件，从这些构件上设置金属张拉网的连接件，这样可以使支撑材质的用钢量减少，使得细部更加经济合理（图 5）。

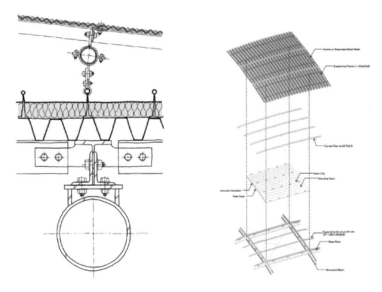

图 5 不透明金属板节点构造

金属板材可做成平面、单曲面、双曲面等复杂的异型板，可通过相关措施使弧度稳定。金属板材的表面处理工艺常见有粉末喷涂、氟碳喷涂、阳极氧化、电镀层。因深圳气候特点，对金属防腐、屋面板的抗风性能控制应作为重点考虑。表1是钛锌板、钛合金板、阳极氧化铝板、铝镁锰板、铜板的性能对比。

表 1 不同屋面板材料的性能对比

序号	项目	钛锌板	钛合金板	阳极氧化铝板	铝镁锰板	铜板
1	耐腐蚀性	依靠本身形成的碳酸锌保护层保护，可防止面层进一步腐蚀	优异的抗腐蚀性，质量轻、强度大，加工性能好	铝合金具有良好的氧化性和耐腐蚀性，表面预辊涂氟碳油漆可保护本身抗腐蚀能力强的铝合金基材	密度小、比强度高、散热性能好、弹性模量小、刚性好、抗电磁干扰、电磁屏蔽性好	铜板是一种高稳定、低维护的屋面和幕墙材料，铜板环保、使用安全、易于加工并极具抗腐蚀性
2	耐久性	80 年	100 年	50～100 年	50 年	100 年
3	价格（元/m²）	1500～2500	3000～4000	400～600	200～500	4500 以上
4	颜色	氟碳烤漆（可选颜色）	金属本色（可选样式少）	色彩丰富（阳极氧化）	氟碳烤漆（可选颜色）	颜色单调
5	备注	耐久性好，但造价较高，需进口，且供货周期长	纯钛板价格高，常以钛合金或钛复合板使用	国外进口	较常见金属材料	耐久性好，但造价较高

阳极氧化是一种电化学反应，在铝的表面生长出一层可控厚度的透明氧化层，其化学成分是三氧化二铝，与氧生成强有力的化学键，使得氧化铝在氧化物中有较高的硬度，致密而坚固，表面分子永远不会发生转换，稳定性高，耐腐蚀性和耐候性极佳。氧化铝若因外力损伤穿透到铝基材，铝基材会自然生成保护性氧化层而自愈，从而确保损伤点不会继续蔓延，因此氧化铝不会出现开裂、粉化、脱皮等现象。根据铅笔硬度测试，$20\mu m$ 的氧化层表面铅笔硬度可达 9h 以上，这样的高硬度和致密性可以保护铝板在沿海环境中不受腐蚀。

而涂装工艺需要先涂底漆或增黏剂，在铝板上形成中间层，再把涂层喷涂上去，这类工艺存在易腐蚀的内在空间。由于高分子树脂涂层化学结构不稳定，导致耐候性差，经过紫外线的照射后发生分解，从而出现开裂、表面粉化和脱皮现象。

阳极氧化铝板作为高强度、质量轻、易成型的建筑装饰材料，与其他幕墙相比，阳极氧化铝板具备更多颜色及优美纹理的选择，丰富了建筑幕墙的艺术表现力，优化了建筑幕墙的性能，可满足各类建筑物的造型与需求，为建筑师提供了全新的解决方案。

4.2 玻璃幕墙材料的选型分析

为实现大型透明球体效果，可采用平板拟合、冷弯圆柱面、热弯双曲面等方式，如图6所示。为此收集了各方式的性能对比，见表2。双曲玻璃成品率较低，加工制作和施工难度较大，且价格昂贵，从技术、工期及成本上考虑，可"以平代曲"或"以单曲代双曲"，技术及经济性更优。作为大型透明球体，阳光可透过玻璃直射室内空间，大大提高了室内温控费用，为此可考虑三银产品玻璃，三银是通过在膜层中分开设置三个银层，通过控制银层的厚度和间隔，利用光学干涉原理，实现高的可见光的透过和强的红外线（热量）的阻挡效果。从而实现了高可见光透过比、低遮阳系数和较低的可见光反射比。三银产品的红外总热透比（Gir）仅4%左右，是双银的1/2～1/3，单银的1/8。

图6　平板拟合、冷弯圆柱面及热弯双曲面示意图

表2　不同玻璃幕墙拟合方式

项目	平板拟合	冷弯圆柱面	热弯双曲面
几何连续性	折板现象	切向连续性高	几何连续性最高
可加工性	工艺简单	幕墙框架工艺复杂	玻璃以及框架工艺复杂
镀膜兼容性	任何"膜系"	可钢化"膜系"	"膜系"限制严重
尺寸限制	规范限制<2.5m²	规范限制<2.5m²	规范限制<2.5m²
费用	费用低	费用略高	费用高
玻璃单价	800～950 元/m²	3500～4500 元/m²	6500～7500 元/m²

考虑到节能、安全、低辐射等因素，玻璃幕墙通过夹胶、中空充氩气、低铁半钢化超白玻、SGP等措施的复合，实现节能、安全、低辐射功能。钢化玻璃自爆率3‰，超白玻璃自爆率可降低为万分之一，玻璃匀质处理后基本无自爆，安全节能性能更优。

4.3 幕墙承重结构的选择

针对该项目所处的复杂环境条件和幕墙承重结构的重要性，除考虑传统的钢结构材料外，在方案比选阶段，针对幕墙结构立面造型、耐腐蚀性、超强抗台风、后期的维修保养成本等影响因素，对耐候钢、铝结构等进行对比分析。

（1）耐候钢

又称耐大气腐蚀钢，在低合金钢成分基础上添加了适量铜、铬、镍等合金元素，使钢材表面形成致密和附着性强的保护膜，保护锈蚀层下面的基体不受锈蚀，以减缓其腐蚀速度，作为建筑钢结构可以免涂装使用，降低钢结构工程的全寿命成本。耐候钢的裸露使用可省去涂料涂装及其后续维护，具有显著的经济性和环境友好特征。耐候钢表面形成稳定的防护性锈蚀层后具有独特的美感。因此，以镍系高耐候钢为首的各种耐候钢，已经被应用于工程中，具有耐锈蚀、省工降耗等特点。

（2）铝结构

耐腐蚀性能好，可终身免维护；铝材质感细腻；挤压成型的构件平整度高，建筑表现力强。特别适用于展示建筑造型轻盈通透效果的场合，如大跨采光顶、自由曲面等。结构与建筑表皮系统一体化，无须龙骨框料的转接，构造层次简洁清晰，建筑表达轻盈、灵动。铝材特有的耐腐蚀性能，决定了其在服役期间基本无材料腐蚀损耗，循环回收率可达到90％以上。据统计，再生铝生产比生产原铝减少91％二氧化碳排放量，环保效益十分显著，铝材是典型的节能绿色环保建筑材料，符合国家"碳中和"发展方向。

但是铝结构在温度达到250℃时，结构的强度会比要比原来的强度要降低很多，在铝结构的温度达400℃时，铝结构会完全丧失其原有的强度。因此，在进行全铝幕墙承重结构选择的设计时，应重点考虑铝结构防火，并进行建筑消防安全专家论证。

4.4　幕墙排水构造

为应对近海建筑面临的台风、暴雨等自然条件，经比选建议采用直立锁边系统。直立锁边金属防水屋面系统是通过带肋的金属板互相咬合，从而达到防水目的的一种新型的、先进的屋面系统。其主要结构形式是：首先将T形固定座（一般为铝合金材质）固定在主结构檩条上，再将屋面防水板扣在固定座的梅花头上，后用电动锁边机将屋面板的搭接扣边咬合在一起。直立锁边系统属新兴的防水技术，具有固定方式先进、温度变形自由伸缩、抗风压性能好、耐腐蚀性好及灵活的现场生产方式等特点，保证了其致密防水的功能，并且由于板肋直立，排水截面比普通板大，更能保证屋面板在横向倾斜情况下的防水性能，因而是一种先进的屋面防水系统，防水性能优异。

5　结语

深圳海洋博物馆是定位于深圳海洋中心城市标准与特色的国家级综合性海洋博物馆，幕墙材料的选择是结构设计中的一个重要部分，作为大型近海建筑，外立面幕墙材料需考虑防台风、遮阳、防腐蚀等多重不利条件的影响。本文基于对近海建筑幕墙材料等方面的选择研究，在满足建筑方案效果、实现博物馆功能的前提下，提出近海类大型博物馆建筑幕墙材料选型和构造分析的一些探讨，以期在工程实施阶段得到最优的方案，同时可为类似工程项目提供借鉴与参考。

参考文献

[1] 叶建，谭江蜀，游宇，等. 复杂曲面菱形玻璃幕墙施工技术［J］. 建筑机械化，2021，42（09）：36-39.

[2] 白璐敏. 建筑工程中的玻璃幕墙节能技术研究［J］. 房地产世界，2021（15）：76-78.

[3] 王志坤. 耐候钢的特点及在建筑物中的应用［J］. 山西建筑，2018，44（10）：91-92.

[4] 刘涛. 钢铝组合结构在幕墙设计中的应用分析［J］. 门窗，2014（06）：54-55.

成都龙湖单层索网幕墙设计存在的问题及解决方案介绍

◎ 邓波生 董 媛

深圳广晟幕墙科技有限公司 广东深圳 518029

摘 要 本文介绍了成都龙湖单层索网幕墙工程在初设阶段存在的问题以及解决办法，列举了一些在单层索网幕墙设计过程中可能出现的理解误区，阐述了单层索网幕墙的设计概念。文末简单介绍了施工阶段的结构分析。

关键词 单层双向索网幕墙；单层单向索网幕墙；倾斜幕墙

1 引言

单层索网幕墙由于具有通透、简洁的优点，受到越来越多业主和建筑师的青睐，广泛运用在建筑幕墙领域。然而单层索网幕墙与传统的幕墙结构有很大的区别，如果用传统结构思维去进行设计，可能会出现一些问题，留下安全隐患或影响幕墙正常使用，又或结构设计得不够经济合理。本文通过展现问题及解决问题的方式简单阐述了单层索网幕墙的一些设计概念，与同行们一起探讨。

2 工程概况

本工程为成都龙湖商业裙楼一处大空间的幕墙结构。本结构的平面形状为三折面，大面宽度26.35～30m，两侧窄面宽度约5.8～6.8m，其中有一侧窄面为外斜幕墙，外倾角度6.95°；幕墙的高度约31m，总宽度38m。幕墙系统为点式玻璃幕墙，玻璃分格为宽×高＝2250mm×2700mm，采用10＋1.52PVB＋10超白钢化夹胶玻璃，夹具为菱形球铰夹具。本系统的幕墙面积约为1400m²。幕墙底部坐落在外挑约8m的混凝土结构上，顶部为跨度约30m的主体钢桁架；基本风压0.30kN/m²，地面粗糙度类别B类，抗震设防烈度7度，基本地震加速度0.10g，设计地震分组第三组，最大设计温差80℃（图1～图4）。

3 原方案介绍

本工程的初设方案由不锈钢拉索的供应商提供，采用单层单向拉索结构形式，即仅在玻璃竖向分格位置布置竖向拉索，其中大面12根，两侧的折面各2根，总共16根竖索，索的间距2.25m；大面中部7根竖索直径为φ48mm，其余部位直径为φ60mm。拉索的材质为316不锈钢。竖索底部支座位于主体标高11.350m混凝土悬挑平台处，顶部支座位于38.780m标高主体钢桁架下的弦杆上。

φ60mm索的最小破断拉力为2374kN，预拉力为640kN，基本组合下最大拉力为959kN；φ48mm索的最小破断拉力为1539kN，预拉力为230kN，基本组合下最大拉力为574kN。索网的挠度控制数据为：大面中部索的挠度为1/49，大面的边部及两个窄面索的挠度约1/100。

图 1 本工程效果图

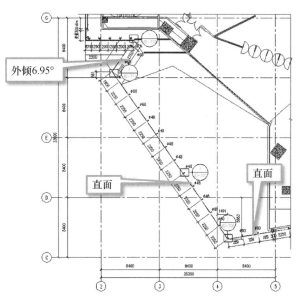

图 2 结构平面图

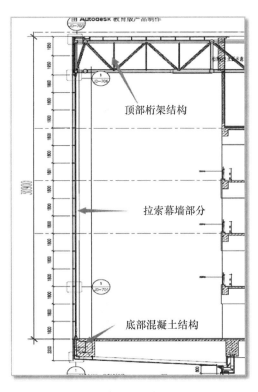

图 3 直面部位剖面图

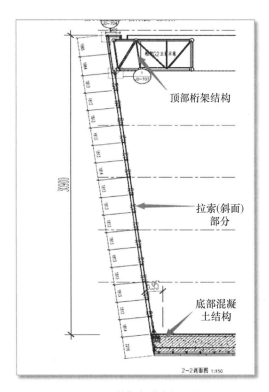

图 4 外倾部位剖面图

4 原方案存在的问题

4.1 大部分的索挠度控制过严

原方案为了满足玻璃板角位移不大于 8° 的要求（夹具的最大允许变形角度），边部及窄面的挠度控制得非常严，达到 1/100，远小于规范限值 1/45，这是不合理的。单索为大变形结构，只有产生比较大的变形后才能提供稳定可靠的水平刚度。变形如果控制过严，索的实际水平刚度与理论计算值会有

233

比较大的出入，支座的微小位移、自身的松弛都会明显降低其水平刚度，使实际变形比设计师预期的高，导致玻璃板块破坏。

单索的力学模型同桁架，变形限值表达的是其在工作状态下的矢高，类同桁架矢高，即跨高比的倒数，取值应在合理范围之内。以个人工程经验看，不宜超出 1/60，越接近 1/45 越好，越能发挥出索的性能，索的工作状态越稳定。

4.2　索直径过大

原方案为了控制挠度，只能加大索的预拉力，从而加大了索的直径，这其实降低了结构的整体安全性。

与传统结构不同，单索结构，索的截面应该本着'够用即好'的原则来确定，并不是简单地加大直径就能提高安全度。相反索直径越大，产生的温度荷载越大，对支座、埋件、支承结构这些关键部位造成很不利的影响。索自身的安全度是很高的，且有变形后卸载的特性，结构安全的控制点往往在支座区域，索网结构在满足位移要求的前提下做得柔一些，减小支座反力，反而可以使结构的整体安全性更高。

单层单向索网结构，在常规风荷载和常规玻璃分格的情况下，索直径可由经验公式粗略估算：索直径＝跨度＋20mm，以本工程为例 27＋20＝47mm，方案选用的 ϕ60mm 直径的索明显过大了。

4.3　无法传递地震作用

单层单向索网结构，平面内水平方向被玻璃板块约束，变形能力是很差的，无法产生比较大的位移则无法传递水平荷载，地震力只能通过玻璃板块之间进行传导，导致板块之间发生折线变形，当变形超出角位移限值后爪点部位将发生破坏。如何可靠传递平面内的水平地震力往往是单层单向拉索幕墙设计时容易忽略或者有意回避的问题。按个人理解，若拉索的跨度不大（10m 之内）时，可以通过玻璃板块来传递；当拉索跨度比较大时，应该考虑增加平衡索来减小竖索在平面内的跨度。本工程位于成都，发生地震的概率还是比较高的，应该采取措施保证地震力能可靠传递，否则会影响结构的安全性或影响幕墙的正常使用。

4.4　原方案的计算模型过于简化

原方案计算模型只建立了索的模型，没有包含支承索的主体结构，所有支座均为固定铰支座，计算结果不够准确。

单索是对支座位移敏感的结构形式，本工程竖索的下支座为悬挑 8m 的混凝土梁，上支座为跨度 30m 的钢桁架，都并非是刚度很好的支承结构，所以应将周边结构共同建模进行整体分析，否则计算出来的索截面是偏小的。

5　限制条件和遇到的困难

基于原方案存在以上多个问题，需要提出解决方案。但当我公司接手深化任务时，工程已经接近尾声，构思新方案时需要考虑以下三个不利条件。

（1）主体结构已经完工。主体结构按原方案提供的支座反力进行设计，并已部分施工，未施工的也已加工完成并运输到场，要尽量选择对原结构影响小的方案。

（2）建筑师希望尽量保持原方案的外立面效果，不希望有大的变动。一些实施起来很简单对主体结构没有影响，但对建筑影响比较大的方案不能考虑，如改为鱼腹索桁架、跨中增加钢板梁等方案被排除了。

（3）完工在即，工期紧张，新的方案要力求简单。

6 解决方案

以上限制条件是互斥的，需要寻找各方面都能接受的平衡点。对比了多个方案后我们采取了以下几条改造措施。

（1）将单层单向拉索体系改为单层双向拉索体系；

（2）正立面：减小竖索的直径，$\phi 60$mm 和 $\phi 48$mm 的竖索统一改为 $\phi 42$mm；增加 5 道 $\phi 28$mm 的横索（间隔一个玻璃分格布置），形成竖强横弱的单层双向索网结构。弱化横索的目的是降低对角柱的负担。

（3）两个侧面：减小竖索的直径，原 $\phi 60$mm 的竖索改为 $\phi 28$mm，同样增加 5 道 $\phi 28$mm 的横索，虽然横竖索直径相同，但横索跨度远小于竖索，所以两侧面属于横强竖弱的单层双向索网结构；对于外倒 $6.95°$的斜面，自重作用下幕墙会外鼓，一般并不适合采用单索结构，但增加横索后，索的跨度由 27m 减小为 6m 左右，外鼓变形明显变小，可通过爪件的调节量来找平，外观依然可以保持平整（图 5 和图 6）。

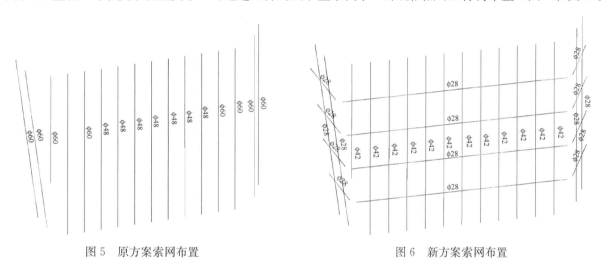

图 5　原方案索网布置　　　　　　　图 6　新方案索网布置

（4）降低索的预拉力。索的预拉力取为索最小破断拉力的 $25\%\sim30\%$，此范围预拉力可以最大限度地发挥出索性能，强度和挠度基本可以同时达到规范限值。

（5）对角柱进行加强。角柱承担屋面及所有竖索的荷载，非常重要。原设计是按轴压构件计算的，增加横索荷载后成为压弯构件，必须进行加强。由于新方案整体上采取的是竖强横弱的内力分布，有意降低了横索内力，角柱增加的水平荷载不太大，避免了采用组合桁架这种对建筑外观影响比较大的加强方式，而可采用增加 T 形截面形成组合柱方式，最大限度地减少对外观的影响。（图 7）

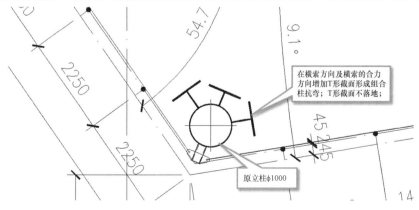

图 7　角柱加强措施

235

（6）计算时将周边主体结构共同建模进行整体分析，获得较为精确的结果；除了设计阶段需要考虑主体位移外，施工阶段确定索的下料长度、螺栓的有效调节范围、爪点预起拱量和计算索各张拉阶段的内力，同样需要考虑主体结构变形的影响。MIDAS 计算模型如图 8 所示。

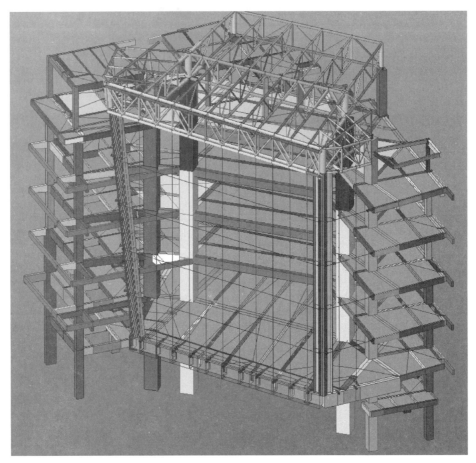

图 8　MIDAS 计算模型

（7）对玻璃板块进行包含支座位移工况的受力分析；单层索网的大变形对玻璃板块产生两个不利的影响：① 边部板块产生最大的角位移，节点构造要能适应；② 四角的板块产生最大的翘曲，结构计算及节点构造要能适应。如果存在尺寸比较小，或者形状不规则的板块，还要单独进行分析考虑（图 9）。

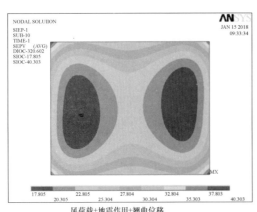
风荷载+地震作用+翘曲位移

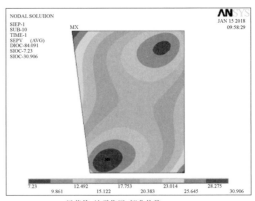
风荷载+地震作用+翘曲位移

图 9　考虑翘曲工况的玻璃验算

（8）新方案的计算结果

预拉力： $\phi 28$ 索 $N=544.63\times25.7\%=140\text{kN}$，

        $\phi 42$ 索 $1314.41\times(22.8\%\sim29.7\%)=300\sim391\text{kN}$，

强度验算： $\phi 28$ 索 $N=244.1\text{kN}<544.63/2=272.3\text{kN}$，

        $\phi 42$ 索 $N=527.1\text{kN}<1314.41/2=657.2\text{kN}$；

索的挠度验算：竖索 $v_{max}=534/27430=1/51.5<1/45$，

 边部横索 $v_{max}=[134-(19+6)/2]/6144=1/50.6<1/45$，

索的强度、挠度均满足规范要求，地震力能可靠传递，整体变形情况平滑过渡，结构比较合理可靠。标准组合下索的水平位移如图10所示。

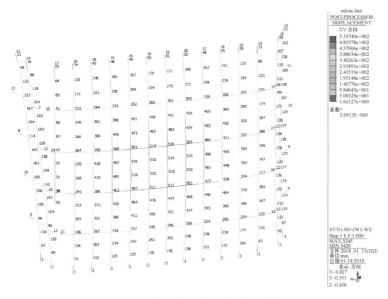

图10 标准组合下索的水平位移（单位 mm）

7　施工阶段分析

单索结构还需进行一些必要的施工阶段分析，此处进行简单介绍。

7.1　爪点预起拱量计算

拉索张拉后，上部钢桁架向下变形，下部混凝土结构向上变形；安装玻璃后，在板块自重作用下拉索伸长导致爪点向下位移，同时主体结构也产生二次变形；多种变形情况叠加在一起后，最终导致幕墙的横缝标高发生偏移，影响外观。所以较大型的索结构应该对爪点标高进行预先起拱。以安装爪点时的结构受力工况作为起点，玻璃安装完毕为终点，计算各爪点的竖向位移，作为起拱值（图11）。

7.2　张拉施工时的预拉力计算

拉索一般分三～四级张拉，每级张拉过程中，后张拉的索会影响已张拉索的内力，需要反复调整才能达到设计要求，效率是很低的。设计师可以把张拉完毕作为计算起点，开始张拉作为计算终点，以倒叙的方式逐根减少拉索预拉力，可以反算出其余位置拉索的内力，从而得出每根拉索实际需要施加的预拉力值，按此方法进行张拉基本上一次张拉即可达到设计要求，提高了施工效率。

以第二阶段的张拉为例，张拉顺序从左到右的，深色格内为施工时施加在每根索的预拉力，此值并非设计预拉力。张拉过程中相邻索的内力在不断变化，表格中的数据列出了索内力的变化过程。当本级全部张拉完毕后，每根索的内力都变化到设计要求的数值（表格最底部一行）。拉索编号如图 12 所示，第二阶段拉索张拉内力值如图 13 所示。

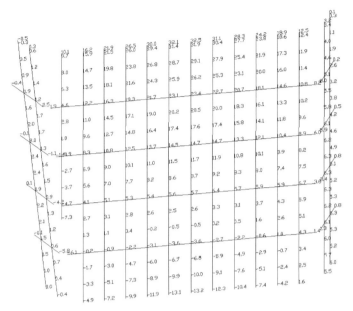

图 11　玻璃爪点预起拱值（单位 mm）

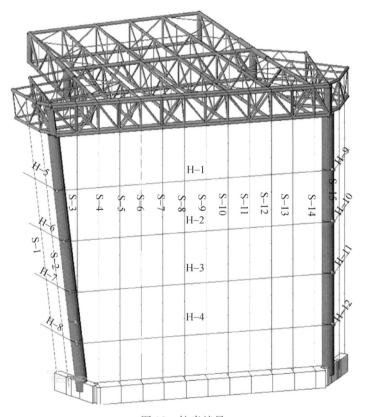

图 12　拉索编号

第2阶段拉索预拉力(50%预拉力)																												
索编号	S01	S02	S03	S04	S05	S06	S07	S08	S09	S10	S11	S12	S13	S14	S15	S16	H01a	H01b	H01c	H02a	H02b	H02c	H03a	H03b	H03c	H04a	H04b	H04c
1	177	105	103	105	105	105	105	105	137	138	137	139	49	49	50	51	46	48	50	48	49	50	49	47	49	46	48	51
2	177	172	99	101	102	102	103	103	136	137	137	138	49	49	50	51	46	48	50	48	49	50	49	47	49	46	48	51
3	172	172	167	97	99	98	100	100	134	135	136	136	49	49	50	51	46	48	50	48	49	50	49	47	49	46	48	51
4	168	168	167	163	95	96	97	98	132	134	135	135	49	49	50	51	46	48	50	48	49	50	49	47	49	46	48	51
5	164	164	164	163	159	92	96	95	131	133	134	134	49	49	50	51	46	48	50	48	49	50	49	47	49	46	48	51
6	161	161	160	161	159	157	93	94	129	132	133	133	49	49	50	51	46	48	50	48	49	50	49	47	49	46	48	51
7	158	158	157	158	157	157	154	91	128	130	133	131	49	49	50	51	46	48	50	48	49	50	49	47	49	46	48	51
8	156	156	155	156	155	156	154	154	126	129	132	131	49	49	50	51	46	48	50	48	49	50	49	47	49	46	48	51
9	154	154	153	154	153	154	153	154	197	128	132	129	49	49	50	51	46	48	50	48	49	50	49	47	49	46	48	51
10	152	152	151	153	151	153	151	153	197	198	131	129	49	49	50	51	46	48	50	48	49	50	49	47	49	46	48	51
11	151	151	150	151	151	151	151	151	197	198	197	127	49	49	50	51	46	48	50	48	49	50	49	47	49	46	48	51
12	150	150	150	150	150	150	150	150	197	198	197	197	49	49	50	51	46	48	50	48	49	50	49	47	49	46	48	51
13	150	150	150	150	150	150	150	197	197	197	197	197	70	49	50	51	46	48	50	48	49	50	49	47	49	46	48	51
14	150	150	150	150	150	150	150	197	197	197	197	197	70	70	50	51	46	48	50	48	49	50	49	47	49	46	48	51
15	150	150	150	150	150	150	150	197	197	197	197	197	70	70	70	51	46	48	50	48	49	50	49	47	49	46	48	51
16	150	150	150	150	150	150	150	197	197	197	197	197	70	70	70	70	46	48	50	48	49	50	49	47	49	46	48	51
17	150	150	150	150	150	150	150	197	197	197	197	197	70	70	70	70	88	78	86	38	45	42	44	44	45	42	45	45
18	150	150	150	150	150	150	150	197	197	197	197	197	70	70	70	70	79	74	78	78	75	78	37	42	39	39	43	40
19	150	150	150	150	150	150	150	197	197	197	197	197	70	70	70	70	75	72	75	74	72	74	72	71	72	37	42	38
张拉完毕	150	150	150	150	150	150	150	197	197	197	197	197	70	70	70	70	70	70	70	70	70	70	70	70	70	70	70	70

图 13　第二阶段拉索张拉内力值

8　结语

单层拉索幕墙是柔性的结构体系，与传统结构相比有本质上的区别，对此特点应有比较清晰的认识，帮助我们设计出更加安全和经济的作品。

参考文献

[1] 中华人民共和国住房和城乡建设部. 建筑结构可靠性设计统一标准：GB 50068—2018 [S]. 北京：中国建筑工业出版社，2018.

[2] 中华人民共和国建设部. 玻璃幕墙工程技术规范：JGJ 102—2003 [S]. 北京：中国建筑工业出版社，2003.

[3] 中华人民共和国住房和城乡建设部. 建筑结构荷载规范：GB 50009—2012 [S]. 北京：中国建筑工业出版社，2012.

[4] 中华人民共和国住房和城乡建设部. 索结构技术规程：JGJ 257—2012 [S]. 北京：中国建筑工业出版社，2012.

"超级总部"天音大厦的超级品质幕墙设计

◎ 邓军华　盖长生　彭赞峰

深圳市方大建科集团有限公司　广东深圳　518057

摘　要　天音大厦是深圳湾超级总部基地的标志性建筑之一，本项目幕墙工程设计充分体现了"超级总部"在设计、选材、工艺等方面的"超级"精致、完美的追求。

关键词　超级总部；幕墙；高品质

1　引言

　　天音大厦，位于深圳市南山区白石支二街与洲湾二街交会处，是深圳湾超级总部基地的标志性建筑之一。本项目为超高层公共建筑，建设用地面积约 1.5 万 m²，总建筑面积约 14.7 万 m²，由 A、B 两栋塔楼、C 栋文化中心、D～G 独栋商业裙楼建筑组成（其中 A 塔约 32 层，建筑高度约 155m；B 塔约 21 层，建筑高度约 107m；文化中心 10 层，建筑高度约 57m；独栋商业裙楼建筑高度约 25m）。全部建筑为集办公、商业、通信机楼、文化设施等多种业态综合体。天音大厦效果图如图 1 所示。

图 1　天音大厦效果图

　　深圳湾超级总部基于"总部＋生态＋文化"三大主题，着力构建集全球总部聚集区、都会文化高地、国际交流中心、世界级滨海"客厅"为一体的未来城市典范。建成后的天音大厦，将与其他大型企业总部大楼聚合成具有强大势能的地标建筑群，成为深圳湾最亮丽的风景线。

　　本项目建筑造型复杂多变，幕墙系统种类较多。设计中不乏造型独特的装饰构件、超大板块的应用，对幕墙制作工艺水平要求非常高。特别是在"超级总部"的定位下，本项目给幕墙设计及施工等各个环节都带来了极大的挑战。

2　幕墙系统概述

本工程采用成熟的幕墙系统工艺，幕墙的系统设计、结构安全、材料选用、节能及消防等方面均满足国家及地方的相关规范要求。

两栋主塔楼分别在不同的楼层设计了空中花园和空中大堂，将超高层建筑设计成堆叠的立方体形式。裙楼的特点是由几个不同尺寸的较小的单元组成，风格与塔楼遥相呼应。沿着道路的一层部分提供了零售空间，而二楼的画廊被设计成一条公共林荫道，丰富了广场空间的多样性体验，增添了城市魅力。

2.1　幕墙系统分布

建筑设计将本项目的幕墙构件设计为现代智能"手机"的造型，每个单元窗体都由金属轮廓与玻璃面板构成，与智能手机的外观非常相似，充分体现了天音通信有限公司的业务特点。本工程主要以"欧标"单元式幕墙系统为主，裙楼局部位置采用框架幕墙系统。主要幕墙系统分布如图2所示。

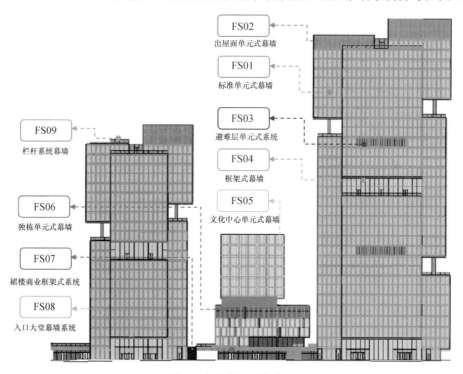

图2　建筑幕墙系统分布

2.2　主要幕墙系统设计

2.2.1　标准单元式幕墙系统

标准单元式幕墙系统位于主楼标准层，层高4.5m（局部两层通高，高度9m），单元横向分格为2.25m。幕墙采用全明框设计，单元体四周边框为3mm造型铝板，玻璃四周有一圈一体式铝合金格栅可视玻璃采用HS10（超白）＋2.28PVB＋HS10（超白）＋12A＋TP12mm（超白）双银Low-E半钢化夹胶中空玻璃及背衬2mm厚氟碳喷涂铝板。幕墙支承构件为6063-T6铝合金型材，型材表面采用氟碳喷涂处理（图3）。

为了满足建筑的通风换气要求，单元体内含隐藏式内开铝平开窗（位于玻璃四周的铝合金格栅后侧），如图4和图5所示。开启窗采用平开窗形式，窗扇与窗框侧边采用隐藏式合页连接。由于窗体宽度尺寸较小，所以窗扇由前后两片型材组合而成，"顶底"部分以铝合金型材封口。所有连接以及组框角部均采用局部加强措施，保证结构安全。

幕墙与主体的连接采用成熟的单元式挂接系统，预埋件选用进口槽式预埋件，支座部分为铝合金型材，满足三向六自由度调节。

尺寸：2250mm×4500mm
质量：910kg

尺寸：2250mm×9000mm
质量：1850kg

图 3　标准单元板块效果图

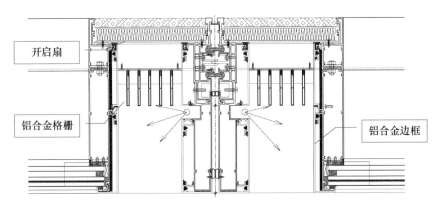

图 4　标准单元式幕墙横剖节点图

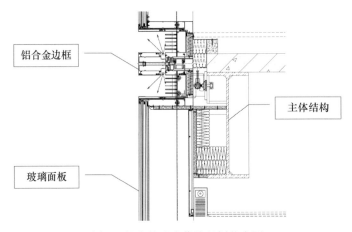

图 5　标准单元式幕墙竖剖节点图

2.2.2　超大单元式幕墙系统

本系统的幕墙构造形式与标准单元式幕墙基本类似，四周为全明框铝合金单元式玻璃幕墙，单元板块中间增设两道竖向分格，采用隐框设计。单元板块类型分为单层（4350mm×4800mm）和两层通高（4350mm×10200mm）两种，如图6所示。

在面板配置、表面处理、保温及防火等方面与标准单元式幕墙系统均保持一致。

尺寸：4350mm×4800mm
质量：1740kg

尺寸：4350mm×10200mm
质量：3540kg

图6　超大单元板块效果图

2.2.3　塔楼空中花园框架幕墙系统

大堂采用钢立柱通高外包铝型材、竖明横隐框架系统，玻璃面板采用HS10（超白）＋2.28PVB＋HS10（超白）＋12A＋HS10（超白）＋2.28PVB＋HS10（超白）双银Low-E双夹胶中空半钢化玻璃；吊顶面板采用3mm铝板开缝挂接系统，铝板边框采用通长铝合金型材，加强筋通过结构胶与铝板固定，加强筋与铝板边框固定。幕墙与主体结构楼板间的空隙用200mm厚防火岩棉＋1.5mm厚镀锌钢板封堵。空中大堂节点图如图7所示。

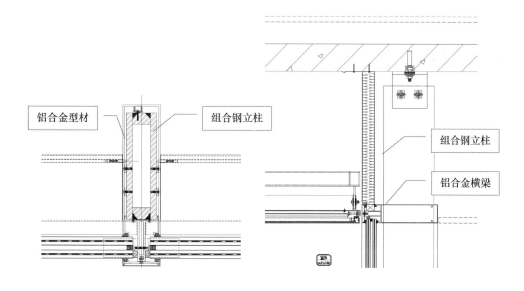

图7　空中大堂节点图

2.2.4 塔楼移动幕墙系统

本系统位于塔楼出屋面位置。根据擦窗机工作需要，设计有移动单元式幕墙系统，可将对应位置的幕墙面打开。

可移动幕墙主要由单元式幕墙板块、钢附框（单元板块的支承结构）、驱动电机及导轨等部分组成。单元板块固定于钢附框之上，其顶部和底部均设置有驱动电机。可移动幕墙的导轨分为横向和纵向两部分，使得单元板块可在 X 方向和 Y 方向移动（图8和图9）。

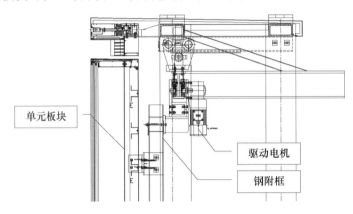

图 8 移动幕墙顶部节点图

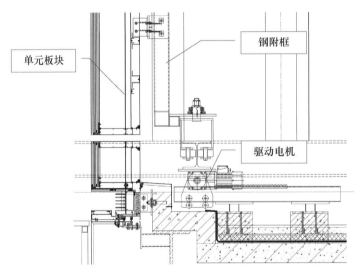

图 9 移动幕墙底部节点图

可移动幕墙工作时，首先由位于板块底部驱动电机带动幕墙延纵深方向移动，使单元板块移动到距室内侧一定距离，再由位于板块顶部的驱动电机带动幕墙左右移动，从而实现幕墙的开启。

3 项目重难点

本项目体量最大的系统是单元式幕墙系统，系统中既有超大尺寸的单元板块，也有对制作工艺要求极高的弧形铝板及格栅造型，因此弧形构件设计既是本项目的难点也是本项目的亮点。另外，幕墙采用"欧标"单元式构造，因此幕墙的防排水设计也是本项目的难点之一。

3.1 弧形铝板边框设计

单元板块弧形铝板造型为整体铝板，铝板造型外观尺寸较大，以塔楼标准单元板块为例，铝板造型外观尺寸为 2234mm×4484mm，需要通过铝板切割、刨槽、折弯、拉弯、焊接、种钉、打磨、喷涂等步骤实现铝板造型的加工，其难点在于转角弧形铝板与直线铝板的拼接、折边 R 角处理以及焊接后的打磨平整（图 10）。

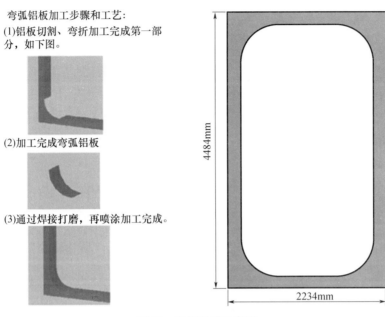

弯弧铝板加工步骤和工艺：
(1)铝板切割、弯折加工完成第一部分，如下图。

(2)加工完成弯弧铝板

(3)通过焊接打磨，再喷涂加工完成。

图 10 铝板造型示意图

针对以上设计要求，我公司经过多次打样和研究分析，并多次修改工艺方案，逐步克服了铝板造型制作上的各种问题，但仍与业主的高品质要求有一定差距，主要问题如下。

（1）转角弧形造型无法采用折弯机整体实现，单独加工成弯弧板后焊接，焊缝较多且焊缝位置易变形，平整度难以保证；

（2）平面段铝板尺寸较大且背部无加强筋，整体板块易变形，安装精度难以保证；

（3）单元板块组框完成后铝板造型四周卡接到型材上，精度要求较高，若铝板变形则对安装质量造成较大影响（图 11 和图 12）。

图 11 铝板造型样品一

为达到业主极致的品质追求，我公司提出了用铝合金型材代替铝板的方案。新方案中，造型整体采用铝合金型材拼接，转角位置采用弯弧型材单独开模，直线型材与转角型材采用铝焊连接，打磨平整后整体喷涂（图 13）。

图 12　铝板造型样品二

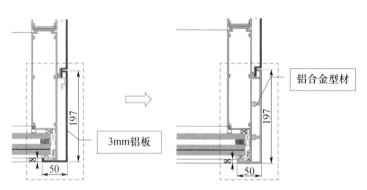

图 13　铝板造型优化方案

铝合金型材开模相比铝板造型有着显著的优势：铝型材的平整度及强度优于铝板造型；铝型材折边 R 角可以做得更小，外观优异于铝板折边；铝型材直线度可控，组装后的造型尺寸精度明显提升；整体焊接工作量减少，大大提高了产品质量（图 14）。

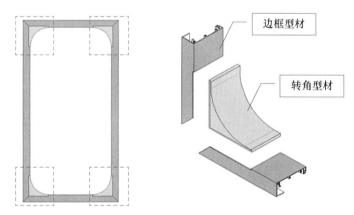

图 14　铝合金边框组装示意图

3.2　弧形铝合金格栅设计

单元板块两道铝合金边框之间设计为格栅构造，其四个角部需要做成弧形过渡。根据幕墙方案设计意图（图 15），转角位置的弧形格栅型材需要拉弯成型，然后与直线型材拼接。拉弯型材存在的主要问题如下：

（1）转角格栅型材存在不同拉弯半径（$R=78mm$、$102mm$、$128mm$、$154mm$、$180mm$），需多次单独拉弯；

（2）拉弯型材在运输及加工安装过程中可能回弹，对安装精度影响较大。

借鉴铝合金边框的设计思路，我们将转角位置的弧形设计为实心的铝合金型材，直接开模挤出成型。因此可以有效避免型材的变形、回弹等问题，同时能够保证与直线型材拼接的精度，以提高外观质量（图16）。

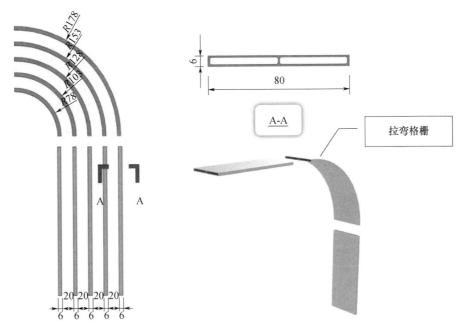

图15　转角拉弯弧形格栅拼接示意图（单位 mm）

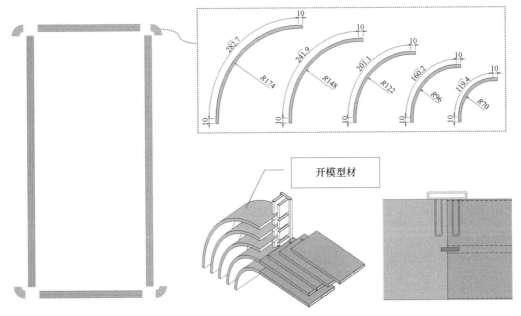

图16　转角直接开模弧形格栅拼接示意图（单位 mm）

3.3　幕墙防排水设计

本系统采用"欧标"单元式幕墙系统，其防排水同样采用等压雨幕原理，通过型材插接型材水密腔和气密腔，实现对雨水的阻断，如图17所示。

单元式幕墙板块的横梁分为横梁主体和插接型材两部分。其中主体部分随板块安装，而插接型材是在单元板块安装到主体结构之后再装于横梁上。插接型材与单元板块错缝布置,起到板块之间传力的作用。插接型材上表面附有防水胶条,胶条之间为搭接设计,并用专用的黏结剂连接为一个整体,保证每一层楼形成完整连续的防水体系。单元式幕墙防水构造示意图如图 18 所示。

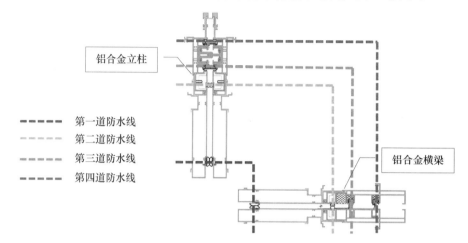

铝合金立柱

第一道防水线
第二道防水线
第三道防水线
第四道防水线

铝合金横梁

图 17　单元式幕墙防水线示意图

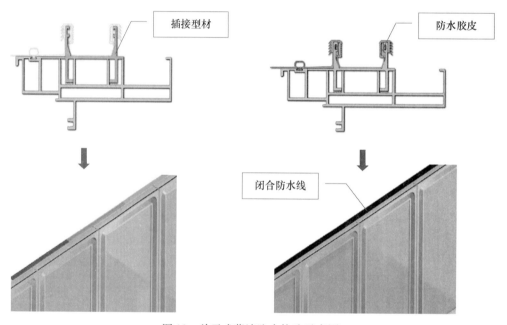

插接型材　　　　　　　防水胶皮

闭合防水线

图 18　单元式幕墙防水构造示意图

4　结语

超级总部基地是深圳在全球经济产业链条中最终级地位的典型代表,是未来深圳发展成为世界城市的一个功能中心。天音大厦作为深圳湾超级总部基地其中的一员,对于建筑外观品质、幕墙性能的超高要求正是迎合了"深超总"的这一定位,并承担着城市的门户形象。

天音大厦在幕墙设计上不断创新、不断突破新工艺,努力追求成为超高品质的标志性工程项目。高品质的要求必定带动技术的革新,相信本项目的幕墙设计、施工等一系列工艺、工序必将引领未来的幕墙发展方向。

参考文献

［1］中华人民共和国建设部. 铝合金结构设计规范（附条文说明）：GB50429—2007［S］. 北京：中国计划出版社，2008.

［2］中华人民共和国建设部. 玻璃幕墙工程技术规范：JGJ 102—2003［S］. 北京：中国建筑工业出版社，2004.

［3］中华人民共和国建设部. 金属与石材幕墙工程技术规范：JGJ133—2001［S］. 北京：中国建筑工业出版社，2004.

国家会议中心二期开放金属板屋面构造连接设计分析

◎ 张海波 蔡广剑

深圳市三鑫科技发展有限公司 广东深圳 518054

摘 要 本文对国家会议中心二期项目开放金属板屋面典型设计方案之一的原理进行分析,采用单元式铝合金板、轮毂式多向连接系统、超宽开放缝体系、SBS 改性沥青防水卷材及聚脲防水层、泡沫玻璃保温系统。本金属板屋面设计方案设置有强有力的轮毂式多向连接系统构件,解决了六边交于一点的分格产生的多向连接问题,同时要满足超宽开放缝建筑外观要求,还要适应主体建筑复杂多变的不确定方向偏差,配合单元式铝合金板设计、泡沫玻璃、聚脲组合防水新材料,满足了本项目屋面的特殊建筑外观要求,同时又解决了屋面常规的防水、抗风压、保温等问题,是一种较为特殊的构造体系设计,设计感强、适应性强、安全可靠,可为超宽开放缝特殊外观的大型建筑金属板屋面设计提供参考。

关键词 国家会议中心二期;金属板屋面;超宽开放缝;多向连接系统

1 引言

国家会议中心二期位于北京市朝阳区奥林匹克中心区,现国家会议中心北侧,用地范围南起大屯路、北至科荟南路、东起天辰东路、西至天辰西路。建筑高度 51.85m,建筑长度 458m,建筑宽度 148m,建设用地总面积约 92626.94m²。作为中国国际交往中心的重要支撑节点、"一带一路"倡议在首都北京重要的落地平台、2022 冬奥会主会场,本建筑庄严稳重、大气美观,结合了古典与现代的美学,效果如图 1 所示。

图 1 整体效果图

本项目屋面面积达 7 万 m²，设计从建筑功能和自然条件出发，充分考虑了外观、采光、照明、保温及防水性能特点和要求，利用各种新技术、新材料、新方法、新工艺创造了优越的综合功能。整个屋面造型分区主要分为平屋面系统和拱屋面系统，拱屋面还分为金属板拱屋面和玻璃采光顶拱屋面两部分，如图 2 所示。

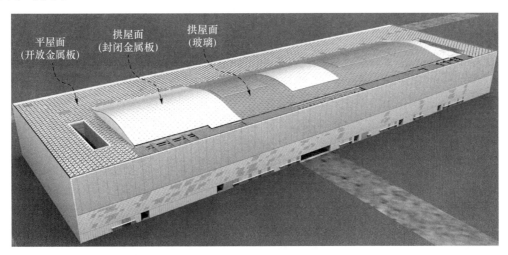

图 2　屋面主要系统分布效果图

其中，拱屋面的金属板采用常规封闭拼接设计，接缝宽度 15mm，常规耐候密封胶构造防水，金属板本身作为装饰面的同时兼顾防水层作用，而平屋面系统的金属板为超宽开放缝系统，金属板本身仅满足作为装饰性材料之作用，建筑设计为了营造远距离特殊线条视觉效果，同时为了兼顾夜景照明灯具布置需求，采用了超宽开放缝设计，相邻金属板单元间的接缝宽度达到了 300mm，这在金属板幕墙领域较为少见，尤为特殊的是，金属板分格为独立等边三角形，三角形边长达到 3000mm，建筑分格中心线六线交会于一点，形成了如图 3 和图 4 所示的建筑分格外观，这种建筑分格造型对于幕墙的系统设计尤其是连接构造设计带来了不小的挑战，本文接下来就针对这种新颖的超宽开放缝金属幕墙造型，论述一种具备典型特点的连接构造设计方案，对其设计原理和工艺进行阐述分析。

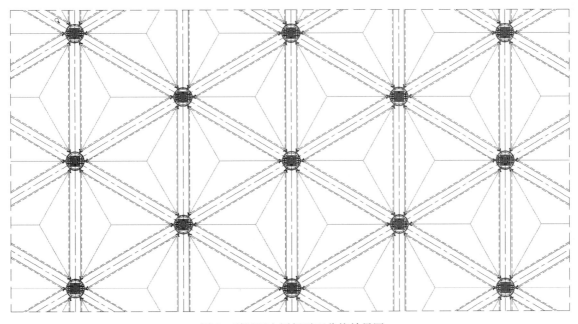

图 3　平屋面金属板平面分格效果图

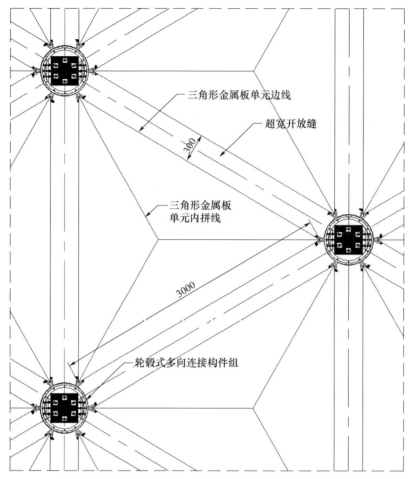

图 4　平屋面金属板平面分格局部放大效果图

2　技术解析

2.1　开放金属板屋面系统整体构造

国家会议中心二期平屋面开放金属板系统，由外向内，由上至下分别为金属板单元系统（装饰层）、轮毂式多向连接构件系统（连接传力组件）、泡沫玻璃＋SBS改性沥青防水卷材＋聚脲防水系统（防水保温层）等三部分构成，由于本建筑采用了特殊三角形分格，超宽开放缝外观，因此从幕墙体系的防水保温性能、安装便利性能、对建筑主体结构的偏差适应性能、美观性能等多角度出发，采用了以上三个分系统的设计方式。其中，大量使用的泡沫玻璃及聚脲材料的复合保温防水系统的可靠、耐久、耐候性能已在许多工程中得到验证。为了提高装饰系统的美观性能，采用了单元系统的形式，也就是将装饰系统的面板、框架在工厂内组装成组合单元板块，再将单元板块运至现场集中安装，实现了高精度、高效率的目标。但是本项目这种超大三角形分格、多个板块集中交于一点、超宽开放缝外观等诸多前提条件，对于连接受力系统而言，要能够满足多方向连接、多向受力平衡、多方向定位调节、高精度加工等条件，除此之外，由于连接系统完全外露，还要满足美观、防腐、耐候等条件。鉴于上述思路，下文详细论述本设计方案。

平屋面金属板局部平面分格及平屋面金属板局部单元构造如图5和图6所示，接下来重点分析该系统的多向连接构造设计。

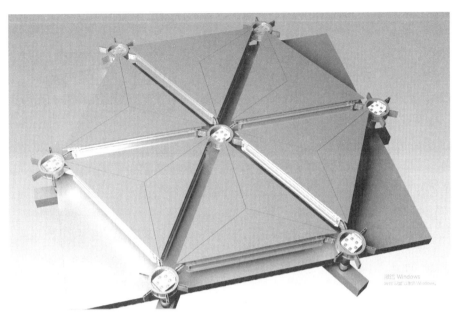

图5　平屋面金属板局部平面分格效果图

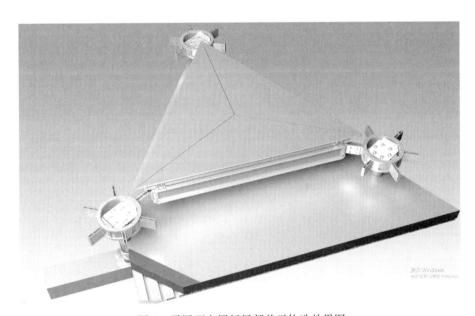

图6　平屋面金属板局部单元构造效果图

2.2　轮毂式多向连接构件系统构造分析

完整标准节点图如图7所示。从图7中可以看出，从上往下依次为单元金属板系统、轮毂式多向转接及幕墙框架系统、可调高度基座、复合防水层系统、发泡玻璃保温系统、压型钢板及其支承龙骨系统、主体建筑钢结构等。可调高度钢基座由不同直径的圆钢管组成，可适应主体建筑结构±50mm的高度偏差，并且采用了隔热垫层阻断冷桥。接下来论述多向连接系统的设计原理。

本连接构造系统，首先考虑具备多角度多向连接功能；其次考虑适应复杂多变的现场偏差，具备多向可调节功能；还要考虑系统设计美观要求；再次就是必须要满足最基本的承载力、受力变形、耐候防腐等要求。本系统就是综合考虑上述目标的设计方案。连接构造的节点图以及三维示意图如图8和图9所示。零件编号说明见表1。

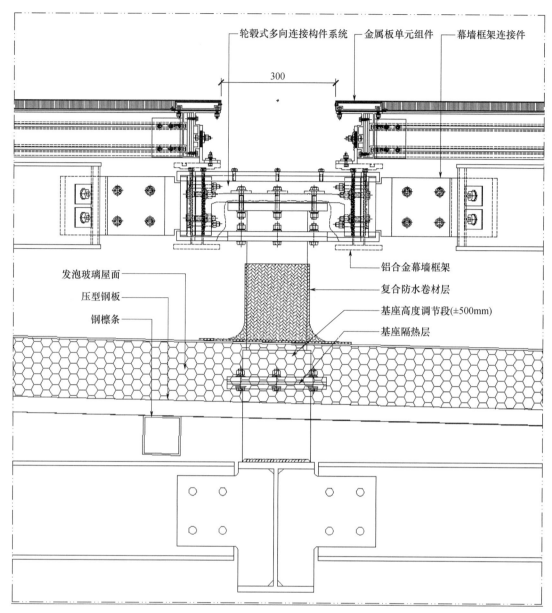

图 7　金属板屋面系统节点详图

表 1　零件编号说明

零件编号	零件名称	零件材质	备注说明
1.1	可调高度钢基座	碳钢	—
1.2	基座法兰盘	碳钢	环向长螺栓孔
2.1	环转向放大钢件底法兰盘	碳钢	环向长螺栓孔
2.2	环转向放大钢件圆柱	碳钢	—
2.3	环转向放大钢件顶法兰盘	碳钢	圆形螺栓孔
3	底座绝缘垫片	聚四氟乙烯	圆形螺栓孔
4	H形转接件	铝合金	腹板长孔、翼缘圆孔
5	铝合金齿形垫片	铝合金	圆形螺栓孔
6	铝合金拱形补偿块	铝合金	圆形螺栓孔
7	弧形绝缘垫片	尼龙	圆形螺栓孔

续表

零件编号	零件名称	零件材质	备注说明
8	轮毂式主钢件	不锈钢	圆形螺栓孔
9	T形环向转接件	铝合金	铣缺口、圆形螺栓孔
10	环形锁定盘	不锈钢	圆形螺栓孔
11	幕墙框架连接件	铝合金	圆形螺栓孔

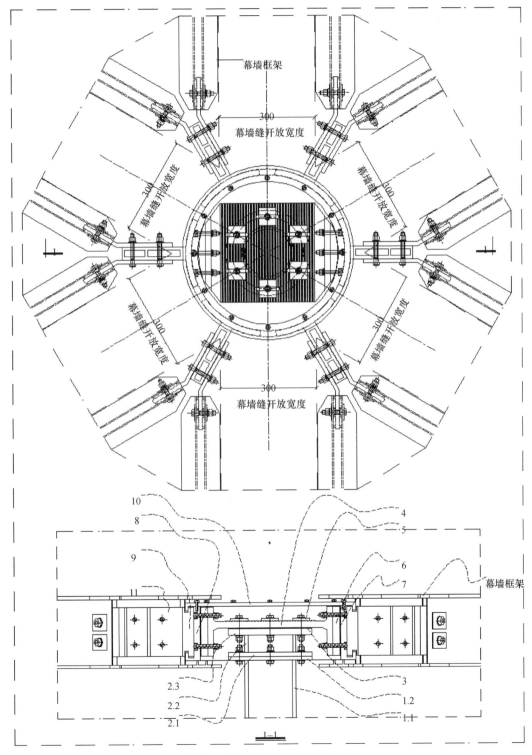

图8 多向连接构件系统节点详图

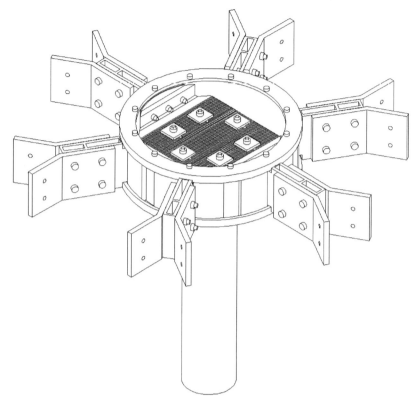

图 9　多向连接构件系统三维示意图

下面详细论述一下本连接构造系统连接及多向调整原理。

首先，按现场放线定位点将可调高度钢基座安装到位，前述已知基座可适应主体建筑高度方向偏差±50mm，通过焊接锁定位置。将环转向放大钢件底法兰盘用螺栓安装到基座法兰盘上，两个法兰盘在同心圆位置分别设计 6 个环向长圆螺栓孔，单个孔调节范围分别为 18°与 42°，如图 10 所示。因此，二者组合就会有 6 个安装方向以及每个方向 60°的调整能力，因此可以在环向适应 360°全方向调节，为上方 H 形转接件在水平面内任意方向旋转调整奠定基础。

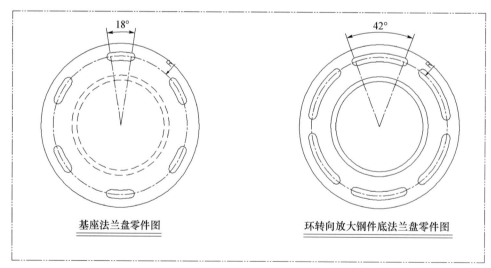

基座法兰盘零件图　　　　　　　　环转向放大钢件底法兰盘零件图

图 10　多向连接构件系统三维示意图

再向上依次安装底座绝缘垫片、H 形转接件，H 形转接件腹板上方设计成齿形，并设计了 6 个单向 60mm 长圆孔，结合下部转向钢件的 360°全方向调节，H 形转接件就实现了水平平面内任意方向±

30mm 的调节能力（图 11），并通过齿形垫片锁定。接下来在 H 形转接件的两个翼缘板上依次安装铝合金拱形补偿块、弧形绝缘垫片、轮毂式主钢件、T 形环向转接件。T 形环向转接件连接端铣出两个缺口，缺口卡入轮毂式主钢件与环形锁定盘形成的环形卡槽内，在卡槽内可以任意滑动调整方向（图 12），安装完所有 T 形环向转接件后用螺栓锁定环形锁定盘。

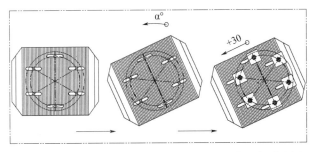

图 11　H 形转接件平面内任意方向偏差适应调整示意图

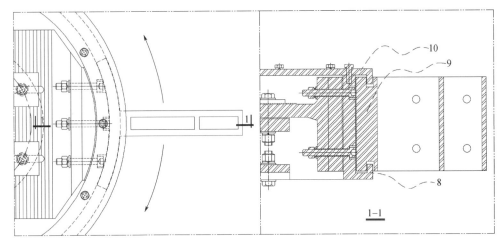

图 12　T 形环向转接件安装及调整示意图

接下来就可以在 T 形环向转接件上安装幕墙框架连接件（图 13）、幕墙框架以及幕墙单元（参见前述图 7、图 8），本设计方案对应的幕墙单元组件及连接件还可以进行二次精确调整，以作为底部连接构造精确度的延续以及补充，确保实现最大幅度偏差适应以及最高的定位精度，如图 14 所示。

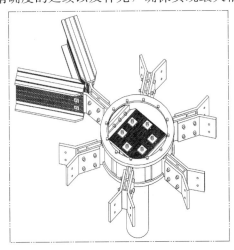

图 13　幕墙框架与 T 形环向
转接件连接示意图

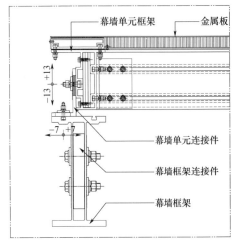

图 14　幕墙单元与框架连接
及二次精确调整示意图

上述内容就是本设计方案的连接调整原理，为了便于理解本方案连接构造的安装过程，用图15～图17的三维示意图辅助直观说明；为了便于理解本构造的主要调节原理，用图18的三维示意图辅助直观说明。

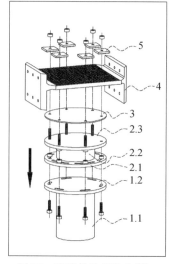

图15　连接构造安装步骤一

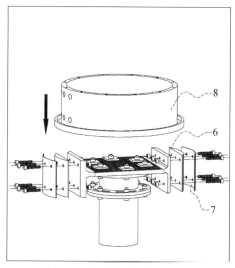

图16　连接构造安装步骤二

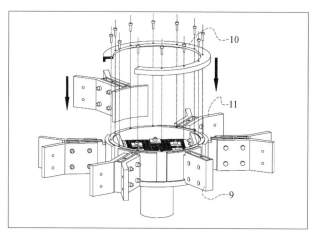

图17　连接构造安装步骤三

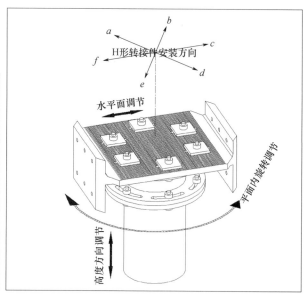

图18　连接构造偏差适应示意图

2.3　轮毂式多向连接构件系统受力分析

与传统的连接做法不同，本系统受力较为复杂，为了更准确模拟计算出实际工况下系统中各部件的受力状态，采用CAD、ABAQUS等软件实体建模并进行有限元分析。荷载传递途径从屋面金属板单元通过单元连接件传递给幕墙框架，幕墙框架通过框架连接件传递给T形环向转接件，再经T形环向转接件传递给整个连接构造系统后传递给主体建筑结构，传力途径相对比较清晰。

从图19可以看出，屋面金属板单元为边长3464mm的等边三角形，每个多向连接构件承受的荷载面积为图中正六边形虚线区域，面积为$10.4m^2$，计算时折减掉$300mm^2$开放缝的面积。

荷载工况考虑自重荷载、风荷载、雪荷载、踩踏荷载、地震荷载、温度荷载等，考虑踩踏荷载的原因是因为施工过程中存在的施工人员行走踩踏以及竣工使用过程中发生的维修人员踩踏。本项目具备建筑设计单位风洞试验报告，因此风荷载取试验报告数值（表2和表3）。

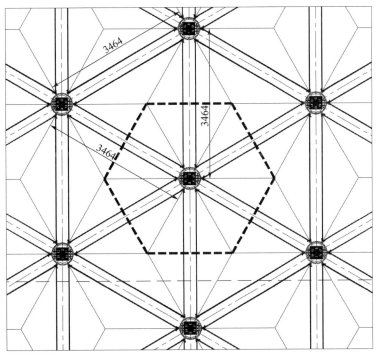

图 19　金属板单元平面示意图

表 2　荷载取值表

荷载工况	取值
恒载	$0.3kN/m^2$
活荷载	$0.5kN/m^2$
雪荷载	$0.4kN/m^2$
正风压	$0.5kN/m^2$
负风	$-3.1kN/m^2$

注：1. 温度荷载通过构造释放。
　　2. 轻质屋面地震荷载较小，计算时不考虑。

表 3　荷载组合表

序号	荷载组合工况	备注
1	1.0恒＋1.0正风＋0.7活	标准组合
2	1.0恒＋1.0活＋0.6正风	标准组合
3	1.0恒＋1.0负风	标准组合
4	1.2恒＋1.4活＋0.84正风	基本组合
5	1.2恒＋1.4正风＋0.98活	基本组合
6	1.0恒＋1.4负风	基本组合

注：不上人屋面雪荷载、活荷载，二者取较大值进行荷载组合。

经综合计算对比分析，最终判定最不利荷载组合工况为组合 6，各部件具体分析结果如下：

金属板单元通过幕墙框架传递给多向连接构件系统的支座反力情况如图 20 所示，每个单元角点 5.1kN，每个连接构件系统承受 6 个角点的支座反力。

基座及基座法兰盘分析结果如图 21 所示。环转向放大钢件分析结果如图 22 所示。H 形转接件分析结果如图 23 所示。轮毂式主钢件分析结果如图 24 所示。环形锁定盘分析结果如图 25 所示。T 形环向转接件分析结果如图 26 所示。

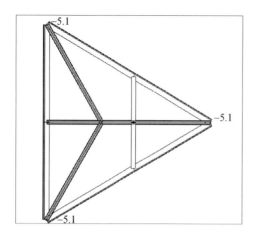

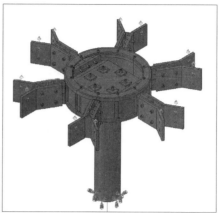

图 20　支座反力情况

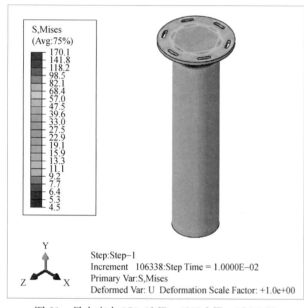

图 21　最大应力 170.1MPa＜215 MPa（Q235B）

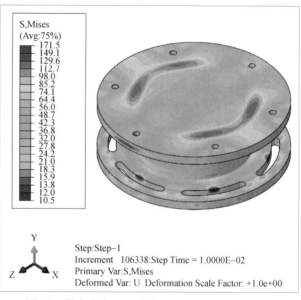

图 22　最大应力 171.5MPa＜215 MPa（Q235B）

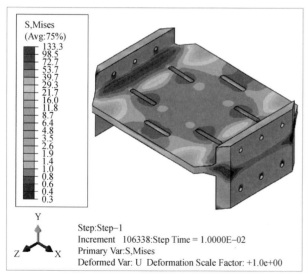

图 23　最大应力 133.3MPa＜200 MPa（6061-T6）

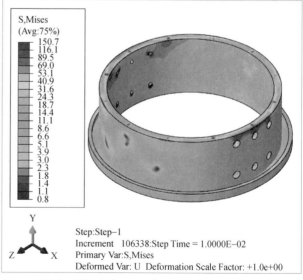

图 24　最大应力 150.7MPa＜175MPa（S304）

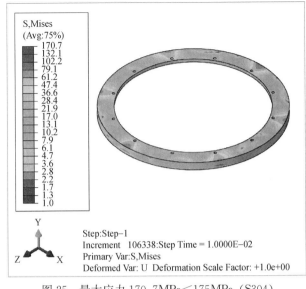

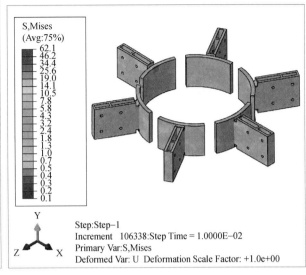

图 25 最大应力 170.7MPa＜175MPa（S304）　　图 26 最大应力 62.1MPa＜200MPa（6061-T6）

3 结语

国家会议中心二期项目除了规模庞大、工程定位及标准高处，更典型的特点是工程有较大复杂性及挑战性。针对每一个幕墙系统都专门研究出了多种解决方案，幕墙系统构造的设计在运用已有成熟技术的基础上，对传统设计理念和施工方法进行创新与改造。本方案就是针对屋面的特点而提出的一种幕墙连接构造，适用于特殊的超宽开放缝体系金属板屋面以及六边交于一点的特殊分格造型。这种特殊建筑方案的幕墙连接构件设计，要综合考虑幕墙连接构造的各种性能，除了用于连接幕墙构件与建筑主体结构，传递荷载，满足幕墙体系变形需求，还能适应复杂多变的建筑主体结构偏差，此外由于连接体系完全外露，其更突出的需求是外观要美观，要有很强的设计感与现代感，同时要具备多向可调节的优势，便于现场操作安装以及调整定位。在满足结构功能的条件下，构造系统部件加工精度高、定位精度高，是控制幕墙安装整体外观效果的有利保障，也充分符合国家会议中心项目的高标准需求。

参考文献

[1] 中华人民共和国建设部. 金属与石材幕墙工程技术规范（附条文说明）：JGJ133—2001 [S]. 北京：中国建筑工业出版社，2001.

[2] 中华人民共和国建设部. 玻璃幕墙工程技术规范：JGJ102—2003 [S]. 北京：中国建筑工业出版社，2003.

[3] 中华人民共和国住房和城乡建设部. 钢结构设计标准（附条文说明 [另册]）：GB50017—2017 [S]. 北京：中国建筑工业出版社，2017.

[4] 中华人民共和国住房和城乡建设部. 建筑结构荷载规范：GB50009—2012 [S]. 北京：中国建筑工业出版社，2012.

[5] 中华人民共和国国家质量监督检验检疫总局，中国国家标准化管理委员会. 铝合金建筑型材 第 1 部分：基材：GB/T 5237. 1—2017 [S]. 北京：中国标准出版社，2017.

[6] 中华人民共和国住房和城乡建设部，国家质量监督检验检疫总局. 屋面工程技术规范：GB50345—2012 [S]. 北京：中国建筑工业出版社，2012.

[7] 中华人民共和国住房和城乡建设部. 采光顶与金属屋面技术规程：JGJ 255—2012 [S]. 北京：中国建筑工业出版社，2012.

[8] 中华人民共和国工业和信息化部. 不锈钢结构技术规范：CECS410—2015 [S]. 北京：中国计划出版社，2015.

国家速滑馆天坛形双曲面幕墙制作及安装技术解析

◎ 韩以华　罗文垠

深圳广晟幕墙科技有限公司　广东深圳　518029

摘　要　国家速滑馆主体结构为：椭圆形周圈钢环桁架通过顶部的正交网索结构及外侧的幕墙拉索形成的平衡结构。曲面幕墙单元板块通过S形钢龙骨形成的网壳依附在环桁架上下端及外侧拉索上。每个曲面幕墙单元板块尺寸各不相同。针对如此大量数据，如何加工出符合要求的材料，如何组织施工安装等技术难题进行攻关研究，总结出一套双曲幕墙制作安装的关键技术，为工程的顺利进展打下基础。

关键词　数据生成；定位；吊装；热弯玻璃

1　引言

　　国家速滑馆（图1）是北京2022年冬奥会速度滑冰项目的比赛场馆，又名"冰丝带"，是北京冬奥会标志性场馆，冬奥会期间，承担滑冰项目中速度滑冰分项的比赛和训练。

图1　国家速滑馆实景图

　　国家速滑馆的建造过程是一次科技探索与创新的历程，数次破解了顶尖难题，比如，看台顶部周圈环桁架上的钢索网结构，填补了国内首个大吨位、大面积的超大跨度单层正交索网同步张拉技术空白。屋面"天幕"编织过程中使用的国产高钒密闭索，更是首次在国内大型体育场馆中得到应用，打破了国际市场垄断。3360块异形型曲幕墙玻璃拼成的天坛外形，22根"冰丝带"如同速滑运动员的运动轨迹缠绕在曲面玻璃幕墙表面，建成后夜景照明开启，将形成美轮美奂的"丝带飞舞"效果等。（图2）

　　国家速滑馆体现了我国建筑行业的高水平，是国家精心打造的展现给世界的一张名片。它承载了中华民族伟大复兴的梦想。笔者有幸参加国家速滑馆的建设，作为幕墙专业的项目经理，我觉得有必要把幕墙专业的施工技术及笔者的心得感悟整理出来，与同行分享与探讨，以达到共同学习、共同提高的目的。

图2　国家速滑馆夜景及室内图

2　项目概况

国家速滑馆项目位于北京市奥林奥林匹克森林公园西侧，奥林匹克体育中轴线北端，北临国家网球中心。长轴与北京主轴线平行，与国家体育馆和国家游泳中心相结合设置。主场馆建筑面积8万余 m^2，地下2层、地上3层，是2022年北京冬奥会北京赛区唯一的新建场馆。国家速滑馆外幕墙为天坛轮廓造型，曲形钢龙骨，意在用古建筑的结构形式诠释地域与现代色彩的建筑。三层8mm玻璃复合而成的同曲率曲形玻璃，采用高精尖的数控加工技术制作模具。通过对柔性单索与刚性网壳组合的结构进行力学与变形分析和对玻璃板块进行合理优化，使用规则的有理化单元拟合连续流畅的建筑形体。设计中采用BIM技术，使节点更优化，确保优雅外形和富于光影变化的视觉效果。

双曲面玻璃幕墙拉索网壳组合结构幕墙，采用超白中空Low-E热弯中空钢化曲面夹胶玻璃，并在玻璃外侧安装了22道内装有LED照明的环向玻璃管，通过铝合金型材支座进行连接。S形钢结构壳体由竖向S形矩形钢管和横向圆管及两者之间的牛腿组成，S形矩形管截面为360mm×150mm，共160根，其中与竖向拉索相连的有120根；横向圆管截面为P180×6，共22圈。S形矩形管最长一根为32.6m，最短17.4m，竖向S形龙骨顶部与主体环桁架有两个连接点，中部与竖向拉索有两个连接点，底部与混凝土结构有一个连接点。速滑馆高低端部剖面图如图3所示。

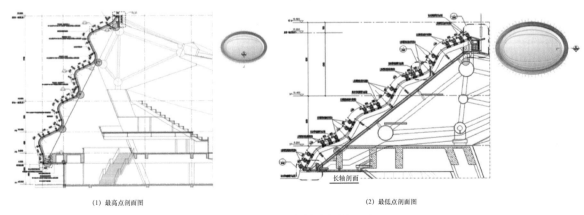

(1) 最高点剖面图　　　　　　　　　　　(2) 最低点剖面图

图3　速滑馆高低端部剖面图

由于受力计算约束条件的限制对拉索与S形钢构的安装精度要求非常高，即索的中心必须在S形龙骨方向的中心线上，两者之间的连接板箱体的厚度为110mm，索头预留的空间也为110mm，而矩形管提供的连接面为126mm，两端仅有6.5mm的调整量可用。

天坛曲面玻璃幕墙系统包含由截面360mm×150mm的蛇形龙骨和横向180mm×6mm圆钢管构成的结构体系以及单元式玻璃幕墙系统和"冰丝带"系统三个部分。幕墙的结构体系是指与上部的环形钢桁架以及底部6.5m标高结构平台通过对应拉索形成整体网壳结构。

3 幕墙制作前的技术准备及安装前的现场条件

以上介绍了工程的概况及幕墙系统，看到这里可能对工程有了个大致的了解，感觉到了项目的难度。那么下一步我们对此幕墙工程如何入手呢？首先，利用BIM技术建模，提取数据，生成材料加工图。由于本工程的复杂性，幕墙材料安装前主体结构要具备相对的平衡性及稳定性。

3.1 制作前的技术准备

（1）主体结构三维扫描

幕墙施工安装是在主体环形钢桁架以及屋面索和幕墙索所形成的主体结构张拉完成之后进行的，需要考虑主体结构偏差，尤其是环形桁架张拉完成后初始状态的偏差对幕墙S形龙骨上端定位、安装的影响。因此需要通过扫描结构实体，利用3D激光扫描技术产生的数百万个点云数据获得物体的空间外形和结构，得到数据后，用专业的逆向工程软件进行数据处理，修正误差后得到物体的精确尺寸，以此为基础进行三维建模。

（2）按照理论数据建模

按理论数据建立幕墙系统BIM模型，将BIM模型与点云模型整合，形成实体结构与幕墙系统"虚实结合"的完整图景，通过模型参数比对数据结果，对每条S形钢龙骨的牛腿长度进行精准调整，最大限度避免图纸与现场实际结构间的误差，有效提高施工效率及精确度。S形钢龙骨的牛腿长度调整如图4所示。

图4 S形钢龙骨的牛腿长度调整

3.2 主体结构具备的条件

国家速滑馆工程的主体结构系统为拉索的平衡系统，幕墙施工前所有拉索必须张拉完成。生根于碗状看台顶部周圈环桁架上的钢索网结构及屋面板，最大跨度是198m×124m，总质量则有一千多吨。拉索张拉完成后，顶部屋面板的模拟配重必须安装完成。用全站仪观察两周，等待主体结构沉降及拉索张力达到平衡稳定状态。（屋面索网具有一定的柔性，在屋面单元体的安装过程中，索网会不停地变形，为了让它一开始就保持在未来完工的状态，通过悬挂配重的方法模拟屋面的质量，让这个"网架"锁定住，再随着屋面的安装慢慢撤除配重，不停地进行置换，使整个屋面始终保持在稳定的变形状态。）

4　S形钢龙骨加工的关键技术

我国钢结构行业的发展已经相当成熟，能够制作出各种异型的钢结构构件。但本项目S形幕墙钢龙骨还必须具备幕墙龙骨特点，既具备钢结构的强度又具备幕墙铝龙骨的精度，适合本项目玻璃面板的安装。

4.1　国家速滑馆幕墙工程S形钢龙骨系统的特点

首先它是一种新型的、适合本工程的幕墙龙骨。具备幕墙龙骨的精度与轻盈（特定材质Q345b，常规钢结构Q235材质即可，提高钢号的目的是提高强度，减轻质量，增加轻盈的感觉），具备钢结构的强度。

依靠单榀的S形钢龙骨通过横向的方钢管（特殊定制尺寸及材质Q345b）连接成网状的壳体结构，通过牛腿挑出圆钢管做出灯管冰丝带的造型。

本龙骨系统采取挂接的形式与主体结构实行活性连接。S形钢龙骨顶部设置挂接点，龙骨凹处在钢索上设支承点，龙骨底部采用连接板进行连接，释放幕墙的热胀冷缩变形，减少幕墙内部应力，幕墙系统更加安全可靠。

每根S形钢龙骨的凹陷部位设置5根片状牛腿，与圆管实现单独"螺接"。便于玻璃板块安装及后期维修。可拆卸冰丝带龙骨如图5所示。

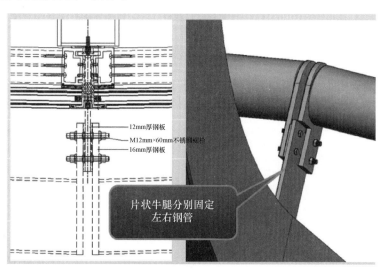

图5　可拆卸冰丝带龙骨

为了保证幕墙钢龙骨的精度，钢龙骨加工时引入激光切割技术。为什么幕墙龙骨的精度要求较高（±3mm）？因为龙骨上面还有面材，龙骨尺寸不能保证，面材就无法安装。常规来说，钢结构行业切割下料用氧炔焰或等离子切割机下料，大批钢结构构件基本不采用激光切割。

4.2　国家速滑馆幕墙工程S形钢龙骨制作工艺流程（图6）

4.3　国家速滑馆幕墙工程"冰丝带"钢管龙骨制作工艺

采用五维相贯线切割机切割管材保证了成品的精度与外观质量。

1）相贯线的数控编程

首先开启设备的数控编程系统，根据图纸所提供的详细的已知条件，依次输入所需的数据。例如，主管的直径，主支管的直径，副支管的直径，各钢管的壁厚以及空间中任意两相贯的钢管中心轴线的

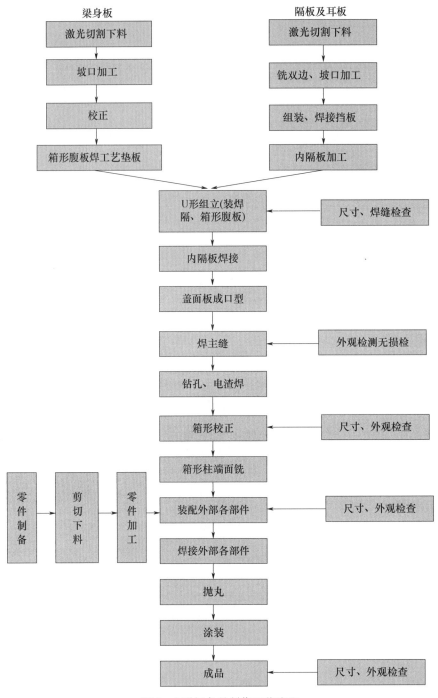

图6 S形钢龙骨制作工艺流程

夹角等参数，输入完毕后，计算机会自动生成相贯线的曲线展开图，可以获得任意一点相对应的数据。

2）钢管基准线的标识

将检测合格的钢管上两端进行四等分圆，并利用粉线将其清晰地表示出来。

3）切割

将做好标记的钢管吊到切割机上，利用卡盘将其牢牢地固定在支架上，调节支架的高度，使其钢管的中心轴线与切割机的导轨相互平行。旋转卡盘并使钢管的其中一条四等分圆线垂直于机床后开启切割机的切割系统开始切割，切割完毕后利用磨光机将相贯线和垂直端面的氧化铁清理干净。相贯线切割机如图7所示。

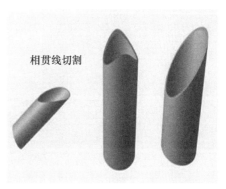

图 7　相贯线切割机

5　S 形钢龙骨安装关键技术

5.1　三维空间点的放线定位

安装包括以下步骤：

（1）地面控制线的确定方法，在模型中将每一个 S 形钢龙骨二层支座销轴中心投影到 0.00 地面（xy 平面），然后将 S 形钢龙骨中心面与地面相交生成控制线，沿控制线在离销轴投影点 2000mm 的地方确定另一个定位参考点，如图 8 所示。

（2）支座中心控制面与 S 形钢中心面重合，支座的定位通过后侧中心线和销轴中心点共同控制，如图 9 所示。

（3）利用全站仪在施工现场测出如图 10 所标的销轴中心投影点及定位参考点。

（4）支座中心中心控制线可以通过全站仪投影在结构面上，用墨线弹出，如图 9 所示。

（5）销轴中心点可以通过此点用铅垂仪或吊线根据二层销轴中心点的 Z 坐标进行测量，如图 10 所示。

（6）精确定位，安装支座在结构上。

（7）将 S 形幕墙钢龙骨安装在支座上。

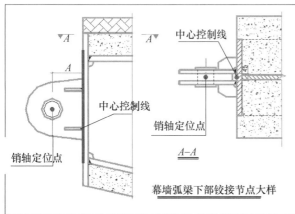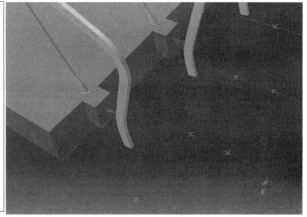

图 8　定位参考点

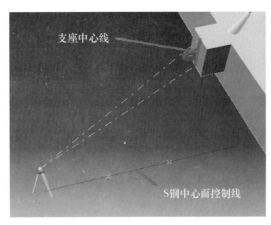

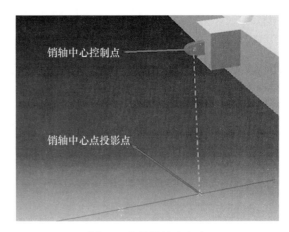

图 9　定位参考面　　　　　　　　　　图 10　定位销轴中心点

5.2　S形钢龙骨吊装及验算

5.2.1　单榀吊装

工厂分段加工好运至现场组好各单榀后进行吊装；

为确保吊装的安全可靠性，我公司对最长的 39.4m 的 S 形龙骨组拼后的质量计算见表 1。

表 1　S 型龙骨组拼后的单柱起吊质量计算

截面	长度（m）	质量（kg）
1 口 350×150×10	39.4	2967.3
2 口 210×180×15	10.0	849.2
3 吊索	20.5	212.6
4 C20a	22.6	1582
合计：	126.5	5610.8

为确保单根吊装不变形，吊装时，需于 S 形钢龙骨左右两侧均增设辅助梁，辅助钢梁与 S 形钢龙骨接触面采用橡胶皮包裹上，减少对漆膜的损伤。辅助梁之间用螺栓张紧，以增强 S 形钢龙骨的强度（图 11）。

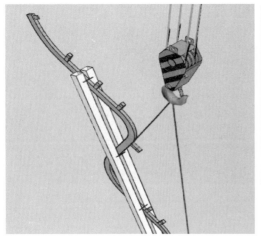

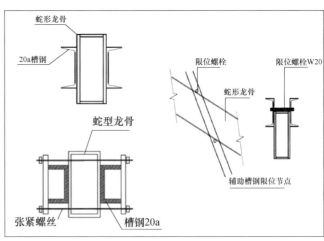

图 11　吊装加固示意图

268

单榀S形钢龙骨吊装时两侧增设钢梁以保证其刚度，辅助梁设置目的是增加S形钢龙骨平面内外的刚度，确保在吊装过程中龙骨出现不可逆变形，同时所有的节点均采用螺栓连接方便拆装，保证了施工的可操作性。

5.2.2　两种软件结构吊装分析比较

通过图12～图15应力分析，吊装最大变形约为18mm，远小于允许值，吊装安全可靠。

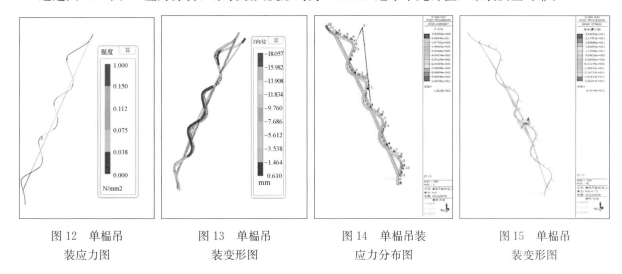

图12　单榀吊　　　　图13　单榀吊　　　　图14　单榀吊装　　　　图15　单榀吊
装应力图　　　　　　装变形图　　　　　　应力分布图　　　　　　　装变形图

6　玻璃板块及冰丝带加工关键技术

天坛形曲面幕墙系统，总玻璃块数3360块，其中单曲面玻璃块数1440块，面积约为8800m²，平板玻璃1920块，面积约为5900m²。冰丝带半圆管弯弧玻璃3520块。天坛曲面幕墙面板单元分为直段单元和弧段单元。

直段：TP8＋1.52SGP＋TP8＋12Ar＋TP8＋1.52SGP＋TP8双夹胶中空钢化玻璃。

弧段：TP8＋2.28SGP＋TP8＋12Ar＋TP8＋2.28SGP＋TP8双夹胶中空钢化玻璃。

单元组框采用铝合金型材，单元安装固定方式为横向通过转接件与型钢固定，竖向框通过压块螺钉组（间距400mm）与蛇形龙骨直接连接固定。

"冰丝带"玻璃面板为前侧TP6＋1.52SGP＋TP6夹胶弯弧玻璃，后侧为金属板。

最大的单元板块分格尺寸为4140mm×2122mm，如图16所示。

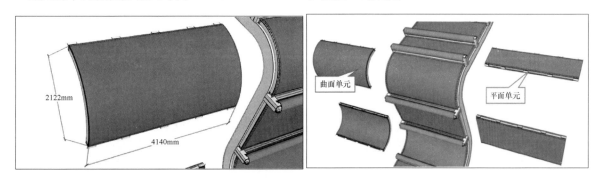

图16　单元板块三维示意图

6.1　双曲玻璃加工优化措施

所有曲面玻璃皆为双曲玻璃，技术上不容易实现，且成本巨大。

解决方案：双曲面玻璃幕墙几何形态复杂，必须基于 BIM 进行参数化深化设计。通过 BIM 建模、分析拟合，研究幕墙特性和数据，并经实体样板验证由单曲玻璃和平板玻璃耦合双曲面玻璃幕墙的方法和效果。通过扫描结构实体，生成实测模型，并利用插件进行幕墙参数化设计，程序化生成可指导实际加工安装的幕墙构配件 BIM 模型。深化设计的 BIM 模型为后续构件加工提供数据来源。

6.2 飞边夹胶玻璃的安全措施

为了保证天坛形幕墙曲面的顺滑流畅，板块钢化玻璃要加工成飞边玻璃，安装时加装防水扣盖找平。假如室外第二片玻璃破损，整个外侧夹胶玻璃会整体脱落。存在安全隐患（图 17）。

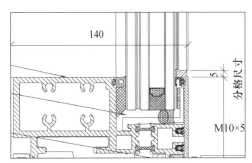

图 17 飞边玻璃图

解决方案：TP8＋2.28SGP＋TP8 外层钢化玻璃改为半钢化夹胶玻璃，既保证强度又保证整体安全性。

6.3 Low-E 面在凸弧上的弯钢工艺

常规中空玻璃的 Low-E 面在中空层的外侧，钢化曲面中空玻璃也同样。国内建筑业使用的弯钢中空玻璃多为外凸弧。本工程既有外凸弧中空玻璃又有内凹弧中空玻璃。内凹弧中空玻璃的 Low-E 面在凸弧上，受钢化炉工艺原理影响，Low-E 面会损坏及划伤。

解决方案：改造设备，实现反弯弧热弯，使 Low-E 膜得到保护。

6.4 保证单元板块铝框加工精度措施

玻璃单元板块的铝框利用 BIM 技术提取铝框所有材料的数据，依据数据生成加工图。所以单元板块所有铝框的尺寸都是唯一的，角度、弧度各不相同，加工难度极大（图 18）。

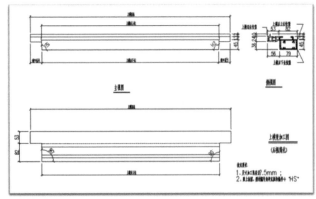

图 18 单元板块铝框加工

解决方案：使用数控设备及精密量具，增加技术工人并进行交底培训。

6.5 提高热弯玻璃良品率措施

冰丝带灯管热弯玻璃采用的是电加热式热弯炉,这种热弯炉温度控制方便,易操作,不污染玻璃,产品质量和产品的一致性较高,采用计算机集成控制,通过对计算机各种参数设置,实现了对热弯工艺的程序化控制。但细节控制十分重要,可以有效地提高热弯玻璃的良品率。热弯玻璃模具如图19所示。热弯玻璃图及成品如图20所示。

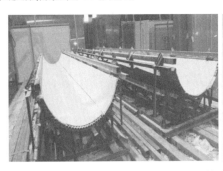

图 19 热弯玻璃模具

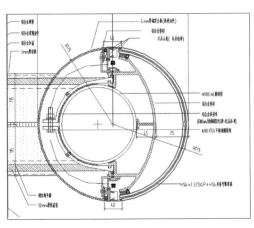

图 20 热弯玻璃图及成品

6.5.1 热弯玻璃在炉内炸裂的问题

针对这个问题,可以从以下几个方面对玻璃进行分析:

(1) 对进炉前的玻璃进行观察,看有无炸口和爆边现象。

(2) 玻璃在成型时使用的压辊。一些曲率半径大的产品,在玻璃成型时完全依靠重力无法达到要求的曲率和球面,必须借助压辊,压辊要用玻璃丝布完全包裹,在与玻璃接触时如果裸露金属直接与玻璃接触,会造成玻璃在炉内的破碎。

(3) 使用空心模时,玻璃中部在进炉前无支撑,特别是玻璃尺寸较大时,容易造成玻璃在炉内破碎,所以使用空心模具时玻璃中部必须支撑。

(4) 玻璃在炉内的升温速度过快,容易导致玻璃在炉内受热不均匀,而出现玻璃炸裂。

(5) 在玻璃成型时,辅助成型时的外力过大过猛,会使玻璃炸裂。

6.5.2 热弯后玻璃吻合度超标

(1) 模具曲率与检验胎具曲率不一致,这就要求每次在进炉生产之前对热弯模具进行校检。

(2) 玻璃在放置到模具上时,玻璃的中心与模具的中心不一致。

(3) 热弯成型时温度过低、过高或成型时设定的时间过长、过短。热弯成型时的温度,一般在630~730℃之间。

(4) 玻璃在热弯成型时过快或过慢也会造成产品吻合度的超标。

（5）玻璃成型后在凹模上的出边量过大（＜15mm），容易造成玻璃的边部弯曲，从而影响玻璃的吻合度。

（6）模具在承载小车上放置不水平，也会影响玻璃的成型弧度，这就要求在放置模具到台车上时必须将模具支平。

6.5.3 热弯后玻璃油墨颜色出现变化

（1）为了避免热弯后玻璃油墨的颜色出现色差，我们要选择正确的热弯油墨。

（2）丝印时将油墨印刷到浮法玻璃的粘锡面，会造成热弯后油墨颜色整体发红。为了避免此类缺陷的产生，丝印时要分清玻璃的粘锡面与非粘锡面，避免将油墨印刷到玻璃的粘锡面。

6.5.4 热弯玻璃出炉后的自爆现象

玻璃在热弯时退火过快，会造成后期成品玻璃的自爆发生。玻璃的退火应采用缓慢冷却的方式，炉温必须降到100℃以下时再取出玻璃。

7 玻璃板块及冰丝带安装关键技术

曲面玻璃板块安装流程：曲面玻璃板块安装→曲面玻璃板块调整固定→注胶密封及保温毡、防水胶皮、装饰条安装→冰丝带铝合金抱箍定位及泛光挡板安装→冰丝带北面铝复合板安装→冰丝带面板弧形玻璃面板安装→注胶密封→牛腿支座处保温毡及金属板安装→注胶密封、清理。

施工措施为：采取满堂红脚手架，吊车、曲臂车配合。

安装顺序为：自上而下安装。

最后幕墙完工，还要做好全面的清洗工作。

曲面玻璃面板安装顺序如图21所示，冰丝带面板安装示意图如图22所示。

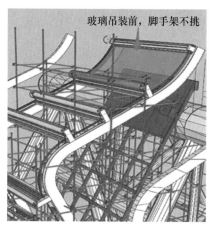

图21　曲面玻璃面板安装顺序　　　　　图22　冰丝带面板安装示意图

8 BIM技术在制作安装过程中的应用与创新

BIM技术的应用对于本工程来说是相当重要的。可以说没有BIM技术本工程是不可能完成的。大量的数据分析与材料加工数据提取都要依靠BIM技术。本工程在整个项目策划、设计和施工，到交付运营全过程应用BIM系统，共同的数据平台大大改善了设计方与施工方之间的协调成效，施工方能更方便地考察设计方案是否合理，提前发现施工中质量、安全、可行性等方面的隐患，从而采取有效的预防和强化措施。

8.1　幕墙单元板块加工图设计过程

建筑设计院提供了 S 形钢结构和玻璃模型，我们根据模型得到构造冰丝带幕墙系统和玻璃单元板块系统的基础数据，如 S 钢结构上的 φ180mm 钢管支座连接件的位置、玻璃面板的控制信息等。

分析冰丝带和玻璃幕墙板块节点系统，确定单元板块龙骨、面板间及单元板块间的相互关系，确定单元板块生成逻辑关系。

通过控制信息及幕墙板块的生成逻辑关系，建立"标准单元板块模型"；

以"单元标准板块模型"所对应的控制信息为基础，通过二次 VB 编程，生成所有其他单元板块模型；

通过 VB 程序提取单元板块模型的数据，转到 excel 表中，作为加工、施工所需的数据。

通过 VB 程序生成加工图。

8.2　BIM 技术创新点解析

我们编写了一套软件的程序系统。这套系统的原理是先建立标准的单元板块，详细分析单元板块各个构件之间的构造逻辑关系以及各个单元板块之间的连接逻辑关系，然后通过程序语言控制这些逻辑关系，最终实现通过程序自动生成单元板块模型的目的。这套系统可以在已确定的单元板块的分隔尺寸模型信息基础上自动生成单元板块模型，从而实现了建立全部的幕墙模型的目标。

有了整个幕墙模型，我们必须从模型中提取用于幕墙工程加工、安装的各种数据信息，而且这些数据是海量的，通过手工提取工作量巨大，而且精确性无法保证，必须通过程序自动生成才能保证数据信息精确无误。我们编写的这套系统便具备实现由模型自动生成数据信息的功能。（图 23）

图 23　按照逻辑关系自动生成的幕墙系统

幕墙系统数据提取：

幕墙模型生成后，可通过编程进行数据提取，图 24 为本工程弧形玻璃展开数据表。通过 VB 编程控制，在 CAD 中导入 Excel 数据表格后自动生成 CAD 图形。如下生成单曲玻璃展开图（图 24）。

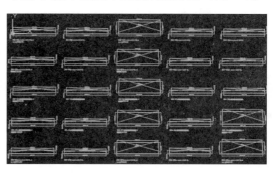

图 24　自动生成的玻璃数据及加工图

本项目二层以上曲面幕墙板块数量很多，其为不规则平面或曲面，且基本上尺寸都不一样，所以通过建立参数化模型，通过编程能快速得到玻璃、铝板、钢龙骨、铝龙骨的加工尺寸，大大缩短了设计周期，为材料采购提供足够的时间，保证了整个工程的施工进度。

9　结语

国家速滑馆项目为 2022 年冬奥会重点项目，其天坛形双曲玻璃幕墙也是行业内难度较大的幕墙工程。由于篇幅限制，本文只是解析了幕墙施工过程中的关键技术难点，常规的施工工艺及安全质量措施等没做论述。每个异型幕墙项目的关键技术难点各不相同，我们要实事求是，具体问题具体分析，但大"道"相通。希望本文能给各位同行有所启迪。

参考文献

[1] 郑方，董晓玉，林志云。国家速滑馆（冰丝带）。中图分类号：TU245.4 文献标识码：A　DO1：10.19953/j.at.2021.05.003

万向可调连接技术在幕墙中的应用

◎ 李满祥 何 敏 花定兴

深圳市三鑫科技发展有限公司 广东深圳 518054

摘 要 为实现空间双曲建筑效果，幕墙实现手法不断创新。对空间双曲建筑物实行个性化设计，满足幕墙结构安全的同时还要满足建筑外观和性能要求，这对幕墙的支承结构和连接系统提出了更高的挑战。本文以两个实施案例作为借鉴资料，详述万向支座和连接龙骨在适应主体结构位移变形及偏差的同时，还能达到较高的观感质量。

关键词 空间双曲表皮；万向可调支座；连接旋转龙骨；Grasshopper 技术

1 引言

目前，空间双曲建筑日益增多，幕墙实现手法也层出不穷，但是精品案例凤毛麟角。本文通过介绍两个成功实施案例，详细叙述空间双曲表皮的具体实施过程。两个案例的双曲天幕顺利实施得益于应用了万向可调支座、连接旋转龙骨、防侧滑可转动玻璃副框的我公司专利技术，下文进行详细。

案例一是澳门美高梅酒店（图 1），位于澳门金光大道，毗邻金沙城中心及澳门东亚运动会体育馆。酒店裙楼玻璃天幕为动感波浪空间双曲造型，其中钢结构为澳门首例马鞍形曲面双向斜交斜放单层大跨度网壳结构形式，最大跨度接近 140m，钢结构采光顶已获得吉尼斯世界记录认证，是澳门标志性特色高档酒店建筑之一。

案例二是东莞第一高楼国贸中心项目（图 2），项目位于东莞大道和鸿福路路口，毗邻展览中心，项目集甲级写字楼、商业、观光等功能于一体，标志塔楼幕墙高度 440m。建筑外立面形成玉兰花造型，以昂扬挺拔、蓬勃向上的八边形造型，为东莞城市天际线增添新的亮点。裙楼三层为两千余平方米"荷叶"状双曲天幕，空间双曲表皮由六块三角形交会网状划分的六棱柱结构，如图 3 所示。

图 1 案例一美高梅酒店裙楼玻璃天幕拍摄图

图 2 案例二东莞国贸中心裙楼"荷叶"天幕拍摄图

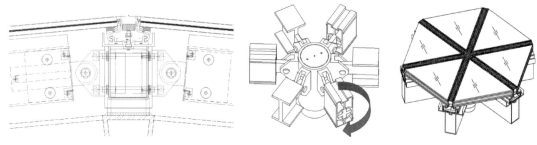

图3　玻璃面板六棱体设计示意图

2　玻璃表皮和钢结构特点

2.1　玻璃表皮

双曲玻璃表皮采用六片交会三角形网格划分，每个三角形玻璃内角各不相同，且相邻两片三角形玻璃空间夹角各不相同。玻璃边线在主体钢结构的垂直投影线上，基本与钢结构杆件中心线重合。玻璃边线交点到六棱柱表面的垂直投影点与六棱柱中心重合，同一条玻璃边线两端交点到主体六棱柱的垂线不平行。其中，案例一采用中空双夹胶 Low-E 玻璃、玻璃边长 2.7m 左右（图4）；案例二采用夹胶镀膜玻璃，玻璃边长 2.1m 左右。

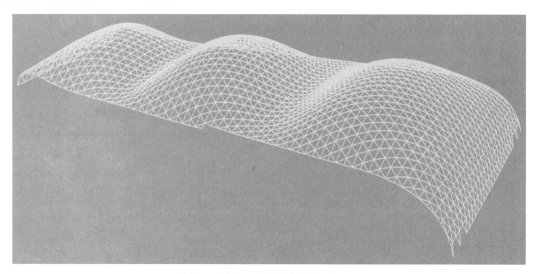

图4　案例一双曲玻璃表皮示意图

2.2　钢结构特点

钢结构的变形量很大，在不同的荷载组合作用下，每个主体钢结构节点的位移量和位移方向不同。同时，钢结构有三次变形会影响到理论模型与实际安装位置的偏差，第一次是钢结构定位安装偏差，第二次是钢结构支承胎架卸载变形偏差，第三次是幕墙安装后变形偏差。三次位移和偏差叠加后高度偏差将近 40mm，平面定位偏差接近 30mm，钢结构旋转角度偏差接近 3.6°，这就要求幕墙支座空间可调设计必须适应钢结构的六维变形（图5）。

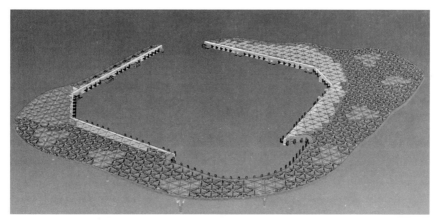

图 5　案例二钢结构模型示意图

3　空间双曲幕墙设计

玻璃幕墙基本是由面板、龙骨、主体结构支座等部分组成。所以,下文从主体结构支座、连接龙骨、玻璃副框三方面进行分析设计。

3.1　万向可调支座设计

根据钢结构特点和偏差变形要求,幕墙支座在整个系统中起到连接玻璃天幕与钢结构的关键作用。支座除了要支撑起玻璃采光顶和承受采光顶传递的荷载,还要能适应各种荷载组合工况下主体钢结构和天幕玻璃系统的相对位移、以及适应主体钢结构的加工和施工安装偏差。

支座由三部分组成。底部调高度圆管、上部可旋转角度套管、带销轴的耳板三者组合成一体为万向可调变角度专利支座。按理论分析,支座位于主体六角棱柱的中心,并垂直于六棱柱上表面。实际安装时,支座也是按照模型理论位置安装。但钢结构施工总会存在偏差,这时需要根据测量数据将圆管底部按实际角度处理,圆管底部的中心也会与六棱柱上表面中心不再重合。支座就是通过这种做法来适应主体钢结构的平面位置偏差及角度偏差(图 6)。

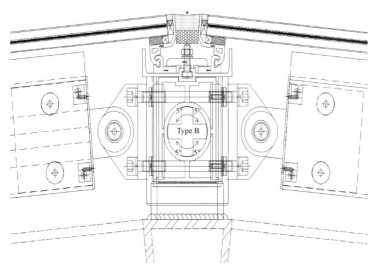

图 6　支座安装示意图

3.2 组合旋转横梁设计

玻璃的荷载需要通过横梁龙骨传递到支座。由于相邻的两个六角棱柱上表面不共面，所以横梁两端的立柱其实也不是平行的，而是存在空间夹角的。另外，横梁与支座之间的连接还要能适应钢结构和采光顶的各种相对位移和转动。

通过横梁两端设置两种不同的插芯。其中一端是可固定铝插芯，插芯的的另一头连接在支座耳板的销轴上；另外一端的插芯由两部组成，一个是可旋转插芯，同样用两个螺栓穿过横梁固定，一个是可固定插芯，一头连接在支座耳板的销轴上，另一头插进可旋转插芯中间，利用可旋转插芯实现钢结构和采光顶玻璃幕墙龙骨的转动和伸缩（图 7）。

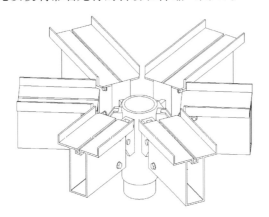

图 7　组合旋转横梁示意图

3.3 玻璃副框设计

由于任何两片相邻的玻璃均有大小不同的空间夹角，传统做法是采用玻璃飞边的做法，即内外片玻璃尺寸不一样，但由于每片玻璃的大小和角度均不同，玻璃和铝副框的加工难度极大。经软件模拟结合 Grasshopper 技术分析并汇总玻璃的夹角，最终采用玻璃齐边设计，开模三款不同宽度铝副框实现组框设计。铝副框设计成带球头可转动的分离式副框，可满足工程所需的各种角度。同时，副框和压块之间通过齿纹咬合，还可承受和传递玻璃的自重，防止玻璃侧滑（图 8）。

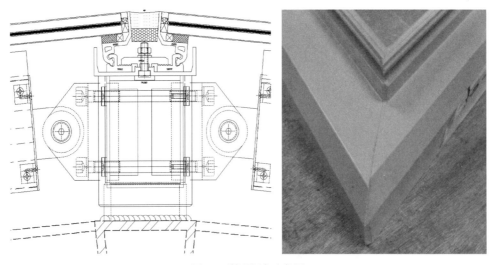

图 8　副框设计示意图

4　施工技术要点

4.1　测量放线

现场使用测量放线仪器定位支座实际安装中心点，根据理论模型的定位坐标找玻璃交点理论位置。将贴有反光贴的工装放置在钢结构节点表面，测量员在全站仪调出支座中心点坐标值，测量员指导操作人员挪动工装，通过平面内测点法在工装上找到支座中心点并用硬性专用记号笔标记。

通过辅助工装确定玻璃分格交点、支座中心点后，确定支座中心线，点焊固定底座。用记号笔称出辅助工装与底座的旋合高度，安装支座，并旋合到标记位置。钢结构满焊并卸载后，需要对支座位置进行复测，复测无误后进行支座焊接（图9）。

图 9　传统测量定位施工拍摄图

测量定位 BIM 放样机器人。目前新项目引进 BIM 放样机器人，利用其快速、精准、操作简单、测量员需求少的优势，将模型中的测量数据直接转变为现场精确定位点，且操作过程可视化，初步取得了良好的成果（图10）。

图 10　新型 BIM 放样机器人

4.2　玻璃、铝材下单

使用结构计算软件对各种工况下的钢结构进行模拟，将各种工况的模型进行对比分析，发现主体钢结构节点虽然会发生大小不同和方向各异的位移，但整个钢结构是连续变形的，钢结构中心区域的相邻支座的相对位移和转动并不大，玻璃的边长和内角也变化不大，因此中心区域的玻璃和支座可按理论情况下单，仅边缘局部位置根据实际测量下单加工，大大缩短了下单时间（图11）。

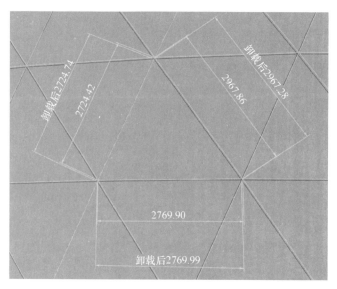

图 11　软件模拟与实际卸载偏差对比数据

另外，由于表皮复杂，玻璃、型材尺寸过多，下单采用 Grasshopper 技术，可以方便地提取玻璃的内角、相邻玻璃的夹角、横梁长度和支座的高度等，也可以自动通过分析角度，直接生成玻璃、副框、横梁的轮廓，实现玻璃、龙骨、支座的放样（图12）。

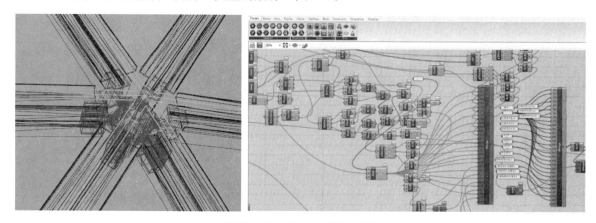

图 12　Grasshopper 插件应用

4.3　玻璃组框质量控制要点

由于每片玻璃尺寸和内角均不相同，同一片玻璃三条边的副框可能不同，玻璃副框的组装要保证框的刚度，采用局部加强措施防止角部开裂。同时重点控制三角形玻璃边部磨边工艺，不得崩角或崩边。通过以上技术要点控制三角形玻璃组框质量，并作为玻璃板块质量"品控资料"进行严格质量控制。

4.4　玻璃安装与淋水试验

玻璃板块安稳地平放至特制的运输安装车上，采用活动夹临时固定。运输安装车在牵引力作用下缓缓地沿着运输轨道到达安装工位。轨道采用可适应曲面钢结构的材料铺设而成，运输安装车在运行过程中，由后方卷扬机牵引控制安装车的速度，到达安装工位后，松开固定夹，安装车上手摇卷扬机将玻璃提起，辅助施工人员将玻璃调整对齐位置后直接放下，完成面板的安装。整个玻璃面板的施工从低处向顶部有序地靠拢，具体施工效果示意如图13所示。

图 13 特制玻璃板块运输安装车示意图

玻璃经运输轨道吊装至安装部位，调整玻璃在横梁上的位置，使玻璃安装达到设计要求。安装玻璃压块，并旋紧压块螺帽，并检查是否符合设计要求。玻璃安装完毕后，在玻璃表面贴上保护膜并铺上橡胶垫。注胶前清洁玻璃及板材间隙，玻璃打胶质量必须严格控制，打胶过程要严格控制，在每道打胶后试水与整体试水。本项目注胶分两次进行，第一次注胶完成后，等胶干后进行淋水试验，淋水试验合格后才可进行二次注胶。第二次注胶完成后再进行二次淋水试验，合格后，填表报验、移交。(图 14)。

图 14 现场施工场景

5 结语

本项目设计施工技术通过万向可调支座、连接龙骨和可转动玻璃副框高质量地呈现出空间双曲建筑效果。通过 Grasshopper 插件建模下单，大大缩短了设计下单周期，提高了工作效率，降低了人为因素的错误率。另外，通过结构计算软件对钢结构安装偏差、钢结构胎架卸载变形和幕墙安装三种工况下的钢结构进行模拟分析对比，理论结构分析与实际卸载变形量对比，研究得出整个钢结构连续变形的具体情况，分析安装完成后玻璃的边长和内角变化基本和理论研究相差不大，因此中心区域的玻璃和支座大胆地按理论下单，结合现场测量放线、运输吊装具体措施，保证了项目按期完工。

本万向可调支座连接龙骨技术包括：装配式施工、BIM 技术应用、测量放线、精致建造等。从设计方案、加工组框、现场施工情况都得到项目各方的一致认可，为社会和业主呈现出了美观、高品质的幕墙作品。

参考文献

[1] 中华人民共和国国家质量监督检验检疫总局，中国国家标准化管理委员会．建筑幕墙：GB/T 21086—2007［S］．北京：中国标准出版社，2008.

[2] 中华人民共和国建设部．玻璃幕墙工程技术规范：JGJ 102—2003［S］．北京：中国建筑工业出版社，2004.

一种有支承结构的新型砌筑砖墙技术

◎ 闭思廉[1]　刘晓烽[1]　江　辉[2]

1. 深圳中航幕墙工程有限公司　广东深圳　518109
2. 凯谛思建设工程咨询（上海）有限公司广州分公司　广东广州　510145

摘　要　本文介绍一种背面有支承钢架的砌筑陶土砖装饰墙，墙体采用烧结空心陶土砖，通过低碱性砂浆砌筑，墙体自重由楼层间主体结构飘板承托，在高度方向间隔一定距离设置通长的水平拉接网片，网片与支承钢架连接，支承钢架的立柱与主体结构之间通过钢连接件与主体结构预埋件焊接，将支承钢架固定在主体结构上。

关键词　砌筑装饰墙；空心烧结陶土砖；低碱性水泥砂浆；拉接网片；支承钢架；抗震

1　引言

　　砌筑的红色砖墙，是中国的一种传统建筑墙体，其传统功能既是承重结构又是围护结构。随着现代建筑方法的流行，传统砌筑砖墙因结构性能差而逐渐退出主流市场。但由于红色陶土砖的材质特性和颜色特点仍有其独特的文化魅力，并且在材质特性上还具备耐腐蚀、耐风化、吸声、透气等优点，还是受到建筑师和业主青睐。所以特定的项目仍然需要此种外观形式的墙体。常见陶砖的外观如图1所示。

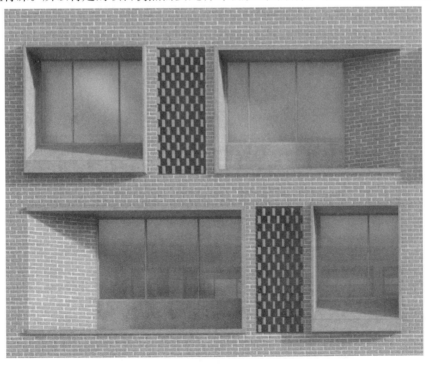

图1　常见陶砖的外观

为满足这类的需求，将传统的砌筑砖墙进行技术改造，让传统技艺和现代科技结合无疑是一条很好的途径。当然，要想让传统的砌筑砖墙应用到现代建筑中，还要在减重与解决其支承机理的可靠性上做文章。首先出于节材的需要，砖块厚度尽可能小并采用空心构造；其次是设置钢结构水平支承，使墙体满足抗风和抗震要求。因此，这种采用传统的砌筑方式并增加水平支承钢架的复合围护结构形式就可以实现，此种有支承钢架的陶土砖砌筑装饰墙也称为"砌筑与支承钢架复合的陶土砖装饰墙"。

2 系统简介

目前，所见的有支承钢架的砌筑陶土砖装饰墙，均采用烧结空心陶土砖，并通过低碱水泥砂浆砌筑。一般情况下，在主体结构楼层间设置飘板或支承钢架整层承托墙体自重，在高度方向上间隔8皮砖的间距设置通长的水平拉接网片，不锈钢网片的作用类似传统墙体的拉结筋，进行分段拉结，拉结网片与支承钢架通过连接件进行连接，钢架通过支座固定在主体结构上，支承钢架的立柱通过钢连接件与主体结构预埋件焊接。由于采用了与建筑幕墙类似的支承体系，这种复合墙体与传统砌体墙相比，其抗风压性能和抗震性能更好。对这种砌筑墙体而言，这里挑板相当于地基基础，立柱相当于构造柱，网片起到了圈梁拉结的效果。

3 系统主要材料简介

3.1 红色多孔烧结陶土砖

红色多孔烧结陶土砖，以红色黏土或陶土为主料，石英、长石为集料，通过模具成型，高温烧结而成。可以通过调整炉温（一般1200～1300℃）及炉内停留时间（一般42～48h），可以烧出不同深浅红色的陶土砖。为控制墙体单位面积质量，因此墙体不宜太厚，通常取80～120mm，砖块规格尺寸一般为80mm×240mm×50mm～120mm×240mm×50mm。常见陶土砖的外观如图2所示。

图2 常见陶土砖的外观照片

多孔烧结陶土砖的技术要求参见《烧结多孔砖和多孔砌块》（GB/T 13544—2011）。由于这类建筑的墙体一般较高，陶土砖承压强度建议取较高的强度级别，一般取MU20级，其抗压强度不低于20MPa。另外，作为幕墙类外围护结构的陶土砖吸水率不能太大，建议控制在不大于6%～8%。

3.2 支承钢型材

由于砌筑墙体完成后，支承钢架处在封闭状态，使用过程中不便于维护，因此对钢架的防腐要求非常高，一般情况下，支承钢架采用Q235B钢材，所有不外露的钢材表面采用热浸镀锌处理，镀锌层厚度应满足设计要求且不小于 $85\mu m$；所有外露钢材表面采用氟碳面漆处理，钢材先进行喷砂或抛丸除锈、涂环氧富锌底漆、环氧云铁中间漆和氟碳面漆。

沿海地区重要建筑，支承钢架建议采用高耐候钢并进行热浸镀锌处理。

3.3　不锈钢网片

不锈钢网片是用于砌体墙向支承钢构传递水平荷载的关键零件，其砌筑在砖缝之中，形状类似一榀平行弦桁架，其弦高小于墙体厚度，以便于砌筑上下在两层陶砖之间。网片不锈钢的直径为 $\phi 4mm$，其材质采用 316 不锈钢，焊接成带状网片，如图 3 所示。

图 3　不锈钢网片及连接图

4　结构及构造设计简介

4.1　结构设计思路及原则

这种新型的砌筑陶土砖装饰墙在设计思路上是将墙体自重直接传递到建筑主体上，而风荷载则是通过不锈钢网片及水平连接件传递到墙体后面的支承钢构。这样一来，墙体就可以用于较大跨度的层高。按照经验数据，墙的高度厚度比建议控制在 30～40 之间，可以推算出来 80mm 厚的墙体可以做到 3200mm 跨度，而 120mm 厚墙体可以做到 4800mm 跨度。所以在具体应用时，一般都需要每层楼设置飘板，将墙体砌筑在飘板之间。当层高较高的时候，需要在墙体后侧的钢结构上水平支托，以分割墙体的跨度，并承担该跨内墙砖的自重荷载。砌筑陶砖墙体的水平拉结节点如图 4 所示。

砌体墙面的水平承载能力与自重、厚度等诸多因素有关，事实上也很难算清楚。所以一般规定每 5～10 皮砖，高度间隔建议不大于 500mm 设置水平拉结网片，将水平荷载传递到其后的支承钢架上，以增加陶砖系统整体的稳定性。

墙体的水平荷载依靠水平方向插入墙体缝隙的不锈钢网片、砂浆的黏合力及摩擦力传给钢结构。由于摩擦力的分析很复杂，只能通过抗风性能试验进行不锈钢连接件的设计。

由于砌筑砖墙在风荷载及地震作用下允许变形较小，钢架的水平荷载作用下挠度值控制应比建筑幕墙的要求更严，建议取 1/500。立柱计算时不考虑墙体自身对风荷载的承载能力，这是偏安全的做法。钢架的计算方式与传统的钢结构计算方式相同，在此不做赘述。

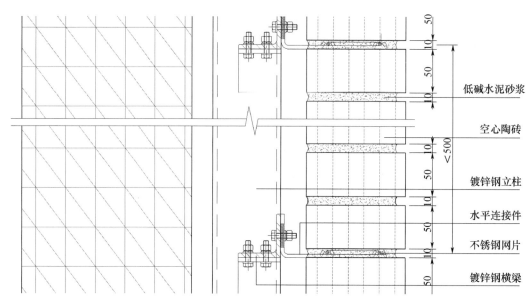

低碱水泥砂浆

空心陶砖

镀锌钢立柱

水平连接件

不锈钢网片

镀锌钢横梁

图 4　砌筑陶砖墙体的水平拉结节点

4.2　构造设计思路及原则

砌体墙自身的陶砖砌筑采用低碱水泥砂浆黏结，接缝一般采用凹缝处理。由于砌筑连接属于刚性连接，可靠度较低，所以在对跨度高、陶砖异型砌筑以及抗震要求等需求的情况下，在陶砖砌筑时，还要在陶砖的竖向孔中加钢筋加强，以提高其连接可靠性及承载能力。但竖向孔在加钢筋时对安装带来很多不便，所以最理想是将竖向钢筋按照横梁间距截短并两端套螺纹，每一节高度的陶砖砌好后，用螺套连接下一节钢筋。到了顶部如果没有后装的封顶，要预留 1～2 皮砖的高度做钢筋收尾处理。

支承钢结构的构造设计采用传统的立柱、横梁构造。如果陶砖砌筑在主体结构挑板上时，立柱最好采用下承式的连接构造，以使砌筑墙体与支承钢构的热膨胀方向一致，简化水平连接构件的受力状况；如果陶砖砌筑在支承钢构的水平支托上时，立柱就可以自由地选择上悬或下承的支承方式。有飘板与无飘板砌筑陶砖墙体的竖剖节点如图 5 所示。

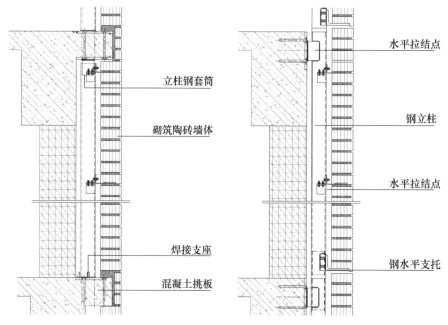

立柱钢套筒

砌筑陶砖墙体

焊接支座

混凝土挑板

水平拉结点

钢立柱

水平拉结点

钢水平支托

图 5　有飘板与无飘板砌筑陶砖墙体的竖剖节点

横梁布置的跨度一般是 5～10 皮砖（不大于 500mm），横梁通长布置，并以 500mm 左右的间距设置水平连接件。水平连接件与不锈钢网片一般采用卡接的连接方式，即通过在水平连接件上冲切出两组卡扣，用以镶嵌不锈钢网片。这种连接方式易于操作，并且避免了焊接对不锈钢网片的影响。

由于水平支承主要靠墙体背后的钢结构，所以墙体背部与钢结构之间的空气层要有空气流通设计，确保空腔空气流通，避免潮气聚集不散；幕墙底部应设置批水板、集水槽和泄水孔，避免积水，避免钢构件生锈及内墙体发霉的问题。除此之外，钢构件背部的墙面要做批荡防水处理，但更理想的做法是在支承钢构的外侧安装背板，材质可选用镀锌板或铝板，这样可以确保支承钢构件不受侵蚀，并且幕墙的防水性能也得以保障。

4.3 新型砌筑陶土砖装饰墙的抗震性能

传统的砌体墙抗震性能糟糕的主要原因是因为砖体之间的黏结构造属于刚性连接，其对位移和角变位适应能力很差。当墙体的跨度较高时，在地震作用下产生的变位量就会急剧放大，超出其承受能力后就会产生破坏。

新型的砌筑构造增加了支承钢结构，水平支承构造相当于将砌筑墙体的跨度大大降低，所以其在地震作用下的变位量也大幅降低，因为此类砌筑墙体的抗震性能是可以保障的。

在参考的资料中，广州大学工程抗震研究中心减震控制与结构安全国家重点实验室的一份相关测试报告就很能说明问题。其测试模型为两组对照砌体墙：平面形状均为槽形，长边 3m，短边 1m。墙体高度均为 3.85m。所不同的是第一组水平连接件按照 5 皮砖的跨度进行布置，第二组水平连接件按照 10 皮砖的跨度进行布置。抗震测试模型大样如图 6 所示。

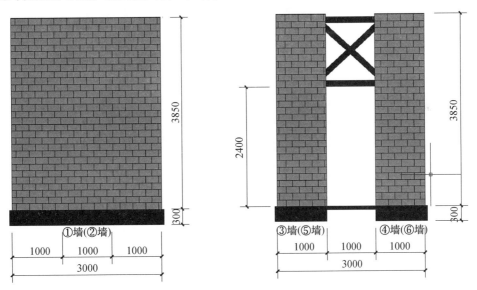

图 6 抗震测试模型大样（单位 mm）

按照 7 度设防标准，设计基本地震加速度 0.10g、抗震设防类别为丙类的情况，经过地震模拟台模拟实际地震，实际测得墙顶相对于墙底最大 10mm，层间位移角为 1/385。在该种情况下，第一组在 8 度罕遇地震作用下，陶砖砌体墙及连接未见裂缝；第二组在 8 度罕遇地震作用下，砌体墙墙未见裂缝，仅在底部砖墙与钢梁交界处出现裂缝，稍逊于第一组。该实验证明了带有支承钢架的砌筑陶土砖装饰墙具有良好的抗震性能，并且墙体的抗震能力与水平连接件的竖向跨度关系密切。所以水平连接件的设置跨度宜设置在 5～10 皮砖之间。抗震测试模型如图 7 所示。

图 7　抗震测试模型照片

5　结语

对于建筑行业而言，幕墙专业其实是最接近工业化和装配化的。但当前建筑工业化如火如荼大发展的时候，幕墙行业的拓展却有些缓慢。事实上只要是围护结构，以幕墙行业多年来沉淀出来的技术水平和丰富经验，都可以拓展出新的方向、新的做法和新的标准。

本文所介绍的传统的砌筑砖墙与支承钢架的结合方案解决了此类建筑元素在现代建筑中的应用问题，但距离工业化及便于施工的目标仍然相去甚远，比如砌筑工艺耗时费力，现有支承构造及砌筑墙体的总厚度过大，占用宝贵的室内空间；同时在黏土资源保护、节材、节能方面也存在诸多问题。所以，该技术在现有基础上进行进一步的提升和改进仍大有空间。同时也希望有兴趣的同行可以进一步的挖掘和完善，并形成标准化和规范化的产品，以丰富幕墙产品的应用场景。

参考文献

[1] 陈峻. 石材新工艺在文化建筑外立面上的应用 [C] //董红. 建筑幕墙创新与发展（2016 年卷）. 北京：中国建材工业出版社，2017.

港澳智慧城多面体冲孔铝板系统设计及施工

◎ 张站录　潘　艳

深圳广晟幕墙科技有限公司　广东深圳　518029

摘　要　本文针对三角形面板拼接的多面体铝板系统设计了一款新型的固定圆盘支座，并对钢龙骨如何在施工现场的快速精准定位及安装进行具体分析，保证幕墙的施工质量及施工进度，以实现建筑效果的目标。

关键词　三角形面板；圆盘支座；悬挑大钢架；整体吊装

1　引言

近年来，随着经济的发展和技术的进步，人们的审美标准也日益提升。建筑幕墙作为建筑的外围护结构，具有超强的可塑性。建筑师为实现具有冲击力的视觉效果以及营造独特的文化氛围，建筑外形的多样化已成为当今的主流。建筑外形的多样化使得施工难度加大，施工质量难以保证以及施工工期难以把控等诸多问题。

本文通过珠海横琴港澳智慧城1号动漫世界的幕墙项目工程设计案例，对不规则开缝式冲孔铝板系统设计安装及其超大钢龙骨的现场施工定位进行探讨分析。本项目中1号动漫世界幕墙类型包括：框架式玻璃幕墙、全玻幕墙、雨篷幕墙、格栅幕墙、铝板幕墙等，其中冲孔铝板幕墙占本工程的60%以上。该项目主要体现在由多个不规则的多边形铝板面拼接而成的多面体，以实现类似"钻石"面效果（图1）。

图1　珠海横琴港澳智慧城1号动漫世界效果图

2 多面体冲孔铝板系统设计分析

2.1 不规则多边形铝板面

根据建筑设计院提供的建筑图、结构图、犀牛模型的外表皮,开始整体的建模,为现场施工做准备。由于主体结构的施工误差会直接影响后期的材料下单,所以对现场的主体结构数据采集尤为重要。本项目的铝板幕墙造型复杂,各板面交点的位置难以在平面与立面上表示,全程必须采用全站仪进行指导施工与数据采集。将现场实测的坐标点(x、y、z)数据导入犀牛模型中,经过与理论数据的对比,进一步调整整体模型(图2)。铝板幕墙主要是由多个铝板面拼接成的多面体,可通过模型上的坐标及各个板块的大小,对这个多面体进行拆解,极大地降低了施工难度(图3)。

图 2 1 号楼整体模型图

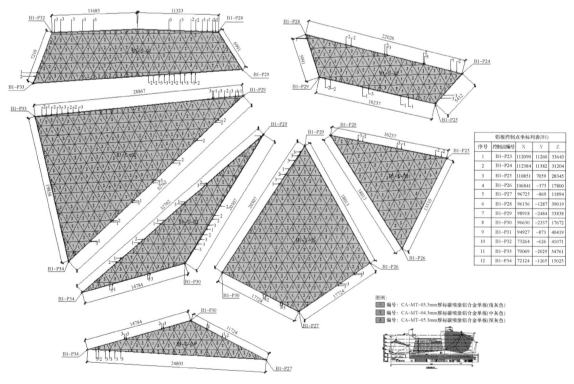

铝板控制点坐标列表(B1)				
序号	控制点编号	X	Y	Z
1	B1-P23	112090	11260	33643
2	B1-P24	112384	11382	31204
3	B1-P25	110851	7059	28345
4	B1-P26	106841	-373	17800
5	B1-P27	96725	-869	11894
6	B1-P28	96156	-1287	39019
7	B1-P29	98918	-2484	33838
8	B1-P30	96630	-2337	17672
9	B1-P31	94927	-873	40419
10	B1-P32	73264	-626	41071
11	B1-P33	70069	-2029	34761
12	B1-P34	72124	-1265	15025

图例:
1 编号:CA-MT-03.3mm厚标碳喷涂铝合金单板(浅灰色)
2 编号:CA-MT-04.3mm厚标碳喷涂铝合金单板(中灰色)
3 编号:CA-MT-05.3mm厚标碳喷涂铝合金单板(深灰色)

图 3 铝板幕墙展开图

2.2　冲孔铝板节点设计

每个不规则的多边形铝板面选用 3mm 厚边长为 1500mm 的等边三角形铝合金冲孔铝板，冲孔率达到 30%，冲孔铝板间采用开缝处理，这层不防水，仅具有外层装饰效果。内侧有一层铝合金单板用于防水。三角形冲孔铝板三点固定（图 4 和图 5）。

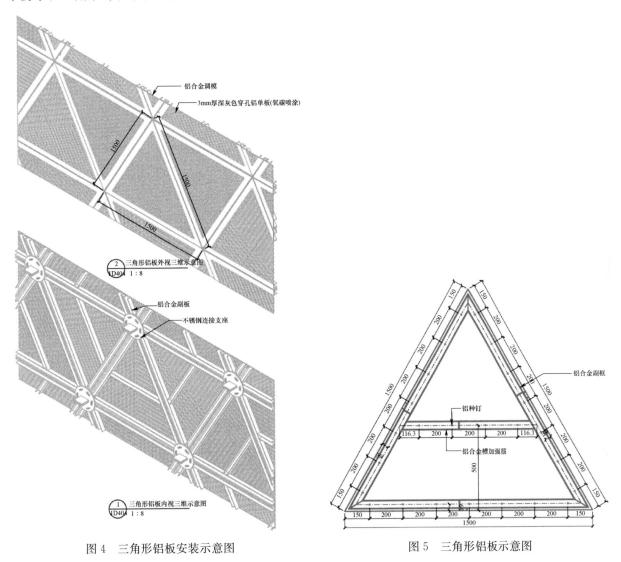

图 4　三角形铝板安装示意图　　　　　　　　图 5　三角形铝板示意图

铝合金冲孔铝板结构设计采用结构胶与"铝种钉"将铝合金附框连接起来，室内增加的铝合金加强筋也是通过"铝种钉"与铝板连接。组好的铝合金冲孔铝板通过铝合金压块、不锈钢盘头螺栓连接到圆盘支座上（图 6）。

3　圆盘支座设计

现有的异型板块拼接幕墙，特别是三角形幕墙面板拼接而成的金属屋面，其固定方式常用拼接圆盘进行搭接固定，简易的圆盘钢板难于实现不同角度调节，复杂的通过几个法兰盘配合形成圆形轨道的螺栓槽对幕墙龙骨进行固定，但造价较高。基于以上情形综合考虑，设计出一种既经济又能实现 x、y、z 三维调节，又能适应板块多角度转动调节功能的圆盘支座。

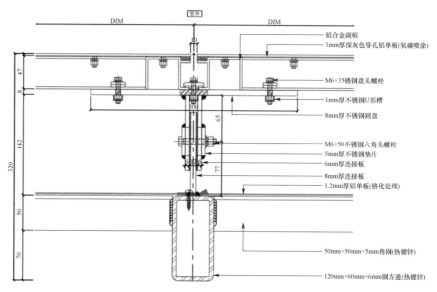

图 6　三角形铝板节点图

3.1　设计问题分析

（1）根据需求设计各种规格的不锈钢板、螺栓；

（2）需要在圆盘上解决底座龙骨的偏差调节。

3.2　技术方案

这款设计的圆盘支座可支承龙骨定位偏差±25mm，支座1焊接在支承龙骨上，支座2与支座1之间配合可通过长圆孔方式调节高低位置，支座2上圆盘上的不锈钢槽（套螺栓）可调节面板边框的角度转动，最后通过螺栓将面板边框固定在圆盘支座上，具体的安装配合方式如图7和图8所示。

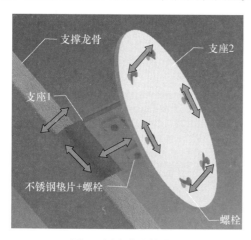

图 7　圆盘支座构造图

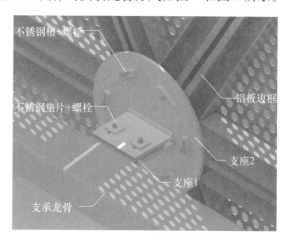

图 8　圆盘支座＋铝板整体构造图

4　铝板幕墙钢龙骨施工

4.1　铝板幕墙钢龙骨的施工设计

铝板幕墙施工最重要的在于如何组织钢龙骨精准定位施工。本项目的主体造型铝板钢结构分为竖向主受力钢龙骨以及固定铝板的檩条龙骨（图 9）。由于 1♯ 楼的钢结构造型复杂，主受力钢龙骨均为外墙垂直面的附墙安装方式，同时现场由于市政规划路段的场地移交，造成施工场地紧张只能进行分段吊装施工，钢构件采取工厂分段加工，现场组装后采用汽吊整体吊装。通过犀牛软件构建模型，绘制钢龙骨的平面布置图（图 10），同时做好每一榀的钢龙骨加工工艺图及编号（图 11 和图 12）。

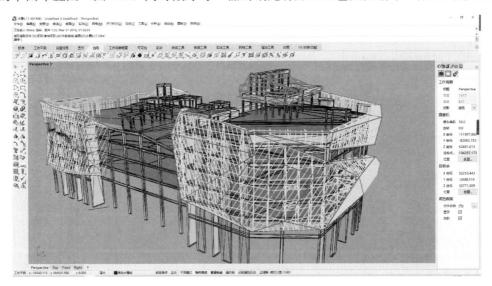

图 9　钢龙骨模型图

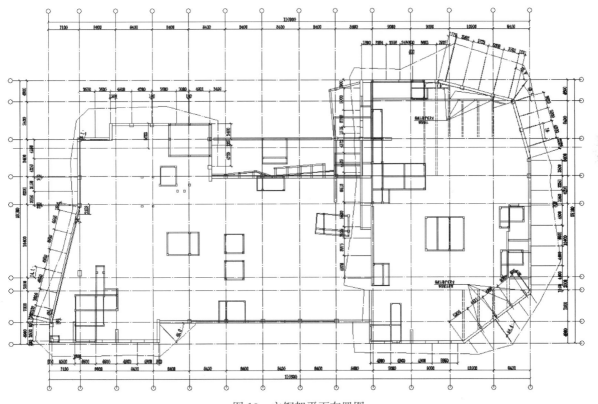

图 10　主钢架平面布置图

主受力钢桁架立柱、主梁采用 $\phi 180mm \times 5mm$ 的圆管（材质 Q345-B），次梁为 $\phi 102mm \times 5mm$ 的圆管（材质 Q235-B）相贯连接，现场主体拼装后吊装，大小共 42 榀。钢结构与主体采用铰接连接方式，个别由于幕墙面距结构面位置太近，无法设置拉杆的部位采用刚接。

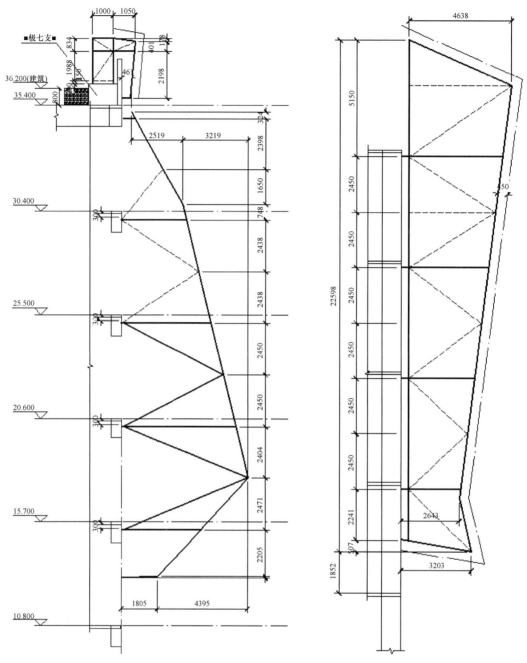

图 11 1#立面挑出最大桁架图   图 12 1#立面垂直跨度最大桁架图

幕墙檩条龙骨截面为 120mm×80mm×4mm 钢通，材质 Q235-B。檩条龙骨固定安装在主受力的钢构件上，圆盘支座安装在檩条上，所以檩条龙骨的施工误差对后面冲孔铝板的安装有极大的影响。为确保檩条的施工精度，结合犀牛模型拆解成一个个龙骨面，在加工厂焊接完成后整体吊装，这样能既保证每一面的安装精度又能缩短施工工期。最后结合全站仪的全程监测定位安装。

4.2 铝板幕墙钢龙骨的安装

在地面上设置拼装胎架，桁架在地面焊接组装完毕后开始吊装。吊装时，单榀桁架采用整体一次吊装就位的方法施工。由于单榀桁架悬挑长度较长，因此在单榀桁架安装就位完毕，吊绳卸荷前，在桁架悬挑水平段下部，设临时支撑平台，以保证桁架整体稳定，防止单榀桁架在自重作用下产生过大的位移。

如图 13 所示为吊装要点示意图，因为桁架与主体结构的连接采取的是点连接，靠墙部分并没有通长的竖向直龙骨连接，在地面拼装完成后直接起吊的话，过程中容易造成桁架变形，因此在吊装时加焊防变形的辅助角钢后方可起吊。

在竖向桁架吊装完成后，需要协作单位配合搭设施工平台，待平台搭设完成后钢结构施工班组可对横向桁架加装固定，并对桁架各个点位进行定位监测。钢结构安装过程均采用全站仪测量控制安装精度，保证施工质量。钢结构焊接完需要对焊接处做防锈处理，并做探伤检测。

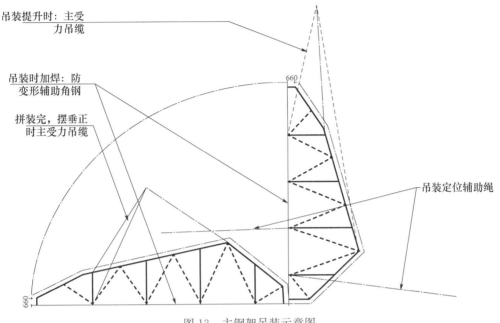

图 13　主钢架吊装示意图

4.3　整体吊装钢架的优点

总体安装过程是先安装主受力钢龙骨（图 14），接下来安装檩条与圆盘支座的组合钢架（图 15），再安装防水背板，最后安装冲孔铝板（图 16）。

图 14　主钢架安装图

图 15　檩条龙骨安装图

图 16　冲孔铝板安装图

整体吊装的优点：

（1）缩短工期

钢构件在工厂分段加工，现场组装后采用汽吊整体吊装。主受力钢构采用圆管相贯焊接，现场不好加工，大量的加工工序转移到加工厂，可缩短施工周期。

（2）保证对安装质量的控制

由于该工程施工周期紧张，造型复杂，可通过单元整体吊装，大部分的工作可在地面或在工厂操作，可以保证施工质量。如果采用单件杆件式，在立面进行大量焊接安装，对施工操作不利，并且质量上也很难保证。

5　结语

珠海横琴港澳智慧城多面体冲孔铝板幕墙（图 17），整体上造型独特、新颖，对测量、加工 、施工安装等精度要求很高。设计过程中，充分利用全站仪采集数据完善模型，降低了超大钢结构的安装定位和施工难度，整个施工过程使用全站仪定位，保证了钢龙骨的安装精度。

图 17　现场实景图

参考文献

［1］中华人民共和国建设部. 玻璃幕墙工程技术规范：JGJ 102—2003 ［S］. 北京：中国建筑工业出版社，2004.

［2］中华人民共和国国家质量监督检验检疫总局，中国国家标准化管理委员会. 建筑幕墙：GB/T 21086—2007［S］. 北京：中国标准出版社，2008.

［3］中华人民共和国住房和城乡建设部. 钢结构设计标准（附条文说明［另册］）：GB 50017—2017［S］. 北京：中国建筑工业出版社，2018.

［4］中华人民共和国住房和城乡建设部. 钢结构焊接规范：GB 50661—2011［S］. 北京：中国建筑工业出版社，2012.

特色造型铝板幕墙系统设计分析及应用

◎ 唐文俊

深圳市方大建科集团有限公司　广东深圳　518057

摘　要　针对佛山时代爱车小镇产业项目 E3、E4 商业中心幕墙工程，本文重点分析了该项目的特色造型铝板幕墙系统，充分考虑了其独特的材料造型特性，并且将幕墙体系单元化的思路引入其中，在工期紧、任务重、难度大的实际情况下，顺利实现了铝板造型板块的单元化生产及安装，保障了整个幕墙工程的质量和工期。

关键词　特色造型铝板；单元体系；挂接系统

1　引言

佛山时代爱车小镇产业项目 E3、E4 商业中心幕墙工程项目位于佛山市南海区桂城街道海八西路叠北社区华南汽车城北区地段 E3、E4 区。本项目由一栋 5 层高约 35.51m 的商业楼 E3 和一栋 4 层高约 25.14m 的商业楼 E4 组成，建筑总面积约为 18.3 万 m²，幕墙工程总面积约为 6.5 万 m²，其余外墙采用涂料装饰。建筑幕墙形式主要为特色造型铝板幕墙系统（图1）。

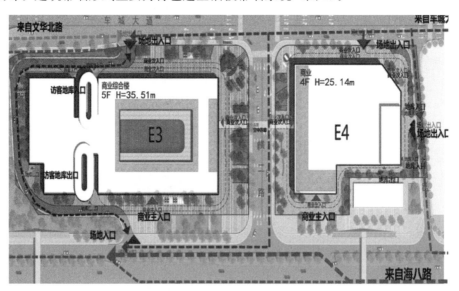

图1　E3、E4 项目区域位置示意图

本项目幕墙取值基本参数为：基本风压在立面按 50 年重现期取值 0.5kN/m²；地面粗糙度类别为 C 类；抗震设防烈度为 7 度，设计基本地震加速度为 0.10g，设计地震分组为第一组，地理位置气候分区为夏热冬暖地区。

2　幕墙系统分析

本项目的特色造型铝板幕墙与传统铝板幕墙外立面的装饰效果相比，外立面装饰造型更加立体，多彩丰富。它与其他玻璃幕墙系统组合使用时，使幕墙立面造型效果更加具有活泼多变的特点，可以向人们传达新颖的设计理念，更能表达本项目产业园区在当地的独特形象。

2.1　幕墙造型分析

本项目的特色造型铝板幕墙系统外立面是由不同"眼睛"造型的菱形铝板模块按一定的规律渐变组合形成的立体墙面造型。其中，单个菱形"眼睛"造型铝板的外形尺寸为 1400mm×560mm；"眼睛"内部椭圆洞口造型尺寸不同，如图 2～图 4 所示。

图 2　E3 建筑幕墙立面效果图

图 3　E4 建筑幕墙立面效果图

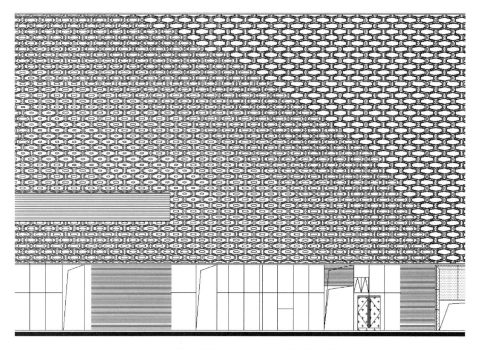

图 4　菱形"眼睛"造型铝板渐变效果

2.2　幕墙板块分析

根据特色造型铝板幕墙分格大小计算，单个菱形"眼睛"造型铝板的正投影面积约为 $0.58m^2$。本项目中菱形"眼睛"造型铝板板块种类经过详细统计，可分为 24 种类型。如图 5 所示。

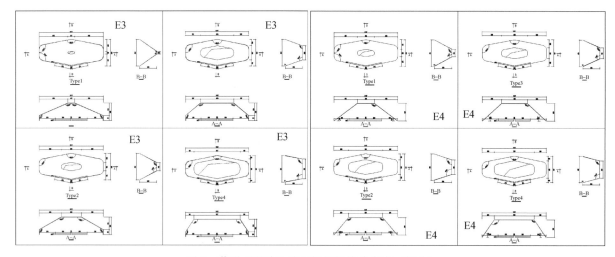

图 5　菱形"眼睛"造型铝板板块分类表（部分）

经过幕墙板块分析可知，菱形"眼睛"造型铝板单个面积较小，安装时需要按照一定的渐变规律依次安装，这给现场施工、材料管理带来极大不便，不利于现场施工效率的提高和幕墙整体安装效果的保证。在幕墙深化设计时，可采用组合单元板块设计，减少安装步骤，提高施工效率，保证项目顺利完工，如图 6 所示。

四个菱形"眼睛"造型铝板经过设计组合成一个单元板块，使每个单元板块面积约为 $3m^2$，减少了四分之三的吊装施工，同时使幕墙安装质量更容易控制（图 7）。

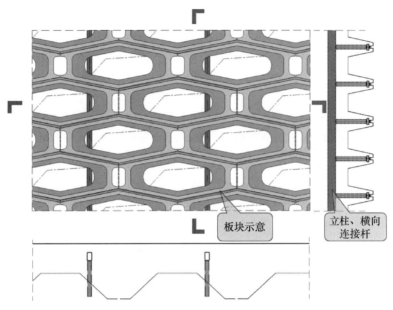

图 6　菱形"眼睛"造型铝板组合单元板块设计

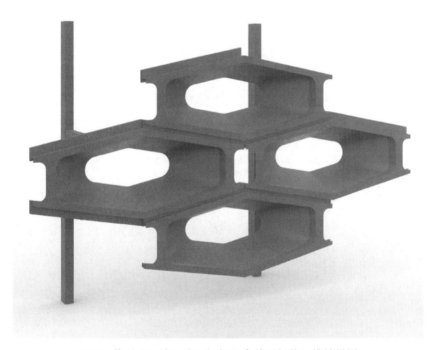

图 7　菱形"眼睛"造型铝板组合单元板块三维效果图

3　幕墙系统构造分析

3.1　幕墙系统单个面板构造分析

由于本项目中特色造型铝板幕墙的基础单元是每一个菱形"眼睛"造型的铝板板块，首先对其进行单独分析。

根据铝板生产厂家意见反馈，要实现本项目造型铝板效果，需要对造型铝板进行分析，将铝板进行拆分。先将造型铝板拆分为一对折面板、一对双曲弧面板，再将分解的各个基础单元面在工厂加工拼接，达到本项目造型铝板要求效果。

其次，铝板的凹凸造型使面板本身具有了较高的结构强度，在本项目中，造型铝板满足幕墙面板结构受力要求。所以不需要增加铝板加强筋，只需要考虑边部连接构造满足幕墙结构受力要求即可，如图 8 和图 9 所示。

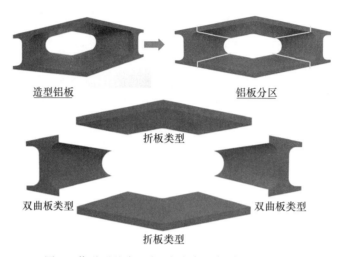

图 8 菱形"眼睛"造型铝板加工拆分三维效果图

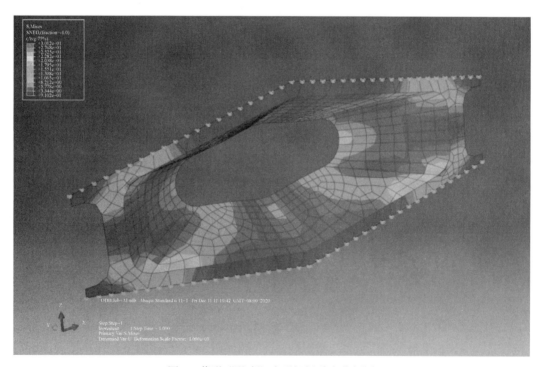

图 9 菱形"眼睛"造型铝板受力分析图

3.2 幕墙系统组合单元板块构造分析

在对菱形"眼睛"造型铝板组合单元板块进行设计时，采用 3mm 厚铝单板＋铝板折边＋铝合金型材附框构造，将四个小板块合并成一个整体单元。同时，可以对菱形"眼睛"造型铝板单元板块后连接钢龙骨进行深化设计。立柱采用 100mm×60mm×5mm 钢通，横梁采用 50mm×50mm×4mm 钢通，表面氟碳喷涂，颜色与造型铝板相同。简洁的钢结构龙骨设计可以保证特色造型铝板幕墙室内外两侧的美观效果（图 10）。

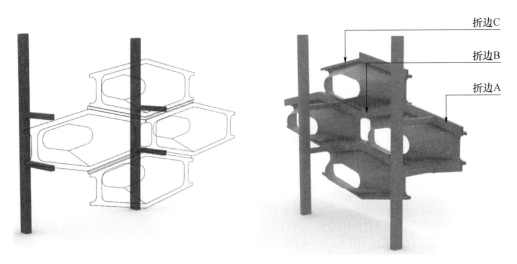

图 10 菱形"眼睛"造型铝板组合单元板块结构设计分析图

在本项目幕墙系统标准位置,对菱形"眼睛"造型铝板组合单元板块施工安装进行分析。菱形"眼睛"造型铝板组合单元板块的交接边界主要可分为三类,如图 11 所示。

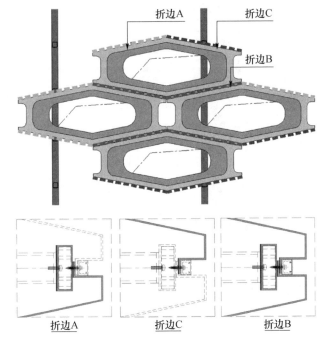

图 11 菱形"眼睛"造型铝板组合单元板块施工安装设计分析图

在菱形"眼睛"造型铝板组合单元板块安装时,采用铝合金型材角码将铝合金型材附框在转角处的连接加强,如图 12 所示。

对菱形"眼睛"造型铝板组合单元板块安装整体结构进行受力分析。菱形"眼睛"造型铝板组合单元板块满足幕墙面板受力要求,如图 13 所示。

4 幕墙系统施工模拟设计分析

作为本项目的特色造型铝板幕墙,在安装时采用整体单元板块的安装方式,可以很好地简化安装步骤。结合设计软件,使每一个板块精准安装到位,减小施工误差,提高施工效率,如图 14 所示。

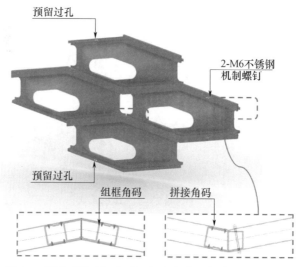

图 12　菱形"眼睛"造型铝板组合单元板块组角示意图

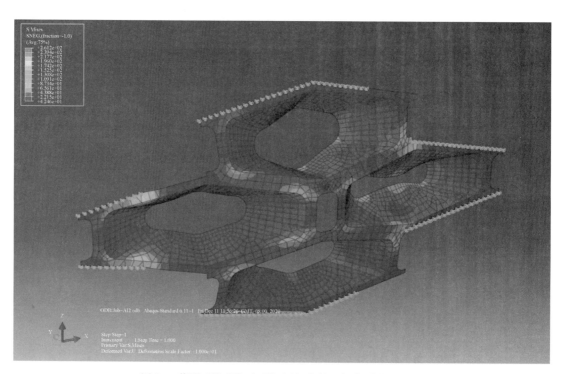

图 13　菱形"眼睛"造型铝板组合单元板块受力分析图

5　结语

现今，国内建筑幕墙行业发展迅速，建筑幕墙系统中每个构件、每一种形式的演变，都会带来深化设计思路的革新，都需要大家认真地研究系统特点，结合实际施工情况思考出简单有效的做法，并不断寻求更好的解决方案和更合理的组合装配方式。铝合金单板以其优良的造型加工特点被广泛应用于建筑幕墙专业中。本文所述的菱形"眼睛"造型铝板单元系统将平面铝板幕墙再造型、再开发，组合成外装饰幕墙面板，实现造型新颖的外立面装饰效果。本项目在菱形"眼睛"造型铝板单元板块深化设计的实施过程中也遇到了许多要解决的问题，希望有类似项目经验的人员对此提出宝贵意见，供大家共同研究与改进。

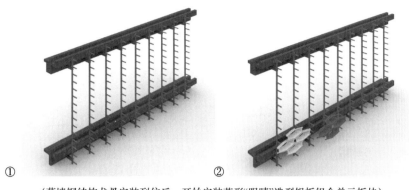

①　　　　　　　　　　　　　②

（幕墙钢结构龙骨安装到位后，开始安装菱形"眼睛"造型铝板组合单元板块）

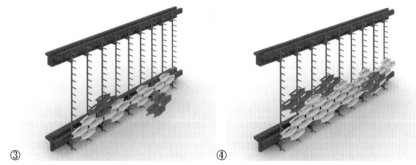

③　　　　　　　　　　　　　④

（菱形"眼睛"造型铝板组合单元板块如图依次安装到位）

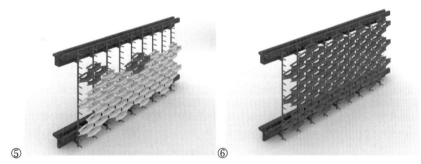

⑤　　　　　　　　　　　　　⑥

（完成大面菱形"眼睛"造型铝板组合单元板块安装）

图14　图菱形"眼睛"造型铝板单元板块施工安装步骤示意图

参考文献

［1］中华人民共和国国家质量监督检验检疫总局，中国国家标准化管理委员会. 建筑幕墙：GB/T21086—2007［S］. 北京：中国标准出版社，2008.

［2］中华人民共和国建设部. 玻璃幕墙工程技术规范：JGJ 102—2003［S］. 北京：中国建筑工业出版社，2004.

［3］中华人民共和国建设部. 金属与石材幕墙工程技术规范（附条文说明）：JGJ133—2001［S］. 北京：中国建筑工业出版社，2004.

［4］中华人民共和国住房和城乡建设部. 建筑结构荷载规范：GB50009—2012［S］. 北京：中国建筑工业出版社，2012.

精品工程设计管控分析
——深圳前海嘉里 T8 幕墙项目

◎ 黄庆祥　何林武　郑爱冠　熊文斌

中建深圳装饰有限公司　广东深圳　518023

摘　要　深圳前海嘉里 T8 项目位于前海深港合作区前沿，项目地段优越，拥有一线海景。建筑外围单元幕墙造型独特、美观新颖、环保节能。主立面幕墙大量采用横竖交错的超大截面 U 形装饰线条增加了建筑的质感，同时相互叠加的铺设效果也给平面建筑增加了立体感，幕墙设计工作是将建筑设计理念转换为现实，本文详细介绍了变截面梯形立柱单元系统设计管控的重点和难点。

关键词　超大梯形渐变铝合金立柱；超大截面铝合金装饰线；高品质玻璃；抗风性

1　引言

深圳前海嘉里中心 T8 项目，位于前海之心，属湾景天际线标志性建筑，是集写字楼、商业、公寓及酒店于一体的国际化生态综合体，建筑效果图如图 1 所示。项目主楼共 27 层，楼高 138m，裙楼共 3 层，地下室共 5 层，幕墙总面积 3.1 万 m²。项目由国际顶级设计事务所 KPF 担纲总体规划及建筑设计，秉承可持续发展、绿色生态社区及以人为本的设计开发理念，一举囊括了"最佳综合发展项目"金奖及"最佳绿色发展项目"银奖两项大奖。

图 1　建筑效果图

2 项目设计重难点解析

2.1 超多规格单元板块组框加工

深圳前海嘉里中心 T8 项目远看简约大气，近看细节丰富，外立面单元幕墙运用大量的线条元素。塔楼大面外侧单元幕墙外挂横竖向交错的 U 形铝板线条，与窗边玻璃银色玻璃封边，勾勒出建筑的灵动与质感。T8 塔楼平面呈不等腰梯形（图 2），按照 KPF 建筑师对室内、外效果的细致要求，各系统之间转角外观不能统一，每个标准层的 20 个转角中有 7 个转角的角度相差较大，无法统一。另外，单元立柱截面呈等腰梯形，室内宽度从 420mm 渐变到 260mm，属于大截面异型立柱（图 3），综上所述，项目存在以下设计难点。

（1）型材种类多：开模数量达到 273 个，开模周期长，影响工期，且材料采购成本高。

（2）板块种类多：塔楼 2242 个单元板块，组框形式 722 种，不同编号 1150 个。

（3）加工精度控制难：超大梯形截面型材，立柱截面过大导致型材截面产生"扭拧"，型材截面需经过多次切割，横竖框对接精度高，加工质量控制难（图 4～图 9）。

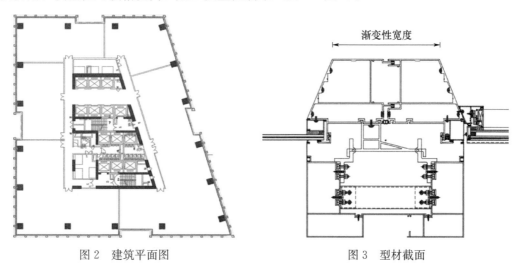

图 2 建筑平面图　　　　　　　　　　图 3 型材截面

图 4 幕墙室内完成效果

图 5   幕墙渐变性单元板块立柱变化效果

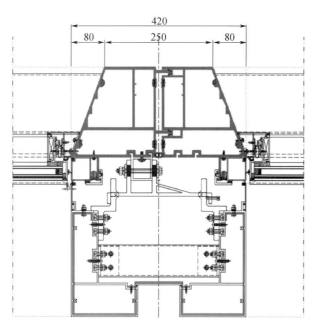

图 6   幕墙渐变性单元板块立柱

图 7   幕墙渐变性单元板块立柱加工

图 8   超大型材截面加工精度控制

图 9   单元组框精度控制

立柱截面过大导致型材截面产生"扭拧","扭拧度"控制难（图 10 和图 11）"扭拧度"公差见表 1。

表 1　"扭拧度"公差（最大值）

单位：mm

外接圆直径（°）	公差［圆宽度（W）1mm］			
	合金种类 1		合金种类 2	
	每 1m 长	最大每全长	每 1m 长	最大每全长
12.5～40（含 40）	0.052	0.122	0.070	0.140
40～80（含 80）	0.026	0.017	0.034	0.105
40～250（含 250）	0.017	0.052	0.006	0.070
250～600（含 600）	0.010	0.040	0.017	0.058

图 10　型材"扭拧度"变化

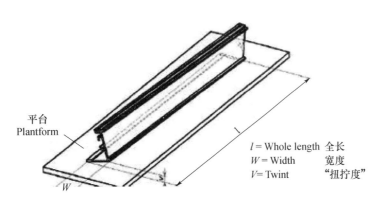

平台
Plantform

l = Whole length　全长
W = Width　　　宽度
V = Twint　　　"扭拧度"

图 11　型材"扭拧度"变化原理

"扭拧度"不是计算得出的，而是测量出来的，测量办法是把材料放于平台静置，测量在一定长度上材料与平台的间隙而得到。型材借自重达到稳定时，测量型材翘起端的两侧端点与平台的间隙值 T1 和 T2，T1 与 T2 的差值即为型材的"扭拧度"。

《铝合金建筑型材 第 1 部分：基材》（GB/T 5237.1—2017）标准把铝型材分为了普通级、高精级和超高精级三个等级。每一个级别又规定了铝型材的尺寸公差范围、平面间隙、弯曲度、"扭拧度"（表 2）等。

表 2　工程类型材"扭拧度"要求

公称宽度（W）	下列长度（Lm）上的"扭拧度"，不大于					
	≤1m	>1～2m	>2～3m	>3～4m	>4～5m	>5～7m
≤25	1.00	1.50	1.50	2.00	2.00	2.0
25～50	1.00	1.20	1.50	1.80	2.00	2.0
50～75	1.00	1.20	1.20	1.50	2.00	2.00
75～100	1.00	1.20	1.50	2.00	2.20	2.50
100～125	1.00	1.50	1.80	2.20	2.50	3.00
125～150	1.20	1.50	1.80	2.20	2.50	3.00
150～200	1.50	1.80	2.20	2.60	3.00	3.50
200～350	1.80	2.50	3.00	3.50	4.00	4.50

解决方案：

为了解决板块立柱的设计—生产—加工问题，我们从源头出发，通过与型材厂的全面协作，型材分批次加工，确保型材的配套生产，解决"模图"过多的问题；引进特殊加工设备解决型材加工问题，经过各个岗位的协调合作，最终按时完成了单元幕墙的安装。

1）针对原设计节点深化方案（图 12 和图 13）

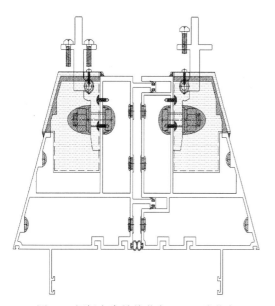 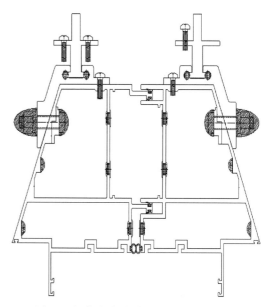

<table>
<tr><td>图 12　招标方案挂接节点——双腔节点</td><td>图 13　深化方案挂接节点——单腔节点</td></tr>
</table>

招标方案挂件安装在中间型材壁位置，挖洞后再用折弯铝板进行内腔封闭保证气密性，在首样板块组装中由于双腔的存在导致横梁立柱连接位置连接效果不理想，近十道折弯工艺的封口铝板加工难度大，防水性密封性难以保证。

通过建模进行有限元分析，对深化后设计挂件节点构成的单元体多跨铰接连续静定梁模型进行验算（图 14）。经验算，深化后方案的支座正应力及剪应力均能满足要求，后续大面施工采用此抗侧风挂件系统极大地提高了工艺图绘制效率，板块组装质量有了明显提升，单元板块组装简化了工艺后较原来方案节省了 30％的时间。整栋楼共 6 种角度不同的转角，根据角度的不同对立柱外形进行优化，斜面立柱位置采用钢加工件来模拟抗侧风挂件，节省了模具数量并能更好地满足转角区反力大的加工要求（图 15）。

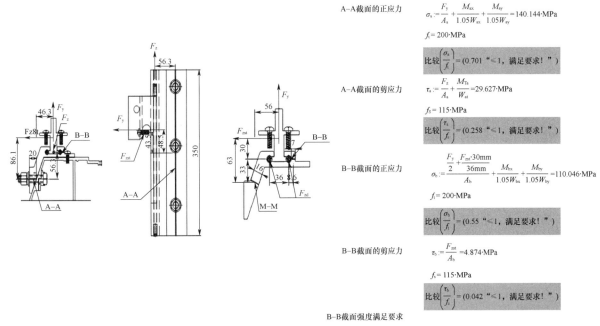

A-A截面的正应力　$\sigma_a := \dfrac{F_y}{A_a} + \dfrac{M_{ax}}{1.05W_{ax}} + \dfrac{M_{ay}}{1.05W_{ay}} = 140.144 \cdot MPa$

$f_t = 200 \cdot MPa$

比较 $\left(\dfrac{\sigma_a}{f_t}\right) = (0.701$ "≤1，满足要求！"$)$

A-A截面的剪应力　$\tau_a := \dfrac{F_z}{A_a} + \dfrac{M_{Ta}}{W_{at}} = 29.627 \cdot MPa$

$f_S = 115 \cdot MPa$

比较 $\left(\dfrac{\tau_a}{f_s}\right) = (0.258$ "≤1，满足要求！"$)$

B-B截面的正应力　$\sigma_b := \dfrac{\dfrac{F_y}{2} + \dfrac{F_{zst} \cdot 30mm}{36mm}}{A_b} + \dfrac{M_{bx}}{1.05W_{bx}} + \dfrac{M_{by}}{1.05W_{by}} = 110.046 \cdot MPa$

$f_t = 200 \cdot MPa$

比较 $\left(\dfrac{\sigma_b}{f_t}\right) = (0.55$ "≤1，满足要求！"$)$

B-B截面的剪应力　$\tau_b := \dfrac{F_{zst}}{A_b} = 4.874 \cdot MPa$

$f_S = 115 \cdot MPa$

比较 $\left(\dfrac{\tau_b}{f_s}\right) = (0.042$ "≤1，满足要求！"$)$

B-B截面强度满足要求

图14　抗侧风挂件截面验算

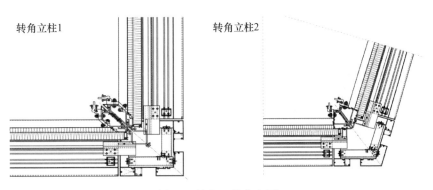

图15　转角立柱节点图

2）分离式、流水化设计和 BIM 参数化应用

2242 个单元板块，1150 个单元编号。巨大的单元组装工作量与幕墙的疑难杂症来比，就像是两个极端；双腔立柱的组装效率低，组框质量不理想，如何提高质量和效率就是幕墙施工的技术性难题；而设计师面对如此繁杂的工作如何去开展似乎很容易被大家所忽略，但下单工作同样是整个工程的一个环节，如何去简化工作，更高效率地完成下单工作也是一个设计难点。经过讨论分析，发现部分类型单元板块之间的区别就是打印玻璃的图案不同，因此考虑在单元板块组框阶段将此类型合并；将单元板块中的装饰条作为一个小单元单独分离出来；经过合并和分离后，剩余板块组框类型 722 种，优化掉了 37％的工作量。

700 余种的组框类型其数据量仍然庞大，为此我们从下单阶段开始制定了该项目单元体下单的流水化作业手册，按照该手册进行下单，可以实现多个设计下单人员分工流水作业，极大地提升了下单效率（图 16）。手册设计思路：运用信息参数化思想，将单元板块组框图、型材加工图与加工明细表进行联动，通过统一的编号规则分工合作将构件编号填入板块构件属性块中，然后采用插件将组框图中构件所含信息提取出来，经过数据处理自动生成明细表。经过实践证明，相比传统的制作单元体加工任务单来说，制作明细表部分只需点击 Excel 数据表中的宏按钮，既能提升效率也能避免图纸与表格不对应的情况。系统种类分明，单元体类型数量巨大的项目均可使用；通过数化模型，提前模拟建造了空中花园幕墙，对该幕墙的面板及型材数据进行导出，进而实现参数化加工，极大地提高了下单效率和数据的准确性，同时与其他专业在此位置的碰撞交接位置得以提前发现问题，并依据模型进行深化调整。

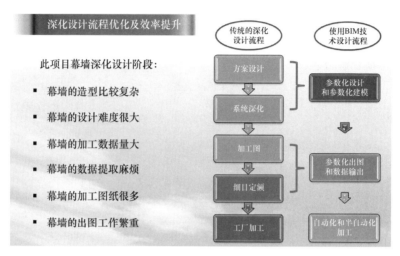

图 16　参数化下单流程图

"模数"转化前模型预处理

（1）在 CNC "模数"转换前，处理无用的模型尖角，确保机床顺利实现自动化加工（图 17）。

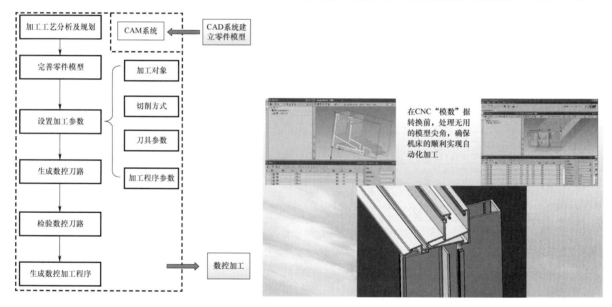

图 17　自动化加工流程图

（2）CAM 软件的模型转数控程序过程（自动化）。

2.2　超大截面单元板块 U 形装饰线条加工难

单元板块外侧装饰线条作为为整体造型的重要组成部分，外观要求极高，我们考虑 3 种设计方案。

1）铝板折弯 U 形线条：铝板厂家将铝单板折弯成 300mm×500mm 中间带凹槽的 U 形造型，边部折边位置效果不满足建筑效果要求。而且铝板背部加强筋种钉质量影响外观效果，连接点在强台风地区存在安全隐患。

2）超大型材加工 U 形线条：型材整体开模的最大装饰条外接圆直径达到 580mm，现有型材厂家无法进行此类超限模具的开模和型材生产，并且 20 个转角有 12 个转角的造型无法替代，整模加工方案被否掉。

3）分段铝型材加工 U 形线条：经过与业主和建筑师、顾问讨论分析，从外观效果以及造价成本方面选择了分段型材拼接方案。铝材分模造型虽增加了加工组装和工艺图纸工作量，但确保了可行性及经济性；同时为了实现装饰条的可调节性及安全性，修改挂接做法，增加了侧面机丝钉及带齿条的角码（图18～图23）。

图 18　建筑 U 形线条外观效果

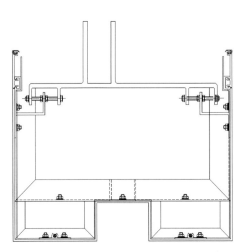

图 19　U 形线条局部加工细节

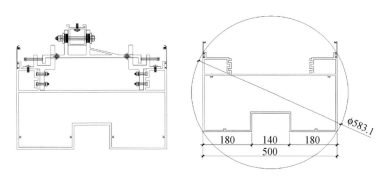

图 20　U 形线条局部加工细节

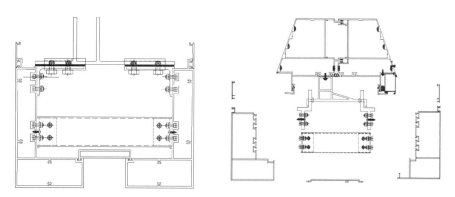

图 21 分段铝型线条组装图

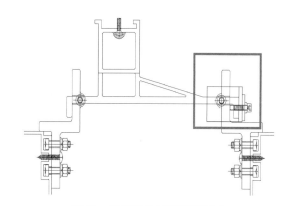

图 22 铝型线条三维调节节点

图 23 现场实际安装样板

2.3 玻璃品质控制

表 3 为钢化玻璃弓形变形或波形变形应满足的弯曲度。T8 塔楼层间采用 8HS+1.52PVB+8HS 半钢化夹胶数码打印彩釉玻璃，材料选用的是仿美国黑石材图案的数码打印玻璃，总共约 2000

块玻璃，有46种不同的图案，按照建筑排版图进行1：1排版，呈现出来的图案像自然石材一样的效果，玻璃品质要求极高（图24）。可见光部分采用8HS＋1.52PVB＋8HS＋12A＋10TP中空夹胶玻璃，平整度及弓形变形要求高，在玻璃设计和加工方面均重点考虑。

表3　钢化玻璃的弓形变形或者波形变形的弯曲度规定

缺陷名		最大值	
		水平法	垂直法
弯曲度	弓形，mm/mm	0.3%	0.5%
	波形，mm/mm	0.2%	0.2%

图24　打印彩釉玻璃样品图片

将玻璃样品在室温放置4h以上，测量时应垂直立放。进行局部波形测量时，用一直尺或金属线沿平行玻璃边缘25mm方向进行测量，测量长度300mm。用塞尺测得波谷或波峰的高，用除以300mm后的百分率表示波形的弯曲度，如图25所示。

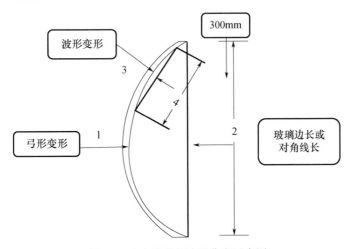

图25　玻璃弓形和波形曲度示意图

水平钢化玻璃的变形是影响钢化玻璃质量的重要因素，国家标准规定，平型钢化玻璃的平面弯曲度，弓形弯时应不超过0.5％，波形弯时弯曲度应不超过0.3％。钢化玻璃的平整度差和厚薄不均在

315

使用时一方面造成玻璃的反射光学变形，另一方面也会产生光学畸变，用于夹层玻璃时会造成合片后的夹层玻璃厚薄不均，引起光学上的变形，更进一步影响产品的视觉效果。夹层玻璃的局部变薄还会影响产品的黏结性能，若钢化玻璃弯曲度不好，应用于中空玻璃时，在挤压合片时会造成异丁胶不均，影响外观质量，也影响密封质量，并且可能造成局部超厚，进一步影响安装，因此控制钢化玻璃的平整度非常重要，整体玻璃平整度控制流程如图26所示。

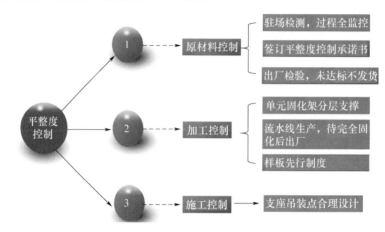

图26 单元板块平整度控制流程图

1）设计选型因素

玻璃厚度：目前，国内在设计玻璃进行挠度计算时，一般按最大风压负荷的1/60控制。实际国际上一般是按1/90～1/120来进行核算。这种算法导致我们国内选用玻璃都比较薄，而玻璃越厚刚性越好，相同情况下成像变形越小，这也是中国香港地区及海外很多国家的幕墙玻璃平整度比较好的原因，一般地，幕墙玻璃都是10mm厚的居多。反射率越高的玻璃成像越清晰，事实上从视觉上也更容易看到玻璃的变形。玻璃长宽比太大容易产生扭曲变形，长宽比接近1:1则容易出现锅底形，最佳的长宽比一般认为是2:1。

2）原片加工因素

我们通常看到的玻璃成像都是光学穿过玻璃被反射回来的影像。衡量原片光学变形的是斑马角，我国的浮法玻璃标准要求建筑级玻璃斑马角达到50°，汽车级和制镜级的玻璃要求60°以上。而国外高档浮法玻璃的斑马角可以达到70°以上。由于我国的浮法玻璃技术和质量意识的问题，这项指标一般在45°～65°之间，质量差的甚至低于40°。原片的斑马角对成像变形的影响是基础性的，脱离原片斑马角只讲钢化变形是不客观的。

钢化是对原片进行二次热处理的过程。钢化过程中的畸变确实对成像影响较大。一般钢化玻璃中部如果出现畸变可以认为是工艺控制出现严重问题。平行于玻璃钢化硅辊方向波形变形，一般都可以控制在国标2‰的三分之一以下，即6mm钢化玻璃控制在0.2mm的变形误差，比较好的钢化炉可以控制在0.15mm。实际上如果钢化弓形度控制在1‰，波形度控制在0.15mm，再采用宽边进炉措施的话，成品的最终变形与钢化生产的关系并没我们想象得那么大。

中空玻璃合片后的凸起或凹陷对玻璃成像变形影响很大。一般情况下空气中含有1%～4%的水蒸气，湿度越大水蒸气含量越多。中空玻璃生产完成后，分子筛吸收掉大部分密封到中空内的水蒸气后，中空玻璃常呈现凹陷状。当然水平打胶压凹应该是加工质量控制问题。

3）安装因素

安装受力：玻璃安装过程中如果有力作用在玻璃上，玻璃板会发生变形从而影响成像。

安装平整度：玻璃安装时的水平度和垂直度影响单片玻璃的成像效果；幕墙隔片玻璃的平整度和一致性影响幕墙整体的成像效果。

单元板块在施工过程中应采取必要措施，减少结构胶固化后玻璃的应力变形。由于玻璃与单元板块组装时，采用平放式注胶方法，玻璃平放于框架时由于自身重力的影响会变形，如图 27 和图 28 所示。

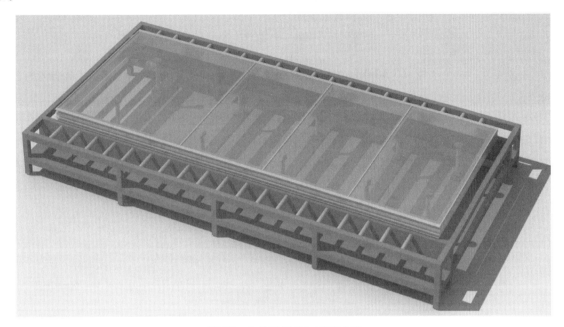

图 27　大单元板块加工流水线

采用专门的单元固化架，此单元固化架由钢梁和五个可调整承托板组成，在单元板块玻璃安装前，对此固化架进行调平，由于受到承托板的承托，玻璃不会产生重力变形（图 29）。

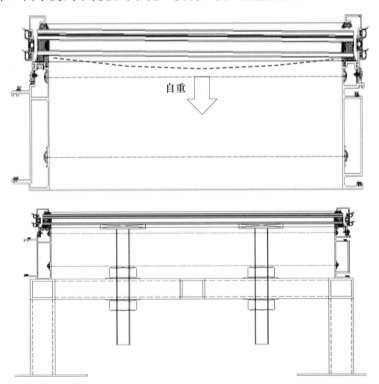

自重

图 28　大单元板块加工流水线防变形胎架

板块吊装时候，挂点连接方式有两种，我公司将采用对板块变形小的挂接方式。单元板块吊装应使用专用吊具，这样不仅能保证单元板块吊装的安全可靠，而且不会对单元板块本身造成损坏。

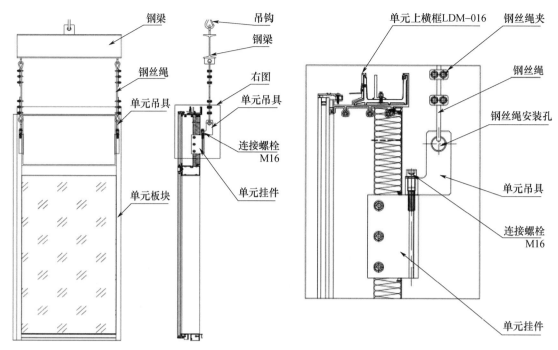

图 29 大单元板块加工流水线防变形胎架

2.4 抗风性

项目位于临海强台风区域，幕墙系统安全抗风尤为重要，本项目抗风压性能要求达到 6 级。（安全检测值 p3＝＋3518Pa，－4600Pa）。以 2021 年最强台风"山竹"为例说明，"山竹"登陆时为强台风级或超强台风级。台风"山竹"距离深圳市 320km，中心最大风力 15 级（50m/s），当时罗湖、福田、南山等区监测到瞬时风速到达 47.8m/s，达到 15 级强度（风速与风级的对应关系表），成为自 1983 年以来影响深圳最强的台风。针对强台风对幕墙安全性的影响，我们从以下几点进行考虑。

1）设计阶段的充分考虑

严格注意结构计算，重视结构安全等级，每个构件均需有一定的余量，以应对超强台风所带来的冲击与伤害。

（1）广东地区的项目严格执行广东荷载规范（①将峰值因子由 2.5 提高到 3.0，使风荷载较《建筑结构荷载规范》（GB 50009—2012）规定数值增加约 5％；②内压局部体形系数＋0.3，－0.2）

深圳地区基本风压为 0.75kN/m^2，等同于 12 级台风的威力，按照广东荷载规范，设计值＝标准值×1.4＝0.75×1.4＝1.05kN/m^2，所以从设计角度来看，深圳地区的幕墙可以抵抗 14 级台风。对比前面计算得出的 13 级"山竹"登陆的强度，是完全没有问题的。

（2）对于超高层、高耸结构以及对风荷载比较敏感的其他结构，基本风压应适当提高，并应由有关的结构设计规范具体规定。

2）四性试验的检测作用

嘉里 T8 单元幕墙系统在广东省建设工程质量安全监督检测总站一次性通过四性试验（美标 16 项测试），再一次证明了我们幕墙系统的可靠性（图 30）。试验板块尺寸为（3.2＋10.25）m×10.1m。

检测指标：风荷载标准值为＋3630Pa/－4740Pa，水密性能指标值 2199 Pa。

我们通过内排水增加防水性能，上横梁增加防跳装置，通过加大挂码挂接长度等方法确保了整个幕墙系统的性能。

3）加工质量的严格把控

幕墙整体的质量性能，取决于每个产品的质量和现场的施工水平，而保证加工质量是从根本上解决这个问题。我们在以下几个方面进行加工质量的把控。

图 30　单元板块四性试验

（1）型材、玻璃、胶等材料的检测；

（2）型材的切割加工；

（3）组装过程严格把关；

（4）固化、养护时间严格遵循；

（5）成品的包装合理到位。

4）台风前有效的防范措施

开启扇、门要关闭。在台风前应仔细检查门窗是否关好，并对可能存在问题的门窗进行局部加固处理，特别是入户门，不仅要挡风，还要防止雨水内灌，要防止沙石对玻璃的破坏。所有上墙的开启扇都应关闭，并做警示牌，以防被无意打开。

台风到来之前两天，现场必须以清理场地为主，对堆放在楼内和临边的材料，集中堆放到避风的地方，对于板类材料捆绑严实并堆放在避风区域。避免封修板以及铝板之类的材料吹落到路面伤人伤物。对库房内容易受潮的材料进行包裹保护并移动到高处。

台风来之前，考虑台风之后城市基本停水停电，台风之前储备好工人的生活用品以及常用药品、桶装水以及食品。台风到来之前，收拾完现场以后，尽量保证工人迁移到安全区域，临时板房安全性差，一旦倒塌容易造成伤亡事故。

在台风来之前将所有吊篮、炮车、擦窗机等的钢丝绳、电缆全部拆除，吊篮固定在地面，避免台风来时打坏外饰面玻璃铝板。

3　结语

在业主、设计师、加工厂、项目部等多方位的质量管控下，深圳前海嘉里商务中心 T8 办公楼项目的施工已趋向竣工，过程质量得到各方的好评。

随着我国经济转型，我们对建筑的要求，不仅仅是能住、能用这么简单，还得保证安全性、节能性及环保性，缺一不可。幕墙质量问题不是一朝一夕能解决的，应该从基础、从点滴做起，在细节处把关，防微杜渐，在幕墙质量问题发生前及进程中去避免，首先设计严谨，然后是材料合格，最后是施工认真，每个阶段均以严谨的态度及专业的知识把控质量，从而实现工程的精品化目标。

第六部分

制造工艺与施工技术研究

一种精致 T 型钢的设计原理及制作工艺

◎ 何　敏　李满祥　蔡广剑

深圳市三鑫科技发展有限公司　广东深圳　518054

摘　要　依据组合式截面形式的设计计算原理，本文对 T 型钢组合截面设计及制作工艺进行分析，阐述主要工艺的优缺点，并通过理论计算分析及试验论证该组合截面工艺的可靠性，低碳高效地提高幕墙 T 型钢的精致程度及质量标准。

关键词　精致 T 型钢；组合式截面；一体化攻丝；平截面假定

1　引言

目前，国内常用的幕墙系统中，入口大堂、通高大厅等公共部位使用 T 型钢幕墙的案例十分常见，但从诸多工程的实际案例的情况来看，可以称为精品的成功案例并不多见。综合分析材料、设计及加工安装等各种因素，其中最核心的关键原因，还在于 T 型钢本身的制作工艺与质量，因此，解决 T 型钢两块原板的制作工艺、组装变形、力学分析以及推广价值等问题是本文的核心。

市面上常用的 T 型钢制作方式有两种，一是采用焊接方式，该方法受力性能好，但受焊接工艺影响与制约，变形及接缝等观感质量不理想，对钢构厂加工能力要求较高，品质控制难度大，故本文不做焊接工艺的推荐。二是传统螺钉连接方案，生产时外观质量较好且工艺简单，但翼缘大通孔构造引起的叠合式受力变形，以及运输吊装过程局部受力引起漆面裂缝等问题，制约着该工艺的应用与普及。为此，研究一种集二者优点，将螺钉连接方案的缺点进行改良，同时品质可控、经济合理的精致 T 型钢方案是本文的重点研究方向（图 1 和图 2）。

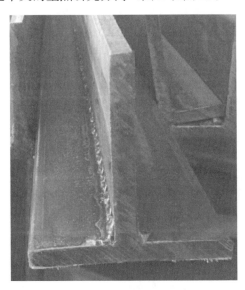

图 1　传统焊接方案

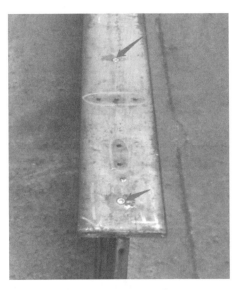

图 2　传统螺钉方案

2 组合式 T 型钢截面的设计计算与试验分析

常见的 T 型钢螺钉连接制作工艺，将翼缘及腹板两个截面通过机械连接组合而成的截面较为常见，但其计算模型的理论假定值得商榷。一种是设计中经常把两者当作一个整体截面验算，忽略了满足整体验算的基本条件，也忽略了压力产生的不利影响。另一种是传统大通孔螺钉方案采用叠合式截面计算时，两种材料纵向之间不加约束，仅仅从构造上能保证两者共同受力的弯曲变形一致，即螺钉连接的腹板与翼缘结合处有明显的错动，过大的错动影响构件表面油漆质量。另外运输吊装过程的不规范操作，均影响 T 型钢的观感品质，因此上述两种理论计算假设均不是最佳方案。

2.1 T 型钢组合式立柱理论计算分析

本文推荐的 T 型钢截面的理论计算模型采用组合式截面计算模型。所谓组合式，是指在两种材料之间用物理的或化学的方法将两者紧密相连的组合形式。由于两者抗剪连接件等限位构造的存在，组合式截面的宏观及微观变形一致，两截面曲率、应变也一致，基本符合材料力学"平截面的假定"条件。对组合截面验算时，要针对不同的截面部分分别进行验算。组合式 T 型钢截面的具体制作工艺经过我公司反复研究与工程实践，采用了翼缘与腹板一体化攻丝的工艺，保证了计算模型准确可靠。组合式截面在制作后，受力及品质控制均得到良好的改善，下文重点给予介绍。

为达到符合组合式分析的平面假定，需对螺钉的材质、规格及布置间距等参数进行合理的设计，保证 T 型钢翼缘与腹板不出现微裂缝，一旦出现裂缝则平面假定失效。因此按整体平截面的设计思路，假定螺钉能刚性连接前后两个截面，两个截面结合紧密、无空隙、无相互滑动，保证受弯构件满足平截面假定。故要求在两种组合材料接合面处设置一体化攻丝的抗剪螺钉，以约束在杆件受力变形时发生沿接合面的相互错动，达到平截面假定条件。受力分析如图 3 所示。

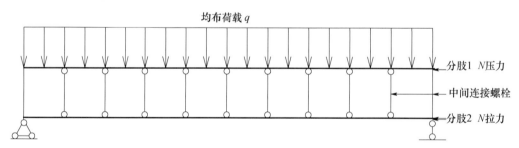

均布荷载 q

分肢1 N 压力

中间连接螺栓

分肢2 N 拉力

图 3　组合式 T 型钢截面螺钉连接整体受力模型示意图

从图 3 受力模式看，组合式 T 型钢构件在均布荷载 q 作用下产生弯矩 M，分肢 1、分肢 2 将产生轴向拉力及压力 N，分肢 1、分肢 2 分别承受弯矩 M_1 和 M_2。分肢 1、分肢 2 截面积分别为 A_1 和 A_2，组合截面总面积为 A。整体式受弯须满足平截面假定，因此受弯之后中间螺钉位置前后两个截面的曲率一致，应变一致，从而通过以下几个基本公式可以得出各分肢相应的拉力、压力及弯矩大小：

$$M = M_1 + M_2 + Nh \tag{1}$$

$$\frac{M_1}{E_1 I_1} = \frac{M_2}{E_2 I_2} \tag{2}$$

$$\frac{1}{E_1}\left(\frac{M_1}{W_{x1}} - \frac{N_\text{压}}{A_1}\right) = \frac{1}{E_2}\left(\frac{N_\text{拉}}{A_2} - \frac{M_2}{W_{x2}}\right) \tag{3}$$

$$N = N_\text{压} = N_\text{拉} \tag{4}$$

式（1）为整体弯矩通过两个分肢承担，h 为两个分肢形心距；式（2）为曲率一致表达公式；式（3）为应变一致表达公式。通过式（1）～式（4）可推导出相应弯矩及轴力如下：

$$M_2 = \cfrac{M}{\cfrac{E_1 I_1}{E_2 I_2} + 1 + \cfrac{\left(\cfrac{E_1 I_1}{W_{x1} I_2} + \cfrac{E_1}{W_{x2}}\right)}{\cfrac{E_2}{A_1} + \cfrac{E_1}{A_2}} h} \tag{5}$$

$$M_1 = \frac{E_1 I_1}{E_2 I_2} M_2 \tag{6}$$

$$N = \frac{M - M_1 - M_2}{h} \tag{7}$$

式（5）～式（7）中 I，A 为截面惯性矩及面积。从而计算得出分肢1、分肢2的强度应力，如下公式（8）。

$$\alpha_1 = \frac{A_1}{A_1 + A_2} \quad \sigma_1 = \frac{M_1}{W_1} + \frac{N + \alpha_1 \cdot N_G}{A_1} \quad \sigma_2 = \frac{M_2}{W_2} + \frac{N + (1 - \alpha_1) \cdot N_G}{A_2} \tag{8}$$

组合截面抗剪螺钉的计算，根据《钢结构设计规范》GB50017 中 7.3.2 可得组合截面连接螺钉抗剪计算公式：

$$\sqrt[a]{\left(\frac{F_v \cdot S_f}{I_x}\right)^2 + \left(\frac{\alpha_1 \cdot \psi - F}{l_z}\right)^2} \leqslant n_1 \cdot N_{min}$$

针对外围护构件受力情况分析，组合 T 型钢连接螺钉抗剪计算可简化为：

$$a \cdot F_v \cdot S_f / I_x \leqslant n_1 \cdot N_{min} \tag{9}$$

式（9）中 a 为组合抗剪螺钉间距，F_v 为 T 型钢构件剪力荷载，S_f 为翼缘板对中和轴的面积矩，I_x 为组合截面整体惯性矩，n_1 为计算截面处螺钉的数量，N_{min} 为螺钉受剪和承压承载力设计值的较小值。

按式（8）和式（9）可以分别计算得出组合截面翼缘、腹板和抗剪螺钉。

因此，螺钉连接满足平截面假定，与整体截面计算模型基本一致，稳定性方面可依据整体截面进行验算。重点是观察抗剪限位螺钉的受力变化以及组合截面的滑动位移，对此，我们下面专门进行了力学试验进行验证。

2.2　T型钢组合式立柱试验分析

依据前面的理论分析结果及 T 型钢简支梁的实际工况，我们简化试验条件并一体化攻丝制作了 180mm×80mm×20mm 的 T 型钢组合样件，跨度 6m，依据理论分析简化模拟试验环境，试验时 T 型钢跨中分梯度施加集中荷载 0～30kN，T 型钢理论计算可施加的最大容许荷载为 19kN，试验主要设备是液压千斤顶、应变仪、卷尺、直角尺等设备。

通过理论计算与实际试验 T 型钢的受力变形情况相对比，同时观察翼缘与腹板的抗剪螺钉、一体化攻丝孔及组合裂缝发展情况，试验一旦观察到微裂缝，平截面假定失效，则认为 T 型钢达到荷载极限。随着继续施加荷载，观察组合截面处裂纹发展情况及螺钉破坏情况。荷载达到 24kN 时开始出现微裂缝，此时平面假定失效。最终施加最大荷载达到 30kN，跨中出现均匀裂纹，结构底漆出现明显错动。观察 T 型钢、抗剪螺钉及螺纹孔的受损情况基本完好，试验证明组合 T 型钢结构依旧安全有效，有较大的安全冗余度。受力试验过程及数据如图4～图7所示。

由上述试验过程与图表的结果可知，组合式 T 型钢受力极限由螺钉抗剪能力决定，强度及挠度不起控制作用。T 型钢组合截面的试验数据与理论计算结果基本吻合，组合式 T 型钢在平截面假定失效前（出现裂缝）可等效于整体截面。T 型钢强度利用率达到 97%（荷载 24kN）时出现微裂缝，平面假定失效，结构外观局部变形但仍安全。试验验证了前述的理论计算模型的正确性，相关推导公式可应用于实际工程中组合式 T 型钢及连接螺钉的承载力计算。

图 4　T 型钢样件拍摄图

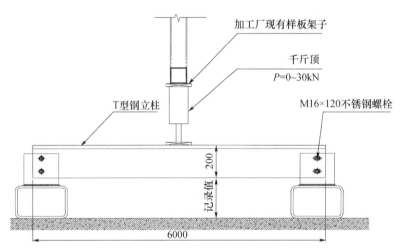

图 5　简易 T 型钢试验台及实物

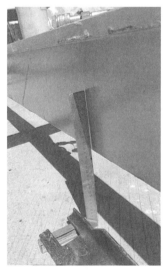

图 6　试验过程拍摄图

序号	施加荷载 kN	T型钢理论强度利用率	螺钉理论抗剪利用率	T型钢理论挠度 mm	T型钢理论挠度验算	第一组				第二组			
						刻盘读数1	挠度 mm	螺钉是否破坏	油漆是否裂纹	刻盘读数2	挠度 mm	螺钉是否破坏	油漆是否裂纹
1	0	0	0	0	0%	109.8	0	否	否	111.1	0	否	否
2	4	16%	21%	4.2	17.5%	117.1	7.3	否	否	119.2	8.1	否	否
3	8	32%	42%	8.4	35%	118.9	9.1	否	否	121.2	10.1	否	否
4	12	48%	63%	12.6	52%	121.2	11.4	否	否	123.2	12.1	否	否
5	16	65%	85%	16.8	70%	123.4	13.6	否	否	125.4	14.3	否	否
6	18	73%	95%	18.9	79%	125.6	15.8	否	否	127.4	16.3	否	否
7	20	81%	106%	20.9	87%	128	18.2	否	否	129.6	18.5	否	否
8	24	97%	127%	25.1	105%	133.1	23.3	否	出现裂纹	134.8	23.7	否	出现裂纹
9	30	121%	159%	31.4	131%	137.3	27.5	否	裂纹发展	139.2	28.1	否	裂纹发展

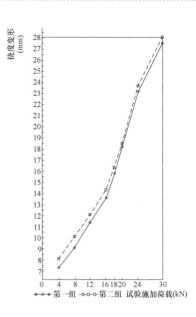

图 7 试验测试记录表及结果曲线对比

3 组合式 T 型钢截面的加工制作

通过上述 T 型钢的理论研究与试验分析，我们可以很清楚地知道组合式 T 型钢的原理与构造，结合我公司机场等大型场馆的建造经验，为我们大批量精密建造提供成熟工艺，技术控制要点如下。

（1）原板的工艺与质量控制。原则上建议采用高品质板材，原板的激光切割与火焰切割方式均能满足本 T 型钢截面的工艺精度要求。原板切割的边缘必须进行精磨边处理，表面粗糙度满足项目要求，该工艺对加工厂的设备及工艺要求不高，过程质量控制是关键。

（2）一体化攻丝加工要求。攻丝前必须校正与验收，为保证 T 型钢整体攻丝及运输吊装过程的质量保证，在 T 型钢截面两端做各 250mm 长的坡口或角焊缝的构造措施，一体化攻丝的工艺建议做相应的工装保证攻丝质量，攻丝孔的间距依据结构计算的要求进行控制，原则上间距不大于 500mm。

（3）表面喷涂要求。依据相关规范及技术要求进行喷涂处理，特别是控制好阴阳直角部位的喷砂除锈，抗剪螺钉处为后期检验方便可不进行喷涂。

（4）成品质量控制，事后质量验收可随时随地采用专用内六角工具进行抽检，检查螺钉及螺纹的加工及组装情况，保证 T 型钢截面的精度及质量（图8～图10）。

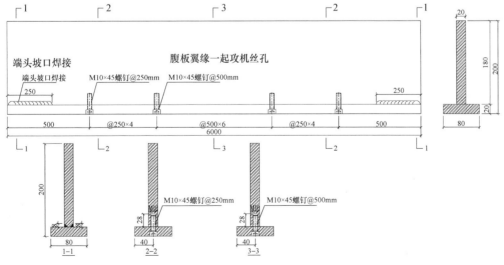

图 8 样件制作加工图

327

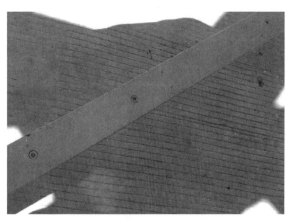

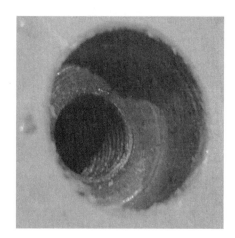

图 9　螺钉布置　　　　　　　　　　图 10　一体化攻丝孔

组合式 T 型钢制作完成后的成品保护、运输保护以及现场吊装等过程保护这里不赘述，从原材料、一体化加工、喷涂工艺、后期保护以及质量检验等工序能很好地保证 T 型钢的品质始终如一。对此，利用该 T 型钢可进行进一步的构造设计与组装工艺，完全实现 T 型钢幕墙的整体装配式的设计理念，响应国家"碳达峰、碳中和"的行动目标。

4　结语

综上所述，本文研究的一体化攻丝组合式精致 T 型钢具有传统焊接、螺钉连接方式的优点于一体，兼具外观、品质、造价等优点与一身，具有良好的推广价值。上文提及常见主要三种 T 型钢制作工艺的优缺点对比整理见表 1。

表 1　T 型钢工艺对比表

对比项目	传统焊接方案	传统螺钉方案	一体化攻丝方案
产品观感质量	×	×	√
结构受力	√	×	√
加工便捷性	×	√	√
运输吊装	√	×	√
成本	×	√	√

因此，总结以上的研究理论分析与实际试验、制作过程，本文所推荐的一体化攻丝 T 型钢制作工艺具体的优点如下：

（1）观感质量好：提升了 T 型钢龙骨产品全过程的观感质量，且易于控制；

（2）标准化程度高：有助于产品标准化推广，满足建筑精密建造的要求，进一步提高品质；

（3）结构性能稳定：T 型钢组合截面试验数据与整体式理论计算结果符合较好，现场运输吊装过程力学性能稳定；

（4）质检保证：全过程的可视化观察与抽检，避免大量焊接，利于装配式设计；

（5）经济性好：加工制作设备及工艺简单，成本可控。

参考文献

［1］中华人民共和国住房和城乡建设部. 钢结构设计标准：GB 50017—2017［S］. 北京：中国建筑工业出版社，2008.
［2］中华人民共和国建设部. 玻璃幕墙工程技术规范：JGJ 102—2003［S］. 北京：中国建筑工业出版社，2004.

昆明长水国际机场 S1 卫星厅幕墙大跨度遮阳百叶横梁预反拱安装工艺

◎ 张信振

深圳广晟幕墙科技有限公司 广东深圳 518029

摘 要 在各种特色建筑幕墙中，大跨度玻璃幕墙被广泛运用到各类大型场馆。昆明长水国际机场 S1 卫星厅作为国内机场首个跨度为 12m 长遮阳百叶横梁的玻璃幕墙，其大跨度遮阳百叶横梁预反拱为本项目幕墙安装的重难点，本文就我公司在此项目玻璃幕墙大跨度遮阳百叶横梁预反拱安装工艺及拉杆安装重难点进行解析。

关键词 大跨度；遮阳百叶横梁

1 引言

昆明长水国际机场改扩建 S1 卫星厅幕墙工程，是为迎接世界生物多样性大会 2021 年在昆明举行而建的特色工程，其建筑亮点及建筑特色独树一帜。玻璃幕墙作为该项目的特色，其幕墙遮阳百叶横梁跨度在行业中颇具突破性。幕墙大跨度遮阳百叶横梁的安装工艺及玻璃安装完成后遮阳百叶横梁的整体平整度是本项目需要突破的重难点。

2 工程概况

昆明长水国际机场 S1 卫星厅工程总建筑面积约 12.93 万 m²，建筑采用"一"字形布局模式，长度 774m，宽度 45～88m 不等，建筑高度中央区为 27.19m。其中幕墙面积约为 8.5 万 m²。共分为大跨度横梁玻璃幕墙、首层玻璃幕墙、首层其他幕墙系统（包含铝板、百叶、格栅及门窗）、登机桥幕墙和采光顶幕墙 5 个系统。

其中大跨度横梁玻璃幕墙系统为该项目的重点难点，也是本文介绍的重点。系统构造如下：

EWS-1 玻璃幕墙系统外倾斜 12°与地面夹角为 78°横向铝合金大装饰百叶挑出玻璃面 800mm。大百叶两端固定在间距为 12000mm 的主体钢结构摇摆柱上，玻璃横向分格为 3000mm，玻璃缝中设置不锈钢拉杆承担幕墙自重。

3 系统与主体结构的连接

系统幕墙横向是由 12m 长遮阳百叶横梁按玻璃分格依次固定在钢结构摇摆柱上。竖向为不锈钢拉杆由上而下贯穿连接遮阳百叶横梁。底部横梁采用两个 78°角钢与后置埋件接连，角钢采用竖长孔伸缩设计，使底部横梁与混凝土结构能够适应结构自身变形。幕墙大部分为斜面幕墙，中心区位置为渐变式圆弧幕墙。幕墙安装示意三维图如图 1 所示。

4　BIM 建模在施工中的应用

　　北京建筑设计研究院有限公司提供的幕墙基础表皮模型为 RHINO（犀牛）模型，为保证完全中心区圆弧幕墙满足设计效果，我们利用模型将每个竖向分格玻璃的坐标点提取出来，用全站仪将坐标点依次在主体结构上放点拉线，复核幕墙完成面与主体结构的关系并进行模型微整，使理论与实际吻合。

4.1　不锈钢拉杆加工

　　不锈钢拉杆由 6~8 节分段组成，由于中心区圆弧幕墙标高由中心线向两侧依次渐变降低，导致不锈钢拉杆首节长度也是渐变的。利用 RHINO（犀牛）模型将不锈钢拉杆线模型提取出来。再利用线

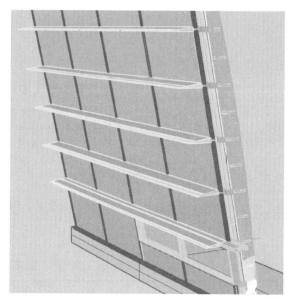

图 1　幕墙安装示意三维图

模型将不锈钢拉杆长度及拉杆编号提取出来，做到设计、加工、施工一体化。

4.2　中心区圆弧幕墙玻璃型材拉弯加工

　　中心区玻璃幕墙是由内弯弧斜面幕墙→直线斜面幕墙→外弯弧斜面幕墙→直线斜面幕墙→内弯弧斜面幕墙造型组成。利用 RHINO（犀牛）模型将内外弧幕墙大百叶横梁线模型提取出来，依次将需加工的横梁长度及拉弯半径、中心拱高提取至加工图中，使型材能完全按设计效果加工弯弧（图 2 和图 3）。

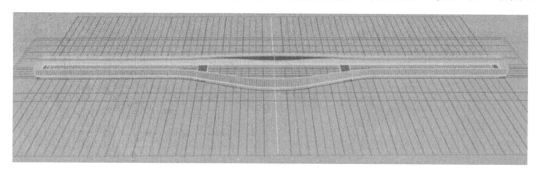

图 2　RHINO（犀牛）模型图

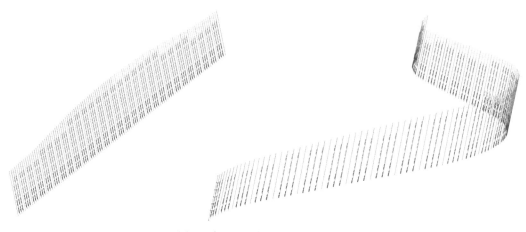

图 3　中心区不锈钢拉杆线模型图

5 大跨度遮阳百叶横梁预反拱安装工艺

5.1 大跨度遮阳百叶横梁的施工方案

　　大跨度遮阳百叶横梁两端插入铝合金套芯并连接在 15mm 厚铝封板上，再与钢结构摇摆柱上已焊好的构造钢件使用螺栓连接固定。下部开启窗处大跨度横梁两端插入钢结构摇摆柱上 30mm 厚 T 型钢件中并用螺栓连接固定。竖向不锈钢拉杆由上而下共由 6～8 节分段组成，首节与顶部幕墙钢通连接，第二节至倒数第二节均利用丝杆与大百叶横梁贯穿连接。其中第一节与第二节、倒数第二节与尾节不锈钢拉杆采用水平活动连接（图 4～图 6）。

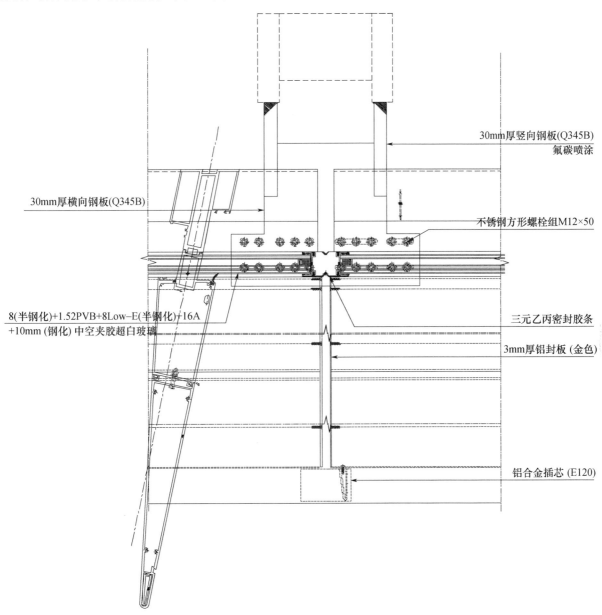

30mm 厚竖向钢板(Q345B)
氟碳喷涂

30mm 厚横向钢板(Q345B)

不锈钢方形螺栓组 M12×50

8(半钢化)+1.52PVB+8Low-E(半钢化)+16A
+10mm (钢化) 中空夹胶超白玻璃

三元乙丙密封胶条

3mm 厚铝封板 (金色)

铝合金插芯 (E120)

图 4 遮阳百叶横梁安装节点

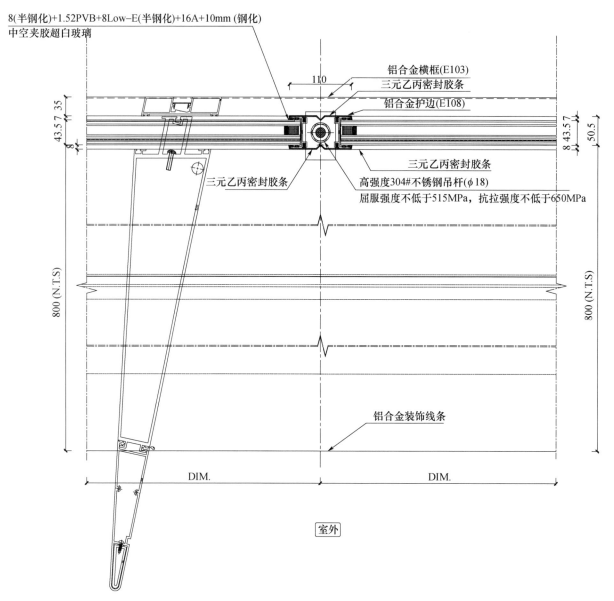

图 5　遮阳百叶横梁安装节点

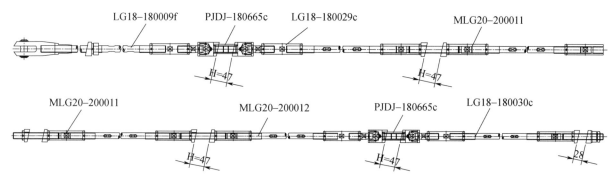

图 6　幕墙竖向不锈钢拉杆安装示意

5.2　大跨度遮阳百叶横梁安装的重点难点

由于幕墙遮阳百叶横梁宽度 0.8m、长度 12m，通过计算得知遮阳百叶横梁受重力及风荷载作用最大下挠数值为－28.53mm。为使玻璃幕墙安装完成后达到设计外观要求，防止玻璃幕墙安装完成后遮阳百叶横梁受重力下挠而整体呈现波浪形，因此需要利用不锈钢拉杆将大跨度遮阳百叶横梁向上预拱一定的数值，使之在安装完玻璃受重力后下沉与两端口平齐，做到遮阳百叶横梁通长的整体平整（图7～图10）。

图 7　遮阳百叶横梁超大模具

图 8　遮阳百叶横梁铝型材工厂挤压成型

图 9　12m长遮阳百叶横梁

5.3　大跨度遮阳百叶横梁安装的预反拱措施

为确定大跨度遮阳百叶横梁在实际工程中具体的下挠数值，我公司在安装完首跨不锈钢拉杆与大百叶横梁后在现场进行砂袋模拟荷载试验。

步骤 1：计算出每块玻璃的质量，按玻璃质量将砂子平均装入 10 个袋子中。

步骤 2：将等质量的砂袋按玻璃分格尺寸均匀的吊挂在遮阳百叶横梁玻璃槽中。

步骤 3：所有分格砂袋吊挂完成后静置 2h，利用水准仪由上到下测量出每一根遮阳百叶横梁 1/4、1/2、3/4 位置处下挠的数值并记录下来（表 1）。

图 10　现场首跨遮阳百叶横梁安装

表 1　遮阳百叶横梁下挠首次试验数据

横梁位置 （从上到下排序）	遮阳百叶横梁下挠试验数据（单位 mm）		
	1/4 处取值	中心点取值	3/4 处取值
顶部大钢通下挠数值	12	19	14
第一根横梁下挠数值	8	11	9
第二根横梁下挠数值	7	12	7
第三根横梁下挠数值	7	13	8
第四根横梁下挠数值	8	12	7
第五根横梁下挠数值	10	13	9

步骤 4：将砂袋依次取下，利用不锈钢拉杆将遮阳百叶横梁 1/4、1/2、3/4 位置处按照试验记录的下挠数值向上预拱对应的数值。

步骤 5：遮阳百叶横梁预拱完成后再次将砂袋按原位置吊挂在遮阳百叶横梁玻璃槽中。

步骤 6：将之静置 4h 后，再次利用水准仪由上到下测量出每一根遮阳百叶横梁 1/4、1/2、3/4 位置处下挠数值并记录下来。并测量遮阳百叶横梁是否满足整体水平要求（表 2）。

表 2　遮阳百叶横梁预拱后试验下挠数据

横梁位置 （从上到下排序）	遮阳百叶横梁下挠试验数据（单位 mm）		
	1/4 处取值	中心点取值	3/4 处取值
第一根横梁下挠数值	−2	2	−2
第二根横梁下挠数值	1	3	1
第三根横梁下挠数值	−1	2	−1
第四根横梁下挠数值	2	4	2
第五根横梁下挠数值	1	2	0

步骤 7：反复几次预拱试验，测量得出每根遮阳百叶横梁最为精准的预拱数据并记录保存（表 3）。

表 3　遮阳百叶横梁下挠试验最终记录数据

横梁位置	遮阳百叶横梁下挠试验数据（单位 mm）		
（从上到下排序）	1/4 处取值	中心点取值	3/4 处取值
顶部大钢通下挠数值	12	18	13
第一根横梁下挠数值	7	13	7
第二根横梁下挠数值	8	14	7
第三根横梁下挠数值	8	14	9
第四根横梁下挠数值	9	15	8
第五根横梁下挠数值	10	15	10

步骤 8：将玻璃安装在按照试验数据预拱的遮阳百叶横梁上并固定好。

步骤 9：静置 4h 后，再测量每根遮阳百叶横梁的整体平整度，做到实践与理论吻合（表 4，图 11）。

表 4　遮阳百叶横梁安装玻璃测量水平数据

遮阳百叶横梁位置	遮阳百叶横梁底部水平标高数据（单位 m）			
（从上到下排序）	理论标高	左侧标高	中心标高	右侧标高
第一根遮阳百叶横梁	12.864	12.864	12.862	12.864
第二根遮阳百叶横梁	11.264	11.265	11.262	11.264
第三根遮阳百叶横梁	9.664	9.663	9.662	9.663
第四根遮阳百叶横梁	8.064	8.064	8.063	8.064
第五根遮阳百叶横梁	6.464	6.466	6.464	6.465

图 11　现场砂袋模拟试验

6　结语

昆明长水国际机场 S1 卫星厅作为 T1 航站楼的扩建，却未延续使用 T1 航站楼幕墙构造，而是有着完全属于自己的结构特色（图 12 和图 13）。北京建筑设计研究院有限公司首次采用 12m 长大跨度遮阳百叶作为幕墙横梁共用，不锈钢拉杆配合受力的体系在幕墙设计、型材加工、现场施工中都是极具

图 12　试验完成后进行玻璃的安装

图 13　现场安装玻璃效果

挑战与突破性的。为克服玻璃幕墙安装完成后遮阳百叶横梁变形导致整体效果差，我公司在施工前期组织了多次遮阳百叶横梁预反拱专题会议，为后期遮阳百叶横梁砂袋试验及现场施工提供了非常可贵基础保障。整体安装完成后幕墙效果如图 14 所示。

图 14　整体安装完成后幕墙效果

参考文献

［1］中华人民共和国国家质量监督检验检疫总局，中国国家标准化管理委员会. 建筑幕墙：GB/T 21086—2007［S］. 北京：中国标准出版社，2008.

［2］中华人民共和国建设部. 玻璃幕墙工程技术规范：JGJ 102—2003［S］. 北京：中国建筑工业出版社，2004.

［3］中华人民共和国建设部. 金属与石材幕墙工程技术规范：JGJ 113—2001［S］. 北京：中国建筑工业出版社，2004.

超大采光屋面重型玻璃移动式安装方法技术解析

◎ 禹国英　胡　勤　石雪松　苏礼泽　陈川亮

深圳市三鑫科技发展有限公司　广东深圳　518054

摘　要　本文对国家会议中心二期项目拱屋面采光顶的玻璃安装技术措施进行分析，采用特殊设计的轨道、移动式安装平台、卷扬机等方案，解决了屋面吊无法覆盖到的超大、超重三角形玻璃的安装问题。该屋面为拱形屋面，屋面坡度为12°，玻璃分格为3464mm×3464mm×3464mm等边三角形，单块重约420kg。受屋面主体结构限制，玻璃无法从下端垂直提升到上面，只能通过吊车或塔式起重机进行垂直提升后再进行水平运输。通过相关结构计算和实际验证，证明该技术措施安全、可靠，可为超大坡屋面、拱屋面、平屋面重型玻璃的安装提供参考。

关键词　拱屋面；三角形玻璃；轨道；移动式平台；卷扬机

1　引言

国家会议中心二期设计理念是鲲鹏展翅，扶摇万里。内凹的弧形建筑东立面与平直的屋面形成一道优美的曲线，犹如大鹏展翅，整体建筑造型舒展、轻盈，体现出中国传统建筑"飞檐反宇"的神韵。屋顶为第五立面，备受关注（图1）。

图1　整体效果图

整个屋面分为平屋面和拱形屋面两大区域，拱屋面包含金属拱屋面（宴会厅及峰会厅）和玻璃采光顶拱屋面（合影区及午宴区）两部分，其中金属屋面约占近5万 m^2，玻璃采光顶约2万 m^2，总面积约7万 m^2（图2）。

屋面东西长458m，南北宽148m，平屋面高度44.85m，拱屋面高度51.8m。受周边道路和现场施工环境影响，为了解决第五立面幕墙安装的垂直及水平运输问题，在西侧安装了4个屋面吊，其覆盖区域过中心轴 7 轴约 15m 左右（图 3）。

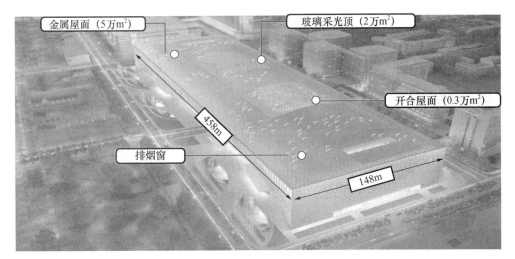

图 2 屋面系统分布图

图 3 屋面吊示意图

2 技术解析

玻璃采光顶主体结构采用三角形网壳结构，东西跨度 72m，南北总长 252m，最大坡度约 12°，分格为 3464mm×3464mm×3464mm 的正三角形。面板为 8＋1.52SGP＋8＋20Ar＋8＋1.52SGP＋8 双夹胶中空钢化超白玻璃，分格与主体一致，质量为 420kg（图 4）。

由于屋面吊的覆盖区域有限，过中心最高位置 7 轴靠东侧，近一半的采光顶玻璃需采取特殊的施工技术进行解决。受玻璃尺寸、质量、现场施工环境的影响，我们设计了专用的移动平台，其效率、安全性、实用性得到了实际验证（图 5）。

3 施工技术措施

施工技术措施主要包括三个部分，分别是轨道的铺设、移动平台的设计、平台牵引-卷扬机的架设及固定。

3.1 措施方案的主要思路

拱屋面玻璃采光顶玻璃安装在塔式起重机覆盖范围直接使用塔式起重机安装就位，塔式起重机覆

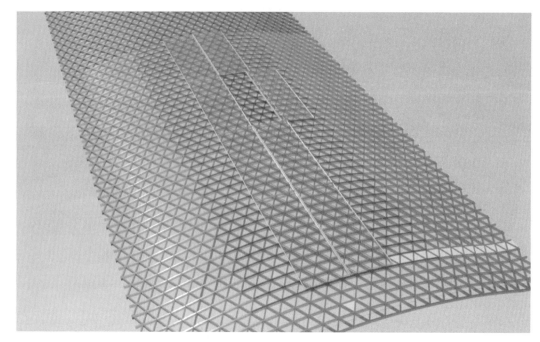

图 4   玻璃采光顶分格效果图

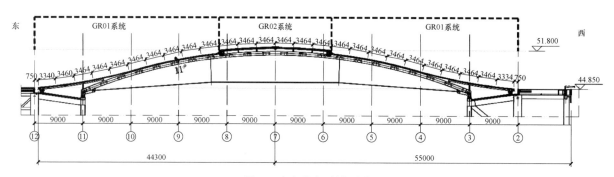

图 5   玻璃采光顶剖面图

盖不到范围先使用塔式起重机将玻璃吊至自制小车上，并捆扎牢固。用移动平台水平运输至安装位置，再使用手动葫芦和吸盘进行就位安装。方案设计如图 6 和图 7 所示。

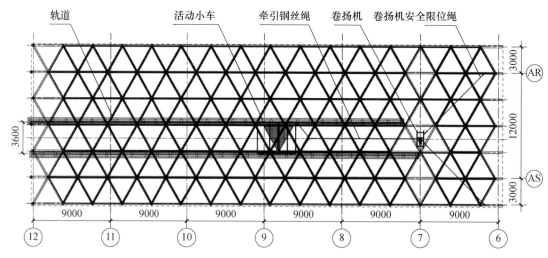

图 6   施工技术措施平面示意图

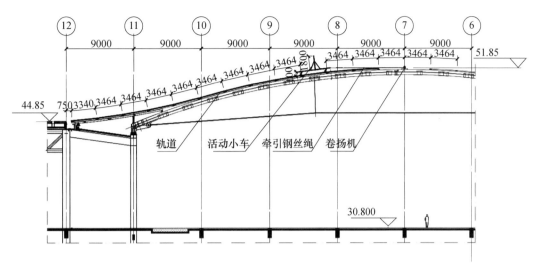

图 7　施工技术措施剖面示意图

3.2　轨道的铺设

主体结构为矩形及三角形网壳结构，表面氟碳喷涂，属精细钢结构。为了安全防护，在主体钢结构的上端铺设的安全网采用抗拉强度高、牢固性好的粗网；主体钢结构的下端设置的安全网采用密网防止高空坠物。由于安全网的影响及对主体钢结构表面易造成破坏，经过大家反复讨论决定把轨道铺设在采光顶的铝龙骨上，如图 8 所示。

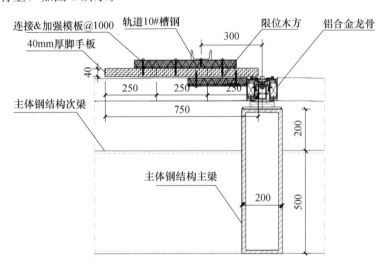

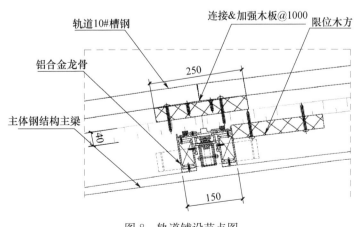

图 8　轨道铺设节点图

在玻璃采光顶铝型材三角框上铺设 3 块 40mm 厚×250mm 宽脚手板，脚手板下方设置两道限位木方，将脚手板卡在铝合金三角框内，以防止脚手板下滑。上方每隔 1m 用横向板将三块脚手板连成一个整体，并起到加强的作用。在横向板上，使用 10♯ 槽钢作为平台轨道。安装第一列玻璃时需铺设两条轨道，当此列安装好后，只需一侧铺设轨道了，另一侧平台可以直接行驶在玻璃上（图 9 和图 10）。

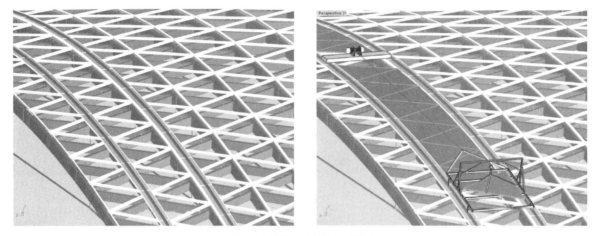

图 9　安装第一列玻璃三维图

图 10　安装其他位置玻璃三维图

3.3　移动平台的设计

综合考虑玻璃采光顶的分格，平台的受荷情况，将平台的宽度设计成 3.6m，长度 4.5m，高度 2.3m，由 100mm×50mm×5mm 钢方管组焊而成。行走轮为 4 个，为了不对玻璃表面产生破坏，采用橡胶材质。具体构造如图 11 和图 12 所示。

拱屋面运输系统对移动平台的强度、变形、材料利用率，以及连接强度、钢轨道、木板轨道、玻璃强度、卷扬机牵引力等均做了计算及校核，全部满足设计要求（图 13～图 15）。

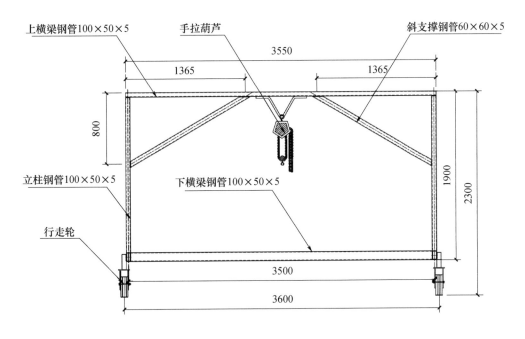

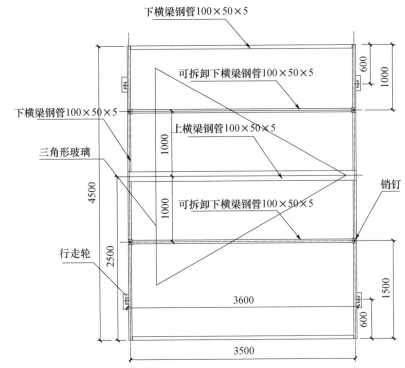

图 11　移动平台主、俯视图

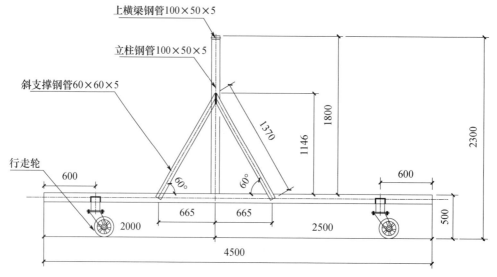

图 12　移动平台左视图

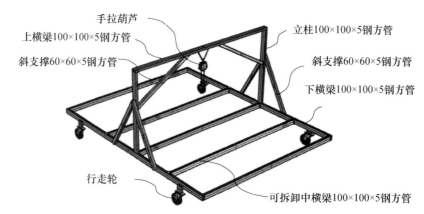

图 13　移动平台三维图

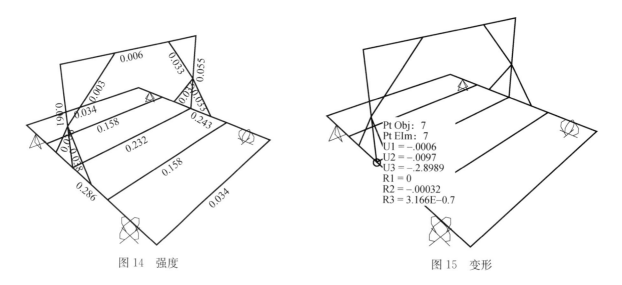

图 14　强度　　　　　　　　　　　　　图 15　变形

3.4　卷扬机的安装固定

移动平台向下滑动及回位均采用卷扬机，根据计算结果和运行平稳性分析，卷扬机选择为锥形转子制动三相异步电动机，功率 1.5kW，转速 1380r/min，每分钟行进 7～14m。卷扬机架设在屋面拱顶位置，前端与小车通过φ10钢丝绳进行牵引，后端通过两道斜交钢丝绳与主体拉结，三道绳实现力学平衡，保证卷扬机的固定可靠。移动平台缓慢滑行、停止、回位等由专门工人进行操作。具体如图16所示。

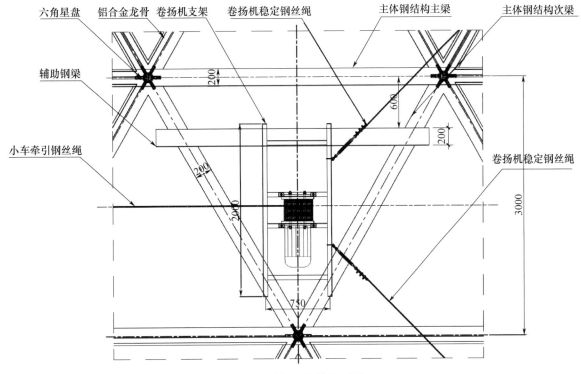

图16　卷扬机安装布置图

3.5　玻璃的安装过程

根据屋面吊的分布情况，玻璃的安装方式基本上以拱高7轴为分界点。7轴以西直接使用屋面吊安装，以东使用屋面吊加移动平台的安装方式。具体安装步骤如下：

通过屋面吊将玻璃放在移动平台上，吊装方法采用电动吸盘＋扁平起重吊装绳。单片玻璃自重为0.42t，因此电动吸盘选用0.8t（图17）。

图17　玻璃通过塔式起重机倒运的实景

将吊车上的玻璃倒勾到活移动平台的手拉葫芦上，并用吊装带将玻璃与平台绑扎固定。单片玻璃自重为 0.42t，因此手动葫芦选用 1t（图 18）。

图 18　玻璃在小车上倒钩实景

移动平台的水平运行。打开卷扬机开关，以每分钟 7～14m 的速度运行，使移动平台沿轨道（或直接行走在玻璃面上）缓慢下行（图 19）。

图 19　小车在实际运行中的实景

玻璃就位。当移动平台运行到安装位置，首先松开绑扎绳，用手拉葫芦将玻璃提起。然后撤掉中间的三根可拆卸横梁，玻璃正好从小车的空隙放到铝合金三角框上。最后释放电动吸盘、提起，把拆掉的三根横梁再重新安装上（图 20）。

图 20　玻璃的安装就位实景

移动平台回到原位。玻璃就位后，再进行微调。此时移动平台即完成一块玻璃的安装，通过卷扬机把移动平台牵引回原位，准备下一块玻璃的安装。移动平台整个运行过程都非常平稳、安全、可靠，安装一块玻璃的平均时间约 20min（图 21 和图 22）。

图 21　安装后移动平台回到原位实景

图 22　施工过程全景

4　结语

（1）采用移动式安装平台解决了塔式起重机无法完全覆盖大跨度、大面积采光屋面重型玻璃的运输和安装问题，代替了传统的抱杆吊装、人工搬运等方法，提高了施工效率。

（2）移动式安装平台在采光顶铝龙骨上铺设轨道，避免了轨道对主体钢结构表面喷涂及安全防护的破坏。

（3）移动式安装平台通过对其行走轮进行一侧高、一侧低的合理改进设计，满足了在坡屋面上双向行走，便于重型玻璃的安装与更换。

（4）移动式安装平台的开发与应用，有效地提高了现场的施工进度及施工质量，并降措低了措施费、人工费，同时减小了对环境的污染。

本工程克服了寒冷、雨雪、湿滑、大风、高空、临边等诸多不利因素和环境的影响。为了确保奥运赛事如期交付，经常加班加点，昼夜施工。在大家的共同努力下，于 2021 年 6 月 30 日顺利完成。一个看似并不复杂的移动平台设计、轨道铺设，实际上解决了安装的大问题，对今后大型的、复杂的屋面工程极具参考和借鉴价值。

参考文献

［1］中华人民共和国建设部. 玻璃幕墙工程技术规范：JGJ102—2003［S］. 北京：中国建筑工业出版社，2003.

［2］中华人民共和国住房和城乡建设部. 建筑结构荷载规范：GB 50009—2012［S］. 北京：中国建筑工业出版社，2012.

［3］中华人民共和国住房和城乡建设部. 钢结构设计标准：GB 50017-2017［S］. 北京：中国建筑工业出版社，2003.

［4］中华人民共和国住房和城乡建设部. 钢结构焊接规范：GB50661—2011［S］. 北京：中国建筑工业出版社，2012.

［6］中华人民共和国住房和城乡建设部. 钢结构工程施工质量验收标准：GB 50205-2020［S］. 北京：中国计划出版社，2020.

［7］中华人民共和国住房和城乡建设部. 坡屋面工程技术规范：GB50693—2011［S］. 北京：中国计划出版社，2012.

［8］中华人民共和国住房和城乡建设部. 采光顶与金属屋面技术规程：JGJ 255—2012［S］. 北京：中国建筑工业出版社，2012.

［9］中华人民共和国住房和城乡建设部. 屋面工程质量验收规范：GB50207—2012［S］. 北京：中国建筑工业出版社，2012.

单元式玻璃幕墙关键施工技术难点与施工对策

◎ 庄林远

深圳市科源建设集团股份有限公司　广东深圳　518031

摘　要　单元式玻璃幕墙不但可以增强建筑的美观度，也可以大幅度缩短施工工期，因此近年来被广泛运用于超高层建筑。本文以珠海横琴租赁总部大厦幕墙施工为实例，重点剖析单元式玻璃幕墙关键施工技术难点与施工对策，为相关单元式玻璃幕墙施工提供技术与管理参考。

关键词　单元式玻璃幕墙；超高层建筑；关键施工技术；施工对策

1　引言

单元式玻璃幕墙特点如下：

（1）幕墙单元工厂内加工制作，易实现工业化生产，降低人工费用，控制单元质量；大量的加工制做、准备工作在工厂内完成，从而缩短幕墙现场施工周期和工程施工周期，为业主带来较好的经济效益和社会效益。

（2）单元与单元之间阴阳镶嵌连接，适应主体结构位移能力强，能有效吸收地震作用、温度变化、层间位移，单元式幕墙较适用于超高层建筑和纯钢结构高层建筑。

（3）接逢处多使用胶条密封，不使用耐候胶，不受天气对打胶的影响，工期易控制。

（4）隔声降噪效果好，单元式玻璃幕墙所采用的设计材料都是柔软性度超好的，以至于对各种金属之间由于温度或者是其他因素所产生的噪声进行根本上的消除。

（5）要求有严格的施工组织管理，施工时有严格的施工顺序，必须按对插的次序进行安装。对主体施工用垂直运输设备等施工机械的安放位置有严格限制，否则将影响整个工程的安装。

2　本项目单元式玻璃幕墙概况

珠海横琴租赁总部大厦幕墙项目 1 号塔楼外墙为单元式玻璃幕墙，地上 40 层（含裙房及屋顶层），建筑高度 192.2m（幕墙高度（207.3m），对应幕墙面积 32111.67m²；本栋楼施工流水段划分成四段，见表 1。

表 1　施工流水段划分表

施工流水段	第一段	第二段	第三段	第四段
起始楼层	1F	6F	12F	29F
截止楼层	5F	11F	28F	出屋面

本工程 1 号塔楼单元式幕墙，第一种方法：采用双轨道悬挂电动葫芦进行吊装施工，每次可运输 1 块单元板块，如遇大风天气可通过三面密目网围护，不受天气影响，搭设的钢索通道距离结构边缘

1200mm，这样做的目的是保证单元板块在垂直运输过程中不至于碰撞到结构。第二种方法：垂直运输索道无法吊装部位，拟在塔式起重机空闲时段，采用塔式起重机进行单元板块吊装，通过卸料平台，转运到楼层内，吊篮悬挂在轨道上，用来安装钢转接件和辅助安装玻璃幕墙。出屋面同时采用塔式起重机、擦窗机进行安装。施工技术措施选择见表2。

表2　1号塔楼及出屋面施工技术措施选择表

施工部位	施工措施说明	施工措施示意
1号塔楼大面单元板块	标准外悬双轨吊	
	1号楼出屋面塔式起重机、擦窗机	

3　单元玻璃幕墙施工技术重点、难点分析及对策

3.1　大分格单元板块吊装措施、弧形单元板块吊装及施工措施

3.1.1　重点、难点分析

本项目单元板块种类较多：①标准单元板块、②弧形单元板块、③塔冠单元板块，同时单元幕墙分格尺寸大（1350mm×4900mm、1350mm×5500mm），板块吊装是重点。转角部位为弧形单元，也是本工程的安装难点，如图1所示。

3.1.2　解决措施

（1）单元板块我公司拟对于本工程幕墙材料的加工主要在惠州专业加工基地进行，该生产基地拥有目前幕墙行业先进的轴加工中心，完全实现自动化生产控制。

（2）为确保本工程大分格单元板块、弧形单元板块的加工精度，保证施工质量，我公司在深化设计时，采用BIM仿真技术，在工程设计、测量加工、安装全过程中进行精确控制，保证幕墙的外观效果。

（3）对于弧形单元板块的运输，我们特别设计了专用的转运架，每个转运架都是相对独立的，又都能相互重叠插接在一起，单元转运架铺有保护性毛毡，使单元板块与转运架柔性接触，以防板块破损（图2）。

图1　1号塔楼转角典型部位

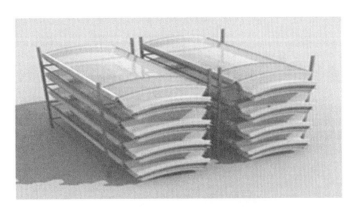

图2　弧形单元板块运输示意图

（4）采用全站仪进行测量放线，安装时均拉设水平及垂直控制线进行控制，确保安装精度（图3）。

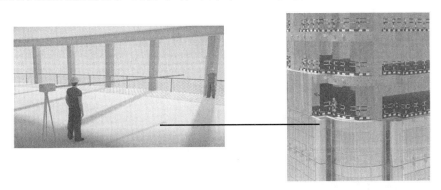

图3　全站仪测量放线

（5）针对本工程的有结构柱和造型的情况，室内人员安装时就位不便，1号塔楼采用外悬双轨进行辅助安装，同时为了保证施工安全，拟在建筑物外围设置悬挑式安全防护棚，防护棚分别搭设在16F，29F、屋顶层（具体防护棚搭设方案及搭设由总承包单位提供）。

（6）单元板块吊装流程示意图如图 4 所示。

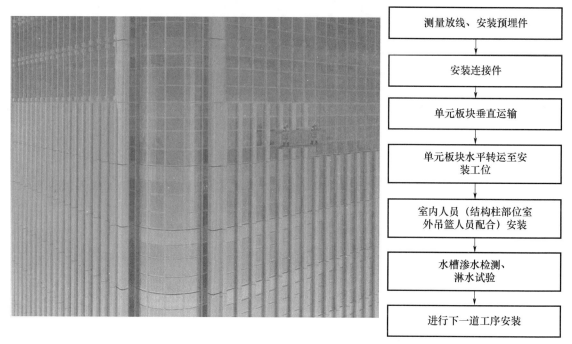

图 4　单元板块吊装流程示意图

3.2　主楼斜面塔冠幕墙施工措施的考虑及解决

3.2.1　重点、难点分析

塔楼幕墙塔冠部位为斜屋面，斜屋面塔式起重机擦窗机及吊篮的搭设是重点，也是难点（图 5）。

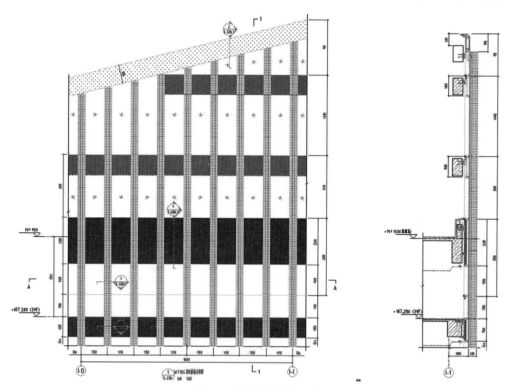

图 5　1 号楼塔冠部位大样

3.2.2 解决措施

出屋面有总包混凝土结构环梁，经我公司研究，1号楼斜屋面的塔冠利用塔式起重机或擦窗机完成单元板块的吊装。擦窗机的最大承载约850kg，而塔冠的最大单元板块约470kg。斜屋面拟在主体环梁架的基础上采用加高和骑墙架设方式，加高安装吊篮的悬挑≤1.7m，吊篮前后支点距离为4.4m。前后支架加高，相邻两台吊篮的前、后支架设置加固，并采用M16螺栓与其支架进行固定，从而增加加高支架的稳定性。骑墙安装方式，吊篮悬挑1.5m，前后支点距离为2.0m，将吊篮前立柱焊接（满焊）在埋板上，将埋板用四个M16螺栓固定在花架梁上，前立柱高0.3m，将吊篮后拉钢丝绳固定在下方花架梁上，用四个M10卡扣固定。

3.3　幕墙板块外装饰线安装精度控制措施

3.3.1　重点、难点分析

单元体幕墙外做大装饰线条，装饰线的安装精度直接影响到本工程的外观效果，为本项目重点内容。

3.3.2　解决措施

（1）单元板块与装饰线条分开运输、整体吊装，以确保精度，同时保证施工进度（图6）。

图6　本工程单元板块与装饰线二次组装后整体吊装

（2）考虑到本工程竖向装饰线条的安装质量对单元式幕墙立面效果具有重要意义，拟待每层板块吊装完毕后，利用卡具复测及微调装饰线条，确保装饰条线条平整度及垂直度满足要求。

3.4　单元式玻璃幕墙防渗漏措施

3.4.1　重点、难点分析

本工程1号楼主要以单元式幕墙为主，其防渗漏措施是工程需要重点关注的地方。

3.4.2　幕墙收边收口、水平、上下封闭、防渗措施

（1）设计考虑的排水措施

幕墙防渗漏主要"以防为主，以排为辅"；多道排水设计，实现结构排水。

（2）加工考虑措施

打螺钉时需将螺钉尖部涂上密封胶方可攻钉。挂码安装孔四周需打密封胶；外露螺丝头需抹胶处理；胶条碰口位置需用EPDM专用胶条黏结牢固。

（3）需要做好蝴蝶试验、胶杯试验，做好注胶温度控制。

（4）开启扇防渗漏、面板注胶质量控制，防渗漏性能试验

幕墙开启扇为双道密封，内、外两道胶条均为整体四边形复合胶条，即三元乙丙＋发泡三元乙丙＋聚酯膨胀线，四角为模压整体接角件，与胶条穿插后热熔焊接，槽口压入。

（5）控制开启扇打胶工艺及质量（图7）。

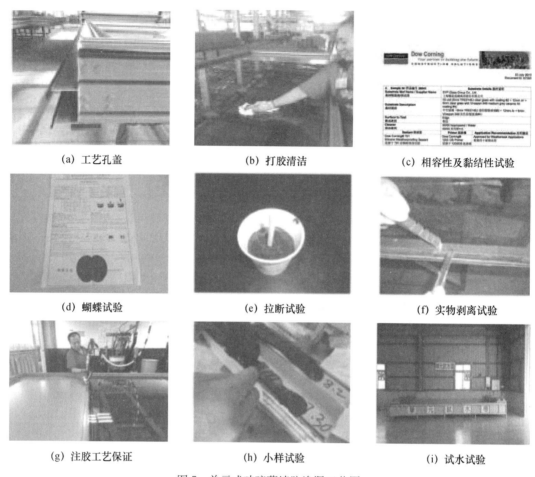

(a) 工艺孔盖	(b) 打胶清洁	(c) 相容性及黏结性试验
(d) 蝴蝶试验	(e) 拉断试验	(f) 实物剥离试验
(g) 注胶工艺保证	(h) 小样试验	(i) 试水试验

图7　单元式玻璃幕墙防渗漏工艺图

（6）施工考虑措施

整层单元板块安装完成后，应及时对水槽料打密封胶及相邻两单元板块下横梁位置的接缝进行密封处理。

（7）单元板块横梁水槽就位前应先处理两单元板块之间的缝隙。

将水槽安装就位，注胶密封水槽及接缝。现场对水槽进行24h渗水试验，采用在横梁上部槽口内灌水的方法检查是否渗漏，灌水前用胶带将排水孔贴实，试水试验结束后，揭掉胶带，保持排水孔通畅。

（8）单元式玻璃幕墙顶部采用铝板进行封口，铝板设置一定排水坡度，封口板与墙体交接部位打密封胶。

（9）单元板块安装完一部分后，进行现场防雨水渗漏检验。这样可及时发现单元组件设计、安装中存在的问题，及早采取措施。

（10）根据设计及相关规范要求，幕墙做好淋水试验。

特别是幕墙顶部与女儿墙之间的幕墙压顶连接不牢固，封闭不严，如螺丝孔、压顶搭接处不打胶或打胶不严密、遗漏等，都会形成渗水通道，女儿墙内做防水胶皮，采用铝板封口，因此，必须做好与土建单位的配合，并确保打胶质量。本工程的重点部位在伸缩缝，大跨度框架与墙面交接部位，采

用特定的伸缩缝处理节点，首先应考虑适应建筑物伸缩、沉降的需要，即两侧幕墙满足相对移动，不发生碰撞，外侧打胶密封，外侧做封口铝板，内侧用橡胶带封口，做到不渗水、不透气。

3.5　单元式玻璃幕墙安装安全控制措施

3.5.1　重点、难点分析

环形轨道的安装拆除及使用均为临边高处作业，危险性较大。

3.5.2　安全控制措施

（1）临边高处作业的安全技术措施必须列入工程的施工组织设计；

（2）单位工程施工负责人应对工程的高处作业安全技术负责，并建立相应的责任制；

（3）攀登和悬空作业人员，必须经过专业技术培训及专业考试合格，持证上岗，并必须定期进行体格检查；

（4）高处作业中的设施、设备，必须在施工前进行检查，确认其完好，方能投入使用；

（5）施工中对高处作业的安全技术设施，发现有缺陷和隐患时，必须及时解决；危及人身安全时，必须停止作业；

（6）施工作业场所有坠落可能的物件，应一律先进行撤除或加以固定。高处作业中所用的物料，均应堆放平稳，不妨碍通行和卸载。随手用工具应放在工具袋内。作业中的走道内余料应及时清理干净，不得任意乱掷或向下丢弃。传递物件禁止抛掷；

（7）应进行安全防护设施的逐项检查和验收，验收合格后方可进行高处作业；

（8）在焊接时加入适量的高效焊接防飞溅剂。

4　结语

总之，随着装配式建筑的概念逐渐深入人心，作为一种"装配式的外墙技术"的单元式玻璃幕墙被大量运用于超高层建筑，这不但提高了高层建筑整体的美观性，而且提高了高层建筑的外墙施工效率。有理由相信这项新型的施工技术必将为外墙施工提供更多的便捷服务，未来单元式玻璃幕墙发展前景广阔。

参考文献

[1] 陈媛. 单元式玻璃幕墙结构原理及施工质量控制 [J]. 门窗，2014（9）：158-158.

[2] 庄庆云. 单元式玻璃幕墙施工质量控制实例分析 [J]. 福建建材，2016（9）：39-40.

[3] 陈锦丰. 单元式玻璃幕墙施工要点及重点探析 [J]. 福建建材，2019（9）：86-87，97.

[4] 卢加宁. 单元式玻璃幕墙设计及安装要点 [J]. 江西建材，2016（15）：51-51.

[5] 董卫国，李泰炯，童军庆. 浅谈超高层建筑单元式玻璃幕墙施工要点 [J]. 建筑机械化，2012（S1）：91-94.

[6] 郭金宏，徐海洋. 浅谈超高层单元体玻璃幕墙的安装 [J]. 科技资讯，2015，13（32）：72-73.

构件式幕墙的装配式技术改造在工程中的应用

◎ 闭思廉　刘晓烽

深圳中航幕墙工程有限公司　广东深圳　518109

摘　要　为提升建筑幕墙工业化和装配化程度，提高幕墙产品的标准化水平，从而提升生产和施工效率，提高产品质量，使幕墙从设计、生产、安装、维护全过程做到更节材、更节能，达到创造更多经济效益和社会效益的目的。

关键词　装配式；构件式幕墙；装配化改造；组合结构；石材幕墙

1　引言

随着建筑幕墙的技术进步，装配式幕墙系统得到越来越多的应用。我们在工程实践中有意对除传统单元式幕墙外的幕墙系统进行了装配式改造，无一不取得良好的效果。本文介绍的是一个进行了装配式改造的幕墙系统工程实例，与传统的构件式幕墙相比较，该幕墙系统各项性能、装配化程度、生产及施工效率等得到较大提高。通过对原幕墙系统分析，以及对新幕墙系统的节点构造设计、施工安装方式、性能提升等方面进行分析，介绍了构件式幕墙装配化改造的思路和实施要点。

2　装配式石材幕墙工程应用实例分析

2.1　工程概况

范例项目位于广东省深圳市，总建筑面积 14.33 万 m^2，有四栋塔楼，建筑高度 98.07m，幕墙高度 106m，主体结构形式为钢筋混凝土框架结构。项目施工划分为两个标段，每个标段都有两个塔楼和一个连体裙楼，我公司施工了其中一个标段。

从该项目的立面效果图（图 1）不难发现，其建筑外形平直、规整，幕墙种类也不多，主幕墙系统是玻璃与石材线条相间分布的构件式幕墙。我公司标段中，幕墙面积约 45000m^2，其中石材装饰柱面积约 22000m^2，几乎占到了一半。对于此类项目，其实特别适合采用工业化生产、装配式施工的建造模式。但建设单位出于控制成本的原因，在这个项目中采用了构件式幕墙的设计方案。考虑到合同约定的施工周期很短，总承包单位的脚手架不满足幕墙安装需要，并且项目垂直运输设施不足等一系列不利因素，我们在项目实施伊始就确定了对该幕墙系统进行装配式改造的设计、施工优化，以针对性地解决所面对的现实问题。

2.2　项目主幕墙系统简介

该项目的主幕墙系统为玻璃幕墙与石材幕墙的组合体。横、竖向的石材线条主要分格宽度为 800mm，玻璃的分格宽度为 1150mm。

356

图1　外立面设计效果图

在这个系统中比较特别的一点是在玻璃部分没有开启窗，开启窗设置在竖向石材线条的背后。石材线条凸出玻璃面300mm，石材两侧设置通风百叶，竖向石材线条的内侧设置了开启扇，用于幕墙系统的通风换气。局部立面如图2所示。

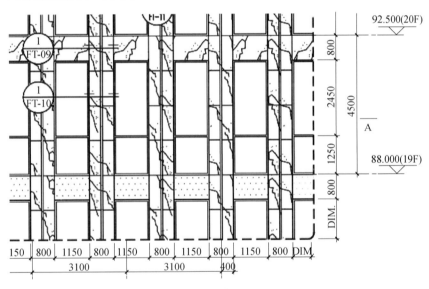

图2　局部立面

在原设计中，石材幕墙采用传统的背栓连接构造，由于石材线条的分格尺寸只有800mm，所以在该方案中取消了横梁，仅通过立柱上悬伸的钢支座固定石材面板，成本控制非常到位；玻璃幕墙部分也是常规做法，支撑系统采用经典的矩形铝合金龙骨，玻璃面板采用全隐框的连接构造，玻璃与铝合金附框通过结构胶黏结，然后采用压扣件固定到龙骨上；石材线条后面设置两扇铝板平开窗，采用常规的折页平开窗构造形式。主幕墙系统构造示意图如图3所示。

支承系统的连接构造稍有变化，其中玻璃幕墙采用了双跨梁的力学模型，在梁侧面的上下两端均布置了连接支座；但石材幕墙则采用了简支梁的力学模型，仅在梁侧的下端布置了连接支座。其竖向龙骨通过80mm×80mm×5mm矩形钢牛腿连接到主体结构上，与玻璃幕墙的龙骨相对独立，但仍然共用了一个埋件。（图4）

不难看出，原设计方案采用了非常成熟的系统，在处理玻璃与石材混合布置的构造上使两套系统彼此独立，使幕墙的传力路径清晰明了，提升了该幕墙的整体可靠度。但该方案对于施工来讲，却存

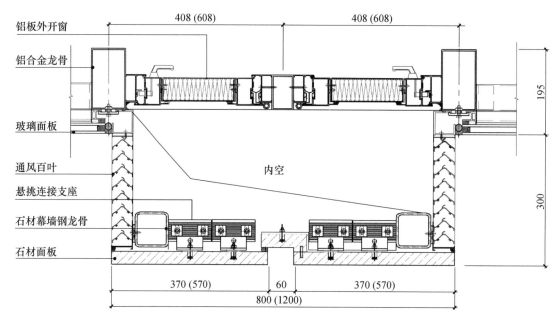

图 3　主幕墙系统构造示意

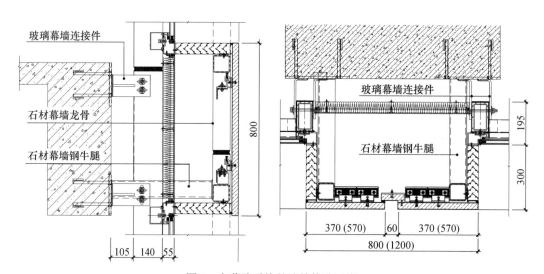

图 4　主幕墙系统的连接构造示意

在不少难点：

首先是玻璃幕墙的连接支座与石材幕墙钢牛腿位置冲突，而且都需要现场焊接。其中石材幕墙龙骨的连接方式不能三维调节，所以钢牛腿的安装精度要求很高；

其次，石材线条的钢立柱凸出结构边线 570mm，脚手架距结构边缘的间距已经不能满足安装要求。只能先装玻璃幕墙龙骨，拆完脚手架后再利用吊篮安装石材幕墙龙骨；

再次，竖向石材线条的两根钢龙骨在层高范围内仅上下两端有贯通的横梁，因而钢立柱的间距、平行度及平面度均难以保障。加上 800mm 宽的石材线条实际上是由左右两块面板拼接而成的，造成每个独立的面板只挂在一根立柱上。这样一来，只要钢立柱产生轻微扭转，就会极大影响石材面板的安装精度；

最后，从这个系统的构成上来讲，龙骨包含铝合金龙骨、钢龙骨两种，面板包含石材面板、玻璃面板、铝板、百叶面板等多种材料，这些材料有着严格的安装顺序又彼此交错，所以施工效率很低，成品保护难度很大。

2.3　装配化改造的思路及最终方案简介

基于对项目特点及施工需求的分析，我们决定对该系统进行装配化改造。

原设计方案中将玻璃幕墙系统与石材幕墙系统做了较为彻底的区分，两者各自保留相对独立的支承系统，这对我们进行装配化改造奠定了良好的基础。通过对原设计方案的分析，我们意识到玻璃幕墙部分和石材幕墙部分都相对独立，而且自然形成了玻璃单元和石材单元，再加上隐藏在石材线条背后的开启单元，就构成了该系统的全部要素。由此我们就确定了将这三部分进行单元化改造然后进行装配化安装的基本思路。

玻璃单元较为简单，最初设想是将玻璃与横竖龙骨复合成一个单元整体吊装，但后来发现由于涉及到玻璃破损更换、窗槛墙封闭及石材线条安装配合问题，最终方案改为铝合金龙骨组框成一个单元，并整体吊装。由于全隐框构造在应用中受到政策限制，所以玻璃面板采用明框镶嵌的思路，通过百叶框的遮蔽，仍能满足原设计的外观要求。在这个单元化的设计过程中，我们重点将原来玻璃幕墙和石材幕墙与主体结构的连接构造进行了优化。在原设计方案中玻璃幕墙龙骨与石材幕墙龙骨各自独立地与主体结构连接，所以施工时需要重复定位、安装。考虑到石材幕墙外挑较大，我们利用石材幕墙的钢牛腿作为主连接构件，通过一次定位即可完成玻璃幕墙铝框单元及石材单元的安装。至于原方案中玻璃幕墙龙骨选择了双跨梁的力学模型的问题，我们选择了"多跨铰接的力学模型"，保留梁底的支座，将上下相邻两根立柱的连接点向上移动，经计算分析发现承载能力更优。

石材单元是本次装配化改造的核心也是难点。考虑到原设计中石材幕墙立柱之间没有联接构件而导致刚度较差，装配化改造时沿石材背栓安装位置设置了钢横梁，并与钢立柱焊接成一个整体钢框架，整体刚度尤其时抗扭能力显著增强。钢框架采用挂接方式连接到钢牛腿上。由于连接点可以实现三维调节（图5和图6），较原设计方案施工便利性明显改善。

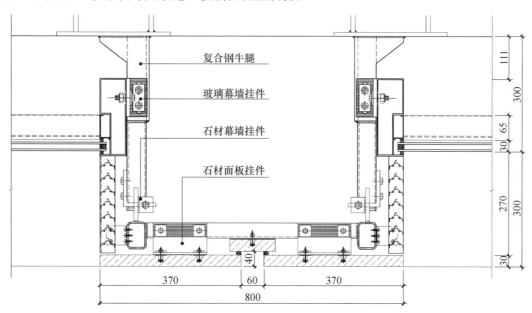

图5　装配化改造连接构造示意

在原设计方案中，800mm 宽的石材线条是由三块石材拼接而成的，其中大的 370mm 宽、小的仅120mm 宽。由于石材面板采用了光面处理，所以对接缝的平直度和面板高低差敏感度很高。装配化改造的一个核心思路就是要简化面板安装工艺。我们利用工厂化生产的便利条件，预先制作了胎膜，将石材面板在胎膜上预先铺好，然后再将钢架放到胎膜上。在重力作用下，连接码件自动贴合在石材面板的背面，无须干预自动完成调平工作，然后只需简单地锁紧相关调节螺栓，即可完成石材面板的安装调试。将整个石材单元从胎膜中取出来既为成品状态，马上可以进行安装，大大提高了安装精度和施工效率。(图7)

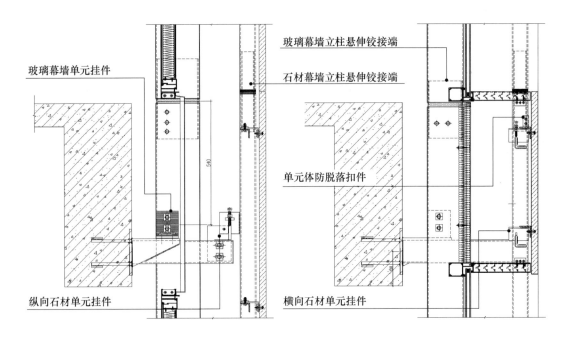

玻璃幕墙单元挂件

玻璃幕墙立柱悬伸铰接端

石材幕墙立柱悬伸铰接端

单元体防脱落扣件

纵向石材单元挂件

横向石材单元挂件

纵向石材单元剖面　　　　　　　　横向石材单元剖面

图 6　装配化改造连接构造示意

图 7　石材面板与钢框架的组装示意

　　由于竖向石材线条单元化后整体刚度大幅度提高，所以横向石材线条也进行了单元化处理，将其直接连接到了竖向单元的钢框架上，连接方式仍然采用挂式连接。但考虑到横向线条挂点间距很短且单元自重较轻，所以在连接设计上增加了防脱构造，以增强抗震性能及连接可靠性。（图 8）

　　装配化改造后，标准石材板块规格为：800mm×4500mm、800mm×5400mm，质量约 800kg 和 900kg；转角石材板块规格为：1400mm×4500mm、1400mm×5400mm，质量约 1200kg 和 1400kg。玻璃幕墙板块主要规格是 1150mm×4500mm，质量不足 100kg（不含玻璃）。施工时，先安装玻璃幕墙单元，然后吊装石材单元，最后安装玻璃面板及百叶。单元吊装也不困难，采用 2t 小型吊机进行吊装即可。（图 9）

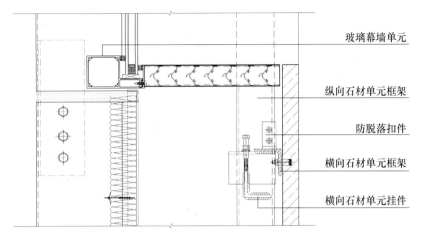

图 8 石材单元组装示意

图 9 石材单元吊装示意

在两个玻璃单元之间是开启单元。开启单元基本算是独立的双扇外平开窗，但上下边框进行加强处理，用以连接中梃。上下开启单元之间的空洞是结构梁部位，在开启单元安装完成后，该部位采用铝板封堵，完成幕墙的封闭。（图 10）

2.4 装配化改造的收益及成果

经过装配化改造后，无论是玻璃幕墙部分还是石材幕墙部分的安装精度都有显著提升，其中玻璃幕墙的立柱与横梁之间不留间隙，具备单元幕墙一样的室内效果；石材幕墙系统的钢框架在工厂完成，现场无任何焊接，无论是外观质量还是防腐性能均显著提升；石材面板在模具中排版，接缝平直度和面板平整度都非常好，如图 11 所示。

在施工效率方面，装配化改造后提升巨大。由于采用了整体吊装的装配式施工方案，我们没有使用总承包单位的脚手架，所以不涉及复杂的配合、协作。脚手架全部拆除后我们才进场，此时该项目另外一个标段同类型幕墙的龙骨都快装完了。但整体吊装高效率的巨大优势随即就显现了出来：我们在规定工期前就基本完成了施工任务。而另外一个比我们早进场的标段还在用吊篮安装石材线条！

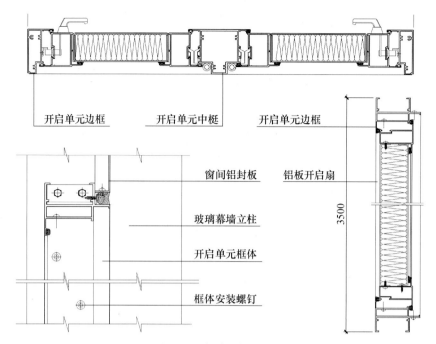

开启单元边框　　　开启单元中框　　　开启单元边框

窗间铝封板

玻璃幕墙立柱

开启单元框体

框体安装螺钉

铝板开启扇

3500

图 10　开启单元构造示意

图 11　安装过程及完工照片

经济效益方面的提升也是很显著的。以前建设单位对施工单位的设计优化存在诸多猜忌，生怕施工单位把"优化"变成"简化"，通过偷工减料来获取利润，所以常出现在结算时死抠材料含量的场景。我们在这次设计优化过程中，玻璃幕墙系统铝合金用量较原方案略微减少，石材幕墙系统用钢量稍有增加，材料成本整体持平。但由于施工简便、成品保护容易、施工质量好，所以措施费、人工费用、材料损耗等都大幅度下降，经济效益显著。对此，建设单位、施工单位都开心。

3　结语

从幕墙行业的发展趋势来看，装配式将是主流方向。但在相当长一段时间内，100m 以下的建筑仍然以构件式幕墙为主。对构件式幕墙，尤其是大的石材装饰线条、装饰柱进行装配化改造，仍有很大的发展空间。与构件式幕墙的传统做法相比，其将绝大部分的工序留在了加工厂，避免了现场施工质量控制难、工人现场安装成本高的难题。同时还有助于施工质量的提高、施工工期的缩短，节约了施工现场的安装时间。

我们在构件式幕墙装配化改造方面进行了一些探索和尝试，也取得了良好的回馈。但仍是浅尝辄止，在更进一步的规律性总结、规范性探索以及标准化推广等方面仍未涉足。但敝帚自珍，些许心得仍希望能与大家分享，以期共同推进幕墙技术的进步和发展。

第七部分
建筑门窗幕墙施工安全技术

重视幕墙施工安全专项方案验收要求的编写

◎ 区国雄

深圳市建筑门窗幕墙学会 广东深圳 518028

摘 要 幕墙工程施工安全专项方案是确保幕墙施工安全的重要技术文件，施工安全专项方案中验收要求的章节是方案必不可少的基本内容。通过对大量幕墙工程施工安全专项方案的审查，发现部分幕墙工程施工安全专项方案在编制过程中存在不够规范和完整的现象，忽略或没有验收要求的内容，给幕墙工程的施工安全留下了安全隐患。本文对存在的问题如何完善进行探讨，并提出编写的意见，供业界参考。希望通过本文的警示，能将幕墙工程施工安全专项方案的编写和实施落到实处，在幕墙施工中筑起安全的屏障。

关键词 幕墙工程；施工安全；验收

1 引言

　　幕墙安装工程是危险性较大的分部分项工程，幕墙工程施工安全专项方案是指导和保证幕墙工程安全施工的极其重要的基本技术文件。对于危险性较大的分部分项工程其施工安全专项方案的编写，住房和城乡建设部办公厅发布的《关于实施《危险性较大的分部分项工程安全管理规定》有关问题的通知》（建办质〔2018〕31 号）（以下简称 31 号文）和广东省住房和城乡建设厅发布的《关于房屋和市政工程危险性较大的分部分项工程安全管理实施细则》（粤建规范〔2019〕2 号）有明确规定。31 号文第二条《关于专项施工方案的内容》中第（七）款《验收要求》规定，要有"验收标准、验收程序、验收内容、验收人员"等内容，这是非常明确的规定。在对幕墙工程施工安全专项方案的审查中，部分施工单位编写的幕墙工程安全专项施工方案没有按照规定编写，有些方案忽略或根本没有这方面的内容，有些方案写的是整体幕墙竣工后的整体验收要求，有些方案的验收内容不够详细，不符合规定的要求，有些方案只有部分环节的验收内容，不够完整。这些问题是幕墙工程安全专项施工方案编写的重大缺陷，将会导致幕墙工程施工存在巨大的安全隐患，应提前防范和予以避免。

2 幕墙工程施工安全专项方案的基本内容

　　为进一步加强和规范房屋建筑和市政基础设施工程中危险性较大的分部分项工程安全管理，提升房屋建筑和市政基础设施工程安全生产水平，住房城乡建设部依据 31 号文的要求进一步发布了《住房和城乡建设部办公厅关于印发危险性较大的分部分项工程专项施工方案编写指南的通知》（建办质〔2021〕48 号），在发布的《危险性较大的分部分项工程专项施工方案编写指南》（以下简称《编写指南》）中，对各个不同的分部分项工程专项施工方案的编写进行了严格的规定，是幕墙工程施工安全专项方案编制的标准大纲。

　　在《编写指南》中，幕墙工程施工安全专项方案应包含工程概况、编制依据、施工计划、施工工艺技术、施工保证措施、施工管理及作业人员配备和分工、验收要求、应急处置措施和计算书及相关施工图纸等几个方面的基本内容。施工安全专项方案的编制与施工组织计划的编制不能混为一谈，其主要不同点在于施工安全专项方案侧重并强调为完成施工目标所应采取的各项安全保障技术措施和组织结构，而相应弱化了施工计划和施工工艺技术等的详细要求。如在施工保证措施中，完全强调了组织保障措施的安全组织机构、安全保证体系及相应人员安全职责；技术措施的安全保证措施、质量技术保证措施、文明施工保证措施、环境保护措施、季节性施工保证措施；监测监控措施的监测内容、监测方法、监测频率、监测仪器设备、监测项目报警值、巡视检查、信息反馈和监测点平面布置图等。对于施工过程中尚有起重吊装设备或脚手架的搭设和使用，施工安全专项方案应按照《编写指南》中对应的分部分项工程进行独立单项或在幕墙工程施工安全专项方案中逐项编写。

3　幕墙工程施工安全专项方案验收要求的编写

在编制幕墙工程施工安全专项方案之前，幕墙工程施工安全专项方案的编制主要参照了国家标准《建筑施工组织设计规范》（GB/T50509—2009）的规定进行编写的。由于该规范的内容中并没有相关的验收要求，致使部分企业在编写幕墙工程施工安全专项方案中忽略或没有验收要求的章节和内容。根据施工安全专项方案的特殊性，《编写指南》在所有分部分项工程中均设有"验收要求"的章节，《编写指南》中第七部分的"建筑幕墙安装工程"有"验收要求"的明确规定，主要内容包括验收标准、验收内容和验收程序及人员。

3.1　验收标准

《编写指南》验收标准规定应根据幕墙安装临时设施的设计及要求编写验收标准及验收条件。而在幕墙的施工中，目前大量采用的基本是一些非标的施工设备和机具，且每一家施工企业的制作、安装和使用方法都不一致。如常见的单元式幕墙单轨（图1）或双轨吊、可移动吊车（俗称炮车，如图2所示）和卸料平台（图3）等，都不具有完整可靠的验收标准，更难于有全面的验收条件。为了满足《编写指南》验收要求的规定，相关标准管理部门和施工企业应该尽快针对幕墙施工中的非标设备，编制相应的设备产品标准和施工操作规程，以满足安全施工和安全专项方案编写的需要，防范安全事故发生。

图1　单轨吊　　　　　　　　图2　简易炮车　　　　　　　图3　卸料平台

3.2　验收程序及人员

对幕墙施工工程所安装和使用的临时设施，安全施工专项方案的编写应根据临时设施的设计要求及使用要求，确定幕墙临时设施安装阶段的验收和幕墙施工阶段的监管，根据临时设施的验收标准和验收条件确定验收项目，对临时设施进行全面的严格检查和验收，对施工操作进行全方位的监管。验收程序应包括对验收不合格临时设施的处理规定和整改措施，不合格临时设施不得在施工中使用。

验收人员应包括建设、施工、监理、监测等单位相关负责人，且建设单位负责人应是整个验收过程的第一责任人。验收应有明确的组织负责单位，验收过程中建设单位的相关负责人、总包单位、监理单位和监测单位的负责人必须到现场参加，各负其责，共同签字认可，不可由施工单位自行其是，更不可走过场。

3.3　验收内容

幕墙工程施工安全专项方案的验收指的是幕墙工程施工中有关安全的临时设施的验收，不是幕墙工程整体竣工验收。幕墙工程施工安全专项方案的验收必须包括幕墙工程施工中所有临时设施的验收。包括使用总包单位提供的塔式起重机、卸料平台、施工电梯、脚手架、安全防护设施等设备设施，幕墙施工单位自建的脚手架、卸料平台、轨道吊（单轨或双轨吊）、可移动吊车（炮车）、电动葫芦、廊道、安全防护设施等设备设施，租用的吊篮、吊车（塔式起重机、汽车吊等）和可移动升降工作平台等设备都必须依据对应的验收标准和验收条件，按以下验收内容或不限于以下内容进行逐台逐项的检查和验收：

（1）进场材料及构配件规格型号，如钢丝绳、钢材等；

（2）构造要求；

（3）组装质量；

（4）连接（墙）件及附着支撑结构；

（5）防坠落、荷载控制系统及动力系统等装置。

4　结语

施工安全是关系到人民生命财产安全和社会稳定的大事，必须严格按照相关的规章制度做好每一个细节的工作，防患于未然，确保万无一失。幕墙工程施工临时设备设施的验收是安全管理中非常重要的环节，在幕墙工程施工安全专项方案的编写和实施中，必须严格按照《编写指南》和31号文的相关规定执行。除了要重视幕墙施工安全专项方案"验收要求"的编写外，也要强化幕墙工程施工安全专项方案其他各章节的编写深度，避免照搬照套施工组织设计的内容，将施工组织设计等同于施工安全专项方案的错误做法。同时还要强化施工安全管理环节的监管职能，健全和发挥专家对幕墙工程施工安全专项方案的论证机制和把关功能，将幕墙工程施工安全专项方案的实施落到实处，在幕墙施工中筑起安全的屏障。

参考文献

[1] 王海军. 幕墙工程安全专项施工方案编制注意事项［C］//杜继予. 现代建筑幕墙技术与应用—2020年科源奖学术论文集. 北京：中国建材工业出版社，2020：263-269.

盈科幕墙
YINGKEMUQIANG

铸造精品工程

企业简介 ABOUT US

深圳市盈科幕墙设计咨询有限公司成立于2016年6月，注册资金300万元。深圳市建筑门窗幕墙学会理事单位、广东省建设科技与标准化协会、中国建筑金属结构协会及中国建筑装饰协会会员单位。公司位于深圳市福田保税区紫荆道新亚美大厦楼，办公面积500平方米，专业从事建筑外墙设计、顾问及咨询业务，通过提供专业的技术支持及精细化流程管控来服务业主、建筑师及承包商。

我们专注于外墙的方案、招标图设计、幕墙材料选择、相关方案的成本预算、投标方案技术评审、施工现场或加工工厂的质量检测以及幕墙施工图纸和计算书审查等专项服务。秉承以客户的需求为中心，提供优化设计方案，在成本可控的同时保证建筑外墙品质，并对项目实施的全过程精细化控制，铸造精品工程。

项目介绍 PROJECT INTRODUCTION

深圳城脉金融中心大厦
- 项目地址：深圳市罗湖区
- 建筑高度：388米
- 建筑设计：KPF建筑设计所
- 幕墙类型：单元式玻璃幕墙
  全玻幕墙
  铝板幕墙
- 幕墙面积：7.5万平方米

深圳自然博物馆
- 项目地址：深圳市
- 建筑高度：88米
- 建筑设计：3XN，B+H和筑博
- 幕墙类型：玻璃幕墙
  铝板幕墙
  石材幕墙
- 幕墙面积：7.5万平方米

澳康达成都西南中心项目
- 项目地址：成都市
- 建筑高度：50米
- 建筑设计：AECOM
- 幕墙类型：玻璃幕墙
  陶板幕墙
  铝板幕墙
  铝合金门窗
- 幕墙面积：13万平方米

深圳市罗湖区布心村水围村城市更新项目
- 项目地址：深圳市
- 建筑高度：298米
- 建筑设计：深圳市同济人建筑设计有限公司
- 幕墙类型：玻璃幕墙
  陶板幕墙
  铝板幕墙
  铝合金门窗
- 幕墙面积：62万平方米

深圳市罗湖罗芳村城市更新项目
- 项目地址：深圳市
- 建筑高度：248米
- 建筑设计：深圳市华阳国际工程设计有限公司
- 幕墙类型：玻璃幕墙
  铝板幕墙
  铝合金门窗
- 幕墙面积：48万平方米

广州白云站上盖项目
- 项目地址：广州市
- 建筑高度：88米
- 建筑设计：华南理工大学设计院
- 幕墙类型：玻璃幕墙
  铝板幕墙
- 幕墙面积：11万平方米

联系人：李晓刚 13802574697
公司地址：深圳市福田保税区新亚美大厦二楼

SZART 美術集團

规划　建筑　景观

【深圳美术集团】▶
部分项目案例（内装）

武汉地铁站　南京金牛湖度假酒店

室内　重庆国际马戏城　北京·国家蛋白质科学中心

中兵北斗产业投资有限公司办公楼　洪湖金湾酒店　洪湖金湾酒店

绿色艺术智能装配式房屋　马鞍山绿松石博物馆　云南滇池国际会展中心

阿里巴巴集团上海-湾谷科技园C5办公楼　江苏御富豪酒店　东海县人民医院

武汉诺唯凯生物材料有限公司　贝岭居宾馆　珠海科技大楼

郑州金印美爵酒店　厦门奥佳华办公大楼　安徽芜湖文化广场酒吧

绿色艺术智能装配式别墅　绿色艺术智能装配式别墅　湖北汉川客运站

云梦医院　南京浦口医院　中建和城壹品项目(营销中心)

云中漫步　大芬美术馆

◀【深圳美术集团】
部分项目案例（外装）

靖江泰和国际城购物中心　无锡双新工业园大楼　长沙大王山朗豪酒店

公司简介：

　　深圳美术集团有限公司系以绿色装配式建筑、建材、装饰产品的设计、生产、研发、施工、销售及文化产业发展的集团公司。

　　公司旗下：深圳美术建材有限公司（系一家新型绿色节能建材生产企业，拥有自创品牌ARTSMARTT美术绿色彩涂复合装饰板，产品在全国各大城市均有营销机构）、深圳美术绿色装配建筑装饰有限公司【原深圳美术装饰】（系一家具有三十多年历史的全国装饰行业百强知名企业，是全国建筑装饰行业第一批进入"双甲"的企业之一，公司具有建筑装修装饰施工一级、建筑装饰设计甲级、建筑幕墙施工一级、建筑幕墙设计甲级资质）、深圳美术设计研究院（下设100余家设计分院/设计事务所）、中国美术设计网、深圳美术美家有限公司、深圳美术时代文化发展有限公司、深圳美术绿建医疗有限公司及深圳市美术建筑工程劳务有限公司和深圳市美术进出口有限公司等多家独资和合资分公司、子公司。

深圳美术集团有限公司
SHENZHEN ART GROUP CO.,LTD.

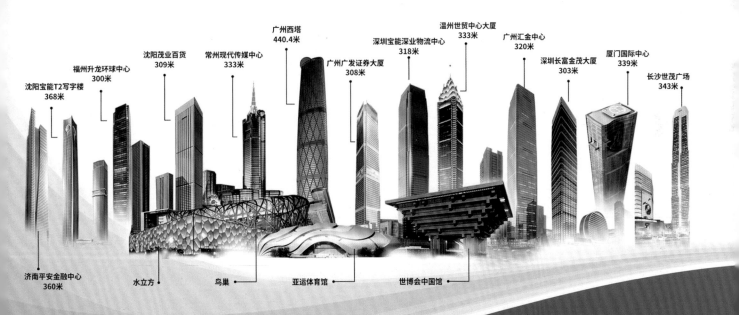

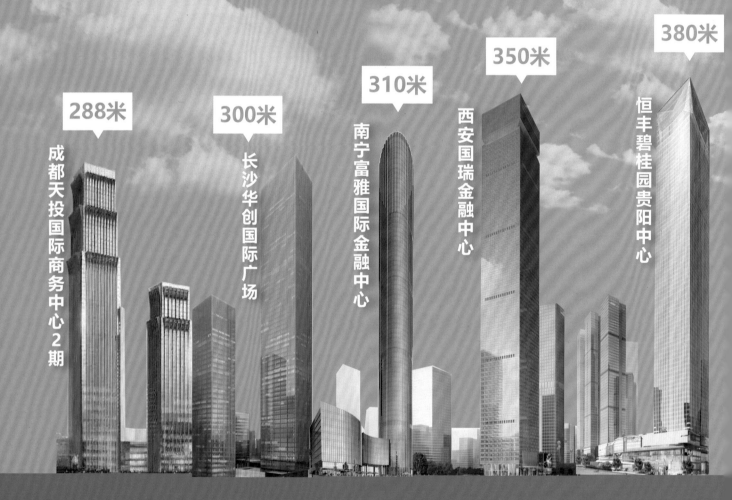

江苏华硅新材料科技有限公司
Jiangsu Huagui New Materials Technology Co.,Ltd.

上海华硅节能建筑新材料有限公司
Shanghai Huagui Energy-saving New Construction Material Co.,Ltd.

微信关注江苏华硅
▶ 扫描左侧三维码
或搜索公众平台号：江苏

上海华硅节能建筑新材料有限公司为顺应市场发展与华硅品牌的需要，于2017年在大丰区白驹工业园区投资成立了江苏华硅新材料科技有限公司，公司全面承接了上海华硅原有企业荣誉，管理理念和技术优势。

江苏华硅拥有现代化工业厂房，配备先进的全自动双螺杆挤出机，静态混合制胶机组，全自动软支包装机，全自动硬管包装机设备,建立了标准的产品检验测试系统。多年来企业一直采用新中大ERP管理系统，实行采购－仓储－生产－销售－到售后全方位动态管理，做到科学，高效。

华硅公司拥有三大类40多个产品：建筑类硅胶、工业类硅胶、华硅环保硅胶、华硅MS改性硅烷密封胶系列等。

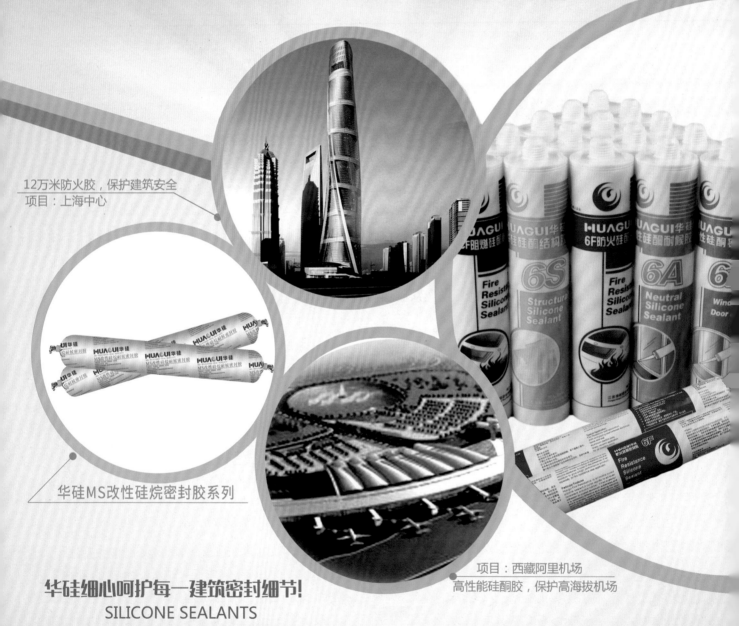

12万米防火胶，保护建筑安全
项目：上海中心

华硅MS改性硅烷密封胶系列

项目：西藏阿里机场
高性能硅酮胶，保护高海拔机场

华硅细心呵护每一建筑密封细节！
SILICONE SEALANTS

江苏华硅新材料科技有限公司
Jiangsu Huagui New Materials Technology Co.,Ltd.
上海华硅节能建筑新材料有限公司
Shanghai Huagui Energy-saving New Construction Material Co.,Ltd.

www.js-huagui.c

公司地址：江苏省盐城市大丰区白驹工业园区 邮编：224100
华南营销中心：东莞市凤岗镇凤岗天安数码城T5 N6 903 邮编：523690
上海销售中心：上海市青浦区松泽大道6055弄1号楼502室 邮编：201706
电话：0515-83618017（江苏）、0769-82030256（华南）、021-39876901（上海）
传真：0515-83618016（江苏）、0769-82030356（华南）、021-39876900（上海）

四川新达粘胶科技有限公司

  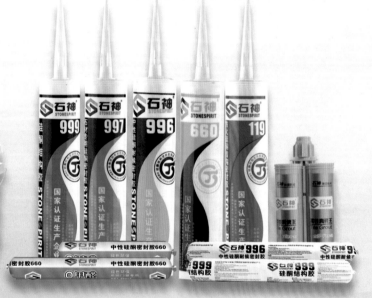

硅酮结构胶　耐候密封胶　石材密封胶　防火密封胶　高级门窗胶　双组分结构胶

四川省著名商标

▶ 高 新 技 术 企 业
▶ 国家认可（CNAS）实验室
▶ 国 家 标 准 起 草 参 编 单 位
▶ 国 家 知 识 产 权 优 势 企 业

全 程 为 客 户 提 供

门窗幕墙五金系统解决方案

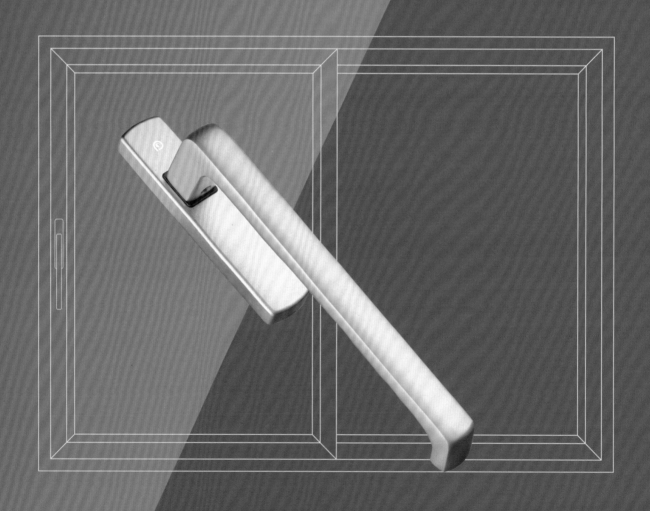

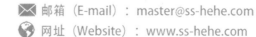

广东雷诺丽特实业有限公司成立于21世纪,是集新型建材研发设计、生产制造于一体的高新科技企业。发展至今,创立了雷诺丽特【REINALITE】、可耐尔【KENAIER】、百易安三大品牌。生产基地位于大旺国家高新区,总占地面积4万平方米。公司主要产品为幕墙铝单板、地铁/机场墙板、艺术镂空铝板、铝空调罩、异形吊顶天花板、双曲板与单元式幕墙板等产品,以及配备日本兰氏氟碳水性喷涂与瑞士金马粉末喷涂设备,满足高端品位企业合作与共赢发展。

雷诺丽特产品延续德国工艺风格,传承德国行业技术精髓,在制造过程中一丝不苟,严谨的作风渗透在每一个细枝末节。产品检验检测全面满足并符合国标、美标、英标、欧标四大标准体系的建筑建材检测。

镂空艺术板
Heyperbolic Panel

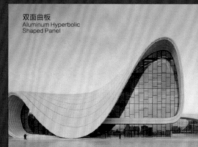

双面曲板
Aluminum Hyperbolic
Shaped Panel

铝单板
Heyperbolic Panel

廣東雷諾麗特實業有限公司
生產地址:廣東省肇慶高新區濱江路17號
全國服務熱線:400-1844-988
官方網站:www.gdlnlt.com

粤邦金属建材有限公司
YUEBANG BUILDING METALLIC MATERIALS CO.,LTD.

地址：广东省佛山市南海区里水北沙竹园工业区7号
电话：0757-85116855　85116918　传真：0757-85116677
邮箱：fsyuebang@126.com　网址：www.fsyuebang.cn

加拿大地址：8790,146st,surrey,bc,v3s,625 canada.
电话：001-7783226038

CORPORATION INTRODUCTION
企业简介

本公司为专业制造幕墙铝单板、室内外异型天花板、遮阳铝百叶板、雕花铝板、双曲弧铝板、超高难度造型铝板、蜂窝铝合金板、搪瓷铝合金板以及金属涂装加工的一体化公司；并集合对金属装饰材料的研发、设计、生产、销售及安装于一体的大型多元化企业。

公司由于发展需要，于2010年将生产厂区迁移至交通便利的铝合金生产基地 —— 佛山市南海区里水镇。公司占地面积3万多平方米，分为生产区、办公区和生活区。美丽优雅的环境，明亮宽敞的厂房，舒适自然的现代化办公大楼，给人以生机勃勃的感觉。

公司技术力量雄厚、设备齐全。现拥有员工300多人，当中不乏一大批专业管理及技术人才，以适应配合各种客户群体的不同需求；公司拥有数十台专业的钣金加工设备、配备日本兰氏全自动氟碳涂装生产线及瑞士金马全自动粉末涂装生产线，以确保交付给客户的产品符合或超过国内外的质量标准。公司结合多年的生产制造经验，吸收国内外管理技术，巧妙地将两者融为一体，更能体现本公司的睿智进取、科学规范。公司从工程的研发设计到产品的生产检验、施工安装及售后服务，体现了本公司的一贯宗旨"以人为本、质量第一"。

粤邦公司为使客户满意而不懈奋斗，我们信奉"客户的满意，粤邦的骄傲"，并以此督促公司每一位员工，兢兢业业、不卑不亢，为实现公司的宏伟目标而不断努力。

竭诚盼望与您真诚的合作，谛造高品质的建筑艺术空间，谱写动听的幸福艺术人生。粤邦建材——您的选择。

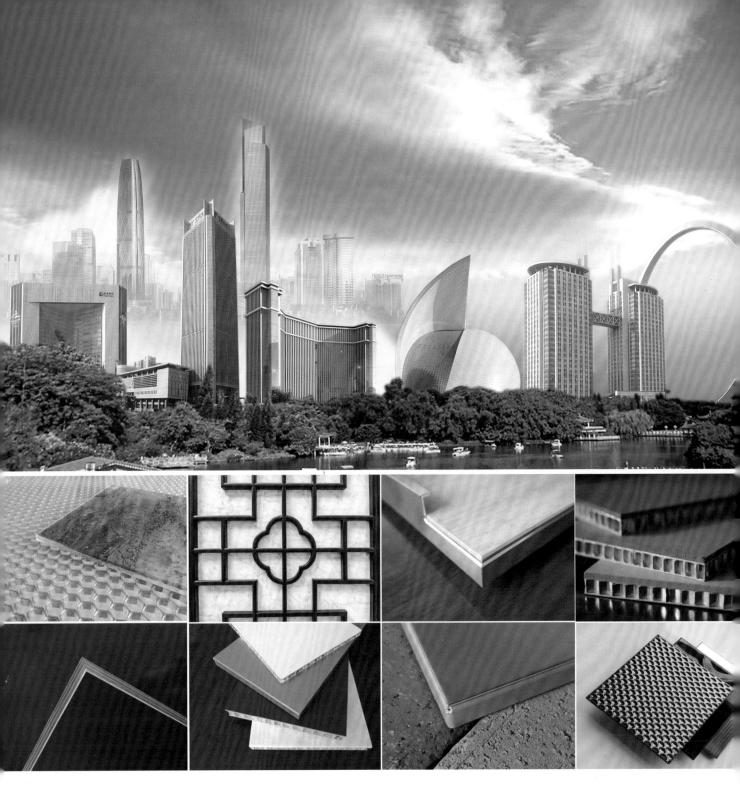

长青艾德利 ®
EVERGREEN AIDUDLEY

铝蜂窝板　不锈钢蜂窝板　钛锌蜂窝板　钛蜂窝板　铜蜂窝板　石材蜂窝

江苏长青艾德利装饰材料有限公司
JIANGSU EVERGREEN DECORATING MATERIAL CO.,LTD.

TEL:+0086-519-6885 6600

MOBILE:139 0612 9168

官方公众号　图册二维码

佛山市南海区锦佛型材厂

　　本厂成立于2009年，主要从事铝型材、不锈钢、钢结构拉弯等加工项目，注册资金30万元，工作人员有15~20人，年产值在500万元左右，共有6台生产设备（数控滚弯机1台，拉弯机5台）。场内拥有多名经验丰富和资深的师傅，其中两名从事本行业15年以上，两名从事本行业10年以上，其他的拉弯师傅都有5年以上的工作经验。

　　本厂承包合作国内外众多项目，如国内工程有肇庆工商学院、香港机场、香港地铁、香港保珊道、澳门上葡京、北京财富中心、佛山保利水城、保利香槟花园、顺德百合花园、东湖林语、顺德外滩、保利东莞拉菲公馆、阳江十里银滩、广州美林湖地产所有项目、新加坡电力局、上海保利平良街幕墙拉弯、深圳荣超金融大厦幕墙拉弯、珠海银隆新能源车、越秀展览中心、建华创智慧幕墙工程、三鑫南山智园项目、三鑫滨海集乐园、清远体育馆、南海体育馆、珠海横琴金融中心、珠海会展中心等。

弯曲材料种类：

- **铝型材**：建筑装饰用各种异型材料及阳台栏杆、扶手等。
- **钢型材**：方管、圆管、槽钢、角钢、工字钢、扁钢、异型材等。
- **不锈钢**：方管、型材、椭圆管及异型管等。
- **弯曲性能**：标准圆弧、椭圆弧、非标圆弧、U字型、S型、对称及不对称圆。

联系人：黄泽铭　　　联系电话：139 2726 5106

工 程 案 例

肇庆工商学院

香港宝珊道

深圳荣超金融大厦

上海保利平良街

澳门上葡京

博大自动通风及排烟排热窗控系统

BODA INTELLIGENT VENTILATION,

SMOKE EXTRACTION AND

HEAT REMOVAL SYSTEM

广州市博大建筑科技有限公司

公司简介

广州市博大建筑科技有限公司是研发、生产、销售、安装维护电动排烟排热系统、通风系统、建筑遮阳系统、智能移动屋顶的专业公司。公司总部设在广州，工厂及研发服务基地位于佛山顺德。作为一家电动排烟窗生产及施工企业，公司一直秉承严格的科学管理，从项目立项到生产组织准备，从供应商管理到精细化生产，从过程监控到最终检验，我们处处强调的是准确的计划与严格的执行，并以精湛的工艺和严谨的态度来贯穿于我们生产和施工的全过程。

公司产品

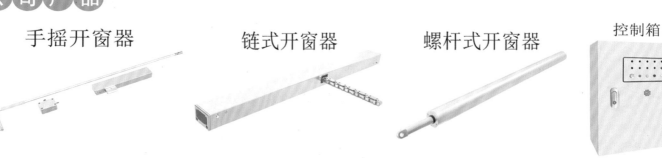

手摇开窗器　　链式开窗器　　螺杆式开窗器　　控制箱

工程案例

深圳远泽大厦　　常平东站　　东莞轨道交通

广州国际医药港　　广州中岳国际品牌

公司地址：广州市天河区珠吉路1号东源国际6010
工厂地址：佛山市顺德区杏坛镇顺业西路15号8栋

网址：http://www.gzboda.com.cn
电话：（86）020-82569327

永龙铝业
YONGLONG ALUMINIUM

广东永龙铝业有限公司位于佛山市三水区乐平乐群大道10号，公司始建于1997年，是集铝合金型材研发、生产与销售等为一体的综合性大型铝型材企业，公司主导经营"弘盈铝材""龙美铝材""科努克高端铝材""斑田系统门窗"品牌。雄厚的综合实力和优质的服务，使永龙"弘盈铝材""龙美铝材"畅销全国各地，出口到英国、美国、澳大利亚、加拿大、俄罗斯等多个国家。

公司现有员工近3000人，其中高、中级工程技术及管理人员250名，拥有资深研发设计团队，引进先进的生产设备及试验、检测技术，三大生产基地，第一以及第二生产基地位于广东省佛山市三水工业园，第三生产基地位于资源丰富的广西百色平果富晟新材料科技有限公司，最大机台5500吨，占地面积1000多亩。

经过多年的发展,公司通过了ISO9001:2015质量管理体系认证、国际标准产品认证。永龙铝型材多年荣获国家各级部门及协会颁发的"广东省名牌产品""广东省著名商标""国家高新技术企业""ISO14001:2015环境管理体系认证""ISO45001:2018职业健康安全管理体系认证""采用国际标准产品证书""中国优质产品"等证书。公司坚持科学发展观，通过加强综合管理和加大创新力度，不断提升企业的节能减排，加速跨入环境友好型的现代化企业之列。

本公司坚持"团结进取,开拓创新,质优为本,服务取胜"的经营宗旨，全心全意与客户合作，共拓事业，共创未来。

永龙集团旗下三大生产基地

第一生产基地 —— 广东：佛山

第二生产基地 —— 广东：佛山

第三生产基地 —— 广西：百色

第一生产基地：广东省佛山市山水区乐平镇乐群大道10号
第二生产基地广东省佛山市三水区科勒大道27号
第三生产基地：广西壮族自治区百色市平果县平果富晟新材料科技有限公司

联系电话：0757-87392288
联系人：苏坚荣 13450286866

COMPANY PROFILE
企业简介

浙江时间新材料有限公司，创立于2005年，地处浙江临海，占地100亩，主要从事硅酮胶、MS（改性硅烷）胶等建筑材料的研发、生产、销售，公司拥有全自动化生产线、全程电脑控制设备，严谨的生产管理体系，是国家高新技术企业，国家硅酮结构胶生产认定企业，"时间"品牌被评为浙江省著名商标，公司目前拥有多项发明，与浙江大学化学工程和生物工程学院达成产、学、研合作，设立研究生实践基地。

公司主要品牌："时间"系列，产品包括：硅酮结构密封胶、硅酮耐候密封胶、双组份中性硅酮结构密封胶、双组份中性硅酮中空玻璃胶、石材硅酮密封胶、工程用中性硅酮密封胶、通用型中性硅酮密封胶、中性防霉专用胶、组角胶、硅酮阻燃密封胶、电子硅酮胶等，产品在众多的重点工程中使用。

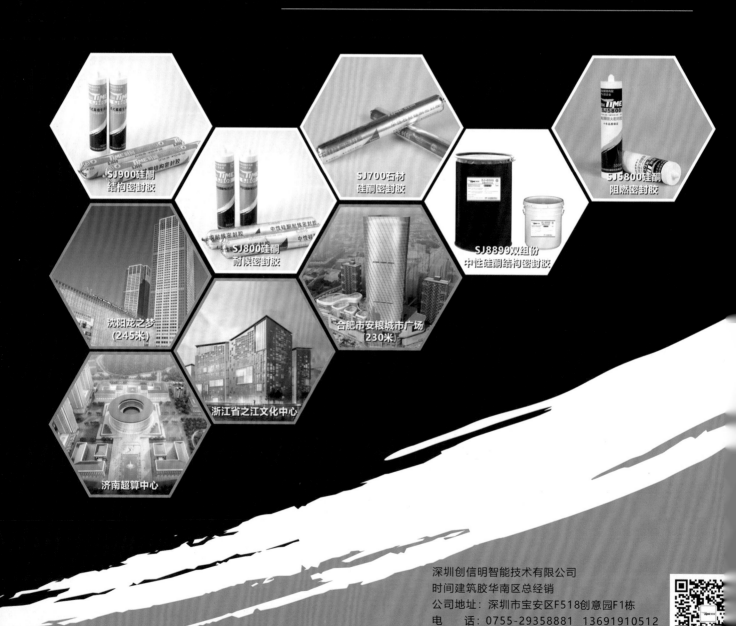

SJ900硅酮结构密封胶

SJ800硅酮耐候密封胶

SJ700石材硅酮密封胶

SJ8899双组份中性硅酮结构密封胶

SJ5800硅酮阻燃密封胶

沈阳龙之梦（245米）

浙江省之江文化中心

合肥市安粮城市广场（230米）

济南超算中心

深圳创信明智能技术有限公司
时间建筑胶华南区总经销
公司地址：深圳市宝安区F518创意园F1栋
电　　话：0755-29358881 13691910512
时间厂址：浙江省临海市永丰镇半坑
电　　话：0576-85856777